柑橘黄龙病

菠萝凋萎病

番木瓜环斑花叶病

茉莉花病毒病

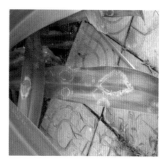

水鬼蕉斑萎病毒病

玉米矮缩病

皱叶生菜褐斑病

花生黑斑病

黄瓜霜霉病

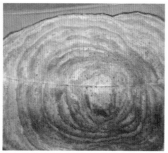

胡椒炭疽病

葱叶枯病

柠檬溃疡病

甘蔗鞭黑穗病

甘薯腐烂病茎

结球甘蓝软腐病

香蕉枯萎病

番茄青枯病

生菜根结线虫

花生丛枝病

香蕉束顶病

豇豆病毒病

白菜霜霉病

盆架树煤烟病

柑橘青霉病

鸡蛋花锈病

林木褐黑病

马齿苋白锈病

瓠瓜白粉病

富贵竹炭疽病

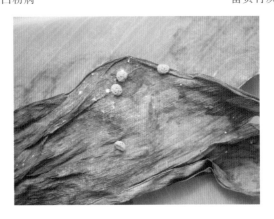

香蕉苗期纹枯病

热带园艺专业特色教材系列

# 热带园艺专业基本技能

周其良　李新国　朱国鹏　主编

中国建筑工业出版社

**图书在版编目（CIP）数据**

热带园艺专业基本技能 / 周其良，李新国，朱国鹏
主编. — 北京：中国建筑工业出版社，2021.4
热带园艺专业特色教材系列
ISBN 978-7-112-24691-5

Ⅰ. ①热… Ⅱ. ①周… ②李… ③朱… Ⅲ. ①热带—
园艺作物—高等学校—教材 Ⅳ. ①S60

中国版本图书馆 CIP 数据核字（2020）第 022144 号

责任编辑：郑淮兵　王晓迪
责任校对：王　烨

热带园艺专业特色教材系列
**热带园艺专业基本技能**
周其良　李新国　朱国鹏　主编

\*

中国建筑工业出版社出版、发行（北京海淀三里河路 9 号）
各地新华书店、建筑书店经销
北京科地亚盟排版公司制版
北京中科印刷有限公司印刷

\*

开本：787 毫米×1092 毫米　1/16　印张：23　插页：2　字数：557 千字
2021 年 4 月第一版　　2021 年 4 月第一次印刷
定价：**78.00** 元
ISBN 978-7-112-24691-5
（34648）

# 编 委 会

主　　编　周其良（海南大学）

李新国（海南大学）

朱国鹏（海南大学）

参编人员　（按姓名汉语拼音排序）

曹凤勤（海南大学）

丁晓帆（海南大学）

李碧英（海南大学）

李新国（海南大学）

刘国银（海南大学）

肖楚楚（海南大学）

万　玲（海南大学）

王　旭（海南大学）

王亚沉（海南大学）

周其良（海南大学）

朱国鹏（海南大学）

张云竹（海南大学）

祝志欣（海南大学）

# 前　言

随着知识经济的快速发展，经济结构发生重大变化，产业结构不断更新，大学毕业生也面临着新的要求，技能型创新人才越来越受到社会的重视和欢迎。园艺产业的发展对园艺专业人才的数量和质量要求也发生了新的变化。根据现代园艺业发展的新趋势与新要求，在提高理论学习水平的同时，需要加强对学生专业基本技能的培养。

热带园艺专业基本技能的重要性主要表现为：一、掌握热带园艺专业基本技能可破解就业难题。现代园艺通常是指与园地栽培有关的集约种植的农作物及其栽培、繁育、加工利用技术，为农业及种植业的重要组成部分。掌握专业技能的园艺专业毕业生可以到园艺、园林、绿化、农林等行政管理部门、高科技生态园、农业综合开发区、现代园艺企业、外贸进出口部门、各类中外企业、旅游风景区以及科研教育等机构就业。社会需求稳定，就业门路广，有着良好的发展前途。二、掌握热带园艺专业基本技能有利于实现自身价值。每个人都有自己的理想和抱负，每个人都希望在自己平凡的工作岗位上做出对社会不平凡的贡献。在竞争激烈的今天，要想对社会有所贡献，要想立于不败之地，对园艺专业的同学来说，一定要努力掌握扎实、过硬的专业技能，借助自身专业优势，实现自身的价值。三、掌握热带园艺专业基本技能可推动社会文明与进步。园艺业是农业种植业生产的一个重要组成部分，园艺生产日益向企业经营发展，园艺业成为创汇农业的重要组成部分，现代园艺已成为综合应用各种科学技术成果以促进生产的重要领域。园艺产品已是完善人类食物营养及美化、净化生活环境的必需品。借助园艺专业技能，人们可获得特色、优质、绿色、生态、安全、健康的高端农产品，提高农产品附加值，同时还能创造和保护人们赖以生存的生态环境，推动社会文明与进步。

本教材围绕如何提高热带园艺专业基本技能水平这一问题，从热带园艺学科特点和热带园艺专业人才培养的目标出发，在体现自身专业教学特色的基础上，紧密结合园艺生产的要求，突出"热带庭院观赏植物识别、热带园艺植物繁殖技术、热带园艺植物栽培管理、热带园艺植物的应用、热带园艺植物育种技术、热带设施园艺应用技术、热带园艺产品贮藏与加工技术、热带园艺植物病虫害防治"等实践技能的训练。

由于时间比较仓促，加之水平有限，书中不足之处敬请广大读者和各界同仁赐教。

编　者

2020 年 5 月 15 日

# 目　　录

# 第一章  热带庭院观赏植物识别

## 第一节  热带草本花卉识别

草本花卉包括生命周期在 1～2 个生长季内就完成的一、二年生花卉，植株地下部分宿存越冬而不形成肥大的球状或块根状，次春仍能萌芽开花并延续多年的宿根花卉及具有膨大的根或地下茎的多年生球根花卉等。

草本花卉具有适应性强、栽培容易、养护成本低、形成景观快速等优点，应用范围十分广泛，可用来作切花、盆栽或布置园林花海、花坛、花境、花带、庭院栽植形成景观，在观赏植物中占有很重要的地位。

### 一、常见热带一、二年生花卉种类及特征简述

**1. 鸡冠花**

学名：*Celosia cristata*

苋科青葙属

原产：东亚及南亚亚热带和热带地区。世界各地广为栽培。

形态特征：一年生草本，株高 20～150cm，茎粗壮直立，光滑具棱，少分枝。叶互生，卵状披针形。穗状花序肉质，顶生，鸡冠状或羽毛状。花色有红、紫红、玫红、橘红、橙黄、黄、白或红黄相间等色。花期 7—10 月。

生态习性：喜阳光充足、湿热，不耐霜冻。较耐热、耐旱，不耐瘠薄，喜疏松、肥沃、排水良好的土壤，短日照花卉。

应用：适宜地栽、盆栽，为热带花坛、花境、花带的重要花卉，还可作切花、干花材料。

**2. 千日红、千日白**

学名：*Gomphrena globosa*（千日红）、*Gomphrena globosa* 'Alba'（千日白）

苋科千日红属

别名：圆仔花、百日红、火球花

原产：亚洲热带。

形态特征：一年生草本，株高 40～60cm，全株密被灰白色毛。茎直立，节部膨大，上部多分枝。叶对生，矩圆状卵形，全缘。头状花序球形，单生或 2～3 个着生枝顶，渐开花渐伸长呈长圆形。花径 2cm，花小而密集，每朵小花具 2 枚膜质发亮的小苞片，为主要观赏部位，呈紫红色，干后不落且色泽仍保持鲜艳。

生态习性：喜温热干燥，不耐寒，喜阳光充足，对土壤要求不严，适宜在肥沃疏松的土壤上栽培。

应用：千日红开花繁茂，花期持久，花色艳丽，花后色泽不褪，是夏秋季良好的观花

花卉，适用于花坛、花境、盆花、切花，尤其适合做干花。千日红是氟化氢的监测植物。

### 3. 五色苋

学名：*Alternanthera bettzickiana*

苋科虾钳菜属

原产：巴西。现中国广泛栽培。

形态特征：多年生草本，常作一、二年生栽培。株高 15～40cm，茎上部四棱形，下部圆形。叶对生，矩圆形、矩圆倒卵形或匙形，绿色、红色或绿色杂以白色、红色、黄色。头状花序顶生或腋生；花小；白色。花期 8—9 月。

生态习性：喜温暖，不耐寒，适宜在 15℃以上越冬。夏季喜凉爽气候，高温、高湿则生长不良。生长季节要求阳光充足，适宜在肥沃疏松排水良好的土壤上栽培。

应用：五色苋类植株矮小，分枝力强，耐修剪。叶色鲜艳，适用于模纹花坛、浮雕花坛等立体图样。热带地区可四季观赏。

### 4. 凤仙花、非洲凤仙

学名：*Impatiens balsamina*（凤仙花）、*Impatiens walleriana*（非洲凤仙）

凤仙花科凤仙花属

别名：指甲花、急性子

原产：中国、印度和马来西亚。中国南北各地长期栽培。

形态特征：一年生草本，株高 20～80cm，茎肉质，光滑。叶互生，披针形，叶柄附近有几对腺体。花单朵或数朵簇生于上部叶腋；萼片花瓣状，1 枚后生成距；花瓣 5，左右对称，侧生 4 片两两结合。花红色、玫红色、白色或玫红杂以白色。花期 6—9 月。

生态习性：性喜温暖、炎热、阳光充足，畏寒冷。对土壤无严格要求。怕湿。

应用：在热带地区开花不断，可作花坛、花境材料，适宜庭院栽培。

### 5. 夏堇

学名：*Torenia fournieri*

玄参科蓝猪耳属

别名：花公草、花瓜草、蓝翅蝴蝶草

原产：亚洲热带、非洲林地。

形态特征：一年生草本，茎四棱方形，叶对生，卵形或卵状披针形，边缘有锯齿。花在茎上部顶生或腋生，唇形花冠，花萼膨大，萼筒上有 5 条棱状翼。花蓝色、粉色、紫色或杂色等，喉部黄色。花期 7—10 月。

生态习性：性喜高温、耐炎热；喜光、耐半阴。对土壤无严格要求。生长强健，需肥量不大，在阳光充足、适度肥沃、湿润的土壤里生长茂盛，开花不断。能自播，在热带地区可常年开花不断。

应用：花型、花色丰富，可作花坛、花境材料及盆栽。

### 6. 蒲包花

学名：*Calceolaria herbeohybrida*

玄参科蒲包花属

原产：南美洲。分布于澳大利亚和墨西哥、秘鲁、智利一带。

形态特征：多年生草本植物，常作一、二年生栽培。植株高可达30cm，全株有细小茸毛。叶片卵形对生。花型别致，花冠二唇状，上唇瓣直立较小，下唇瓣膨大似蒲包状，中间形成空室，柱头着生在两个囊状物之间。花色变化丰富，单色品种有黄、白、红等深浅不同的花色，复色则在各底色上着生橙、粉、褐红等斑点。花期12月至次年5月。

生态习性：喜冬暖夏凉、空气湿润、通风良好的环境。畏热怕寒，忌干怕涝。喜光照充足，但夏季应适当遮阴。要求排水良好、富含腐殖质的微酸性土壤。通常作温室栽培。长日照植物。

应用：蒲包花花期长、花色艳丽、花形奇特，花朵盛开时犹如无数个小荷包悬挂梢头，颜色及各种斑纹，十分别致。花期正值春节前后，是冬、春季重要的盆花。

### 7. 万寿菊、孔雀草

学名：*Tagetes erecta*（万寿菊）、*Tagetes patula*（孔雀草）

菊科万寿菊属

别名：臭芙蓉、蜂窝菊

原产：墨西哥及中美洲地区。

形态特征：一年生草本，高50～150cm。茎直立，粗壮，具纵细条棱，分枝向上平展。叶羽状分裂，裂片长椭圆形或披针形，边缘具锐锯齿，上部叶裂片的齿端有长细芒，沿叶缘有少数腺体。头状花序单生，径5～8cm，花序梗顶端棍棒状膨大；总苞长1.8～2cm，宽1～1.5cm，杯状，顶端具齿尖；舌状花黄色或暗橙色，长2.9mm，舌片倒卵形，长1.4cm，宽1.2cm，基部收缩成长爪，顶端微弯缺；管状花花冠黄色，长约9mm，顶端具5齿裂。瘦果线形，基部缩小，黑色或褐色。花黄色、橙色等。花期7—9月。

生态习性：喜光性花卉，适宜生长温度为15～25℃，空气湿度为60%～70%。冬季温度不低于5℃，10℃以下生长缓慢；夏季30℃以上植株徒长，开花少。对土壤要求不严，以肥沃、疏松的沙壤土为宜。

应用：万寿菊是一种常见的园林绿化花卉，其花大、花期长，常用来点缀花坛、广场，布置花丛、花境和培植花篱。中、矮生品种适宜作花坛、花境、花丛材料，也可作盆栽；植株较高的品种可作为背景材料或切花。花瓣可食用。

### 8. 南非万寿菊

学名：*Osteospermum ecklonis*

菊科非洲万寿菊属

原产：南非。

形态特征：多年生草本作二年生栽培，株高25～60cm。茎直立、丛生。叶互生，长圆至倒卵形，多为羽裂。头状花序单生于顶端叶腋间；舌状花单轮，花径6～8cm。花白、粉、红、紫红、蓝、紫等色。花期4—6月。

生态习性：喜光照充足、冷凉温暖环境，忌高温，中等耐寒。较耐旱，喜欢肥沃、疏松、排水良好的沙壤土。

应用：花朵美丽、雅致，适宜作花坛、花境、花丛。也可作盆栽及切花。

### 9. 百日草

学名：*Zinnia elegans*

菊科百日草属

别名：百日菊、步步高、节节高、对叶梅

原产：北美墨西哥高原。分布于美洲，现中国各地均有种植。

形态特征：一年生草本，全株有短毛。茎直立，侧枝成叉状分枝，叶卵形至长椭圆形，全缘。头状花序单生，舌状花多轮，花色有深红色、玫瑰色、紫堇色、橙色、白色等。有单瓣、重瓣、卷叶、皱叶和各种不同颜色的园艺品种。花期 6—9 月。

生态习性：喜温暖、不耐寒，喜阳光、怕酷暑，性强健，耐干旱、耐瘠薄，忌连作。根深茎硬不易倒伏。宜在肥沃深土层土壤中生长。生长期适温 15～30℃。

应用：百日草花大色艳，开花早，花期长，株型美观，可按高矮分别用于花坛、花境、花带。也常用于盆栽。

### 10. 瓜叶菊

学名：*Cineraria cruenta*

菊科瓜叶菊属

别名：千日莲、富贵菊

原产：加那利群岛、马德拉群岛和地中海的几个种杂交而成。目前世界各地广为温室栽培。中国各地公园或庭院广泛栽培。

形态特征：多年生草本作一年生栽培。茎直立，高 30～70cm，密被白色长柔毛。叶片大，肾形至宽心形，顶端急尖或渐尖，基部深心形，边缘不规则三角状浅裂或具钝锯齿，上面绿色，下面灰白色，被密绒毛。头状花序，直径 3～5cm，多数，在茎端排列成宽伞房状；小花紫色、紫红色、紫白色、淡蓝色、粉红色、白色或复色，管状花黄色，长约 6mm。瘦果长圆形。花期 3—7 月。

生态习性：性喜温暖、湿润通风良好的环境。不耐高温，怕霜冻。一般于低温温室栽培，温度夜间不低于 5℃，白天不超过 20℃，以 10～15℃最合适。室温过高易徒长，造成节间伸长，缺乏商品价值。喜阳光充足，但阳光过分强烈，也会引起叶片卷曲，缺乏生气。需保持充足水分，但又不能过湿，以叶片不凋萎为宜。

应用：瓜叶菊是冬春时节主要的观赏植物之一。其花朵鲜艳，可作花坛栽植或盆栽布置于庭院或室内，给人以清新宜人的感觉。

### 11. 大波斯菊（波斯菊）、黄波斯菊

学名：*Cosmos bipinnatus*（大波斯菊）、*Cosmos sulphureus*（黄波斯菊）

菊科秋英属

别名：秋英

原产：热带美洲。

形态特征：一年生草本，茎纤细直立，株丛开展。叶对生，羽状全裂，较稀疏。头状花序顶生或腋生，总梗长，花序直径 5～10cm，管状花明显。短日照花卉。花白、粉、粉红、红、深红、浅紫等色。花期 9 月至降霜。

生态习性：喜温暖，不耐寒，忌酷暑。喜光，耐干旱瘠薄，肥水过多则茎叶徒长易倒伏。适宜排水良好的沙壤土。具有较强的自繁能力。

应用：植株纤细、高大，花朵轻盈艳丽，开花繁茂自然，有较强的自播能力。可用于花海、花境、花坛，成片配置于路边或草坪边缘、林缘，富有野趣。也可用于切花。

**12. 大花牵牛花、圆叶牵牛**

学名：*Pharbitis nil*（大花牵牛花）、*Pharbitis purpurea*（圆叶牵牛）

旋花科牵牛属

别名：裂叶牵牛、喇叭花、牵牛

原产：美洲热带。现广布热带和亚热带地区，多为野生。

形态特征：一年生蔓性草本，茎直立，缠绕，有毛或光滑。叶互生，全缘。聚伞花序腋生，花大，一至数朵，漏斗状。花红、粉红、蓝、白、玫红、复色等。花期夏季。

生态习性：性强健，喜温暖，不耐寒。喜阳光充足。耐瘠薄及干旱，忌水涝。短日照花卉。花朵通常在清晨开放。

应用：花色鲜艳，花形清雅，是良好的篱垣及棚架攀缘花卉，是垂直绿化的优良材料。也可于攀缘造型的盆中栽植，供阳台观赏。

**13. 醉蝶花**

学名：*Cleome spinosa*

十字花科白花菜属

别名：西洋白花菜、紫龙须、凤蝶草

原产：美洲热带。全球热带至温带栽培以供观赏，中国广泛栽培。

形态特征：一年生草本植物。花茎直立，株高 40～60cm，有的品种可达 1m，其茎上长有黏汁细毛，会散发一股强烈的特殊气味。叶片为掌状复叶，小叶 5～7 枚，为矩圆状披针形。总状花序顶生，花由底部向上次第开放，花瓣披针形向外反卷。花色白、浅紫、粉红。雄蕊特长。蒴果圆柱形，种子浅褐色。花期 6—10 月。

生态习性：喜充足阳光，耐半阴，耐热，耐干旱，不耐寒。长势强健，能自播繁殖。

应用：其花茎长而壮实，花朵盛开时，总状花序形成一个丰满的花球，朵朵小花犹如翩翩起舞的蝴蝶，非常美观。可用于花境、花丛。对二氧化硫、氯气抗性很强。也是一种优良的蜜源植物。

**14. 长春花**

学名：*Catharanthus roseus*

夹竹桃科长春花属

别名：日日草、山矾花、五瓣莲

原产：南非、非洲东部及美洲热带。

形态特征：多年生草本作一年生栽培。常绿，茎直立，分枝少。叶对生，倒卵状矩圆形，叶片光滑浓绿有光泽，主脉白色、明显。花单生或数朵腋生，高脚杯状，花瓣 5，覆瓦状排列，喉部白色。花色有玫红、白、杏黄、粉色、红、浅紫等。花期夏季。

生态习性：喜温暖，忌干热，不耐寒。喜阳光充足，耐半阴。不择土壤，抗逆性强。耐瘠薄、耐旱，忌水涝。

应用：花期长，开花繁茂，色彩艳丽，是优良的花坛、花境花卉，亦可盆栽观赏。全株含抗肿瘤的长春花碱，可入药。

**15. 彩叶草**

学名：*Coleus scutellarioides*

唇形花科鞘蕊花属

原产：印度尼西亚爪哇岛。目前主要分布于非洲、亚洲、大洋洲和太平洋岛屿。

形态特征：多年生草本作一年生栽培。全株具柔毛，茎四棱形。叶卵形，具锯齿，绿色叶面具黄、红、紫、复色等斑纹。顶生总状花序，花白、紫色。花期8—9月。

生态习性：喜温暖湿润、阳光充足、通风良好的环境，生长适温20～25℃。适宜疏松肥沃、排水良好的沙壤土，忌积水。耐寒力弱，低于10℃植株受害。

应用：彩叶草的变种、品种很多，叶色丰富美丽，是重要的观叶植物。常用于花坛、花境配色，单植、散植于草坪中，也可用于盆栽。

### 16. 矮牵牛

学名：*Petunia hybrida*

茄科碧冬茄属

别名：碧冬茄、灵芝牡丹。

原产：南美洲。

形态特征：多年生草本作一年生栽培。株高20～60cm，全株具黏毛。叶卵形，全缘。花冠漏斗状，先端波状浅裂。花色白、粉、红、紫、蓝、黄、褐和复色等。四季可开花。

生态习性：喜温暖和阳光充足的环境。不耐霜冻，怕涝。生长适温为13～18℃，冬季温度低于4℃，植株停止生长。夏季可耐35℃以上的高温。夏季生长旺盛，需充足水分。长日照植物。

应用：花大色艳，花色极为丰富，广泛应用于花坛、花境、花槽配置，还可盆栽观赏，用于点缀窗台、家居等。蔓性品种可垂吊观赏。

### 17. 一串红

学名：*Salvia splendens*

唇形花科鼠尾草属

别名：象牙红、绯衣草、墙下红等

原产地：南美洲。

形态特征：多年生草本作一年生栽培。全株光滑，茎多分枝，四棱。叶对生，先端渐尖，叶缘有锯齿。顶生总状花序，花唇形，伸出萼外，花萼与花冠同色。花色丰富，有鲜红、红、白、粉、紫、复色等。花期7—10月。

生态习性：不耐寒，喜阳光充足，也耐半阴。忌霜害。喜肥沃疏松土壤。

应用：花色艳丽，开花时覆盖全株，是极其优良的夏秋季花坛、花境、花带花卉，也可作盆栽。

## 二、常见热带宿根花卉种类及特征简述

### 1. 菊花

学名：*Chrysanthemum morifolium*

菊科菊属

别名：黄花、节华、鞠等

原产：中国。现世界各地广为栽培。

形态特征：多年生草本。株高20～200cm，常30～90cm。茎嫩绿或褐色，多为直立分枝，基部半木质化。单叶互生，卵圆至长圆形，边缘有缺刻及锯齿。头状花序顶生或腋

生，一朵或数朵簇生；舌状花为雌花，管状花为两性花。品种很多。花色丰富，有白、粉红、玫红、紫红、墨红、淡黄、黄、淡绿等。花期全年。

（1）依形态分类

① 依花径大小分类

小菊：花径小于6cm；中菊：花径6～10cm；大菊：花径大于10cm；特大菊：花径20cm以上。

② 依高度分类

0.2～0.5m为矮型菊，0.5～1.0m为中型菊，1m以上为高型菊。

（2）依自然花期分类

夏菊，5—7月开花；秋菊，9—11月开花；寒菊，12—1月开花。

（3）依用途分类

① 盆栽菊；

② 造型艺菊；

③ 切花菊；

④ 露地观赏菊：地被菊、早小菊、露地大菊。

生态习性：性喜冷凉，较耐寒，生长适温18～21℃，地下根茎耐旱，忌水涝。喜土层深厚、富含腐殖质、肥沃疏松、排水良好的壤土。在微酸性至微碱性中均能生长。

应用：菊花为非常重要的切花材料，也是园林中极为重要的花卉之一。广泛应用于花坛、地被中，也可作盆栽或作盆景观赏，悬崖菊还可作棚架观赏。

**2. 非洲菊**

学名：*Gerbera jamesonii*

菊科大丁草属

别名：扶郎花、灯盏花

原产：南非。

形态特征：多年生草本，株高30～45cm。根状茎短，为残存的叶柄所覆裹，具较粗的须根。叶基生、莲座状，边缘具不规则的羽状浅裂或深裂。头状花序单生，高出叶面20～40cm；总苞盘状，钟形；舌状花1～2轮或多轮呈重瓣状。花色有大红、深红、淡红、橙红、黄等色。花期四季，以春、秋季为盛。

生态习性：性喜温暖、湿润和阳光充足的气候条件。喜大肥大水，忌高温、忌干旱、忌积水，可耐寒冷，生长适温18～28℃。

应用：非洲菊花朵硕大，花枝挺拔，花色艳丽，是非常重要的切花材料，也可布置花坛、花境或作盆栽观赏。

**3. 紫茉莉**

学名：*Mirabilis jalapa*

紫茉莉科紫茉莉属

别名：胭脂花、夜饭花、潮来花、夜来香、洗澡花、地雷花

原产：美洲热带。

形态特征：多年生草本，高可达1m。主茎直立，圆柱形，多分枝，光滑，节稍膨大。单叶对生。花朵常数朵簇生枝端；萼片呈花瓣状；总苞呈钟形，5裂；花被紫红色、黄

色、白色或复色。花朵在傍晚至清晨开放，在强光下闭合，有香气，次日中午前凋萎。瘦果球形，黑色，有棱，表面具皱纹，似地雷状。花期6—10月。

生态习性：喜温暖、湿润气候，不耐寒，耐炎热。

应用：紫茉莉的花苞上午伸出，到下午4时才会开花。极易种养，适宜于傍晚休息或夜间纳凉之地布置，于房前屋后、街道边丛植。对二氧化硫、一氧化碳有较强的抗性，可用于污染区种植。

**4. 天竺葵**

学名：*Pelargonium hortorum*

牻牛儿苗科天竺葵属

别名：洋绣球、入腊红、石腊红、日烂红、洋葵、驱蚊草、洋蝴蝶

原产：南非。中国各地常见栽培。

形态特征：多年生草本。株高30～60cm，基部稍木质化，全株被细毛，茎肉质，多汁。叶掌状，叶缘有锯齿，通常叶缘内有马蹄纹。伞形花序顶生，花蕾下垂，花冠5，群花密集。花色丰富，有红、白、粉、紫等色。花期初冬至翌年夏初。

生态习性：性喜温暖、湿润和阳光充足的环境。生长适温13～19℃。适宜肥沃、疏松和排水良好的沙壤土。

应用：天竺葵适应性强，花色鲜艳，花期长，适于室内摆放、花坛布置等。有些种具有驱虫、驱蚊的效果。

**5. 紫鸭跖草**

学名：*Tradescantia pallida*

鸭跖草科紫叶鸭跖草属

原产：墨西哥。

形态特征：多年生草本。株高20～30cm。枝叶多汁，幼株半直立，成年植株茎下垂或匍匐。叶披针形，卷曲状，基部抱茎。茎与叶均为暗紫色，被细绒毛。小花生于茎顶端，紫红色。

生态习性：性喜温暖湿润，不耐寒，忌阳光曝晒，喜半阴。有较强的耐旱能力，适宜肥沃、湿润的壤土。

应用：叶色优雅，匍匐地面，可作为良好的耐阴性地被植物，也可作为花坛的配色植物，还可盆栽室内观赏。

**6. 红掌**

学名：*Anthurium andraeanum*

天南星科安祖花属（花烛属）

别名：安祖花、灯台花

原产：热带美洲雨林。现世界各地广为栽培。

形态特征：多年生常绿草本。植株直立，叶革质，披针形至卵椭圆形，佛焰苞着生在花茎顶部，颜色鲜艳有光泽，是观赏的主要部位。肉质花序自佛焰苞中伸出，直立或扭曲，犹如动物尾巴或似灯盏中的蜡烛。

生态习性：喜温暖，不耐寒，生长适温为25～28℃，夜温20℃，夏季高于35℃发育迟缓，冬季能忍受的低温为15℃。喜多湿环境，但不耐积水，空气湿度80%～85%。喜

半阴，但冬季需光照充足。

应用：国际花卉市场上重要的切花和盆栽种类，花叶共赏。还可用于耐阴的花坛、花境景观布置。

常见的种类与品种有：

花烛（火鹤）*A. scherzerianum*；

水晶花烛 *A. crystallinum*；

丛林花烛 *A. podofillum* 'Jungle bush'；

密林王花烛 *A. crystallinum* 'Jungle King'。

### 7. 观赏凤梨

学名：*Ornativa pineapple* spp.

凤梨科凤梨属

原产：中美洲和南美洲的热带、亚热带地区。

形态特征：多数具短茎。单叶，常呈莲座状互生于短茎上；角质层很厚，叶表皮和叶肉中常有储水组织。花两性，有时单性，为单性或复合的穗状、总状或头状花序，具苞片。

生态习性：喜温暖和阳光充足环境，不耐寒，较耐阴。

应用：凤梨类叶片的叶形、叶色及花纹、斑块富于变化，花苞硕大艳丽、挺立，是花叶俱美的室内观叶植物，是春节期间重要的盆栽观赏花卉。也可用于阴蔽条件下的花坛、花境及空中花园景观的营造。

### 8. 黄花鸢尾

学名：*Iris pseudacorus*

鸢尾科鸢尾属

原产：欧洲南部、西亚和北非等地。现世界各地广为栽培。

形态特征：多年生草本挺水植物。根状茎粗短，叶基生，挺直，密集长剑形。花莛挺立，高 50～100cm，坚挺，高出叶丛。花 1～2 朵；黄色或淡黄色；直径 10～15cm；外轮花被 3 裂片，椭圆形，外折下垂，顶端钝，中部有褐斑；内轮花被 3 裂片，较小，淡黄色。花期 5—6 月。

生态习性：性喜水湿，耐寒，也耐干燥。喜含石灰质的弱碱性土壤。

应用：花色艳丽，叶片翠绿，植于溪边或湿地的岩石旁，清雅自然。

### 9. 射干

学名：*Belamcanda chinensis*

鸢尾科射干属

原产：分布于全世界的热带、亚热带及温带地区。分布中心在非洲南部及美洲热带。

形态特征：叶互生，嵌迭状排列，剑形，长 20～60cm，宽 2～4cm，基部鞘状抱茎，顶端渐尖，无中脉。花序顶生，叉状分枝，每分枝的顶端聚生有数朵花；花梗细，长约 1.5cm；花梗及花序的分枝处均包有膜质的苞片，苞片披针形或卵圆形；花橙红色，散生紫褐色的斑点，直径 4～5cm；花被裂片 6，2 轮排列，外轮花被裂片倒卵形或长椭圆形，长约 2.5cm，宽约 1cm，顶端钝圆或微凹，基部楔形，内轮较外轮花被裂片略短而狭。花期 6—8 月。

生态习性：喜温暖和阳光，耐干旱和寒冷。对土壤要求不严，山坡旱地均能栽培，以肥沃疏松、地势较高、排水良好的沙质壤土为宜。适宜中性壤土或微碱性，忌低洼地和盐碱地。

应用：叶形如剑，植株亮丽，花形飘逸，可布置于水边、溪边，也适用于花坛、花境。

**10. 鹤望兰**

学名：*Strelilzia reginae*

旅人蕉科鹤望兰属

别名：极乐鸟花、天堂鸟花

原产：南非。世界各地均有栽培。

形态特征：多年生常绿草本。株高 1～2m，肉质根粗壮而长，叶两列排列，有长柄，全缘，革质，侧脉羽状平行，蓝绿色，叶背和叶柄被白粉，叶柄长为叶长的 2～3倍。花茎于叶腋间出，高于叶片，佛焰苞横生似船形，绿色，边缘有红色晕。总状花序着花 3～9 朵，露出苞片之外。小花有花萼 3 枚，橙黄色；花瓣 3 枚，蓝紫色，上面一枚短，下面 2 枚中间结合，组成花舌。下部小花先开，依次向上开放，花型奇特，好似仙鹤翘首远望。

生态习性：喜温暖不耐寒，也不耐热，喜光照充足，喜湿润气候，但怕积水。

应用：大型盆栽观赏花卉及名贵切花，也可庭院栽植。

## 三、常见热带球根花卉种类及特征简述

**1. 球根秋海棠**

学名：*Begonia×tuberhybrida*

秋海棠科秋海棠属

原产：由多种原产南美山区的野生亲本培育出的园艺杂交种。

形态特征：多年生球根花卉，株高约 30cm，块茎呈不规则扁球形。茎肉质，约 7～8cm，有毛、直立。叶为不规则心形，先端锐尖，基部偏斜，绿色，叶缘有粗齿及纤毛。花型有单瓣、半重瓣和重瓣。花色丰富，有红、白、黄、粉、橙等。腋生聚伞花序，花大而美丽，花期春季，品种极多。

生态习性：喜温暖、湿润的半阴环境。不耐高温，超过 32℃茎叶枯萎脱落，甚至块茎死亡。生长适温 16～21℃，相对湿度为 70%～80%。冬季亦不耐寒。要求疏松肥沃而又排水良好的微酸性沙质壤土。对光照的反应敏感，对光周期反应也十分明显，球根秋海棠在长日照条件下可促进开花，而在短日照条件下提早休眠。

应用：球根秋海棠花大色艳，兼具茶花、牡丹、月季、香石竹等名贵花卉的姿、色、香，是世界著名的盆栽花卉，用来点缀客厅、橱窗，娇媚动人；布置花坛、花境和出入口处，分外窈窕。垂枝类品种，最宜室内吊盆观赏；多花类品种，适宜盆栽和布置花坛。

**2. 蜘蛛兰**

学名：*Hymenocallis littoralis*

石蒜科水鬼蕉属

原产：美洲热带、西印度群岛。

形态特征：多年生鳞茎草本植物，叶 10～12 枚，剑形，长 45～75cm，宽 2.5～6cm，

顶端急尖，基部渐狭，深绿色，多脉，无柄。花茎扁平，高 30～80cm；佛焰苞状总苞片长 5～8cm，基部极阔；花茎顶端生花 3～8 朵，白色，无柄；花被管纤细，长短不等，长者可达 20cm 以上，花被裂片线形，通常短于花被管；杯状体（雄蕊杯）钟形或阔漏斗形，长约 2.5cm，有齿，花丝分离部分长 3～5cm；花柱约与雄蕊等长或更长。花白色，有香气。花期夏末秋初。

生态习性：喜温暖湿润，不耐寒。喜肥沃的土壤。喜阳光，攀爬得越高，就越有利于获得充裕的光照。

应用：蜘蛛兰叶姿健美，花朵较大，花瓣厚而覆盖着蜡质，花瓣细长，分得很开，酷似蜘蛛的长腿，而花朵中间的部分则可被看作是蜘蛛的身体。在顶端多有向下的弯曲。适合盆栽观赏。温暖地区，可用于庭院布置或花境、花坛。

### 3. 文殊兰

学名：*Crinum asiaticum var. sinicum*

石蒜科文殊兰属

原产：印度尼西亚、苏门答腊等。中国南方热带和亚热带省区有栽培。

形态特征：多年生粗壮草本。鳞茎长柱形。叶 20～30 枚，多列，带状披针形，长可达 1m，宽 7～12cm 或更宽，顶端渐尖，边缘波状，暗绿色。花茎直立，几与叶等长，伞形花序有花 10～24 朵，佛焰苞状总苞片披针形，长 6～10cm，膜质，小苞片狭线形，长 3～7cm；花梗长 0.5～2.5cm；花高脚碟状，芳香；花被管纤细，伸直，长 10cm，直径 1.5～2mm，绿白色，花被裂片线形，长 4.5～9cm，宽 6～9mm，向顶端渐狭，白色。花期夏季。

生态习性：性喜温暖、湿润、光照充足。喜肥沃沙质土壤环境，不耐寒，耐盐碱土，但在幼苗期忌强直射光照，生长适宜温度 15～20℃。

应用：文殊兰花叶并美，具有较高的观赏价值，既可作园林景区、校园、机关的绿地或住宅小区草坪的点缀品，又可作庭院装饰花卉，还可作房舍周边的绿篱。如用盆栽，则可置于庄重的会议厅、富丽的宾馆、宴会厅门口等，雅丽大方，满堂生香，令人赏心悦目。

### 4. 韭兰

学名：*Zephyranthes grandiflora*

石蒜科韭兰属

原产：南美洲。

形态特征：多年生球根花卉，地下具小的球状鳞茎。叶基生，扁线形，稍肉质，暗绿色。花梗短，花茎中空，单生。花被片 6，花朵繁多。花有白、粉等色。花期 6—9 月。

生态习性：喜温暖、湿润和阳光充足的环境，也耐半阴和潮湿。适宜排水良好、富含腐殖质的沙壤土。

应用：适于花坛、花境及草地中丛植，也可盆栽观赏，是园林中广泛应用于半阴的地被植物。

### 5. 网球花

学名：*Haemanthus multiflorus*

石蒜科网球花属

原产：非洲热带。

形态特征：多年生草本。鳞茎球形，直径4～7cm。叶3～4枚，长圆形，长15～30cm，主脉两侧各有纵脉6～8条，横行细脉排列较密而偏斜；叶柄短，鞘状。花茎直立，实心，稍扁平，高30～90cm，先叶抽出，淡绿色或有红斑；伞形花序具多花，排列稠密，直径7～15cm；花红色；花被管圆筒状，长6～12cm，花被裂片线形，长约为花被管的2倍；花丝红色，伸出花被之外，花药黄色。花期夏季。

生态习性：喜温暖、湿润及半阴环境。喜疏松、肥沃且排水良好的沙壤土。较耐旱，不耐寒，南京、上海、杭州等地均不能露地越冬，冬季鳞茎进入休眠期，必须在室内栽培。生长期适温20～30℃，越冬温度应保持在5℃以上。

应用：花色艳丽，花朵密集，四射如球，是常见的室内盆栽观赏花卉。南方室外丛植成片布置，景观别具一格。

### 6. 朱顶红

学名：*Hippeastrum rutilum*

石蒜科朱顶红属

原产：巴西和南非。现世界各地广为栽培。

形态特征：多年生鳞茎类球根花卉，叶6～8枚，花后抽出，鲜绿色，带形，长约30cm。花茎中空，稍扁，高约40cm，宽约2cm，具有白粉；花2～4朵顶生呈漏斗状，花色有深红、粉红、橙红、白色等。花期春末至夏季。

生态习性：性喜温暖、湿润气候，生长适温为18～25℃，不喜酷热，阳光不宜过于强烈。怕水涝。喜富含腐殖质、排水良好的沙质壤土。

应用：适于庭院栽植或布置花坛、花境，也可盆栽观赏及作为鲜切花使用。

### 7. 一叶兰

学名：*Aspidistra elatior*

百合科蜘蛛抱蛋属

原产：中国海南、台湾等地。

形态特征：多年生常绿草本。根状茎近圆柱形，具节和鳞片。叶单生，矩圆状披针形、披针形至近椭圆形，长22～46cm，宽8～10cm，先端渐尖，基部楔形，边缘多少皱波状，两面绿色，有时稍具黄白色斑点或条纹；叶柄明显，粗壮，长5～35cm，叶柄基部有2枚膜质苞片。花茎自根茎上抽出，极短，位于叶下并紧伏在地面上；花被片合生呈钟状，直径约2cm，外被干膜质苞片。露出土面的地下根茎极似蜘蛛，故名"蜘蛛抱蛋"。

生态习性：性喜温暖湿润、半阴环境，较耐寒、极耐阴。生长适温为10～25℃。

应用：一叶兰叶形挺拔整齐，叶色浓绿光亮，长势强健，适应性强，是优良的室内绿化装饰喜阴观叶植物。适于室内单独或和其他观花植物配合布置，也可作插花的配叶材料。

### 8. 艳山姜

学名：*Alpinia zerumbet*

姜科艳山姜属

原产：中国和印度。分布于印度至中国南部。

形态特征：株高2～3m。叶片披针形，长30～60cm，宽5～10cm，顶端渐尖而有一旋卷的小尖头，基部渐狭，边缘具短柔毛，两面均无毛；叶柄长 1～1.5cm；叶舌长 5～10m，外被毛。圆锥花序呈总状花序式，下垂，长达 30cm，花序轴紫红色，被绒毛，分枝极短，在每一分枝上有花 1～2（3）朵；小苞片椭圆形，长 3～3.5cm，白色，顶端粉红色，蕾期包裹住花，无毛；小花梗极短；花萼近钟形，长约 2cm，白色，顶端粉红色，一侧开裂，顶端又齿裂；花冠管较花萼为短，裂片长圆形，长约 3cm，后方的 1 枚较大，乳白色，顶端粉红色，唇瓣匙状宽卵形，长 4～6cm，顶端皱波状，黄色而有紫红色纹彩。花期 4—6 月。

生态习性：性喜高温多湿环境，不耐寒，能抗轻微霜。性喜阳光又耐阴。适宜在肥沃疏松、湿润的土壤中生长。

应用：艳山姜叶片宽大，色彩绚丽迷人，是一种极好的观叶植物，特别是与黄蜡石配置造景，生机盎然。也适合种植在溪水旁或树荫下。

### 9. 瓷玫瑰

学名：*Etlingera elatior*

姜科艳山姜属

别名：火炬姜

原产：热带非洲。

形态特征：多年生根茎类草本植物。茎枝成丛生长，在原产地株高可达 10m 以上，在中国栽培一般仅 2～5m。茎秆被叶鞘所包。叶互生，2 行排列，叶片绿色，线形至椭圆形或椭圆状披针形，叶长 30～60cm，光滑，有光泽。花为基生的头状花序，圆锥形球果状，似熊熊燃烧的火炬，故名火炬姜；花序在春夏秋三季从地下茎抽出，高可达 1～2m，直径约为 15～20cm，花柄粗壮；苞片粉红色，肥厚，瓷质或蜡质，有光泽；花上部唇瓣金黄色，似含苞待放的玫瑰，故又名瓷玫瑰。花期全年，盛花期为 5—10 月。

生态习性：性喜高温高湿，生长适温 25～30℃，喜欢阳光充足的环境，但耐半日照，生育初期宜稍蔽阴。栽培土壤以疏松、透水、富含腐殖质的沙质壤土最好。由于植株高大，栽培处宜避风。

应用：花型独特，花色艳丽，具有玫瑰的艳丽和牡丹的华贵，是一种具有较高观赏价值的高档花卉，主要用于园林观赏，同时也是一种美丽的重要鲜切花，还可做成大型盆栽供室内观赏。

### 10. 红球姜

学名：*Zingiber zerumbet*

姜科姜属

原产：亚洲热带地区。

形态特征：多年生根茎类球根花卉，株高 0.6～2m。叶呈二列，叶鞘抱茎；叶片披针形至长圆状披针形，长 15～40cm，宽 3～8cm，无毛或背面被疏长柔毛；无柄或具短柄；叶舌长 1.5～2cm。穗状花序着生于花茎顶端，近长圆形，松果状；苞片密集，覆瓦状排列，幼时绿色，后转红色；小花具细长花冠筒，3 裂，白色。花期夏、秋季。

生态习性：喜半阴，生于林下阴湿处。适于各种土壤生长，以肥沃、排水良好的壤土或者沙壤土、腐殖质土种植最好。喜温热气候，植株对光照强弱反应不敏感，既喜阳又耐阴，最适温度 22～30℃，冬季休眠。

应用：红球姜有香味，花序形状奇特，花期较长，可作盆栽观赏用。当红球姜花序转红后，可剪下来插花观赏，观赏期长，适宜作切花用。也可用于庭院栽植或池畔配置形成景观。

## 11. 海芋

学名：*Alocasia odora*

天南星科海芋属

原产：云南、海南等地海拔 200~1100m 的热带雨林及野芭蕉林中。

形态特征：大型常绿草本植物，具匍匐根茎，有直立的地上茎，随植株的年龄和人类活动干扰程度的不同，茎高有不到 10cm 的，也有高达 3~5m 的，粗 10~30cm。叶多数，叶柄绿色，螺状排列，长 1.5m，边缘波状，叶柄和中肋变黑色、褐色或白色。在种植环境空气湿度大时会出现叶尖滴水现象，故名"滴水观音"。花序柄 2~3 枚丛生，佛焰苞管部绿色，长 3~5cm；肉穗花序芳香，雌花序白色，长 2~4cm。浆果红色，卵状。花期四季，但在浓密的林下常不开花。

生态习性：喜高温、潮湿，耐阴，畏夏季烈日，直接曝晒会出现焦叶。避免强风、强光。

应用：大型观叶植物，宜用大盆或木桶栽培，生长十分旺盛、壮观，适于布置大型厅堂或室内花园，也可栽于热带植物温室。

## 12. 花叶芋

学名：*Caladium bicolor*

天南星科花叶芋属

原产：南美巴西。

形态特征：多年生块茎类球根花卉。基生叶盾状箭形或心形，色泽美丽，变种极多；叶柄光滑，长 15~25cm，为叶片长的 3~7 倍；叶片表面满布各色透明或不透明斑点，背面粉绿色，戟状卵形至卵状三角形，先端骤狭具凸尖，后裂片长约为前裂片的 1/2，长圆状卵形。佛焰苞外面绿色，内面绿白色，基部常青紫色；肉穗花序。花期 4 月。

生态习性：喜高温、高湿和半阴环境，不耐低温和霜雪，要求土壤疏松、肥沃和排水良好。不喜强光，荫蔽度 30%~40%。

应用：花叶芋叶片色泽美丽，变种极多，适于温室栽培观赏，夏季是花叶芋的主要观赏期，叶子的斑斓色彩充满着凉意。适合于园林、庭院和室内栽植，也可置于檐廊、窗边和室内案头，富丽典雅，清新悦目，富有热带情趣。

## 13. 马蹄莲

学名：*Zantedeschia aethiopica*

天南星科马蹄莲属

原产：非洲东北部及南部。世界各地广泛栽培。

形态特征：多年生块茎类草本花卉。叶基生，叶柄长，下部具鞘；叶片较厚，绿色，心状箭形或箭形，先端锐尖、渐尖或具尾状尖头，基部心形或戟形，全缘，长 15~45cm，宽 10~25cm。佛焰苞长 10~25cm，黄色；檐部略后仰，锐尖或渐尖，具锥状尖头，亮白色，有时带绿色。肉穗花序圆柱形，黄色；雌花序长 1~2.5cm；雄花序长 5~6.5cm。浆果短卵圆形，淡黄色，直径 1~1.2cm，有宿存花柱。

生态习性：喜温暖、湿润和阳光充足的环境。不耐寒和干旱。生长适温为 15~25℃。

喜水，生长期土壤要保持湿润，夏季高温期块茎进入休眠状态后要控制浇水。土壤要求肥沃、保水性能好的黏质壤土。

应用：马蹄莲挺秀雅致，花苞洁白，宛如马蹄，叶片翠绿，缀以白斑，花叶俱美，已成为国际花卉市场上重要的切花种类之一。常用于花束、花篮、花环和瓶插，装饰效果特别好，在欧美国家是新娘捧花的常用花。矮生和小花型品种盆栽可摆放于台阶、窗台、阳台、镜前，充满异国情调，生动可爱。也可配植庭园，尤其丛植于水池或堆石旁，开花时非常美丽。

### 14. 美人蕉类

学名：*Canna* spp.

美人蕉科美人蕉属

原产：美洲、亚洲和非洲热带地区。中国大部分地区有种植。

形态特征：多年生根茎类草本花卉。地上茎由叶鞘互相抱合形成假茎，丛生状；假茎和叶片常被有一层蜡质白粉。叶片较大，椭圆状披针形，全缘，有绿色、亮绿色和古铜色，也有黄绿镶嵌或红绿镶嵌的花叶品种。花瓣萼片状，艳丽的花瓣实为瓣化的雄蕊；总状花序。

生态习性：喜温暖湿润、阳光充足的环境。不耐寒，在全年温度高于16℃的地区可全年开花。喜光，耐半阴。性强健，适应性强，不择土壤。

应用：花大色艳，茎叶繁茂，花期长，在园林中应用极为广泛，适宜用作花坛、花境，也可丛植于草坪边缘或绿篱前，还可作基础栽植及阳性地被植物。也是净化空气及水质的良好的环保植物材料。

### 15. 红花酢浆草

学名：*Oxalis corniculata*

酢浆草科酢浆草属

原产：巴西及南非好望角。现广布各热带地区。

形态特征：多年生根状茎草本植物，高10～35cm，全株被柔毛。根茎稍肥厚。茎细弱，多分枝，直立或匍匐，匍匐茎节上生根。叶基生或茎上互生；托叶小，长圆形或卵形，边缘被密长柔毛，基部与叶柄合生，或同一植株下部托叶明显而上部托叶不明显；小叶3，无柄，倒心形，长4～16cm，宽4～22cm，先端凹入，基部宽楔形，两面被柔毛或表面无毛，边缘具贴伏缘毛。花单生或数朵集为伞形花序状，腋生，总花梗淡红色，与叶近等长；花梗长4～15cm，果后延伸；花瓣5，黄色，长圆状倒卵形，长6～8cm，宽4～5cm；花丝白色半透明，有时被疏短柔毛，基部合生。花期3—12月。

生态习性：喜向阳、温暖、湿润的环境，夏季炎热地区宜遮半阴。抗旱能力较强，不耐寒。对土壤适应性较强，一般园土均可生长，但以腐殖质丰富的沙质壤土生长旺盛，夏季有短期的休眠。花与叶对光照敏感，白天、晴天开花；夜间及阴雨天闭合。

应用：花叶柔美，生长强健，不择土壤，是优良的地被植物，适宜园林及庭院种植，也可盆栽观赏。

## 四、常见热带水生花卉种类及特征简述

### 1. 梭鱼草

学名：*Pontederia cordata*

雨久花科梭鱼草属

原产：美洲热带和温带。中国华北、华南等地有引种栽培。

形态特征：多年生挺水草本植物，株高 80～150cm。叶柄绿色，圆筒形，叶片光滑，呈橄榄色，倒卵状披针形；叶基生广心形，端部渐尖。穗状花序顶生，长 5～20cm，小花密集在 200 朵以上，蓝紫色带黄斑点，直径约 10mm，花被裂片 6 枚，近圆形，裂片基部连接为筒状。果实初期绿色，果皮坚硬，成熟后褐色。种子椭圆形。花果期 5—10 月。

生态习性：喜温暖湿润、光照充足的环境，生长适温为 18～35℃，10℃ 以下停止生长。

应用：植株挺拔秀丽，叶色翠绿，花色迷人，花期较长，可用于家庭盆栽、池栽，也可广泛用于园林美化，栽植于河道两侧、池塘四周、人工湿地，与千屈菜、花叶芦竹、水葱、再力花等相间种植。

**2. 王莲**

学名：*Victoria amazonica*

睡莲科王莲属

原产：南美热带地区，主要产于巴西、玻利维亚等国。现已引种到世界各地大植物园和公园。

形态特征：初生叶呈针状，长至 2～3 片时矛状，4～5 片时呈戟形，6～7 片叶时完全展开呈椭圆形至圆形，到 11 片叶后叶缘上翘呈盘状，叶缘直立，叶片圆形，像圆盘浮在水面，直径可达 2m 以上，叶面光滑，绿色略带微红，有皱褶，背面紫红色。叶柄绿色，长 2～4m，叶子背面和叶柄有许多坚硬的刺，叶脉为放射网状。花单生，直径 25～40cm，有 4 片绿褐色的萼片，呈卵状三角形，外面全部长有刺；花瓣数目很多，呈倒卵形，长 10～22cm，雄蕊多数，花丝扁平；子房下部长有密密麻麻的粗刺。花期为夏或秋季，傍晚伸出水面开放，甚为芳香，第一天白色，有白兰花香气，次日逐渐闭合，傍晚再次开放，花瓣变为淡红色至深红色，第 3 天闭合并沉入水中。浆果呈球形，种子黑色。

生态习性：于高温、高湿、阳光充足的环境下生长发育。生长适宜的温度为 25～35℃，低于 20℃ 时，停止生长。

应用：

（1）观赏：王莲泛指王莲属植物的统称。该属植物均是热带著名水生庭园观赏植物，具有世界上水生植物中最大的叶片，直径可达 3m 以上，叶面光滑，叶缘上卷，犹如一只只浮在水面上的翠绿色大玉盘；因其叶脉与一般植物的叶脉结构不同，呈肋条状，似伞架，所以具有很大的浮力，最多可承受 60～70kg 重的物体而不下沉。

（2）食用：果实成熟时，内含 300～500 粒种子，多的可达 700 颗。种子大小如莲子，富含淀粉，可食用，当地人称之为"水玉米"。

常见的同属植物：

亚马孙王莲 *V. amazonica*；

克鲁兹王莲 *V. cruziana*；

紫叶王莲 *V. regalis*；

特里克王莲 *V. trickeri*；

长木王莲 *V. regia* 'Longwood'。

**3. 睡莲**

学名：*Nymphaea tetragona*

睡莲科睡莲属

原产：北非和东南亚热带地区，少数产于南非、欧洲和亚洲的温带和寒带地区，如日本、朝鲜、印度、俄罗斯西伯利亚等地。中国各省区均有栽培。

形态特征：多年生浮叶型水生草本植物，根状茎肥厚，直立或匍匐。叶二型，浮水叶浮生于水面，圆形、椭圆形或卵形，先端钝圆，基部深裂成马蹄形或心脏形，叶缘波状全缘或有齿；沉水叶薄膜质，柔弱。花单生，有大小与颜色之分，浮水或挺水开花；萼片4，花瓣、雄蕊多。果实为浆果，在水中成熟，不规律开裂；种子坚硬，深绿或黑褐色，为胶质包裹，有假种皮。3—4月萌发长叶，5—8月陆续开花，每朵花开2～5天。花后结实。10—11月茎叶枯萎。翌年春季又重新萌发。

生态习性：喜阳光，喜通风良好的环境。对土质要求不严，在pH 6～8的条件下均可正常生长，最适水深25～30cm，最深不得超过80cm。喜富含有机质的壤土。

应用：

（1）园林观赏：在庭院水景园中常以睡莲作为专类园，也可采用盆栽和池栽相结合的布置手法，在园林水景和园林小品中经常出现。还可作睡莲水石盆景。

（2）环境修复：睡莲对重金属具有吸附作用。

同属常见的种类有：

红花睡莲 *N. rubra*；

南非睡莲 *N. capensis*；

厚叶睡莲 *N. crassifolia*；

蓝睡莲 *N. caerulea*；

白睡莲 *N. alba*；

黄睡莲 *N. mexicana*。

**4. 荷花**

学名：*Nelumbo nucifera*

睡莲科莲属

原产：分布在中亚、西亚、北美。常见于印度、中国、日本等亚热带和温带地区。

形态特征：多年生挺水植物。地下部分具有肥大多节的根状茎，叶盾状圆形，全缘或稍呈波状。幼叶常自两侧向内卷，表面蓝绿色，被蜡质白粉，背面淡绿色，叶脉明显隆起；具粗壮叶柄，被短刺。花单生于花梗顶端，花径10～25cm；萼片4～5枚，绿色，花后掉落；花瓣多数，单瓣品种20枚左右，重瓣品种多达100枚以上；花色有红色、粉红色、白色、乳白色和黄色。群体花期6—9月，果熟期9—10月。

生态习性：喜光，生育期需要全光照的环境。荷花极不耐阴，在半阴处生长就会表现出强烈的趋光性。性喜相对稳定的平静浅水、湖沼、泽地、池塘，需水量由其品种而定，大株型品种如古代莲、红千叶相对要求水位较深，但不能超过1.7m；中小株形只适于20～60cm的水深。

应用：

（1）食用：是上好的蔬菜和蜜饯果品。莲叶、莲花、莲蕊、莲藕等均可食用，均是中国人喜爱的药膳食品。

（2）药用：荷花、莲子、莲衣、莲房、莲须、莲子心、荷叶、荷梗、藕节等均可药用。荷花能活血止血、去湿消风、清心凉血、解热解毒。莲子能养心、益肾、补脾、涩肠。莲须能清心、益肾、涩精、止血、解暑除烦、生津止渴。荷叶能清暑利湿、升阳止血、减肥瘦身，其中荷叶碱成分对于清洗肠胃、减脂排瘀有奇效。藕节能止血、散瘀、解热毒。荷梗能清热解暑、通气行水、泻火清心。

（3）观赏：通常用作荷花水景园，也可用作盆栽及插花。

### 5. 美洲槐叶萍

学名：*Salvinia nuriculata*

槐叶萍科槐叶萍属

原产：热带及亚热带地区。中国东北到长江以南地区都有分布。

形态特征：茎细长，横走，无根，密被褐色节状短毛。叶3片轮生，2片漂浮水面，1片细裂如丝，在水中形成假根，密生有节的粗毛，水面叶在茎两侧紧密排列，形如槐叶，叶片长圆形或椭圆形，长8～13cm，宽5～8mm，先端圆钝头，基部圆形或略呈心形，中脉明显，侧脉约20对，脉间有5～9个突起，突起上生一簇粗短毛，全缘，上面绿色，下面灰褐色。孢子果4～8枚聚生于水下叶的基部。

生态习性：生于水田、沟塘和静水溪河内，喜温暖、无污染的静水水域。

应用：

（1）药用：全株入药，可清热解毒，消肿止痛。

（2）园林中可用于庭院水景园。

### 6. 水竹芋

学名：*Thalia dealbata*

竹芋科水竹芋属

别名：再力花

原产：美国南部和墨西哥热带。中国有栽培。

形态特征：植株高可达2m。叶互生，叶片卵形，叶色青绿，叶缘紫色，上被白粉，叶片长20～40cm，宽10～15cm，具较长叶柄。花序总状，小花多数，花冠淡紫色。花期7—9月。

生态习性：性喜温暖、湿润和阳光充足的环境，不耐寒。在微碱性的土壤中生长良好。

应用：为珍贵水生花卉，株形美观洒脱，叶色翠绿可爱，适于水池湿地种植美化，是水景绿化的上品花卉，也可用作盆栽观赏。

### 7. 黄花蔺

学名：*Limnocharis flava*

花蔺科黄花蔺属

原产：中国云南（西双版纳）和广东沿海岛屿。缅甸南部、泰国、斯里兰卡、马来半岛、印度尼西亚（苏门答腊、爪哇）、亚南巴斯群岛、加里曼丹岛等有分布，在美洲热带较为普遍。

形态特征：叶丛生，挺出水面；叶片卵形至近圆形，长6～28cm，宽4.5～20cm，亮绿色，先端圆形或微凹，基部钝圆或浅心形；叶柄粗壮，三棱形。花葶基部稍扁，上部三棱形；伞形花序有花 2～15 朵，有时具 2 叶；苞片绿色，圆形至宽椭圆形；内轮花瓣状花被片淡黄色，基部黑色，宽卵形至圆形。果圆锥形。花期 3—4 月。

生态习性：生于沼泽地或浅水中，海拔达 600～700m 处。适应年平均气温高、相对湿度大、降雨量集中、干湿明显的环境。喜光，光照不足时影响幼苗生长。

应用：植株株形奇特，叶黄绿色、叶阔，花黄绿色、朵数多、开花时间长，是热带盛夏水景绿化的优良材料。单株种植或 3～5 株丛植，也可成片布置，效果均好。也用于盆、缸栽，摆放到庭院供观赏，还可食用或作家畜饲料。

### 8. 黄花鸢尾

学名：*Iris wilsonii*

鸢尾科鸢尾属

原产：中国湖北、陕西、甘肃、四川、云南等地。

形态特征：植株基部有老叶残留的纤维。根状茎粗壮，斜伸。叶基生，灰绿色，宽条形，长 25～55cm，宽 5～8mm，顶端渐尖，有 3～5 条不明显的纵脉。花茎中空，高 50～60cm，有 1～2 枚茎生叶；苞片 3，草质，绿色，披针形，顶端长渐尖，中脉明显，内包含有 2 朵花；花黄色，直径 6～7cm；花梗细；外花被裂片倒卵形，长 6～6.5cm，宽约 1.5cm，具紫褐色的条纹及斑点，爪部狭楔形。蒴果椭圆状柱形，种子棕褐色，扁平，半圆形。花期 5—6 月，果期 7—8 月。

生态习性：喜湿润且排水良好、富含腐殖质的沙壤土或轻黏土，有一定的耐盐碱能力，如在 pH 8.7、含盐量 0.2％的轻度盐碱土中能正常生长。喜光，也较耐阴，在半阴环境下也可正常生长。喜温凉气候，耐寒性强。

应用：

(1) 观赏：叶片翠绿如剑，花色艳丽而大型，靓丽无比，极富情趣，可布置于园林中池畔河边的水湿处或浅水区，既可观叶，亦可观花，是观赏价值很高的水生植物。如点缀在水边的石旁、岩边，更是风韵优雅，清新自然。

(2) 药用：根状茎可用于治疗咽喉肿痛。

### 9. 海菜花

学名：*Ottelia acuminata* var. *acuminata*

水鳖科水车前属

原产：为中国特有种，分布于广东、海南、广西、四川、贵州和云南。

形态特征：茎短缩。叶基生，沉水，叶形态大小变异很大，披针形、线状长圆形、卵形或广心形，先端钝或渐尖，基部心形或垂耳形，全缘、波状或具微锯齿，叶柄随水体深浅而异，生于水田中的长 5～20cm，生于湖泊中则长达 3m。花单性，雌雄异株，佛焰花序，先后在水面开放，花后连同佛焰苞沉入水底。雄花花梗长 4～10cm，绿白色，萼片 3，绿白色至深绿色，披针形，长 8～15mm；花瓣 3，白色，基部 1/3 黄色或全部黄色，倒心形，长 1～3.5cm，雄蕊 9～12，黄色；雌花花柱 3，橙黄色。花期 5—10 月，在温暖地区全年可见开花。果褐色。

生态习性：喜温暖。沉水植物，可生长在 4m 的深水中，要求水体清澈透明，叶片形状、叶柄和花莛的长度因水的深度和水流急缓而有明显的变异。生于湖泊、池塘、沟渠及水田中。

应用：

（1）研究：为中国特有植物，曾经广泛分布于中国西南、华南诸省。特别是在广西西南部高原台地的河溪与云南湖泊当中能形成稳定的沉水植物群落。但20世纪60年代以来由于水体污染及其他因子影响，海菜花分布面积日渐缩小。海菜花为渐危种植物，并非濒危植物。对水质污染很敏感，只要水有些污染，海菜花就会死亡，可作为水域污染的环境监测植物。

（2）食用：藤茎可食用，营养价值很高。

（3）观赏：在小河大溪等水域中，水面上漂浮着朵朵白花，星星点点，几乎整年都在开花，为珍贵的水生植物。

## 五、常见热带草坪草及地被植物种类及特征简述

### 1. 结缕草

学名：*Zoysia japonica*

禾本科结缕草属

原产：分布于朝鲜、日本以及中国等地。

形态特征：多年生草本植物。植株直立，茎叶密集，属深根性植物，须根一般可深入土层达30cm以上。具有坚韧的地下根状茎及地上匍匐枝，于茎节上产生不定根。茎高12～15cm。幼叶呈卷包形，成熟的叶片革质，上面常具柔毛；叶片长3cm，宽2～3mm，具一定的韧度，呈狭披针形，先端锐尖，叶片光滑。叶舌不明显，表面具白色柔毛。总状花序，小穗卵圆形，由绿转变为紫褐色。种子成熟后易脱落，外层附有蜡质保护物、不易发芽，播种前需对种子进行处理以提高发芽率。

生态习性：适应性强，喜光、抗旱、耐高温、耐贫瘠，喜深厚肥沃、排水良好的沙质土壤。在微碱性土壤中亦能正常生长。入冬后草根在−20℃左右能安全越冬，气温20～25℃生长最盛，30～32℃生长速度减弱，36℃以上生长缓慢或停止，但极少出现夏枯现象，秋季高温而干燥可提早枯萎，使绿期缩短。

应用：贴地而生，植株低矮，且又坚韧耐磨、耐践踏，具良好的弹性，因而在园林、庭园及体育运动场地广为运用，是较理想的运动场草坪草及较好的固土护坡植物。

### 2. 细叶结缕草

学名：*Zoysia tenuifolia*

禾本科结缕草属

原产：主要分布于日本及朝鲜南部地区，早年引入中国，目前已在黄河流域以南等地区广泛种植，是中国栽培较广的细叶型草坪草种。

形态特征：多年生草本植物。通常呈丛状密集生长，高10～15cm，茎秆直立纤细。具地下茎和匍匐枝，节间短，节上产生不定根，须根多浅生。叶狭长，疏生柔毛，叶质地柔软，翠绿。叶片丝状内卷。

生态习性：喜光，不耐阴，耐湿，耐寒力较日本结缕草差。与杂草竞争力极强，夏秋季节生长茂盛，油绿色，能形成单一草坪，且在华南地区夏、冬季不枯黄。在华东地区于4月初返青，12月初霜后枯黄。在西安、洛阳等地，绿期可达185d左右。

应用：该草色泽嫩绿，草丛密集，杂草少，外观平整美观，具有良好的弹性，易形成草皮。常种植于花坛内作为封闭式花坛草坪或用作塑造草坪造型供人观赏，又因其耐践

踏，故也用于医院、学校、宾馆、工厂等专用绿地，作开放型草坪。也可植于堤坡、水池边、假山石缝等处，固土护坡、绿化和保持水土。

**3. 沟叶结缕草**

学名：*Zoysia matrella*

禾本科结缕草属

原产：分布于亚洲和大洋洲热带地区，产于中国广东、海南、台湾等省和地区，生于海滩沙地上。

形态特征：具横走、细弱的根茎。叶片质硬，内卷，上面有纵沟，长 3～4cm，宽 2mm，顶端尖锐。

生态习性：品质好，耐践踏，抗性强，耐寒性介于上述二者之间。其他习性与细叶结缕草相似。

应用：优秀的庭院观赏草坪，广泛应用于园林绿地。

**4. 狗牙根**

学名：*Cynodon dactylon*

禾本科狗牙根属

原产：广泛分布于温带地区，中国黄河流域以南各地均有野生种，新疆的伊犁、和田亦有野生。

形态特征：多年生草本植物，具根状茎和葡匐枝，节间长短不一。茎秆平卧部分可长达 1m，并于节上产生不定根和分枝。幼叶折叠形，成熟的叶片呈扁平的线条形，长 3.8～8cm，宽 1～2mm，前端渐尖，边缘有细齿，叶色浓绿。叶舌边缘有毛，长 2～5mm；无叶耳，叶托窄，边缘有毛。穗状花序指状排列于茎顶，分枝长 3～4cm。种子成熟易脱落，具一定的自播能力。

生态习性：在世界范围内适合温暖湿润和温暖半干旱地区，稍耐阴，有一定的抗寒性。浅根系，须根少，夏季干旱气候，易出现匍匐茎嫩尖干枯。狗牙根极耐践踏，喜排水良好的肥沃土壤，在轻盐碱地上生长较快，在良好的条件下常入侵其他草坪地。在华南地区周年绿期达 270d。

应用：极耐践踏，再生能力强，适宜建植运动草坪，比较适于用作高尔夫球场的高草区草坪，也可作为庭院草坪、设施草坪和水土保持草坪。因质地粗糙。一般不作高质量草坪。

**5. 矮生百慕大**

学名：*Cynodon dactylon*×*C. transvadlensis* 'Tifdwarf'

禾本科狗牙根属

原产：广布于全球南北温带到热带、亚热带地区，中国华北以南均有分布，是中国中南部野生乡土草种。

形态特征：普通狗牙根和非洲狗牙根的杂交品种。为多年生草本植物，具细韧的须根和短根茎。茎葡匐地面，可长达 1m，节间着地即能生根。

生态习性：根系发达，生长极为迅速，耐旱耐踏性突出，所建成的草坪健壮致密，杂草难以入侵。但生长在其他草坪中则为恶性杂草。耐盐碱，最突出的优点是耐低修剪（3～5mm）。

应用：是我国南方地区最好的高尔夫果岭用草之一，也适用于公园开放式绿地、运动场、公路绿化带等。用多年生黑麦草冬季补播可使矮生百慕大草坪一年四季常绿。

### 6. 假俭草

学名：*Erenochloa ophiuroides*

禾本科蜈蚣草属

原产：主要分布于中国长江以南各省区。

形态特征：植株低矮，高 10~15cm，具发达的贴地生长的匍匐茎。茎秆直立，线形叶基生，革质先端略钝。总状花序顶生，花穗较其他草多，花期时一片棕黄色。

生态习性：喜湿润，耐旱。适宜生长在降雨量 800mm 以上的地带，在长期干旱无雨的环境下，叶片卷折而呈干枯状，但遇水分充足时立即恢复生长。耐热，较耐寒，抗寒性介于狗牙根和钝叶草之间。适应性强，在轻黏土、酸性土、微碱性土中均能生长。耐贫瘠，对土壤要求不严，适生于 pH6.5~7.5 的肥沃壤土及沙壤土，但在红壤、黄壤及山地棕壤土上均能生长。喜光，较耐阴，光照充足时生长旺盛。具有很强的抗二氧化硫和吸附灰尘的能力。

应用：假俭草是我国南方栽培较早的优良草坪草之一。植株低矮、茎叶密集、成坪后整齐美观、绿期长且具有抗二氧化硫和吸附灰尘的能力，抗病虫害能力也较强，适用于各类园林绿地如休憩草坪、观赏草坪、飞机场草坪、水土保持草坪等。

### 7. 地毯草（大叶油草）

学名：*Axonopus compressus*

原产：南美洲，世界各地热带、亚热带地区有引种栽培。中国早期从美洲引入，在台湾、广东、广西、海南、云南等省区有分布。

形态特征：多年生草本，植株低矮，具长匍匐茎。因其匍匐枝蔓延迅速，每节上都可抽枝长出新植株，植株平铺地面呈毯状，故称地毯草。秆扁平，节上密生白色柔毛，高 8~30cm。叶片柔软，宽短线性，翠绿色。

生态习性：典型的热带、亚热带暖季型草坪草。耐寒性较差，无夏枯现象。喜光，但又有较强的耐阴性。对土质要求不严，适宜在潮湿、沙质或低肥沙壤土上生长，但在水淹条件下生长不良。再生能力强，耐践踏。不耐盐，抗旱性比大多数暖季型草坪草差。夏季干旱无雨时，叶尖易干枯。由于匍匐枝蔓延迅速，每节均能产生不定根和分蘖新枝，因此侵占能力极强，容易形成平坦密集的草层。

应用：我国华南地区主要的暖季型草坪草之一。生长快，草姿美观，可形成粗糙、致密、低矮、浅绿色的草坪，可用于热带地区的庭院、公园和体育场草坪。由于其耐酸性和耐瘠薄的土壤，也是优良的护坡固土草种。

### 8. 海滨雀稗（夏威夷草）

学名：*Paspalum vaginatum*

禾本科雀稗属

原产：原产于南北纬30°的热带、亚热带沿海地区。现广泛分布于整个热带和亚热带。

形态特征：具有根茎和匍匐茎，匍匐茎甚长，可长达数十厘米，花梗长，节无毛。叶片线形，长 2.5~15cm，宽 2~3mm；叶鞘生于节间，具脊棱；叶舌长 0.5~1mm。总状花序 2 枚，对生。穗轴 3 棱，反复曲折。小穗单生，覆瓦状排列，长 3.5~4mm；内颖质薄，无毛；上位外稃稍船形，顶端具一束短毛。

生态习性：根系发达，入土深，极耐旱。极耐践踏，受损后的恢复能力比天堂328、419强，恢复速度快。极耐热、抗病虫性强，对叶斑病、根腐病和赤霉病等主要病害和黏虫、线虫均有抗性。耐寒能力强。

应用：叶片深绿色，质地细腻，形成的草坪致密、整齐、均一。侵占性、扩展性很强，抗杂草入侵。极耐低修剪，用于高尔夫球果岭草坪时可修剪至3.2mm，比同样修剪高度下的狗牙根颜色更深、密度更高，景观效果更好。也可作为滨海地区庭院高质量的观赏草坪草。

### 9. 白三叶

学名：*Trifolium repens*

蝶形花科车轴草属

原产：栽培种，分布于欧洲、非洲和中国。

形态特征：侧根和须根发达。具发达的匍匐蔓茎，节上生根，全株无毛。掌状三出复叶；托叶卵状披针形；叶柄较长；小叶倒卵形至近圆形，长8～30mm，宽8～25mm，先端凹头至钝圆，基部楔形渐窄至小叶柄；小叶柄长1.5mm，微被柔毛。顶生花序球形，直径15～40mm；总花梗甚长，比叶柄长近1倍，具花20～80朵，密集；无总苞；苞片披针形，膜质，锥尖；花长7～12mm；花梗比花萼稍长或等长，开花立即下垂；花冠白色、乳黄色或淡红色，具香气。旗瓣椭圆形，比翼瓣和龙骨瓣长近1倍，龙骨瓣比翼瓣稍短。荚果长圆形，种子阔卵形。

生态习性：对土壤要求不高，尤其喜欢黏土耐酸性土壤，也可在沙质土中生长，pH5.5～7，甚至4.5也能生长，喜弱酸性土壤不耐盐碱，pH6～6.5时，对根瘤形成有利。为长日照植物，不耐阴，喜阳光充足的旷地，具有明显的向光性运动；具有一定的耐旱性，35℃左右的高温不会萎蔫，其生长的最适温度为16～24℃。喜温暖湿润气候，不耐长期积水。

应用：富含多种营养物质和矿物质元素，具有很高的饲用、绿化、遗传育种和药用价值，可作为绿肥，还可用于蜜源和药材等。园林上用于护坡绿化及庭院草坪。

### 10. 蔓花生

学名：*Arachis duranensis*

蝶形花科落花生属

原产：亚洲热带及南美洲。中国华南地区广泛种植。

形态特征：蔓生藤本，具发达的匍匐茎，有明显主根，须根多，均有根瘤。复叶互生，小叶2对，晚上闭合，倒卵形，革质，全缘。花腋生，蝶型；花金黄色；花柄细长，高出匍匐茎叶，伸出地面。荚果桃形。

生态习性：蔓花生在全日照及半日照下均能生长良好，有较强的耐阴性。对土壤要求不严，但以沙质壤土为佳。生长适温18～32℃。有一定的耐旱及耐热性，对有害气体的抗性较强。

应用：观赏性强，四季常绿，可用于园林绿地及道路隔离带。根系发达，也可用于公路、边坡等护坡绿化。不容易滋生杂草和病虫害，一般不修剪，为优秀的低维护、美观的地被植物。

# 实训项目

## 实训 1-1　热带草本花卉种类识别

**（一）目的要求**

热带草本花卉在热带园林花坛、花境等景观构成中占有重要地位，包括一年生、宿根、球根、岩生及室内观叶花卉等，是室内外园林绿地花卉的主要种类及景观的主要贡献者。本实习通过现场教学结合自行调查总结，使学生掌握本地区常见的草本花卉种类、形态特征、生态习性及园林应用形式，进一步巩固常见热带草本花卉认知水平。

**（二）时间与地点**

5月下旬及11月下旬。选择草本花卉种类丰富、应用形式多样的各类公园、绿地。

**（三）材料及用具**

相机、卷尺、记录本。

**（四）内容与方法**

首先由指导教师带领学生到实习地点进行现场讲解和识别，了解各种花卉的主要识别特征，理解其所属的科属和分类中所属的类型、生态习性、观赏特征及园林用途。学生参考实习指导，分组对常见花卉的株高、冠幅、密度、应用等形式进行调查，教师答疑。

**（五）作业**

完成调查地点的常见草本花卉名录。

## 实训 1-2　热带水生花卉的种植

**（一）目的要求**

通过实习使学生掌握热带水生花卉的播种和种植技术。

**（二）时间与地点**

4月上旬，教学实践基地。

**（三）材料和用具**

（1）材料：莲子、基质等。

（2）用具：解剖刀、小铲、枝剪、花盆、缸等。

**（四）内容与方法**

播种栽培要挑选来源可靠、粒大饱满、表皮光亮的莲子。莲子无休眠期，四季均可育苗，以春季育苗较好，气温在26℃左右为宜。春季在温度、光照适宜的情况下，莲子从育苗到开花通常需要50~60d，可分期分批育苗，延长观赏期。

**1. 播种程序**

（1）种子刻伤处理：用枝剪把莲子凹点端的种皮剪破，注意不要刻伤种胚，更不要完全去除种皮。

（2）浸种催芽：将破壳的莲子放入浅盘中，用30℃左右的温水泡3~6h，待种子发芽后置于阳光充足处继续养护管理，不可缺水，2周后种子长出2~3片真叶，根长出至5cm左右即可入盆栽植。

（3）分苗移栽：根据不同的品种选择适宜的花盆。选择没有底孔的花盆或水缸，铺入有机质丰富、无病虫害的泥炭土或塘泥，把种子和根部栽入盆泥中2~3cm，荷叶露出，然后加水，以荷叶挺出水面为宜。将花盆或水缸放在阳光充足的地方。生长过程中不再换水，亦不能缺水。

**2. 盆栽荷花的日常管理**

（1）施肥：结合盆栽荷花的品种及长势，薄肥勤施。施肥的原则为浮叶期少施，立叶期勤施，花果期多施。

（2）浇水：一般夏季每周补水 1 次，不可缺水。

（3）病虫害防治：病虫害较少，感染蚜虫时用 600 倍的洗衣粉水喷施或擦拭叶片。

**（五）作业**

观察荷花的生长发育过程，完成实习报告。

# 第二节　热带木本观赏植物识别

## 一、常见热带观叶类木本植物种类及特征简述

裸子植物亚门 Gymnospermae

**（一）苏铁科 Cycadaceae**

**苏铁**

学名：*Cycas revoluta*

苏铁科苏铁属

原产：中国、日本、菲律宾和印度尼西亚。

形态特征：树干高约 2m，少数达 8m 或更高，圆柱形，有明显螺旋状排列的棱形叶柄残痕。羽状叶从茎的顶部生出，下层的向下弯，上层的斜上伸展，羽状裂片达 100 对以上，条形，厚革质，坚硬，长 9～18cm，向上斜展微成 V 形，边缘显著地向下反卷。雄球花圆柱形，长 30～70cm，有短梗。小孢子飞叶窄楔形，长 3.5～6cm，大孢子叶长 14～22cm，密生淡黄色或淡灰黄色绒毛，上部的顶片卵形至长卵形，边缘羽状分裂，裂片12～18 对，条状钻形，胚珠 2～6 枚，生于大孢子叶柄的两侧，有绒毛。种子红褐色或橘红色，倒卵圆形或卵圆形，稍扁，径 1.5～3cm。花期 6—8 月，种子 10 月成熟。

生态习性：喜暖热、湿润的环境，不耐寒冷，喜光，喜铁元素，稍耐半阴。喜肥沃湿润和微酸性的土壤，但也能耐干旱。生长缓慢，10 余年以上的植株可开花，寿命约 200 年。

应用：苏铁树形古雅，主干粗壮，坚硬如铁；羽叶洁滑光亮，四季常青，为珍贵观赏树种。南方多植于庭前阶旁及草坪内；北方宜作大型盆栽，布置庭院屋廊及厅室，尤为美观。

**（二）泽米铁科 Zamiaceae**

**鳞秕泽米**

学名：*Zamia purpuracea*

泽米铁科泽米属

原产：墨西哥东部韦拉克鲁斯州东南部。

形态特征：鳞秕泽米多为单干，干桩高 15～30cm，少有分枝，有时呈丛生状，粗圆柱形，表面密布暗褐色叶痕，多年生植株的总干基部茎盘处，常着生幼小的萌蘖。叶为大型偶数羽状复叶，丛生于茎顶，长 60～120cm，硬革质，叶柄长 15～20cm，疏生坚硬小刺，羽状小叶 7～12 对，小叶长椭圆形，两侧不等，基部 2/3 处全缘，上部密生钝锯齿，

顶端钝渐尖，边缘背卷，无中脉，叶背可见明显突起的平行脉 40 条。雌雄异株，雄花序松球状，长 10~15cm，雌花序似掌状。

生态习性：喜强光，不耐阴。喜湿润的土壤，稍耐寒，相对湿度中等，50%~60%。

应用：是一种大型名贵观叶植物，世界自然保护联盟红色名录易危（VU）植物。盆栽观姿、观叶，也可庭院栽植观赏。

### （三）南洋杉科 Araucariaceae

#### 1. 南洋杉

学名：*Araucaria heterophylla*

南洋杉科南洋杉属

原产：澳大利亚和新几内亚。

形态特征：乔木，在原产地高达 60~70m，胸径达 1m 以上，树皮灰褐色或暗灰色。大枝平展或斜伸，幼树冠尖塔形，老则成平顶状，侧生小枝密生，下垂，近羽状排列。叶二型：幼树和侧枝的叶排列疏松、开展，锥状、针状、镰状或三角状，长 7~17cm，端锐尖；大树及花果枝的叶排列紧密，宽卵形或三角状卵形，长 5~9mm。雄球花单生枝顶，圆柱形。球果近球形，种子椭圆形。

生态习性：喜光，幼苗喜阴。喜暖湿气候，不耐干旱与寒冷。喜土壤肥沃。生长较快，萌蘖力强，抗风性强。盆栽要求疏松肥沃、腐殖质含量较高、排水透气性强的培养土。

应用：树形高大，姿态优美，和雪松、日本金松、巨杉、金钱松并称为世界五大庭院树种。宜独植作为园景树或作纪念树，亦可作行道树。但以选无强风地点为宜，以免树冠偏斜。也是珍贵的室内盆栽装饰树种。

#### 2. 肯氏南洋杉

学名：*Araucaria cunninghamii*

南洋杉科南洋杉属

原产：大洋洲。

形态特征：树干通直，株高可达 30m，树皮白褐色；侧枝轮生，向上伸长。叶螺旋状排成 7 列，阔线形，具针刺，嫩叶柔软，成树枝叶酷似蓬松的鸡毛掸子。雌雄异株，通常雌花比雄花早开 15 年。球果阔卵形，果鳞先端锐尖具阔翅。

生态习性：以肥沃疏松的沙壤土为宜，喜排水、日照良好。种植地避免强风。性喜温暖至高温，生长适温为 18~28℃。

应用：生性强健，树姿雄伟挺拔，枝叶层层苍翠，为庭院美化高级树种，也是优良的行道树，幼树可盆栽。

### （四）罗汉松科 Podocarpaceae

#### 1. 罗汉松

学名：*Podocarpus macrophyllus*

罗汉松科罗汉松属

原产：中国、日本。

形态特征：乔木，高达 20m，胸径达 60cm；树皮灰色或灰褐色，浅纵裂，成薄片状脱落；枝开展或斜展，较密。叶螺旋状着生，条状披针形，微弯，长 7~12cm，先端尖，基部楔形，上面深绿色，有光泽。雄球花穗状、腋生；雌球花单生叶腋，有梗，基部有少数苞片。种子卵圆形，径约1cm，先端圆，熟时肉质假种皮紫黑色，有白粉，种托肉质圆柱形，红色或紫红色。花期4—5月，种子8—9月成熟。

生态习性：喜温暖湿润气候，耐寒性弱，耐阴性强。喜排水良好湿润的沙质壤土，对土壤适应性强，盐碱土上亦能生存。对二氧化硫、硫化氢、氧化氮等多种污染气体抗性较强，抗病虫害能力强。

应用：树姿葱翠秀雅，苍古矫健，韵清雅挺拔，自有一股雄浑苍劲的傲人气势，叶色四季鲜绿，有苍劲高洁之感，适合庭院种植。也是盆景的优良素材，如附以山石，制作成鹰爪抱石的姿态，更为古雅别致。罗汉松与竹、石组景，极为雅致。丛林式罗汉松盆景，配以放牧景物，可给人以野趣的享受。如培养得法，经数十年乃至百年不衰，即成一盆绝佳的罗汉松盆景。

**2. 竹柏**

学名：*Nageia nagi*

罗汉松科罗汉松属

原产：中国广东、广西等省区和日本都有分布。

形态特征：乔木，高达20m，胸径50cm；树皮近于平滑，红褐色或暗紫红色，呈小块薄片脱落；枝条开展或伸展，树冠广圆锥形。叶对生，革质，长卵形、卵状披针形或披针状椭圆形，上面深绿色，有光泽，下面浅绿色。雄球花穗状圆柱形，单生叶腋，常呈分枝状，长1.8～2.5cm，总梗粗短，基部有少数三角状苞片；雌球花单生叶腋，少数成对腋生，基部有数枚苞片，花后苞片不肥大成肉质种托。种子圆球形，直径1.2～1.5cm，成熟时假种皮暗紫色，有白粉。花期3—4月，种子10月成熟。

生态习性：性喜温暖、湿润气候，抗寒性弱，耐阴。对土壤要求严格，腐殖质层深厚、疏松、湿润、酸性的沙壤土至轻黏土较适宜，在贫瘠的土壤上生长极为缓慢，石灰岩地不宜栽培，低洼积水地栽培亦生长不良。

应用：竹柏的枝叶青翠而有光泽，树冠浓郁，树形美观，是近年发展起来的广泛用于庭园、住宅小区、街道等地段绿化的优良风景树及四旁树种。竹柏的叶片和树皮能常年散发缕缕丁香味，有分解多种有害废气的功能，具有净化空气、抗污染和强烈驱蚊的效果。

## 被子植物亚门 Angiospermae

### 双子叶植物纲 Dicotyledoneae

**（五）樟科 Lauraceae**

**1. 香樟**

学名：*Cinnamomum camphora*

樟科樟属

原产：中国南方及西南各省区。越南、朝鲜、日本也有分布。

形态特征：常绿大乔木，高可达30m，胸径可达3m，冠广卵形。叶互生，卵状椭圆形，长6～12cm，宽2.5～5.5cm，先端急尖，基部宽楔形至近圆形，边缘全缘，有时呈微波状，上面绿色或黄绿色，有光泽，下面黄绿色或灰绿色，晦暗，两面无毛或下面幼时略被微柔毛，具离基三出脉，上面明显隆起下面有明显腺窝，窝内常被柔毛；叶柄纤细，长 2～3cm，腹凹背凸，无毛。幼时树皮绿色，平滑，老时渐变为黄褐色或灰褐色纵裂。圆锥花序腋生，长 3.5～7cm。

生态习性：喜光，稍耐阴。喜温暖湿润气候，耐寒性不强。适于生长在沙壤土，较耐水湿，不耐干旱、瘠薄和盐碱土。

应用：气势雄伟，主根发达，深根性，能抗风，是优良的绿化树、行道树及庭荫树。萌芽力强，耐修剪。生长速度中等，树形巨大如伞，能遮阴避凉。存活期长，可以生长为成百上千年的参天古木。有很强的吸烟滞尘、涵养水源、固土防沙和美化环境的能力。木材坚硬美观，宜制家具、箱子。香樟树对氯气、二氧化硫、臭氧及氟气等有害气体具有抗性，能驱蚊蝇，能耐短期水淹。植物全体均有樟脑香气，可提制樟脑和提取樟油，是生产樟脑的主要原料。

**2. 阴香**

学名：*Cinnamomum burmanni*

樟科樟属

原产：中国广东、广西、江西、福建、浙江、湖北和贵州。

形态特征：乔木，高达 14m，胸径达 30cm；树皮光滑，灰褐色至黑褐色，内皮红色，味似肉桂。枝条纤细，绿色或褐绿色，具纵向细条纹，无毛。叶互生或近对生，稀对生，卵圆形、长圆形至披针形，长 5.5～10.5cm，先端短渐尖，基部宽楔形，革质，上面绿色，光亮，下面粉绿色，晦暗，两面无毛，具离基三出脉。圆锥花序腋生或近顶生，花绿白色。果卵球形，长约 8cm，宽 5cm。花期主要在秋、冬季，果期主要在冬末及春季。

生态习性：喜阳光，稍耐阴，喜暖热湿润气候及肥沃湿润沙质土壤。常生于肥沃、疏松、湿润而不积水的地方。自播力强，母株附近常有天然苗生长。适应范围广，中亚热带以南地区均能生长良好。

应用：树姿优美整齐，枝叶终年常绿，有肉桂香味。适应性强，耐寒抗风和抗大气污染，可作庭院风景树、行道树，也是多树种混交伴生的理想树种。

**3. 兰屿肉桂（平安树）**

学名：*Cinnamomum kotoense*

樟科樟属

原产：中国台湾。

形态特征：常绿小乔木，株高可达 6m。叶对生或近对生，卵形或卵状长椭圆形，先端尖，厚革质；叶片大，三出脉明显，浓绿富有光泽。花期 6—7 月，果期 8—9 月。

生态习性：喜湿润、疏松肥沃、排水良好、富含有机质的酸性沙壤土。生长适温为 20～30℃。

应用：树形端正美观，是优良的行道树。枝叶浓绿有光泽，有香气，通常作为室内盆栽观赏，寓意平安吉祥。

**（六）桑科 Moraceae**

**1. 小叶榕**

学名：*Ficus microcarpa*

桑科榕属

28

原产：中国南部、西南部以及大洋洲。

形态特征：乔木，高 15～20m，胸径 25～40cm；树皮深灰色，有皮孔；小枝粗壮，无毛。叶狭椭圆形，长 5～10cm，宽 1.5～4cm，全缘，先端短尖至渐尖，基部楔形，两面光滑无毛。果球形，无总梗，直径 4～5mm。雄花、瘿花、雌花同生于一榕果内壁；雄花极少数，生于榕果内壁近口部，花被片 2，披针形，子房斜卵形，花柱侧生，柱头圆形；瘿花相似于雌花，花柱线形而短。花果期 3—6 月。

生态习性：喜温暖、高湿、长日照、土壤肥沃的生长环境，生长最适宜温度为 20～25℃，30℃ 以上时也能生长良好，不耐寒。耐瘠、耐风、抗污染、耐修剪、易移植、寿命长。

应用：是中国南方重要的园林景观植物，因其是常绿树木，而且具有发达的气生根、枝叶茂密、下垂，树形美观，深受人们喜爱，是南方城乡道路、广场、公园、庭院的主要绿化树种，可单植、列植、群植。

庭院常见的栽培变种：

花叶垂榕 'Variegata'；

白边垂榕 'Bella'；

星光垂榕 'Star Light'；

黄金榕 'Golden Leaves'。

**2. 印度榕**

学名：*Ficus elastica*

桑科榕属

原产：印度、缅甸。

形态特征：高达 30m，富含乳汁，全株无毛。叶厚革质，有光泽，长椭圆形，长 10～30cm，全缘，中脉明显，羽状侧脉多而细；托叶大，淡红色，包被幼芽。花果期 9—11 月。

生态习性：耐阴，喜温暖湿润气候，不耐寒，耐旱，耐瘠薄。抗污染，萌芽力强，耐修剪。

应用：树形高大，叶大，厚革质有光泽，适宜列植、孤植、群植，可作庭荫树。有红叶及各种斑叶的品种。

庭院常见的栽培变种：

黑叶橡胶榕 'Variegata'；

斑叶橡胶榕 'Abidjan'；

白边橡胶榕 'Asahi'。

**3. 高山榕**

学名：*Ficus altissima*

桑科榕属

原产：中国广东、广西及云南南部，多生于山地林中。马来西亚、印度及斯里兰卡也有分布。

形态特征：常绿大乔木，高可达 30m。叶厚革质，广卵形至广卵状椭圆形，长 10～19cm，先端钝，急尖，基部宽楔形，全缘，两面光滑，基生侧脉延长，侧脉 5～7 对，金黄色。叶柄长、粗壮，托叶厚革质。花均为单性花（有些花序内有少数两性花），花小，着生于封闭囊状的肉质花序轴内壁上形成聚花果。榕果成对腋生，椭圆状卵圆形，直径17～28mm，幼时包藏于风帽状苞片内，成熟时红色或带黄色，成熟后相当长一段时间仍留在母树上，种子无休眠期，在果实内就萌发。花期3—4月，果期5—7月。

生态习性：阳性，喜高温多湿气候，耐干旱瘠薄，抗风，抗大气污染，生长迅速，移栽容易成活。

应用：树冠大、广阔，树姿稳健壮观，适应性强。叶厚革质，有光泽；隐头花序形成的果成熟时金黄色，是极好的城市绿化树种。适合用作园景树、行道树和遮阴树。极耐阴，适合在室内长期陈设。也是优良的紫胶虫寄主树。

**4. 黄葛榕**

学名：*Ficus virens* var. *sublanceolata*

桑科榕属

原产：中国华南及西南。

形态特征：落叶或半落叶乔木。叶薄革质或坚纸质，近披针形，先端渐尖，基部圆形或近心形，全缘，无毛。隐花果近球形，熟时黄色或红色。叶互生，纸质，长10～15cm，基出3脉，全缘，侧脉每边7～10条，下面凸起且明显，网脉较明显；托叶广卵形。花序单生或成对腋生或生于已落叶的枝上，成熟时黄色或红色。

生态习性：喜光，耐旱，耐瘠薄，有气生根，适应能力特别强。

应用：春天嫩叶显黄绿色，大量苞叶状托叶从树上落下，营造出一种"落英缤纷"的氛围。随后的一个月时间便进入了树叶由黄变绿的过程，整个过程给人一种期盼感。夏天，浓密的树叶绿油油的一片，为人们提供一个极佳的遮阴空间。进入秋天，树叶渐渐转变成黄色，大片的黄葛榕为南方提供少有的秋色叶景观。适宜作行道树、园景树及庭荫树。

**5. 笔管榕**

学名：*Ficus subpisocarpa*

桑科榕属

原产：中国香港各地，中国南部、西南部及亚洲东南部、缅甸、泰国、中南半岛诸国，马来西亚（西海岸）至日本琉球群岛。

形态特征：落叶大乔木，有时有气根（板根或支柱根），高5～9m。树皮呈暗赭色，稍平滑，小枝灰红色，无毛。叶互生或簇生，薄革质（近纸质），无毛，长椭圆形或矩圆形，长5～12cm，宽2～6cm，先端钝或渐尖，基部钝或圆形，全缘或微波状，具基生3出脉，侧脉7～10对。叶柄长约3～7cm，近无毛；托叶膜质，微被柔毛，披针状卵形，长约2cm，早落。隐头花序，花期5—8月。果实像无花果一样，扁球形，长在树干至树枝上，几乎密布全树；果实呈球形，成熟时紫红色，会引来多种鸟类啄食。因其在每年4月换叶，笔管粗的枝条头部长着红色的叶苞，如蘸着朱丹的毛笔，而别称"笔管榕"；又因其叶是治疗油漆和漆树汁过敏症的良药，而又别称"漆娘舅"。

生态习性：喜温暖、湿润气候。

应用：为良好遮阴树，木材纹理细致，美观，可供雕刻。

**6. 菩提树**

学名：*Ficus religiosa*

桑科榕属

原产：印度、马来西亚、泰国、越南等地。

形态特征：大乔木，高达 15～25m，胸径 30～50cm；树皮灰色，平滑或微具纵纹，冠幅广展；小枝灰褐色，幼时被微柔毛。叶革质，三角状卵形，长 9～17cm，宽 8～12cm，表面深绿色，光亮，背面绿色，先端骤尖，顶部延伸为尾状，尾尖长 2～5cm，基部宽截形至浅心形，全缘或为波状，基生叶脉 3 出，侧脉 5～7 对；叶柄纤细，有关节，与叶片等长或长于叶片；托叶小，卵形，先端急尖。榕果球形至扁球形，成熟时红色，光滑；基生苞片 3，卵圆形。花期 3—4 月，果期 5—6 月。

生态习性：喜光、喜高温高湿，25℃时生长迅速，越冬时气温要求在 12℃左右，不耐霜冻。抗污染能力强，对土壤要求不严，但以肥沃、疏松的微酸性沙壤土为好。菩提树幼林在热带地区（水分充足的地区）生长迅速。

应用：菩提树对二氧化硫、氯气抗性中等，对氢氟酸抗性强，宜作污染区的绿化树种。同时它分枝扩展、树形高大、枝繁叶茂、冠幅广展、优雅可观，是优良的观赏树种，宜作行道树及庭院绿化树种。也是佛教圣树。

### （七）桃金娘科 Myrtaceae

### 1. 红车

学名：*Syzyglum hancei*

桃金娘科蒲桃属

原产：中国香港、澳门、广东、广西、海南、福建、昆明等地。

形态特征：常绿灌木或小乔木，在南方是应用较为普遍的彩叶植物。株高 1.5m 左右，株型丰满而茂密，新叶红润鲜亮，随生长变化逐渐呈橙红或橙黄色，老叶则为绿色，一株树上的叶片可同时呈现红、橙、绿 3 种颜色。

生态习性：红车为阳性植物，比较耐高温，喜欢阳光充足的肥沃土壤。生长于海拔160m 的地区，见于疏林中、常绿阔叶林中、山谷、山坡或溪边。

应用：树形美观，新叶红色，已广泛用于城乡园林绿地中，以球形、层状、塔形、自然形、圆柱形、锥形等造型应用在公园绿地中。还可在道路中间绿化带中将红车作主体植物材料栽植，其富于变化的鲜艳色彩可有效避免司机疲劳驾驶。在庭园植物配置中，可将体形稍大的红车列植作为小行道树，也可在门廊处对植，还可作小灌木栽植成篱分隔空间。在风景区内，可将红车群植成大型红树林，形成壮丽的彩色景观。

### 2. 黄金香柳

学名：*Melaleuca bracteata*

桃金娘科白千层属

原产：荷兰、新西兰等滨海国家。适宜中国南方大部分地区。

形态特征：常绿乔木，树高可达 6～8m。主干直立，枝条密集细长柔软，嫩枝红色，新枝层层向上扩展，金黄色的叶片分布于整个树冠，形成锥形，树形优美。

生态习性：喜光，适应的气候带范围广，可耐－10～－7℃的低温。

应用：黄金香柳是优良彩叶树种，具有极高观赏价值，有金黄、芳香、新奇等特点。可作为家庭盆栽、切花配叶、公园造景、修剪造型植物等，同时由于其具有较强的抗逆性、耐涝性、耐修剪性、抗风性、耐盐碱性以及较快的生长速度，将其作为湿地树种、海滨树种、绿化树种、造林树种等具有更大的优势，也是一种芳香植物，除可以清新、消毒空气外，其新鲜枝叶可以提炼香精油，香精油用途广泛，价值高。

## （八）使君子科 Combretaceae

### 1. 大叶榄仁树

学名：*Terminalia catappa*

使君子科榄仁属

原产：亚洲热带至澳大利亚北部。华南有分布与栽培。

形态特征：落叶大乔木，高可达 20m。主干挺直，侧枝水平轮生，形成平顶伞形树冠。叶大，单叶互生，常集生枝端，倒卵形全缘，长 10～20cm，先端钝圆或急尖。叶柄基部有一对黄色腺体。花萼钟状，白色，5 裂，花序呈穗状，雌雄同株。核果，周边龙骨凸起，扁平椭圆形。花期 3—6 月，果期 5—9 月。

生态习性：喜光、耐半阴。喜高温多湿气候，耐湿。稍耐瘠薄，不择土壤。深根性，抗风，抗大气污染。生长快，寿命长。

应用：热带树种，喜生于濒海沙滩地区。树姿优美，大枝横展，树冠伞形。春季新芽翠绿，秋冬落叶前转变为黄色或红色，非常美丽，可用于行道树及庭荫树。

### 2. 小叶榄仁树

学名：*Terminalia mantaly*

使君子科榄仁属

原产：亚洲热带地区马来西亚、菲律宾等

形态特征：落叶树，株高可达 15m，主干浑圆挺直，枝叶自然分层轮生于主干四周，水平状向四周开展，小叶枇杷形，具短绒毛，单叶，长约 5cm，全缘。其花小而不显著，呈穗状花序。

生态习性：性喜高温、多湿，喜光，耐半阴。生长迅速，不拘土质，但以肥沃的沙质土壤为最佳，排水、日照需良好。

应用：春季萌发青翠的新叶，随风飘逸，姿态优雅。树形高大，枝干极为柔软。根群生长稳固后极抗强风吹袭，并耐盐碱，为优良的海岸树种。可作园景树、行道树等。

## （九）金缕梅科 Hamamelidaceae

### 枫香

学名：*Liquidambar formosana*

金缕梅科枫香树属

原产：中国的秦岭及淮河以南各省，亦见于越南北部、老挝及朝鲜南部。

形态特征：落叶乔木，高达 30m，胸径最大可达 1m，树皮灰褐色，方块状剥落。小枝干灰色，被柔毛。叶薄革质，阔卵形，掌状 3 裂，中央裂片较长，先端尾状渐尖；两侧裂片平展；基部心形；叶面绿色，叶背灰绿色，不发亮；下面有短柔毛；掌状脉 3～5 条，在上下两面均显著，网脉明显可见；边缘有锯齿；叶柄长达 11cm，常有短柔毛。蒴果下半部藏于花序轴内，有宿存花柱及针刺状萼齿。种子多数，褐色，多角形或有窄翅。

生态习性：喜温暖湿润气候，性喜光，幼树稍耐阴，耐干旱、瘠薄，不耐水涝。在湿润、肥沃而深厚的红、黄壤土上生长良好。深根性，主根粗长，抗风力强，不耐移植及修剪。在海南岛常组成次生林的优势种，性耐火烧，萌生力极强。

应用：树姿高大挺拔，枝叶秀美，适宜在园林中作庭荫树，可于草地孤植、丛植，或于山坡、池畔与其他树木混植。与常绿树丛配合种植，秋季红绿相衬，会显得格外美丽。又因枫香具有较强的耐火性和对有毒气体的抗性，可用于厂矿区绿化。但因不耐修剪，大树移植又较困难，故一般不宜用作行道树。

## （十）藤黄科 Guttiferae（Clusiaceae）

### 铁力木

学名：*Mesua ferrea*

藤黄科铁力木属

原产：亚洲热带地区。

形态特征：常绿乔木，高可达 30m。小枝对生。具板状根。树干端直，树冠锥形，树皮薄，暗灰褐色，薄叶状开裂，创伤处渗出带香气的白色树脂。叶嫩时黄色带红，老时深绿色，革质，通常下垂，披针形，长 7～10cm，先端急尖或渐尖，全缘，侧脉密而纤细，下面被白粉。花两性，金黄色，芳香。花期 5—6 月，果期 7—10 月。

生态习性：热带季雨林特有树种，喜温暖、湿润气候，喜光，适应性强。适宜生存于年均气温 20～26℃。

应用：树干挺直，树冠塔形，幼叶偏红色，成熟叶深绿色，花金黄色且浓郁芳香。可作行道树和庭院观赏树种。生长慢，寿命长，也是佛教树种。

单子叶植物纲 Monocotyledoneae

## （十一）棕榈科 Palmae（Arecaceae）

### 1. 椰子

学名：*Cocos nucifera*

棕榈科椰子属

原产：热带地区。中国华南、西南、东南地区有天然分布或种植。

形态特征：茎大型或中等大，高 20～30m，有环状叶柄（鞘）痕。叶大型，20～30 片聚生茎端，长 4～7m，宽 1～1.5m，羽状全裂，羽片多数，长线状披针形；叶柄粗壮，基部扩展成半抱茎。核果大，椭圆形，有 3 棱，长 30～50cm。

生态习性：适于无霜冻或短期有霜区的海边或内地种植，可忍受短期 -2～0℃ 的低温。

应用：椰子果为热带水果，种子的骨质胚乳可食，或加工制糖、糕点等；幼嫩的液质胚乳为高级饮料；种子可榨油，食用或制人造奶油。椰子树冠婆娑，观赏价值高，为热带、亚热带常见园林景观树种，还可用作防风林种植。

### 2. 砂糖椰子（桄榔）

学名：*Arenga pinnata*

棕榈科砂糖椰属

原产：马来西亚、印度、缅甸。分布于中国云南、广东、海南、广西和台湾。亚洲南部、东南部至澳大利亚也有分布。

形态特征：高达 12m。叶长 7m 以上，裂片数极多，每侧约 100 片或更多，长 0.8～1.5m，宽 4～5.5cm，先端和上部边缘有啮蚀状齿，基部两侧有 2 个不等大的耳垂，下面苍白色；叶鞘褐黑色，粗纤维质，抱茎。果近球形，长 3.5～5cm，棕黑色，基部有宿存的花被片；种子通常 3 粒，长卵形，长约 2cm。花期夏季。果约在 2～3 年后成熟，成熟时黄色。

生态习性：性喜温暖、湿润、阳光充足。要求疏松、排水良好的土壤。

应用：叶大，羽状裂片条带状，柔韧飘拂，极为优美，每片叶可历时数年不枯，一树成景，为稀有观叶植物，温暖地区常作行道树或园林风景树栽培。也常盆栽或桶栽，幼龄可作观叶植物。花序的汁液可蒸发成砂糖或酿酒，髓心可提取淀粉，可制西米食用；叶柄基部的棕衣为很好的纤维，可制绳索或刷子。

**3. 鱼尾葵**

学名：*Caryota ochlandra*

棕榈科鱼尾葵属

原产：中国广东、广西、海南、福建、云南。现中国南方各省广为栽培，中南半岛及印度也有分布。

形态特征：茎单生，高 20～30m，有环状叶柄痕。叶粗壮，二回羽状全裂，先端下垂，暗绿色；中部小羽片较长，侧面小羽片斜截头状，斜楔形或鱼尾状，长 15～20cm，内缘有粗锯齿；顶端 1 片小羽片鱼尾状扇形，先端有不规则齿缺，外侧边缘延伸成尾尖。果球形，直径 1.5～2.5cm，成熟时紫色。

生态习性：耐阴，喜温暖湿润气候，较耐寒。喜肥沃疏松、湿润及排水良好的酸性土壤，不耐旱。

应用：鱼尾葵树形美观，花序长达 2～3m，盛花时颇为壮观，适于南方庭院栽植，供观赏。叶形美观奇特，常为切叶用于插花、花篮等。茎髓部含淀粉，可制西米，供食用或药用。叶鞘纤维可作止血药。

**4. 短穗鱼尾葵**

学名：*Caryota mitis*

棕榈科鱼尾葵属

原产：中国广东、广西、海南及亚热带地区

形态特征：茎丛生，高 5～8m，叶长 1～3m，二回羽状全裂，小叶斜楔形，似鱼尾，长 10～17cm，内缘有齿裂，外缘全缘，边缘延伸成长尖，顶端小羽片较宽；叶鞘有糠秕和纤维。花黄色，花序密集，长 0.8～1.5m。果实球形，直径 1～1.5cm，熟时紫黑色。

生态习性：耐阴，在强烈阳光下生长不良。喜温暖湿润气候。对土壤要求不严，以肥沃疏松湿润壤土为好。

应用：短穗鱼尾葵丛生，树形美观，适于南方庭院栽植，供观赏。叶片可作切叶。茎髓部淀粉可制西米，供食用，又可入药。花序汁液可制糖、酿酒。

**5. 董棕**

学名：*Caryota urens*

棕榈科鱼尾葵属

原产：分布于中国云南、广西及亚洲东南部。

形态特征：茎粗壮，单生，高 20～30m，中部稍膨大。叶长 6.5～12m，宽 5～8m，二回羽状全裂，小叶大，宽斜楔形，长 15～25cm，宽 11～15cm，在叶中轴两侧水平展开，内缘有圆齿；叶中轴粗壮。果球形，直径 2～3cm。

生态习性：较耐阴，喜温暖湿润气候。要求排水良好、肥沃疏松的土壤。

应用：树形美观，叶片奇特清爽，适于我国南方庭院栽植，供观赏。茎髓部含淀粉，可制西米，供食用。

### 6. 瓦理棕

学名：*Wallichia chinensis*

棕榈科瓦理棕属

原产：中国湖南、广西、云南等省区，越南亦产。

形态特征：茎丛生，高 2～3m，密被叶鞘残基及包裹的纤维。叶羽状全裂，羽片长椭圆形，长 20～35cm，宽 5～10cm，中上部具深缺裂，先端略钝，通常 3 裂，并有不规则啮蚀状锐齿，基部宽楔形。果卵圆形，长 1.2～1.5cm。花期 6—7 月，果期 8—9 月。

生态习性：喜温暖湿润气候，较耐寒。要求排水良好、肥沃疏松的土壤。

应用：为我国南方良好的庭院观赏树种，也可作盆栽。

### 7. 弓葵

学名：*Butia capitata*

棕榈科弓葵属

别名：布迪椰子

原产：巴西，乌拉圭等地。中国华南及东南省区有引种。

形态特征：茎单生，高 3～6m，常有老叶鞘残基与鞘状纤维。叶长 2.5～4m，拱形，有时下弯近茎基部，羽状全裂，羽片 25～50 对，长线状披针形，长 70～80cm，在叶中轴上斜向上伸出，边缘有明显的尖齿。果卵圆形，长 2.5～3cm，熟时红色。

生态习性：喜阳光，对土壤要求不严，但在土质疏松的壤土中生长最好。可耐低温，气候适应范围广。

应用：树形、花、果极具观赏价值，适于我国南方庭院作景观树种。花序汁液可饮用或制糖、酿酒等。种子可食用。

### 8. 皇后葵（金山葵）

学名：*Syagus romanzoffiana*

棕榈科凤尾棕属

原产：巴西、阿根廷、玻利维亚等国，中国南方地区很早就有引种，现广植于热带、亚热带地区。

形态特征：乔木，高 10～15m。叶羽状全裂，长 4～5m，叶柄和叶轴下面圆且被灰白色易脱的鳞秕状绒毛；裂片线状披针形，多数，在叶轴上成多列排列，长 40～90cm，宽 1.5～3.5cm，先端渐尖并成短 2 裂，基部外面折叠，中脉在腹面隆起。肉穗花序生于下部叶腋，多分枝，排成圆锥花序状，总苞 1 个，木质，舟形，长达 150cm；雌雄同株，核果近球形或倒卵形，径约 2.7cm。花期 2 月，果期 11 月至翌年 3 月。

生态习性：喜温暖、湿润、向阳和通风的环境，生长适温为 22～28℃，能耐－2℃低温，可耐短时间－5℃以下低温。要求肥沃而湿润的土壤，有较强的抗风性，能耐盐碱，较耐旱。

应用：树形蓬松自然、雄壮直立，充分展示热带风光，可作园景树和行道树，亦可作海岸绿化材料。

**9. 油棕**

学名：*Elaeis guineensis*

棕榈科油棕属

原产：非洲热带地区。中国广东中部及南部、广西南部、海南、福建东南部及南部、云南南部有引种。

形态特征：茎直立，高 3～15m，常有明显的叶鞘残基。叶长 4～6m，羽状全裂，羽片多数，长线状披针形，长 70～80cm，宽 2～4cm，基部羽片退化成针刺，针刺基部膨大。小核果长 4～5cm，熟时红褐色。

生态习性：喜高温、多雨和强日照地区。

应用：叶大，顶生羽状分裂，树形美观、挺拔，适于我国南方庭院作景观树种或作行道树。果肉含油量 50％～60％，种仁含油量 50％～55％，为热带地区速生高产油料树种。

**10. 大王椰子**

学名：*Roystonea regia*

棕榈科王棕属

原产：热带美洲。中国华南、东南及西南省区引种已久。

形态特征：乔木，茎单生，高 20～35m，中上部膨大成花瓶状，灰色，有环状叶柄（鞘）痕。叶长 6～8m，羽状全裂，羽片极多数，长线状披针形，长 60～100cm，宽 3.5～5cm，先端 2 裂，尖锐，在叶中轴上呈 4 列排列；叶长 1.5～2m。果球形，直径 1～2cm，基部稍收缩，熟时红褐色或带紫色。

生态习性：喜高温多湿的热带气候，耐短暂低温，喜阳光充足的环境及肥沃疏松的土壤。

应用：树干中部膨大，树形雄伟、壮观，适于我国南方庭园栽培，供观赏或作行道树。

**11. 菜王椰子**

学名：*Roystonea oleracea*

别名：菜王棕、甘蓝椰子

棕榈科王棕属

原产：南美洲。中国华南及东南省区有引种。

形态特征：茎单生，高 30～40m，基部膨大，有环状叶鞘痕。叶长 5～7m，羽片极多数，线状披针形，在叶中轴上呈 2 列排列，长 70～90cm，宽 4～6cm，先端有不规则的 2 裂，尖锐。果椭圆形，长 1.2～2cm，近基部略偏斜，表面有小纵纹。

生态习性：喜高温多湿的热带气候，耐短暂低温，喜阳光充足的环境及肥沃疏松的土壤。

应用：适于我国南方庭院作景观树种，也可作行道树。

**12. 圣诞椰子**

学名：*Veitchia merrillii*

别名：马尼拉椰子

棕榈科圣诞椰属

原产：菲律宾。中国华南及东南地区有引种。

形态特征：常绿小乔木，单干直立，高可达 7m，茎干通直平滑，环节明显。叶羽状全裂，长 2m 左右，裂片（小叶）披针形，排列十分有序，翠绿而光滑，先端下垂。叶鞘较长，脱落后在茎干上留下密集的轮纹。肉穗花序，多分枝，雌雄同株。果近球形，熟时红褐色。有黄色变种，即黄金圣诞椰子，其茎干、叶柄或叶片均为金黄色。此外，常见栽培的近缘物种还有威尼椰子（*V. winin*），原产于瓦努阿图，常绿乔木，高达 20m。果卵球形，熟时红色。

生态习性：性喜光照充足、高温多湿的生长环境，不耐寒，生长适温为 25～30℃，越冬温度不能低于 5℃，喜肥沃疏松的沙质土壤。

应用：形态优美，树形及果实美丽，其黄色变种色彩鲜艳，尤为引人注目，是一种不可多得的园林绿化植物，适宜我国南方庭院栽培或盆栽观赏。唯其性喜温怕寒，适生范围较窄，我国多数地区只能盆栽并在冬季入室内观赏。

### 13. 青棕
学名：*Pytchosperma macarthurii*
棕榈科皱子棕属
原产：澳大利亚至新几内亚。中国华南、东南及西南省区有引种。

形态特征：茎丛生，高 3～8m，具灰绿色环状竹节叶柄（鞘）痕。叶长 1～1.5m，羽状全裂，羽片 8～12 对，小叶阔线形，柔软，先端截形，有齿裂，近基部羽片先端尖。果实椭圆形，成熟时鲜红色。

生态习性：性喜温暖湿润的生长环境，耐半阴，较耐寒，生长适温为 23～28℃。栽培对土壤要求不严，偏酸性或偏碱性的土壤中都能生长，但以土质肥沃、排水良好的偏酸性壤土最佳。

应用：植株形态秀丽，果色美丽，适宜我国南方庭院栽培，供观赏。

### 14. 三角椰子
学名：*Neodypsis decaryi*
棕榈科三角椰属
原产：马达加斯加。中国华南地区有引种。

形态特征：单干，高 8～10m，干圆柱形，叶鞘在茎上端呈 3 列重叠排列，横切面呈三角形，基部有褐色软毛。叶长 3～5m，上举，上端稍弯曲，灰绿色，羽状复叶，裂片 60～80 对，坚韧，在叶中轴上规整斜展，下部羽片下垂；叶柄基部稍扩展，小叶细线形。果卵圆形，熟时黄绿色。

生态习性：喜湿润，耐干旱，稍耐寒。

应用：茎上端由叶鞘组成近三棱柱状，形态奇特，适宜我国南方庭院栽培，供观赏。

### 15. 红冠椰
学名：*Neodypsis lastelliana*
棕榈科三角椰属
原产：马达加斯加。中国华南与西南地区有引种。

形态特征：茎单生，高 10～15m，褐色。叶长 3.5～4m，羽状全裂，羽片 85～95 对，在叶中轴上排列整齐；叶柄短，叶鞘密被红色鳞秕，嫩叶基部红色。果倒卵形，长 2～2.5cm。

生态习性：喜湿润，耐干旱。

应用：叶鞘、嫩叶红色，美丽，适于我国南方庭院栽植观赏。

**16. 散尾葵**

学名：*Charysalidocarous lutescens*

棕榈科散尾葵属

原产：马达加斯加。中国广东、海南等地广泛用于庭园栽植，其他地区温室栽培。

形态特征：丛生，茎部有节，叶片羽状，全裂到尾，叶鞘抱茎。

生态习性：喜光，稍耐阴。喜温暖、湿润环境，耐寒性不强，越冬最低温度在10℃以上。苗期生长甚慢，以后生长迅速。适宜肥沃、疏松、排水良好、肥厚的壤土。对气候和环境的适应性较弱，一般生长适温为20~28℃，在炎热的夏季应遮阴。

应用：散尾葵枝叶繁茂，四季常青，雅典素净，飘柔别致，是著名的观叶植物。适宜用作庭院草地绿化。幼树可盆栽作室内饰物。叶可作插花材料。

**17. 假槟榔**

学名：*Archonthophoenix alexandrae*

别名：亚历山大椰子

棕榈科假槟榔属

产地：原产于澳大利亚的昆士兰。中国福建、台湾、广东、海南、广西、云南等地有栽培。

形态特征：乔木，高达20~30m。茎干挺直，干基膨大。叶长2~3m，羽状全裂；裂片137~141枚，先端渐尖，浅裂；全缘，上面绿色，下面灰绿色，被灰白色鳞秕状物，具明显隆起的中脉及纵侧脉；叶柄短，叶鞘长1m，膨大抱茎，革质。果卵状球形，长1.2~1.4cm，红色。

生态习性：适应性强，大树移栽容易成活，在肥沃土壤上生长良好。

应用：假槟榔植株挺拔，叶片飘逸，四季常绿，树姿优美，且栽培容易，是南方园林值得推广的观赏树种。可作园景树，宜丛植、群植。

**18. 槟榔**

学名：*Areca catechu*

棕榈科槟榔属

原产：中国广东雷州半岛、海南、云南及台湾。中国自汉代已有栽培。亚洲东南部国家也有分布。

形态特征：茎直立，单生，高15~20（30）m，有明显的环状叶柄（鞘）痕。叶长2~3m，羽状全裂，羽片40~60对，线状披针形，长50~70cm，宽5~8cm，羽片常合生。雄花雄蕊多数。果纺锤形，长6~8cm，熟时橙色；种子有褐红色斑纹。

生态习性：不耐5℃以下低温。

应用：植株与果色美丽，适于我国南方无霜冻地区庭园栽培，供观赏。果被称为"大腹皮"，可入药，治腹胀、水肿、小便不利等，果可作染料，也可嚼食。

**19. 三药槟榔**

学名：*Areca triandra*

棕榈科槟榔属

原产：亚洲热带地区。中国南方普遍种植。

形态特征：茎中等大，丛生灌木或小乔木，高8~15m，绿色，有宽环状叶柄（鞘）

痕。叶长 1.5～2.5m，羽状全裂，羽片 15～25 对，长椭圆状披针形，长 45～50cm，有纵肋 3 条，叶面亮绿色，有时羽片合生。雄花有雄蕊 3 枚。果纺锤形，长 3～4cm，熟时红色。

生态习性：喜温暖湿润和背风半阴的环境，在强光下生长较差，不耐寒；要求肥沃疏松和排水良好的土壤。

应用：树形雅致，果色美丽，适于我国南方庭园栽培或室内盆栽，供观赏。

**20. 燕尾山槟榔（瑶山山槟榔）**

学名：*Pinanga sinii*

棕榈科山槟榔属

原产：中国广东、广西及云南的南部。

形态特征：茎丛生，高 2～5m，有褐色斑块。叶长 1～1.5m，羽状全裂，羽片 4～6 对，斜长方形，长 30～36cm，宽 3～6cm，先端长尾尖，顶端一对羽片上端斜截形，有三角状齿裂。果椭圆形或卵圆形，长 1.5～2cm，熟时红色。

生态习性：喜阴，生长于中低海拔沟谷林下，也能适应半阴环境和稍开旷环境，稍耐寒。

应用：叶形、果色美丽，适于我国南方庭院种植或盆栽，作景观树种。

**21. 红柄椰**

学名：*Cyrtostachys renda*

棕榈科红柄椰属

原产：马来西亚、印度尼西亚的苏门答腊、新几内亚。中国华南地区有引种。

形态特征：为多年生常绿丛生乔木。植株高约 5m，茎干修长，茎粗 7～8cm，叶鞘痕明显，较疏生，似竹节，绿色。叶聚生于枝顶端，羽状全裂叶，长 1.5m；羽片 25～30 对，长 45cm，宽 4cm，先端二裂，革质，腹面深绿色，背面灰绿色；叶鞘长约 60cm，叶柄及叶鞘猩红色。穗状花序生于叶鞘下部，长而下垂，红色。核果卵形，黑色略带红。

生态习性：喜高温、高湿、光照充足的气候环境，喜湿润、排水良好的酸性土壤，畏寒冷，生长适温为 25～30℃。

应用：树形适中，刚柔相济，叶鞘红艳，十分醒目。适宜布置于庭院、别墅，与建筑物、草地相匹配，十分美丽。适于我国南方无霜冻地区庭院栽植，作景观树种。

**22. 扶摇桐**

学名：*Verschaffeltia splendida*

棕榈科扶摇桐属

原产：塞舌尔群岛。中国华南地区有引种。

形态特征：茎单生，高 15～25m，幼叶有刺，后脱落。叶鞘痕不明显，茎基部有裸露的支柱根。叶长 1.5～2.5m，具不规则羽状深裂、2 裂或不分裂，叶中轴上有深沟，基部有白色或绿色颗粒；叶柄长 15～30cm，幼时有刺，后逐渐脱落。花序长。果近球形，直径 2～2.5cm。

生态习性：多生长于低海拔山坡上，也见于山谷中。

应用：适于我国南方地区无霜冻地区，庭院栽植作景观树种。

**23. 棕榈**

学名：*Trachycarpus fortunei*

棕榈科棕榈属

原产：中国秦岭、长江流域以南地区。

形态特征：常绿乔木，高可达 7m，干圆柱形。叶片近圆形，叶柄两侧具细圆齿，花序粗壮，雌雄异株。花黄绿色，卵球形。果实阔肾形，有脐，成熟时由黄色变为淡蓝色，有白粉，种子胚乳角质。花期 4 月，果期 12 月。

生态习性：性喜温暖、湿润的气候，极耐寒，较耐阴。大株极耐旱，稍耐阴。唯不能经受太大的日夜温差。是国内分布最广、分布纬度最高的棕榈科种类。适生于排水良好、湿润肥沃的中性、石灰性或微酸性土壤，耐轻盐碱，也耐一定的干旱与水湿。抗大气污染能力强。易风倒，生长慢。

应用：应用广泛，是园林结合生产的理想树种，又是工厂绿化优良树种。可列植、丛植或成片栽植，也常盆栽或桶栽作室内或建筑前装饰及布置会场之用。

**24. 蒲葵**

学名：*Livistona chinensis*

棕榈科蒲葵属

原产：中国南部，多分布在广东省南部，尤以江门市新会区种植为多。中南半岛亦有分布。

形态特征：多年生常绿乔木，高可达 20m，基部常膨大。叶阔肾状扇形，直径达 1m余，掌状深裂至中部，裂片线状披针形，基部宽 4～4.5cm，顶部长渐尖，2 深裂成长达50cm 的丝状下垂的小裂片，两面绿色；叶柄长 1～2m，下部两侧有黄绿色（新鲜时）或淡褐色（干后）下弯的短刺。花序呈圆锥状，长约 1m，总梗上有 6～7 个佛焰苞，约 6 个分枝花序，长达 35cm，每分枝花序基部有 1 个佛焰苞，分枝花序具 2 次或 3 次分枝，小花枝长 10～20cm。果实椭圆形（如橄榄状），直径 1～1.2cm，黑褐色。

生态习性：喜温暖湿润的气候条件，不耐旱，能耐短期水涝，惧怕北方烈日曝晒。在肥沃、湿润、有机质丰富的土壤里生长良好。

应用：植株亭亭如盖，叶片如扇，是园林结合生产的理想树种，是南方庭园绿化及四旁绿化的常见树种，作观赏或行道树。北方地区常作盆栽观叶。

**25. 棕竹**

学名：*Rhapis excelsa*

棕榈科棕竹属

原产：中国东南部至西南部，日本也有分布。

形态特征：丛生。叶片呈掌状深裂，叶柄细长，叶质硬厚，株形似竹。冬天结红色种子，在绿叶丛中显得异常鲜艳。可分为大叶形和细叶形。树冠浓密，株高达 2～3m。

生态习性：喜温暖、湿润及通风良好的半阴环境，不耐积水，极耐阴，畏烈日，稍耐寒，可耐 0℃左右低温。生长缓慢，对水肥要求不十分严格。要求疏松肥沃的酸性土壤，不耐瘠薄和盐碱，要求较高的土壤湿度和空气湿度。

应用：绿化效果显著，适合在公共场所群植成林，形成优美的园林景观。或用大型盆栽摆在大门两侧，借以衬托高楼大厦的宏伟。它还能掩饰建筑物不够美观的角落。细叶棕竹的茎干较为低矮，叶片尖长，翠绿清秀，除种在公园、山庄、亭阁、水畔等处点缀湖光山色外，亦可作室内盆栽观赏。

### 26. 长叶刺葵

学名：*Phoenix canariensis*

棕榈科刺葵属

原产：非洲西岸的加那利群岛

形态特征：乔木，株高 10～15m，茎秆粗壮。具波状叶痕，羽状复叶，顶生丛出，较密集，长可达 6m，每叶有 100 多对小叶（复叶），小叶狭条形，长 100cm 左右，宽 2～3cm，近基部小叶呈针刺状，基部由黄褐色网状纤维包裹。穗状花序腋生，长可至 1m 以上；花小，黄褐色。浆果，卵状球形至长椭圆形，熟时黄色至淡红色。

生态习性：性喜温暖湿润的环境，喜光又耐阴，抗寒，抗旱。生长适温 20～30℃，越冬温度－5～－10℃，但在更低温度下生存的记录。热带、亚热带地区可露地栽培，在长江流域冬季需稍加遮盖，黄淮地区则需室内保温越冬。

应用：植株高大雄伟，形态优美，耐寒耐旱，可孤植作景观树，或列植为行道树，也可三五株群植造景，乃街道绿化与庭园造景的常用树种，深受人们喜爱。幼株可盆栽或桶栽观赏，用于布置节日花坛，效果极佳。

### 27. 软叶刺葵

学名：*Phoenix roebelenii*

棕榈科刺葵属

原产：东南亚。现热带地区广为种植。

形态特征：常绿灌木。高可达 2～4m，茎干表面具有三角形突起状的残存叶柄基。叶长 1～2m，叶羽状全裂，羽片线形，较柔软，两面深绿色，背面沿叶脉被灰白色的糠秕状鳞秕，呈 2 列排列，下部羽片变成细长软刺。佛焰苞长 30～50cm，分枝花序长而纤细，长达 20cm。果实长圆形，长 1.4～1.8cm，直径 6～8mm，顶端具短尖头，成熟时枣红色，果肉薄而有枣味。花期 4—5 月，果期 6—9 月。

生态习性：喜光，不耐寒。生长于海拔 480～900m 的地区，多生长于江岸边。已人工引种栽培。

应用：姿态纤细优雅，叶柔软。常作园景树，用于布置草地、花坛及建筑物门前等，也可盆栽室内观赏。

### 28. 银海枣

学名：*Phoenix sylvestris*

棕榈科刺葵属

原产：印度北部。中国华南、东南及西南省区有引种。

形态特征：茎单生，高 6～8m，有凹下的叶柄（叶鞘）痕。叶长 4.5～5.5m，灰绿色，在茎端斜向上直立，羽状全裂，成簇排列成 2～4 列，羽片长 45～55cm，宽 2.5～3.5cm；叶柄短。果长椭圆形，熟时橙黄色。

生态习性：性喜高温、湿润环境，生长适温为 20～28℃，耐高温、耐水淹、耐干旱、耐盐碱、耐霜冻（能抵抗－10℃的严寒）。喜阳光，是可在热带至亚热带气候下种植的棕榈科植物。土壤要求不严，以土质肥沃、排水良好的有机壤土最佳。

应用：株形优美，树冠半圆丛出，叶色银灰，孤植于水边、草坪作景观树，观赏效果极佳。可孤植作景观树，或列植为行道树，也可三五群植造景，应用于住宅小区、道路绿化，庭院、公园造景等效果极佳，为优美的热带风光树。

### 29. 贝叶棕

学名：*Corypha umbraculifea*

棕榈科贝叶棕属

原产：缅甸、印度、斯里兰卡等亚洲热带国家。

形态特征：植株高大粗壮，乔木状，高达 18～25m，下部叶鞘残存粗厚，上部叶鞘残基常呈"人"字形开裂，并有叶鞘痕深沟。叶大型，呈扇状深裂，形成近半月形，叶片长 1.5～2m，裂片 80～100 片，裂至中部，剑形，先端浅 2 裂；叶柄长 2.5～3m，粗壮，边缘具短齿，顶端延伸成下弯的中肋状的叶轴，长约 70～90cm。花序顶生、大型、直立，圆锥形，高 4～5m 或更高，花序轴上由多数佛焰苞所包被，约有 30～35 个分枝花序，由下而上渐短，下部分枝长约 3.5m，上部长约 1m，4 级分枝，最末一级分枝上螺旋状着生几个长约 15～20cm 的小花枝，上面着生花；花小，两性，乳白色，有臭味。果实球形，直径 3.2～3.5cm；生长数十年后一次性开花，花后一年果开始成熟，植株逐渐枯萎死亡。其生命周期约有 35～60 年。

生态习性：喜阳光充足、气候温暖的生长环境，生长适温为 22～30℃。对土壤要求不严，以疏松、肥沃的壤土为最好。

应用：贝叶棕是随着佛教的传播而被引入我国的，已有 700 多年的历史，首先是作为一种宗教信仰的植物而栽培，其叶片可代纸作书写材料，在印度和我国云南（傣族）用贝叶刻写佛经，俗称"贝叶经"。此外，其树形美观、高大、雄伟，树干笔直、浑圆，没有枝丫，树冠像一把巨伞，叶片像手掌一样散开，给人一种庄重、充满活力的感觉，是热带地区绿化环境的优良树种，适宜园林绿地孤植或丛植。

### 30. 琼棕

学名：*Chuniophoenix hainanensis*

棕榈科琼棕属

原产：中国海南的陵水、琼中等地。

形态特征：常绿丛生灌木至小乔木状，高 3～8m，茎直立、粗壮，直径 4～8cm。叶掌状深裂，裂片 14～16 片，线形，不分裂或 2 浅裂，中脉上面凹陷，背面凸起。花序腋生，多分枝，呈圆锥花序；每一佛焰苞内有分枝 3～5 个，分枝长 10～20cm，其上密被褐红色有条纹脉的漏斗状小佛焰苞；花两性，花瓣 2～3 片，紫红色，卵状长圆形。果实近球形，直径约 1.5cm，外果皮薄。种子为不整齐的球形，直径约 1cm，灰白色。花期 4 月，果期 9—10 月。

生态习性：喜高温多湿，生长适温为 21～23℃。喜湿润、肥沃、疏松的红壤，要求生长环境的空气相对湿度在 70%～80%。

应用：野生琼棕为濒危种，被列为中国国家二级保护植物，是海南岛特有植物，分布范围极为狭窄。树形优美，可供庭园观赏。

### 31. 红脉葵（红棕榈）

学名：*Latania lontaroides*

棕榈科拉坦棕属

原产：马斯开伦群岛。中国有引进栽培，分布于长江以南各省。

形态特征：常绿乔木，单干，高 10～15m。叶掌状分裂，长 1.2～1.8m，叶脉及裂片边缘呈红色，叶柄三棱形，表面扁平，背面凸出，基部肥大包被树干，暗红或紫色，随生长逐渐变淡，偶有微毛，雌雄异株。肉穗花序，花淡黄色，有明显的花苞。偶可见红叶型植株，叶色不会随栽培时间延长而逐渐变淡。树干圆柱形，直立不分枝，周围包以棕皮，树冠伞形。果实近圆形，熟时红褐色。果熟 11 月。

生态习性：喜温暖湿润、光照充足的生长环境，生长适温为 22～28℃，冬季 0℃以上越冬。栽培对土壤要求不严，但以疏松肥沃、排水良好的沙质壤土为佳。

应用：树姿洁净优美，叶形如蒲扇，簇生于茎端，幼株叶柄、叶脉鲜红美丽，随生长逐渐淡化，变为灰绿色。肉穗花序条状褐色，极为奇雅。适宜园林或庭院栽植观赏。

同属植物：黄棕榈 L. verschaffeltii（L. aurea）；

蓝棕榈 L. loddigesii。

## 32. 斐济桐

学名：Prigchdia pacifica

棕榈科夏威夷葵属

原产：斐济。中国华南及东南省区有引种。

形态特征：单干，高 8～10m，平滑。叶扇形，长达 1.5m，掌状浅裂，叶面皱褶，先端细裂；叶柄有白粉，基部有褐色纤维。果球形，直径 1～1.2cm，熟时褐色。

生态习性：性喜温暖湿润的环境，喜光又耐阴，抗寒，抗旱。生长适温 20～30℃，越冬温度 -5～-10℃，但有在更低温度下生存的记录。热带、亚热带地区可露地栽培，在长江流域冬季需稍加遮盖，黄淮地区则需室内保温越冬。

应用：植株高大雄伟，形态优美，耐寒耐旱，可孤植作景观树，或列植为行道树，也可三五株群植造景，是街道绿化与庭园造景的常用树种，深受人们喜爱。幼株可盆栽或桶栽观赏，用于布置节日花坛，效果极佳。

## 33. 酒瓶椰子

学名：Hyophorbe lagenicaulis

棕榈科酒瓶椰属

原产：非洲马斯克林群岛。中国华南及东南省区有引种。

形态特征：单干，高 1～2.5m。株形奇特，中部膨大呈纺锤形，最大处直径为 60～80cm。叶质坚硬，羽状全裂，羽片 40～70 对，小叶线状披针形。果椭圆形，成熟时黑褐色。

生态习性：性喜高温、湿润、阳光充足的环境，怕寒冷，耐盐碱，生长慢，冬季需在 10℃ 以上越冬。

应用：酒瓶椰子株形奇特，树形美丽，适宜我国南方庭院栽培，供观赏。生长较慢，从种子育苗到开花结果，常需时 20 多年，每株开花至果实成熟需 18 个月，寿命可长达数十年，其形似酒瓶，非常美观，是一种珍贵的观赏棕榈植物，既可盆栽用于装饰宾馆和大型商场的厅堂，也可孤植于草坪或庭院之中，观赏效果极佳。此外，酒瓶椰与华棕、皇后葵等植物一样，还是少数能直接栽种于海边的棕榈植物。

**34. 棍棒椰子**

学名：*Hyophorbe verschaffelti*

棕榈科酒瓶椰属

原产：非洲马斯克林群岛。中国华南及东南省区有引种。

形态特征：茎单生，高 7～9m，茎下部略小，上部膨大，近呈棍棒状。叶羽状全裂，裂片 50～70 对，小叶长线披针形。熟果长椭圆形，熟时黑色。

生态习性：性喜高温、湿润、阳光充足的环境，抗寒性稍强。

应用：树形美丽，适于我国南方庭院栽培，供观赏或作行道树。

**35. 糖棕**

学名：*Borassus flabellifer*

棕榈科糖棕属

产地：印度、缅甸、柬埔寨等地。中国华南、东南及西南省区有引种。

形态特征：植株粗壮高大，一般高 13～20m，可高达 33m，叶大型，掌状分裂，近圆形，直径达 1～1.5m，裂片 60～80 片，裂至中部，线状披针形，渐尖，先端 2 裂；叶柄粗壮，长约 1m，边缘具齿状刺。下部叶鞘残基黑色，常呈"人"字形开裂。雄花序可长达 1.5m，雄花小，多数，黄色，雌花序长约 80cm。果实大，近球形，压扁，直径 10～15cm，外果皮光滑，黑褐色。

生态习性：喜阳光充足、气候温暖的生长环境，喜生于干燥地区，较怕寒冷，生长适温为 22～30℃，越冬温度不能低于 8℃。对土壤的要求不严，但以疏松肥沃的壤土为最好。

应用：植株高大，生长较快，经济价值较高，可作庭院观赏树种，一般适宜作行道树及园景树。果实多产，数十个围聚于树颈，大小如皮球，金黄光亮，可放于室内装饰。

**36. 霸王棕**

学名：*Bismarckia nobillis*

棕榈科霸王棕属

原产：马达加斯加岛

形态特征：单干通直粗壮，植株高可达 70m，胸径达 40cm，具不规则环纹。叶多簇生于干顶，具革质，初期不分裂，长大后则分裂成掌状，裂片先端再 2 裂，裂片间有丝状纤维；叶银绿色，叶面有银白色蜡粉；叶柄具细齿缘。花为穗状花序下垂，腋生，雌雄异株。核果初为银绿色，成熟后变成深褐色，椭圆形至圆形，平滑。

生态习性：喜阳光充足、高温的环境，耐热又耐旱。

应用：霸王棕株型巨大，掌叶坚挺，叶色独特，为棕榈科植物中的珍稀种类。在园林绿化中可孤植、列植或群植，作为行道树、庭院树或公园树。

**37. 马来葵（苏门答腊棕、泰氏棕）**

学名：*Johannesteijsmannia altifrons*

棕榈科马来葵属

原产：马来半岛及印度尼西亚的热带雨林中。中国华南及东南省区有引种。

形态特征：近无茎。叶倒卵状棱形，长 2～2.5m，亮绿色，不分裂，先端锯齿状；羽状脉，侧脉明显伸长；叶柄基部有刺。果球形，直径 3.5～4cm，有凹槽。

生态习性：喜高温、湿润气候，适宜肥沃疏松的壤土。

应用：适宜我国南方庭院栽培，供观赏。

**38. 国王椰子**

学名：*Ravenea rivularis*

原产：马达加斯加，生长于沼泽地或河流沿岸。中国华南及东南省区有引种，生长良好。

形态特征：单干，高 20～25m，粗壮，下部膨大，有环状叶柄（鞘）痕。羽状复叶，小叶线形。果圆形，熟时红色。

生态习性：性耐阴。

用途：盆栽极其优雅。树形、果形美丽，适宜我国南方庭院栽培，供观赏。

**39. 袖珍椰子**

学名：*Chamaedorea elegans*

棕榈科坎棕属

原产：墨西哥。中国华南及东南地区有引种。

形态特征：茎单生或丛生，高 1～2m，基部常有支柱根。叶柄较直，羽状分裂，羽片 12～14 对。果卵圆形，熟时淡橙红色。3～4 年开花，为球形穗状花序。

生态习性：耐寒力强，较耐阴，夏日中午忌阳光直射。

应用：叶色翠绿有光泽，树姿扶疏俊美，外形优雅，花果色美，可作盆栽观赏，也可作庭院景观树种。花序幼嫩时可食用。

**（十二）龙舌兰科 Agavaceae**

**1. 朱蕉属**

学名：*Cordyline fruticosa*

龙舌兰科朱蕉属

原产：温带地区。

形态特征：小乔木或灌木状，直立，单干或少分枝。茎有环状叶痕。叶簇生茎顶，具短柄，长圆形，侧脉斜出。圆锥花序，花小，两性，单生或数朵聚生花序分枝节上；花梗短。外轮花被片下半部紧贴内轮而形成花被筒，上半部在盛开时外弯或反折；雄蕊生于筒的喉部，稍短于花被；花柱细长。花期 11 月至次年 3 月。

生态习性：性喜高温多湿气候，属半阴植物，不耐寒。要求富含腐殖质和排水良好的酸性土壤，忌碱土，不耐旱。

应用：朱蕉株形美观，色彩华丽高雅，盆栽适用于室内装饰。盆栽幼株，点缀客室和窗台，优雅别致。成片摆放于会场、公共场所、厅室出入处，端庄整齐，清新悦目。数盆摆设于橱窗、茶室，更显典雅豪华。朱蕉栽培品种很多，叶形也有较大的变化，是布置室内场所的常用植物。

庭院常见栽培品种有：

三色朱蕉 'Tricolor'；

亮叶朱蕉 'Aichiaka'；

斜纹朱蕉 'Baptistii'；

锦朱蕉 'Amabilis'；

夏威夷小朱蕉‘Baby Ti’；

卡莱普索皇后‘Calypso Queen’；

娃娃‘Dolly’；

五彩朱蕉‘Goshikiba’；

夏威夷之旗‘Hawaiian FIag’；

彩红朱蕉‘Lord Robertson；

黑叶朱蕉‘Negri’；

织锦朱蕉‘Hakuba’；

红边朱蕉‘Red Edge’；

红星朱蕉 *Cordyline australis* ‘Red Star’；

七彩朱蕉‘KiWi’。

**2. 龙血树属**

学名：*Dracaena*

龙舌兰科龙血树属

原产：东半球热带地区。

形态特征：乔木状或灌木状。茎木质，有分枝。叶聚生茎顶，剑形或长条形，具直出平行脉，基部抱茎。圆锥花序、穗状花序或头状花序，顶生；花两性，具小苞片；花被片6。浆果。

生态习性：性喜高温多湿，光照充足。不耐寒。喜疏松、排水良好、含腐殖质、营养丰富的土壤。

应用：树形优雅，富热带色彩。在庭院中可植于草坪或建筑前，作园景树或盆栽观赏，具有耐阴性，可作营造热带雨林景观的下层树种。

庭院常见栽培品种有：

小花龙血树 *D. cambodiana*；

香龙血树：*D. fragrans*；

金心巴西铁‘Massangeana’；

金边巴西铁‘Victoria’；

竹蕉 *D. deremensis*；

密叶竹蕉‘Compacta’；

金边竹蕉‘Roehrs Gold’；

银线竹蕉‘Warneckii’；

黄纹竹蕉‘Warneckii Striata’。

**3. 金边毛里求斯麻**

学名：*Furcraea selloa* ‘Marginata’

龙舌兰科巨麻属

原产：非洲毛里求斯。

形态特征：大型植物，莲座状叶片，坚挺有力，叶片黄绿镶嵌，十分明亮。开花时花莛高达 5～6m，十分壮观。但花后叶片逐渐枯黄死亡。

生态习性：喜温暖干燥和阳光充足的环境，不耐寒，较耐阴和耐干旱。宜肥沃、疏松和排水良好的沙壤土，冬季温度不低于 10℃。

应用：叶形莲座状排列，热带、亚热带地区常作园林及庭院观赏植物。也可用于盆栽，是大型商场、宾馆、银行等公共场所的室内大厅和门外两侧摆设的佳品。

**4. 银边龙舌兰麻**

学名：*Agave americana* var. *marginata-alba*

龙舌兰科龙舌兰属

原产：美洲热带。

形态特征：叶呈莲座式排列，通常 30～40 枚，有时 50～60 枚，叶缘有银白色条纹。蒴果长圆形，长约 5cm。开花后花序上生成的珠芽极少。

生态习性：性喜阳光充足，稍耐寒，不耐阴。喜凉爽、干燥的环境，生长适温 15～25℃。耐旱力强。对土壤要求不严，以疏松、肥沃及排水良好的湿润沙质土壤为宜。

应用：温室常盆栽供观赏，热带、亚热带地区常作园林及庭院观赏植物。叶纤维供制作船缆、绳索、麻袋等，但其纤维的产量和质量均不及剑麻。总甾体皂苷元含量较高，是生产甾体激素药物的重要原料。

**5. 万年麻**

学名：*Furcraea foetida*

龙舌兰科万年兰属

原产：美洲热带。

形态特征：株高可达 1m，茎不明显。叶呈放射状生长，剑形，叶缘有刺，波状弯曲。斑叶品种无刺或有零星刺，叶面有乳黄色和淡绿色纵纹，质感较粗。色泽洁净优雅，调和美丽。常绿灌木状，成株半圆球形。

生态习性：生性极强健，耐旱力强。阳性植物，生长缓慢，不需常修剪。耐热、耐旱，抗风、抗污染，移植容易。

应用：庭栽观赏，绿篱，观叶植物。黄纹万年麻叶面有乳黄色及淡绿色纵纹，叶色优雅、美观。主要作为庭园与盆栽植物。切叶可为插花的素材。

**（十三）露兜科 Pandanaceae**

**露兜树**

学名：*Pandanus tectorius*

露兜树科露兜树属

原产：主要分布于东半球热带地区。

形态特征：叶簇生于枝顶，三行紧密螺旋状排列，条形，长达 80cm，宽 4cm，先端渐狭成一长尾尖，叶缘和背面中脉均有粗壮的锐刺。雄花序由若干穗状花序组成；佛焰苞长披针形，近白色，先端渐尖，边缘和背面隆起的中脉上具细锯齿；雄花芳香，雄蕊常呈总状排列，分离花丝；雌花序头状，单生于枝顶，圆球形；佛焰苞多枚，乳白色，边缘具疏密相间的细锯齿。聚花果大，向下悬垂，由 40～80 个核果束组成，圆球形或长圆形，长达 17cm，直径约 15cm，幼果绿色，成熟时橘红色。

生态习性：喜光，喜高温、多湿气候，适生于海岸沙地。

应用：常于海边沙地作绿篱。

同属庭院常见栽培品种有：

红刺露兜树 *P. utilis*；

花叶露兜树 *P. veitchii*；

斑叶禾叶露兜树 *P. pygmaeus* 'Variegatuw'；

七叶兰（香草兰、香林投、碧血树）*P. odorus*。

## （十四）禾本科 Graminae（Poaceae）

### 1. 粉单竹

学名：*Bambusa chungii*

禾本科簕竹属

原产：中国南方特产，广西、广东、海南、湖南、台湾、四川、云南和浙江南部均有广泛分布和栽培。越南也有栽培。

形态特征：秆直立，丛密，高 5～10m，直径 3～5cm；节间幼时密被白色蜡粉，无毛。箨鞘坚硬，鲜时绿黄色，被白粉，背面遍生淡色细短毛；箨落后箨环上有一圈较宽的木栓质环；箨耳长而狭窄；箨叶反转，卵状披针形，近基部有刺毛。每小枝有叶 4～8 枚，叶片线状披针形，质地较薄，背面无毛或疏生微毛。花枝极细长，无叶；内稃与外稃近等长，先端钝或截平，纵脉不明显，脊上无毛，边缘被纤毛；花药顶端具短细的芒状尖头；子房先端被粗硬毛，花柱长 1～2mm，柱头 3 或 2，呈稀疏羽毛状。未成熟的果实的果皮在上部变硬，干后呈三角形，成熟颖果呈卵形，长 8～9mm，深棕色，腹面有沟槽。

生态习性：具有生长快、成林快、伐期短、适性强、繁殖易等特点。其垂直分布达海拔 500m，但以 300m 以下的缓坡地、平地、山脚和河溪两岸生长为佳，无论在酸性土或石灰质土壤上均生长正常。

应用：是一种可供编制器具的篾用竹。常用作农业器具的编织材料，也是竹编花篮的用料，还用于造纸。园林上常植于园林的山坡、院落或道路、立交桥边。

同属庭院常见栽培品种有：

佛肚竹 *B. ventricosa*；

簕竹 *B. blumeana*；

小簕竹 *B. flexuosa*。

### 2. 孝顺竹

学名：*Bambusa multiplex*

禾本科刺竹属

原产：越南。分布于中国东南部至西南部，野生或栽培。

形态特征：秆高 4～8m，直径 1～4cm，绿色，节间长 20～50cm，幼时薄被白蜡粉及棕色至暗棕色小刺毛，老时光滑无毛。箨鞘呈梯形，背面无毛，先端稍向外线一侧倾斜；箨耳不明显，边缘有少许缝毛；箨舌边缘呈不规则的短齿裂；托片直立，易脱落，背面散生暗棕色脱落性小刺毛。分枝较低，多枝簇生；叶鞘无毛；叶耳肾形，边缘具波状细缝毛。

生态习性：喜光，稍耐阴。喜温暖、湿润环境，不甚耐寒。喜深厚肥沃、排水良好的土壤。

应用：枝小叶细，竹秆丛生，四季青翠，姿态秀美，宜于宅院、草坪角隅、建筑物前或河岸种植，也可配置于假山旁侧作庭院观赏。耐旱耐寒在园林绿化中备受青睐。秆材可编织，也是良好的造纸原料，叶可药用。

同属庭院常见变种及栽培种有：

观音竹 *Bambusa multiplex* var. *riviereorum*；

黄纹竹 *Bambusa multiplex* 'Yellowstripe'；

青丝黄竹 *Bambusa eutuldoides* var. *virittat*；

银丝竹 *Bambusa multiplex* 'Silverstrip'；

凤尾竹 *Bambusa multiplex* 'Fernleaf'；

小琴丝竹 *Bambusa multiplex* 'Alphonse-Karr'。

### 3. 唐竹

学名：*Sinobambusa tootsik*

禾本科唐竹属

原产：产中国福建福州、广东、广西。越南北方有天然分布。

形态特征：高 5～12m，直立，直径 2～6cm，幼秆深绿色，无毛，被白粉，尤以在下方更为显著，老秆无毛，有纵脉；节间在分枝一侧扁平而有沟槽，节间长 30～40cm，最长可达 80cm；箨环木栓质隆起；节内略凹下。秆中部每节通常分 3 枝。叶片呈披针形或狭披针形，长 6～22cm，宽 1～3.5cm，先端渐尖，具锐尖头，基部钝圆形或楔形，下表面略带灰白色并具细柔毛；小穗轴节间长达 5～7mm，扁平，上部具微毛。小花长椭圆形，长 7～12mm，灰绿色，无毛；子房圆柱形，无毛，花柱极短。笋期 4—5 月。

生态习性：生于山坡、林下或山谷中。常成片生长于海拔 40～1500m。

应用：笋味苦，具有清热解毒功效。其中部分竹笋埋入泥土部分反而不苦，十分甘甜。以下部甜、上部苦的竹笋为优。这样的竹笋市场价值较高。四川泸州地区盛产，因其味苦，又被该地区人称为苦竹笋。竹材较脆，但节间较长，常用作吹火管或搭棚架、筑篱笆等。生长茂盛，挺拔，姿态潇洒，通常可作庭园观赏之用。

## 二、常见热带观花类木本植物种类及特征简述

### （一）木兰科 Magnoliaceae

#### 1. 白兰花

学名：*Michelia alba*

木兰科含笑属

原产：印度尼西亚爪哇。现广植于东南亚。中国福建、广东、广西、云南等省区广泛栽培。

形态特征：常绿乔木，高达 17m，树冠阔伞形，胸径可达 50cm，树皮灰色。枝叶有芳香，嫩枝及芽密被淡黄或白色微柔毛，老时毛渐脱落。叶薄革质，长椭圆形或披针状椭圆形，长 10～27cm，宽 4～9.5cm，先端长渐尖或尾状渐尖，基部楔形，上面无毛，下面疏生微柔毛，干时两面网脉均很明显；托叶痕达叶柄中部。花白色，极香；花被片 10，披针形，长 3～4cm，宽 3～5cm。心皮多数，通常部分不发育，成熟时随着花托的延伸，形成蓇葖疏生的聚合果；蓇葖果熟时鲜红色。花期 4—9 月，夏季盛开，通常不结实。

生态习性：性喜光照，怕高温，不耐寒，适于微酸性土壤。喜温暖湿润，不耐干旱和水涝，对二氧化硫、氯气等有毒气体比较敏感，抗性差。

应用：树形美观，终年翠绿，花清香宜人。为名贵香花树种，可于园林绿地栽培，是

南方园林中的骨干树种。北方盆栽。

**2. 黄兰花**

学名：*Michelia champaca*

木兰科含笑属

原产：中国东南部、云南南部和西南部，印度、缅甸和越南也有分布。

形态特征：常绿乔木，高达 30～40m，外形与白兰花相似，但叶背面平伏长卷毛，叶柄上的托叶痕长达叶柄的 2/3 以上。花淡黄色，可结实。花期 4 月下旬至 9 月。

生态习性：阳性至半阴性，土壤为一般的园土即可，排水良好，不需修剪。南北都可栽种，黄兰花花色金黄色，花期迟，无需担心早春霜冻的危害。

应用：与白兰花相同，适宜作园景树及行道树，还可盆栽观赏。花供观赏、闻香及头饰，亦可提取香料，用来作香水。还用作白兰花繁殖的砧木。其木材年轮明显，保存期长，可用于建筑及制作家具。

**3. 含笑**

学名：*Michelia figo*

木兰科含笑属

原产：中国华南地区。长江流域以南各地有栽培。

形态特征：常绿灌木或小乔木，高 2～5m，树冠圆形。芽、小枝和叶柄及花梗密生褐色绒毛。叶较小，革质，椭圆状倒卵形，长 4～10cm，叶柄长 3～4cm，托叶痕达叶柄顶端。花淡黄色，边缘带紫晕，具香蕉香气。花期 3—6 月。

生态习性：性喜半阴，喜肥，不耐寒。在弱阴下最利生长，忌强烈阳光直射，夏季要注意遮阴。

应用：常作为芳香植物在庭院栽植观赏，当花苞膨大而外苞将裂解脱落时，所采摘下的含笑花气味最为香浓。还可作盆栽观赏。

**4. 石禄含笑**

学名：*Michelia shiluensis*

木兰科含笑属

原产：中国海南

形态特征：乔木，高达 18m，胸径 30cm，树皮灰色。顶芽狭椭圆形，被橙黄色或灰色有光泽的柔毛。小枝、叶、叶柄均无毛。叶革质，稍坚硬，倒卵状长圆形，长 8～14（20）cm，先端圆钝，具短尖，基部楔形或宽楔形，上面深绿色，下面粉绿色，无毛，侧脉每边 8～12 条，网脉干后两面均凸起；叶柄具宽沟，无托叶痕。花白色，花被片 9，3 轮，倒卵形，长 3～4.5cm。聚合果蓇葖有时仅数个发育，倒卵球形或倒卵状椭球形。花期 3—5 月，果期 6—8 月。

生态习性：生于海拔 200～1500m 的山沟、山坡、路旁、水边。喜温暖、湿润、富含腐殖质的沙壤土。不耐旱，稍耐阴。

应用：树形美观，枝叶革质有光泽，花芳香，适于庭院及园林绿地作园景树。

**（二）千屈菜科 Lythraceae**

**1. 紫薇**

学名：*Lagerstroemia indica*

千屈菜科紫薇属

原产：亚洲热带和亚热带地区

形态特征：落叶灌木或小乔木，高可达 7m，树皮平滑，灰色或灰褐色，枝干多扭曲，小枝纤细，具 4 棱，略成翅状。叶互生或有时对生，纸质，椭圆形、阔矩圆形或倒卵形，长 2.5～7cm，顶端短尖或钝形，有时微凹，基部阔楔形或近圆形，无毛或下面沿中脉有微柔毛，无柄或叶柄很短。花色玫红、大红、深粉红、淡红色或紫色、白色，直径 3～4cm，常组成 7～20cm 的顶生圆锥花序。蒴果椭圆状球形或阔椭圆形。花期 6—9 月，果期 9—12 月。

生态习性：喜暖湿气候，喜光，略耐阴，也能抗寒，耐干旱，忌涝，忌低湿。喜生于肥沃湿润的沙质壤土，好生于略有湿气之地，不择土壤，不论钙质土或酸性土都生长良好。萌蘖性强。还具有较强的抗污染能力，对二氧化硫、氟化氢及氯气的抗性较强。

应用：具有极高的观赏价值，并且具有易栽、易管理的特点。在园林中适宜孤植、对植、群植、丛植和列植等方式进行造景，也可配置于水滨、池畔、山石旁，观赏效果极佳。适宜作为行道和公路的绿化树种，庭院、公共绿地观赏树种，也可作为单位、工矿区绿化树种，独树亦成景。

园林中常见的变种有：

银薇：*L. indica*；

银翠薇：*L. indica* 'Petite Pinkie'。

**2. 大花紫薇**

学名：*Lagerstroemia speciosa*

千屈菜科紫薇属

原产：东亚南部及澳大利亚。中国广东、广西、福建和海南常见栽培。

形态特征：大乔木，高可达 25m，树皮灰色，平滑。叶革质，矩圆状椭圆形或卵状椭圆形，长 10～25cm，顶端钝形或短尖，基部阔楔形至圆形，两面均无毛。花淡红色或紫色，顶生圆锥花序长 15～25cm，有时可达 46cm；花轴、花梗及花萼外面均被黄褐色糠秕状的密毡毛；花萼有棱，6 裂，裂片三角形，反曲；花瓣 6，近圆形至矩圆状倒卵形，有短爪。蒴果球形至倒卵状矩圆形，褐灰色。花期 5—7 月，果期 10—11 月。

生态习性：喜温暖湿润，喜阳光而稍耐阴，喜生于石灰质土壤。

应用：树冠半圆形，叶大浓密，色泽绿，冬季落叶前色泽变黄或橙红色。花大、花色艳丽，花期长久，适宜在庭院、路边及草坪上孤植、丛植、列植等。

**（三）桃金娘科 Myrtaceae**

**1. 蒲桃**

学名：*Syzygium jambos*

桃金娘科蒲桃属

原产：中国、中南半岛、马来西亚、印度尼西亚等地。

形态特征：常绿乔木，高 10m，主干极短，广分枝；小枝圆形。叶片革质，披针形或长圆形，长 12～25cm，先端长渐尖，基部阔楔形，叶面多透明细小腺点。聚伞花序顶生，有花数朵，花白色，直径 3～4cm；花瓣分离，阔卵形，长约 14cm；雄蕊长。果实球形，果皮肉质，成熟时黄色，有油腺点。花期 3—4 月，果实 5—6 月。

生态习性：耐水湿植物，性喜暖热气候，属于热带树种。喜生河边及河谷湿地。喜光、耐贫瘠和高温干旱，对土壤要求不严，根系发达，生长迅速，适应性强，以肥沃、深厚和湿润的土壤为最佳。

应用：蒲桃是东南亚原产的果树。可以作为防风植物栽培，果实可以食用。也是湿润热带地区良好的果树、庭园绿化树。

### 2. 洋蒲桃

学名：*Syzygium samarangense*

桃金娘科蒲桃属

原产：马来西亚、印度、中国。

形态特征：乔木，高 12m；嫩枝压扁。叶片薄革质，椭圆形至长圆形，长 10～22cm，先端钝或稍尖，基部变狭，圆形或微心形，上面干后变黄褐色，下面多细小腺点。聚伞花序顶生或腋生，长 5～6cm，有花数朵；花白色，花梗长约 5mm；雄蕊极多，长约 1.5cm；果实梨形或圆锥形，肉质，洋红色，发亮，长 4～5cm，顶部凹陷，有宿存的肉质萼片。花期 3—4 月，果实 5—6 月成熟。

生态习性：洋蒲桃适应性强，性喜温暖，怕寒冷，喜好湿润的肥沃土壤，对土壤条件要求不严，栽培上做好整枝修剪即可。

应用：树形优美，葱茏的树木、青绿的枝叶、丰硕的果实，用于园林绿化中，可作行道树及园景树。在我国台湾，洋蒲桃被誉为"水果皇帝"，畅销于水果市场，深受消费者的青睐。

### 3. 金蒲桃

学名：*Syzygium chrysanthus*

桃金娘科蒲桃属

原产：澳大利亚。

形态特征：常绿小乔木，植株高可达 5m。叶有对生、互生或丛生枝顶，披针形，全缘，革质。全年有花，盛花期为每年 11 月到次年 2 月，聚伞花序，花丝金黄色。

生态习性：性喜高温，生长适温约为 22～32℃。喜肥沃疏松、湿润的壤土和沙质壤土。喜光，幼株生长缓慢。

应用：叶色亮绿，株形挺拔。成年树盛花期满树金黄，花期长，花簇生枝顶，金黄色，花序呈球状，极为亮丽壮观，是十分优良的园林绿化树种。适宜作园景树、行道树，幼株可盆栽。

### 4. 红千层

学名：*Callistemon rigidus*

桃金娘科红千层属

原产：澳大利亚。

形态特征：小乔木。树皮坚硬，灰褐色；嫩枝有棱，初时有长丝毛，不久变无毛。叶片坚革质，线形，长 5～9cm，宽 3～6cm，先端尖锐，初时有丝毛，不久脱落，油腺点明显，叶柄极短。穗状花序生于枝顶；萼管略被毛，萼齿半圆形，近膜质；花瓣绿色，卵形，长 6cm，宽 4.5cm，有油腺点；雄蕊长 2.5cm，鲜红色，花药暗紫色，椭圆形；花柱比雄蕊稍长，先端绿色，其余红色。蒴果半球形。花期 6—8 月。

生态习性：属阳性树种，喜暖热气候，能耐烈日酷暑，不甚耐寒，不耐阴，喜肥沃潮湿的酸性土壤，也能耐瘠薄干旱的土壤。生长缓慢，萌芽力强，耐修剪，抗风。耐−5℃低温和45℃高温，生长适温为25℃左右。对水分要求不严，但在湿润的条件下生长较快。萌发力强，耐修剪。不易移植成活。

应用：树姿优美，花形奇特，适应性强，观赏价值高，被广泛应用于公园与风景区、广场及街边绿地、工业园区、居住区绿化各类园林绿地中，用作园景树。

**5. 串钱柳**

学名：*Callistemon viminalis*

桃金娘科红千层属

原产：澳大利亚。

形态特征：与红千层相近，但树皮灰白色，幼枝被柔毛。叶条形或狭披针形，柔软，细长如柳，叶片内透明腺点多。穗状花序，下垂。花期春末至夏初。

生态习性：喜高温高湿气候。

应用：枝叶下垂，嫩叶墨绿色，花鲜红色，下垂，非常美丽。常在水边、湖畔作园景树。

## （四）野牡丹科 Melastomataceae

**巴西野牡丹**

学名：*Tibouchina seecandra*

野牡丹科光荣树属

原产：巴西。

形态特征：常绿灌木，高0.6～1.5m。茎四棱形，分枝多，枝条红褐色；茎、枝几乎无毛。叶革质，披针状卵形，顶端渐尖，基部楔形，长3～7cm，全缘，叶表面光滑，无毛，5基出脉，背面被细柔毛，基出脉隆起。伞形花序着生于分枝顶端，近头状，有花3～5朵；花瓣5；花萼长约8mm，密被较短的糙伏毛；花瓣紫色，雄蕊白色且上曲。蒴果坛状球形。周年几乎可以开花，8月始进入盛花期，一直到冬季，花谢后又陆续抽蕾开花，可至翌年4月。

生态习性：喜阳光充足、温暖、湿润的气候；对土壤要求不高，喜微酸性的土壤。具有较强的耐阴及耐寒能力，在半阴的环境下生长良好，冬季能耐一定的霜冻和低温。

应用：株型美观，枝繁叶茂，叶片翠绿。花大、多且密，花为紫色，娇艳美丽，一年四季皆有花。栽培管理简单、繁殖容易、适应性强，为不可多得的优良观叶、观花园林绿化植物材料，很适宜在城市园林绿地中应用。可点缀于草坪绿地及空旷地，布置于花坛花境，也可栽于风景林路两侧。盆栽效果极佳。巴西野牡丹具有一定的耐阴能力，布置于片林下和高架桥下，为耐阴植物提供了新的选择。

## （五）使君子科 Combretaceae

**使君子**

学名：*Quisqualis indica*

使君子科使君子属

原产：亚洲南部及非洲热带。

形态特征：攀援状灌木，高2～8m。小枝被棕黄色短柔毛。叶对生或近对生，叶片膜质，卵形或椭圆形，长5～11cm，先端短渐尖，基部钝圆，表面无毛，背面有时疏被棕色柔毛，侧脉7或8对。顶生穗状花序，组成伞房花序；苞片卵形至线状披针形，被毛；花瓣5，长1.8～2.4cm，初为白色，后转淡红色，直至深红色；雄蕊10，不突出冠外，外轮着生于花冠基部，内轮着生于萼管中部。果卵形，成熟时外果皮脆薄，呈青黑色或栗色。花期初夏，果期秋末。

生态习性：喜光，耐半阴，但日照充足开花更繁茂。喜高温多湿气候，不耐寒，不耐干旱，在肥沃富含有机质的沙质壤土上生长最佳。

应用：为优良的垂直绿化植物，可用于花廊、棚架、滑门、栅栏等。

### （六）杜英科 Elaeocarpaceae

#### 1. 尖叶杜英

学名：*Elaeocarpus apiculatus*

杜英科杜英属

原产：中国海南、云南南部；中南半岛至马来西亚。中国南方广为栽培。

形态特征：常绿乔木，高达30m，树皮灰色。叶聚生于枝顶，革质，倒卵状披针形，长11～20cm，先端钝，上面深绿色而发亮，干后淡绿色，下面初时有短柔毛，不久变秃净，仅在中脉上面有微毛，全缘，或上半部有小钝齿。总状花序生于枝顶叶腋内，长4～7cm，有花5～14朵，花序轴被褐色柔毛；花瓣倒披针形，长1.3cm，内外两面被银灰色长毛。核果椭圆形，长3～3.5cm，有褐色茸毛。花期8—9月，果实在冬季成熟。

生态习性：喜光，喜温暖湿润气候，喜肥沃疏松富含有机质的土壤，不耐干旱和瘠薄。深根性，抗风力强。

应用：尖叶杜英树冠圆整，枝叶稠密有层次，部分叶色深红，红绿相间，在园林中常丛植于草坪、路口、林缘等处，也可列植为行道树，起遮挡及隔声作用，或作为花灌木或雕塑等的背景树，还可作为厂区的绿化树种。

#### 2. 水石榕

学名：*Elaeocarpus hainanensis*

杜英科杜英属

原产：中国海南、广西、云南，越南也有分布。中国南方广为栽培。

形态特征：常绿灌木至小乔木，树冠宽广。叶革质，聚生于枝顶，狭披针形至倒披针形，长7～15cm，先端短渐尖，基部渐狭而成一柄，边缘有小锯齿，亮绿有光泽。总状花序腋生，花大，白色，直径3～4cm，有明显的白色卵圆形苞片，大，宿存，薄被柔毛。花瓣倒卵状楔形，长2.5～4cm，白色，有流苏状边缘；萼片狭披针形，与花瓣同被紧贴的柔毛。花期6—7月。

生态习性：喜高温湿润气候，不耐干旱，喜湿但不耐积水。耐半阴。喜肥沃疏松富含有机质的壤土或沙壤土。深根性，抗风力强。

应用：分枝多而密，树冠圆锥形，花期长，花冠洁白淡雅，为中国南部特有的木本花卉，适宜作园景树。

### （七）梧桐科 Sterculiaceae

#### 1. 苹婆

学名：*Sterculia monosperma*

梧桐科苹婆属

原产：中国台湾、福建、广东、广西及贵州。

形态特征：常绿大乔木，树皮褐黑色，小枝幼时略有星状毛。叶薄革质，矩圆形或椭圆形，长 8～25cm，顶端急尖或钝，两面均无毛。圆锥花序顶生或腋生，柔弱且披散，长达 20cm，有短柔毛；花梗比花长；萼初时乳白色，后转为淡红色，钟状，外面有短柔毛，长约 10cm，5 裂，裂片条状披针形。蓇葖果鲜红色，厚革质，矩圆状卵形，长约 5cm，顶端有喙，每果内有种子 1～4 个；种子黑褐色，直径约 1.5cm。花期 4—5 月，但在 10—11 月常可见少数植株二次开花。

生态习性：喜温暖湿润气候。喜生于排水良好的肥沃的土壤，酸性、中性及石灰性土均可生长。耐阴。

应用：树冠浓密，叶常绿，树形美观，不易落叶，适宜作风景树和行道树。蓇葖果鲜红，果实可食。

**2. 假苹婆**

学名：*Sterculia lanceolata*

梧桐科苹婆属

原产：中国广东、广西、云南、贵州和四川等地。

形态特征：常绿大乔木，小枝幼时被毛。叶椭圆形、披针形或椭圆状披针形，长 9～20cm，顶端急尖，基部钝形或近圆形，上面无毛，下面几无毛。圆锥花序腋生，长 4～10cm，密集且多分枝；花淡红色，萼片 5，仅于基部连合，向外开展如星状，矩圆状披针形或矩圆状椭圆形，顶端钝或略有小短尖突，外面被短柔毛，边缘有缘毛。蓇葖果鲜红色，长卵形或长椭圆形，长 5～7cm，顶端有喙，基部渐狭，密被短柔毛；种子黑褐色，椭圆状卵形，直径约 1cm。每果有种子 2～4 个。花期 4—6 月。

生态习性：性喜阳光、喜温暖湿润气候，对土壤要求不严。根系发达，速生。稍耐瘠薄，但以排水良好、土层深厚的沙质壤土最佳。喜高温多湿，生育适温约 23～32℃。

应用：假苹婆树干通直，树冠球形，翠绿浓密，果鲜红色，观赏价值高，属十分优良的观赏植物。宜用作庭园树、行道树及风景区绿化树种。

**3. 鹧鸪麻**

学名：*Kleinhovia hospita*

梧桐科鹧鸪麻属

原产：中国广东、海南岛和台湾。亚洲、非洲和大洋洲的热带地区如菲律宾、澳大利亚、斯里兰卡、马来西亚、印度、越南、泰国等地也有分布。

形态特征：乔木，高达 10m，树皮灰色，片状剥落，小枝灰绿色。叶广卵形或卵形，长 5.5～18cm，顶端渐尖或急尖，基部心形或浅心形，全缘或在上部有数小齿。聚伞状圆锥花序，长 50cm，被毛；花淡粉红色，密集；萼片浅红色，如花瓣状；花瓣比萼短，其中一片成唇状，具囊，顶端黄色，且较其他各瓣为短。蒴果梨形或略成圆球形，膨胀，成熟时淡绿色而带淡红色。花期 3—7 月。

生态习性：性喜高温多湿，生长于丘陵地或山地疏林中，喜温暖湿润气候，稍耐阴。喜肥沃疏松、排水良好的沙壤土。

应用：适宜作行道树、园景树。

**4. 非洲芙蓉**

学名：*Dombeya acutangula*

梧桐科吊芙蓉属

原产：非洲马达加斯加岛。

形态特征：常绿中型灌木或小乔木，高可达 15m，树冠圆形，枝叶密集，树枝棕色。叶面质感粗糙，叶互生，心形，叶缘钝锯齿，掌状脉。花从叶腋间伸出，悬吊着一个花苞；伞形花序，开花时会长出花轴，花轴下辐射出具等长小花梗的小花；一个花球可包含 20 多朵粉红色的小花，每朵小花有花瓣 5，有一白色星状雄蕊及多个雌蕊围绕，全开时聚生且悬吊而下。花期 12 月至翌年 3 月。

生态习性：性喜阳光，但在部分遮光的条件下亦生长良好。对水分要求不严。一般要求温度 8℃以上才能安全越冬，可耐短时间的低温，叶片遇霜冻会呈现古铜色。对土壤要求不严，但以在肥沃的土壤种植为佳。

应用：漂亮美艳的悬垂花球深受人们的喜爱，有淡淡的香味，具极高的观赏价值，可供园林观赏，也是蜜源植物。可作为公园栽培种或盆栽，是城市绿化的新优树种，适合岭南等无霜地区栽培，北方栽培冬季则需进入温室。

**（八）木棉科 Bombacaceae**

**1. 木棉**

学名：*Bombax malabaricum*

木棉科木棉属

原产：中国华南地区，印度、马来西亚及澳大利亚也有分布。

形态特征：落叶大乔木，高可达 40m，主干端直，主枝轮生呈水平状伸展，树皮灰白色，幼树的树干通常有圆锥状的粗刺。掌状复叶，小叶 5～7 片，长圆形至长圆状披针形，长 10～16cm，顶端渐尖，全缘，两面均无毛。花单生枝顶叶腋，通常红色，有时橙红色，直径约 10cm；萼杯状，长 2～3cm，内面密被淡黄色短绢毛；花大，花瓣肉质，倒卵状长圆形，长 8～10cm，红色，聚生于近枝端。蒴果长圆形，大，近木质，内有柔毛。种子多数，倒卵形，光滑。花期 2—4 月，果夏季成熟。

生态习性：喜温暖干燥和阳光充足环境。不耐寒，稍耐湿，忌积水。耐旱，抗污染、抗风力强，深根性，速生，萌芽力强。生长适温 20～30℃，冬季温度不低于 5℃，以深厚、肥沃、排水良好的中性或微酸性沙质土壤为宜。

应用：树形高大雄伟，高耸挺拔，树冠整齐壮丽。外观多变化：春天时，一树橙红；夏天绿叶成荫；秋天枝叶萧瑟；冬天秃枝寒树，四季展现不同的风情。花红色或橙红色，每年 2—4 月先花后叶。适宜作行道树和园景树。是热带雨林中的上层树种。

**2. 美丽异木棉**

学名：*Chorisia speciose*

木棉科吉贝属

原产：巴西、阿根廷等地。

形态特征：落叶性乔木，树干绿色，挺拔，枝条轮生，与木棉树相似，但侧枝呈斜水平状向上开展，树皮密生瘤状刺。叶互生，掌状复叶，小叶 5～7 枚，椭圆形或倒卵形，叶缘有锯齿。花单生于叶腋，或略呈总状花序，具 2～5 枚不规则筒状萼片，花冠粉红色或淡紫红色，裂片五瓣，近中心处白色带紫斑，略有反卷。蒴果似小型酪梨，成熟开裂后，大团棉絮包裹种子随风飞散。花期秋、冬、春三季。

生态习性：强阳性，喜高温多湿气候，生长迅速，抗风，不耐旱。生性健壮，适应性强。

应用：树冠层呈伞形，树干直立，树形优美、奇特，树姿飒爽、青翠，生长快速、花姿妍丽，盛开时花多叶少，可作为公园、庭院、风景区及居住区优良的风景树种，可单植，也可列植作行道树，片植更佳。

**3. 爪哇木棉**

学名：*Ceiba pentandra*

木棉科吉贝属

原产：热带美洲和东印度群岛

形态特征：落叶大乔木，高约 30m，有大而轮生的侧枝，幼枝有刺。掌状复叶互生，小叶 5～9 枚，长圆状披针形。花多数簇生于上部叶腋，花瓣淡红或黄白色，外面密被白色长柔毛。果实纺锤形，果内面密生丝状绵毛，种子圆形。花期 3—4 月。

生态习性：喜光，喜暖热气候，耐热不耐寒。对土壤要求不严，耐瘠抗旱，忌排水不良。

应用：树体高大，树形优美，是优良的观赏树种，孤植、列植、群植均能构成美丽的景观。是热带雨林中的上层树种。

**（九）锦葵科 Malvaceae**

**1. 朱槿（扶桑）**

学名：*Hibiscus rosa-sinensis*

锦葵科木槿属

原产：中国南部，现温带至热带地区均有栽培。

形态特征：常绿灌木，株高约 1～3m。小枝圆柱形，疏被星状柔毛。叶阔卵形或狭卵形，长 4～9cm，宽 2～5cm，先端渐尖，基部圆形或楔形，边缘具粗齿或缺刻，两面除背面沿脉上有少许疏毛外均无毛。花单生于上部叶腋间，常下垂，花梗长，疏被星状柔毛或近平滑无毛，近端有节；花冠漏斗形，直径 6～10cm，玫瑰红色或淡红、淡黄等色，花瓣倒卵形，先端圆。蒴果卵形。花期全年。

生态习性：强阳性植物，性喜温暖、湿润，要求日光充足，不耐阴，不耐寒、旱。耐修剪，发枝力强。对土壤的适应范围较广，但以富含有机质的微酸性壤土生长最好。

应用：朱槿在古代就是一种受欢迎的观赏性植物。花大色艳，四季常开，主供园林观赏。在全世界，尤其是热带及亚热带地区多有种植，花期长，除红色外，还有粉红、橙黄、黄、粉边红心及白色等不同品种；除单瓣外，还有重瓣品种。盆栽朱槿是布置节日公园、花坛、宾馆、会场及家庭养花的最好花木之一。

庭院常见栽培变种及品种主要有：

朱槿（原变种）*H. rosa-sinensis* var. *rosa-sinensis*；

重瓣朱槿（变种）*H. roses-sinensis* var. *rubro-plenus*；

美丽美利坚 'American Beauty'；

橙黄扶桑 'Aurantiacus'；

黄油球 'Butterball'；

蝴蝶‘Butterfly’；

金色加州‘California Gold’；

快乐‘Cheerful’；

锦叶‘Cooperi’；

波希米亚之冠‘Crownof Bohemia’；

金尘‘Golden Dust’；

呼拉圈少女‘Hula-Girl’；

砖红‘Lateritia’；

御衣黄‘Lute’；

马坦‘Matensis’；

雾‘Mist’；

总统‘President’；

红龙‘Red Dragon’。

**2. 吊灯花**

学名：*Hibiscus schizopetalus*

锦葵科木槿属

原产：非洲热带。

形态特征：常绿灌木，高1～4m。枝叶细长拱垂，光滑。叶椭圆形或卵状椭圆形，长4～7cm，先端尖，基部有关节。花大下垂，直径5～7cm；花瓣红色，深细裂呈流苏状，反卷。花期全年。

生态习性：喜光，喜温暖至高温多湿气候，不耐寒，耐旱，抗逆性强。不择土壤。

应用：花期长，花姿优美，是极美的观赏植物。可在园林中作园景树栽培，还可作绿篱、植丛等栽植，也可盆栽观赏。

**3. 木槿**

学名：*Hibiscus syriacus*

锦葵科木槿属

原产：东亚。中国自东北南部至华南各地均有栽培。

形态特征：落叶灌木，高3～4m。小枝密被黄色星状绒毛。叶菱形至三角状卵形，长3～10cm，具深浅不同的3裂或不裂，有明显三主脉，先端钝，基部楔形，边缘具不整齐齿缺，下面沿叶脉微被毛或近无毛。花单生于枝端叶腋间，小苞片6～8，线形，密被星状疏绒毛；花萼钟形，密被星状短绒毛，裂片5，三角形；花色有纯白、淡粉红、淡紫、紫红等，花形呈钟状，有单瓣、复瓣、重瓣几种，直径5～6cm，花瓣倒卵形。蒴果卵圆形，密被黄色星状绒毛。花期7—10月。

生态习性：对环境的适应性很强，较耐干燥和瘠薄，对土壤要求不严格，在重黏土中也能生长。尤喜光和温暖潮润的气候。稍耐阴、喜温暖、湿润气候，耐修剪、耐热又耐寒，但在北方地区栽培需保护越冬，好水湿又耐旱，萌蘖性强。

应用：枝叶繁茂，花大繁茂，花色丰富，花期长，是夏、秋季的重要观花灌木，南方多作花篱、绿篱；北方作庭园点缀及室内盆栽。木槿对二氧化硫与氯化物等有害气体具有很强的抗性，同时还具有很强的滞尘功能，是工厂的主要绿化树种。

庭院常见园艺品种有：

白花重瓣木槿 *Hibiscus syriacus* f. *albus-plenus*；

粉紫重瓣木槿 *Hibiscus syriacus* f. *amplissimus*；

短苞木槿 *Hibiscus syriacus* var. *brevibracteatus*；

雅致木槿 *Hibiscus syriacus* f. *elegantissixnus*；

大花木槿 *Hibiscus syriacus* f. *grandiflorus*；

长苞木槿 *Hibiscus syriacus* var. *longibracteatus*；

牡丹木槿 *Hibiscus syriacus* f. *paeoniflorus*；

白花单瓣木槿 *Hibiscus syriacus* f. *totus-albus*；

紫花重瓣木槿 *Hibiscus syriacus* f. *violaceus Gagnep*。

### 4. 黄槿

学名：*Hibiscus tiliaceus*

锦葵科木槿属

原产：中国华南地区，日本、印度、马来西亚及大洋洲也有分布。

形态特征：常绿灌木或乔木，高 4～10m，胸径粗达 60cm。树皮灰白色。叶革质，近圆形或广卵形，宽 8～15cm，先端突尖，有时短渐尖，基部心形，全缘或具不明显细圆齿，上面绿色，嫩时被极细星状毛，逐渐变平滑无毛，下面密被灰白色星状柔毛。花序顶生或腋生，常数花排列，花冠钟形，直径 6～7cm，花瓣初开时鲜黄色，逐渐变为橙黄色，内面基部暗紫色，倒卵形，直径约 8～10cm，外面密被黄色星状柔毛。蒴果卵圆形，被绒毛，木质。花期 6—8 月。

生态习性：阳性植物，喜阳光。生性强健，耐旱，耐贫瘠。抗风，抗大气污染。适应性强，生长快。

应用：花期全年，以夏季最盛。可作为行道树及海岸绿化植栽。多生于滨海地区，为海岸防沙、防潮、防风之优良树种。沿海地区小城镇多作行道树。

### 5. 木芙蓉

学名：*Hibiscus mutabilis*

锦葵科木槿属

原产：中国。

形态特征：落叶灌木或小乔木，高 2～5m。小枝、叶柄、花梗和花萼均密被星状毛与直毛相混的细毛。叶宽卵形至圆卵形或心形，直径 10～15cm，掌状 5～7 裂，具钝圆锯齿，上面疏被星状细毛和点，下面密被星状细绒毛。花单生于枝端叶腋间，花初开时为深红色，后为白、鹅黄、粉红、紫色等，直径约 8cm，花瓣近圆形。蒴果扁球形。花期 10—11 月，果期 12 月。

生态习性：喜光，稍耐阴，喜温暖湿润气候，不耐寒。喜肥沃湿润而排水良好的沙壤土。生长较快，萌蘖性强。对二氧化硫抗性特强，对氯气、氯化氢也有一定抗性。

应用：可形成四季不同形态景观，花大而色丽，在园林绿地及庭院中作为观花灌木广泛应用，可在庭园中孤植、丛植，特别宜于配植水滨，此外，植于庭院、坡地、路边、林缘及建筑前，或栽作花篱，都很合适。在北方也可盆栽观赏。因光照强度不同，会引起花瓣内花青素浓度的变化，木芙蓉早晨开放时为白色或浅红色，中午至下午开放时为深红色，非常奇特。

### 6. 悬铃花

学名：*Malvaviscus Cav. var. penduliflorus*

锦葵科悬铃花属

原产：热带美洲。

形态特征：常绿小灌木，高 1～3m。叶卵状披针形，长 4～10cm，顶端渐尖。花单生；花冠红色，长 5～7cm，下垂；花瓣不展开，形似倒挂的红铃。花期几乎全年，3—8月为盛花期；几乎不结果。

生态习性：喜光，耐半阴，喜温暖湿润气候，耐干旱，不耐寒。对土质要求不严。抗大气污染，适应性强。

应用：花形似风铃，美丽可爱，花期长，花朵在盛花时鲜艳夺目，是华南地区普遍栽培的观花灌木，可在园林绿地和庭院中作园景树，还可用于道路绿化美化。

## （十）苏木科

### 1. 云实

学名：*Caesalpinia decapetala*

苏木科苏木属

原产：中国甘肃南部、陕西秦岭以南地区。

形态特征：攀缘藤本。树皮暗红色。枝、叶轴和花序均被柔毛和钩刺。二回羽状复叶长 20～30cm；羽片 3～10 对，对生，具柄，基部有刺 1 对；小叶 8～12 对，膜质，长圆形，两端近圆钝。总状花序顶生，直立，长 15～30cm，具多花；总花梗多刺；花瓣黄色，膜质，圆形或倒卵形，长 10～12cm，盛开时反卷，基部具短柄。荚果长圆状舌形，长 6～12cm，栗褐色，有光泽，沿腹缝线膨胀成狭翅，成熟时沿腹缝线开裂。花果期 4—10 月。

生态习性：喜光，稍耐阴，喜温暖湿润气候，不耐干旱，对土质要求不严。萌生力强。

应用：攀缘性强，树冠分枝繁茂，盛花期金色花枝繁茂，适宜作绿篱、花架和花廊等栽植。也可在庭院绿地中作花灌木栽培。

### 2. 金凤花

学名：*Caesalpinia pulcherrima*

苏木科苏木属

原产：西印度群岛。现世界各地热带地区广为栽培。

形态特征：常绿灌木，高可达 4m。小枝光滑，疏被刺。二回羽状复叶，羽片 4～9对；小叶 5～12 对，近无柄，倒卵形至倒披针状长圆形，长 1～2cm。花序为疏散的伞房花序，顶生或腋生；花瓣圆形，有皱纹，橙色或黄色，有长柄；花色、花柱均为红色，长而突出。荚果扁平。花期全年。

生态习性：喜光，不耐阴，喜高温、湿润气候，不耐寒，不耐旱。不抗风。

应用：花期长，花色艳丽，开花时似彩蝶飞舞，极为美丽，可在园林绿地及庭院中作园景树栽培观赏，也可丛植或成带状种植于花篱、花坛中。

### 3. 羊蹄甲

学名：*Bauhinia purpurea*

苏木科羊蹄甲属

原产：分布于中国福建、广东、广西、云南等省区，中南半岛、马来半岛、印度、斯里兰卡也有分布。

形态特征：乔木、灌木或攀缘藤本。托叶常早落；单叶，全缘，先端凹缺或分裂为 2 裂片，有时深裂达基部而成 2 片离生的小叶；基出脉 3 至多条，中脉常伸出于 2 裂片间形成一小芒尖。花两性，很少为单性，组成总状花序，伞房花序或圆锥花序；苞片和小苞片通常早落；萼杯状，佛焰状或于开花时分裂为 5 萼片；花瓣 5，略不等，常具瓣柄。种子圆形或卵形，扁平。花期 10 月，果期翌年 2—5 月。

生态习性：喜肥沃湿润的酸性土，耐水湿，不耐旱。

应用：树冠开展，枝丫低垂，叶片顶端向内凹缺成羊蹄状，花大美丽，秋冬季开放，极富特色，在华南地区常作行道树及园景树。

### 4. 红花羊蹄甲

学名：*Bauhinia blakeana*

苏木科羊蹄甲属

原产：产于中国香港，天然杂交种。

形态特征：常绿乔木，树高 6～10m。叶革质，圆形或阔心形，长 10～13cm，宽略超过长，顶端 2 裂，状如羊蹄，裂片约为全长的 1/3，裂片端圆钝。总状花序或有时分枝而呈圆锥花序状；红色或红紫色；花大如掌，10～12cm；花瓣 5，其中 4 瓣分列两侧，两两相对，而另一瓣则翘首于上方，形如兰花状；花香，有近似兰花的清香。通常不结实。花期 11 月至翌年 4 月。

生态习性：喜光，喜温暖至高温湿润气候，耐寒，耐干旱和瘠薄，对土质要求不严，抗大气污染，但根系浅，不抗风。

应用：花大，紫红色，5 片花瓣均匀地轮生排列，红色或粉红色，十分美观。是园林中极为美丽的观赏树木，盛开时繁英满树，终年常绿繁茂，耐烟尘，适于作行道树。为华南地区主要的庭园树之一。

### 5. 宫粉羊蹄甲（洋紫荆）

学名：*Bauhinia variegata*

苏木科羊蹄甲属

原产：分布于中国福建、广东、广西、云南等省区，越南、印度也有分布。

形态特征：中型落叶乔木，树身可达 7m。单叶互生，长 5～12cm，肾形，2 裂，基部心形，叶脉 11～13 条，由叶基部呈放射状伸展，浅绿色叶面光滑。叶形与羊蹄甲近似。总状花序顶生或腋生，花萼管状，花粉红色或淡紫色，芳香，由 5 枚分离的花瓣组成，其中一枚花瓣带红色及黄绿色条纹。花径 7～10cm。长形荚果，长达 30cm。花期 3—5 月，通常早于新叶开放。

生态习性：喜阳光和温暖、潮湿环境，不耐寒。宜湿润、肥沃、排水良好的酸性土壤，栽植地应选阳光充足的地方。

应用：华南地区常见的观赏树种，盛花期叶较少，可作行道树或绿化树。常作为红花羊蹄甲的砧木。

园艺品种种类还有：

白花洋紫荆 *B. acuminata*；

首冠藤 *B. corymbosa*。

### 6. 黄槐（黄花决明）

学名：*Cassia surattensis*

苏木科决明属

原产：栽培于中国福建、广东、海南、云南等省。

形态特征：常绿大灌木或小乔木，嫩枝被疏柔毛。羽状复叶，小叶片披针形，叶长15～30cm，叶轴上面最下 2 对小叶间各有棍棒状的腺体 1 枚；小叶 4～6 对，通常 5 对，卵形或椭圆形，长 3.5～10cm，顶端圆钝，或有不明显的微凹，基部阔楔形或近圆形，上面绿色，下面粉白色。总状花序生于枝条上部的叶腋内；花瓣黄色或深黄色，卵形或倒卵形，长 2～2.5cm。荚果扁平，直生，带形，开裂，长 15～20cm。花果期几乎全年。

生态习性：耐瘠、耐旱，原产地作为水土保持植物。

应用：常绿树，秀丽美观。花鲜黄色，开在树梢，似小蝴蝶，为假蝶形花冠，很多小花成串生长，鲜艳夺目，又开在花少的 8—12 月，常作为花灌木栽培观赏。

### 7. 美丽决明

学名：*Cassia spectabilis*

苏木科决明属

原产：热带美洲。中国云南（西双版纳）及广东均有栽培。

形态特征：常绿小乔木，高约 5m。嫩枝密被黄褐色绒毛。叶互生，长 12～30cm，具小叶 6～15 对；叶轴及叶柄密被黄褐色绒毛，无腺体；小叶对生，椭圆形或长圆状披针形，长 2.5～6cm，顶端短渐尖，具针状短尖，基部阔楔形或稍带圆形，上面绿色，被稀疏而短的白色绒毛，下面密被黄褐色绒毛，中脉在背面凸起。花组成顶生的圆锥花序或腋生的总状花序；花梗及总花梗密被黄褐色绒毛；花直径 5～6cm；花瓣黄色，有明显的脉，大小不一，最大的 1 枚长 2.4～2.6cm。荚果长圆筒形。花期 3～4 月，果期 7—9 月。

生态习性：喜高温湿润及阳光充足的环境，宜中等肥沃、排水良好的沙质土壤。

应用：花色鲜艳，适宜群植于林缘，也可作为低矮花卉植物的背景树种或棚架材料。

### 8. 双荚槐（金边黄槐、双荚决明）

学名：*Cassia bicapsularis*

苏木科决明属

原产：美洲热带。现世界热带地区广为栽培。

形态特征：半落叶灌木，多分枝。羽状复叶，小叶 3～4 对；小叶倒卵形或倒卵状长圆形，长 2.5～3.5cm，常有黄色边缘。伞房式总状花序，顶生或腋生；花鲜黄色。荚果，圆柱形。花期全年，盛花期在秋季。

生态习性：喜光，喜高温湿润气候，不耐旱，不耐寒，喜肥沃的沙壤土。

应用：分枝茂密，小叶青翠，叶有金边。花期长，花多。可单植、丛植或列植成绿篱，也可作棚架或篱垣垂直绿化。

### 9. 翅果决明

学名：*Cassia alata*

苏木科决明属

原产：热带美洲。中国华南地区广为栽植。

形态特征：落叶灌木。偶数羽状复叶，叶柄和叶轴有狭翅；小叶 6～12 对，倒卵状长圆形。总状花序，顶生或腋生，花梗很长。荚果，无毛，具明显的四棱，翅状。花期秋至春季。

生态习性：喜光，喜高温湿润气候，不耐旱，不耐寒。

应用：花色金黄灿烂，花期长，园林中常作观花灌木观赏。

### 10. 腊肠树

学名：*Cassia fistula*

苏木科决明属

原产：印度、斯里兰卡及缅甸，中国华南地区有种植。

形态特征：落叶小乔木或中等乔木，高可达 15m。枝细长，树皮暗褐色。叶长 30～40cm，有小叶 3～4 对，在叶轴和叶柄上无翅亦无腺体；小叶对生，薄革质，阔卵形、卵形或长圆形，长 8～13cm，顶端短渐尖而钝，全缘。总状花序长达 30cm 或更长，疏散，下垂；花与叶同时开放，直径约 4cm；花梗柔弱，长 3～5cm；花瓣黄色，倒卵形，近等大，长 2～2.5cm，具明显的脉。荚果圆柱形，黑褐色，不开裂，有 3 条槽纹。花期 6—8 月，果期 10 月。

应用：初夏开花，满树长串状金黄色花朵，秋日果荚长垂如腊肠，为珍奇观赏树，是中国南方常见的庭园观赏树木，被广泛地应用在园林绿化中。适于在公园、水滨、庭园等处，与红色花木配置种植，也可 2～3 株成小丛种植，自成一景。热带地区也可作行道树。

### 11. 中国无忧花

学名：*Saraca dives*

苏木科无忧花属

原产：中国云南东南部、广东、广西南部以及越南、老挝。

形态特征：常绿乔木，高 5～20m，胸径达 25cm。小叶 5～6 对，嫩叶略带紫红色，下垂；小叶近革质，长椭圆形、卵状披针形或长倒卵形，长 15～35cm，基部 1 对常较小，先端渐尖、急尖或钝，基部楔形。花序腋生，较大，花黄色，后部分（萼裂片基部及花盘、雄蕊、花柱）变红色，两性或单性。荚果棕褐色，扁平，果瓣卷曲。花期 4—5 月，果期 7—10 月。

生态习性：喜温暖、湿润的亚热带气候，不耐寒。要求排水良好、湿润肥沃的土壤。喜充足阳光，对水肥条件要求稍高。喜肥沃湿润、土层深厚的酸性至微碱性土，自然分布多为石灰岩山区，移至酸性土，亦能生长良好，干旱贫瘠土生长不良，黏重土或积水地不宜种植。

应用：树势雄伟，花大而美丽，是优良的庭园绿化和观赏树种，是南方地区街道、庭园、公园及机关厂矿的优良绿化树种。

### 12. 凤凰木

学名：*Delonix regia*

苏木科凤凰木属

原产：马达加斯加岛及热带非洲。

形态特征：落叶乔木，高可达 20m，胸径可达 1m，树冠宽广，分枝多而开展。树皮粗糙，灰褐色。二回羽状复叶，羽片对生，15～20 对；小叶长椭圆形，长 20～60cm，长圆形，两面被绢毛，先端钝，具托叶。伞房状总状花序顶生或腋生；花大，直径 7～10cm，花瓣 5，匙形，红色，具黄及白色花斑，长 5～7cm，开花后向花萼反卷，鲜红至橙红色或红色，有光泽。荚果木质，长可达 50cm。花期 5—8 月，果期 8—10 月。

生态习性：热带树种，种植 6～8 年开始开花，喜高温多湿和阳光充足环境，生长适温 20～30℃，不耐寒，冬季温度不低于 10℃。以深厚肥沃、富含有机质的沙质壤土为宜；怕积水，排水需良好，较耐干旱；耐瘠薄土壤。浅根性，但根系发达，抗风能力强。抗空气污染。萌发力强，生长迅速。

应用：树冠高大，花红叶绿，满树如火，富丽堂皇，由于"叶如飞凰之羽，花若丹凤之冠"，故取名凤凰木，是著名的热带观赏树种。常于我国南方城市的植物园和公园栽种，作为观赏树或行道树，是绿化、美化和香化环境的风景树。

## （十一）含羞草科 Mimosaceae

### 1. 金合欢

学名：*Acacia farnesiana*

含羞草科金合欢属

原产：澳大利亚。分布于中国浙江、台湾、福建、广东、广西、云南、四川等地。

形态特征：常绿灌木或小乔木，高 2～4m。树皮粗糙，褐色，多分枝，小枝常呈"之"字形弯曲，有小皮孔。托叶针刺状。二回羽状复叶长 2～7cm，被灰白色柔毛，有腺体；羽片 4～8 对；小叶通常 10～20 对，线状长圆形，无毛。头状花序 1 或 2～3 个簇生于叶腋，直径 1～1.5cm；花黄色，有香味；花萼长 1.5cm，5 齿裂；花瓣联合呈管状，长约 2.5cm，5 齿裂；雄蕊多数，长约为花冠的 2 倍。荚果膨胀，近圆柱状，褐色。花期 3—6 月，果期 7—11 月。

生态习性：喜光、喜温暖湿润的气候，耐干旱。宜种植于疏松肥沃、腐殖质含量高、向阳、背风的微酸性壤土中。

应用：耐修剪，可作绿篱树种、环保树种及观赏树种。还可制作直干式、斜干式、双干式、丛林式、露根式等多种不同的盆景。金合欢还是一种经济树种，花极香，可供提取香精，是提炼芳香油作高级香水等化妆品的原料。

### 2. 大叶相思

学名：*Acacia auriculiformis*

含羞草科金合欢属

原产：澳大利亚、巴布亚新几内亚及印度尼西亚等地。中国广东、海南、广西、福建等地广泛种植。

形态特征：常绿乔木，具有浓密而扩展的树冠。原产地高可达 30m，胸径可达 60cm。树皮平滑，灰白色。枝干无刺，小枝有棱、绿色且枝条下垂，小枝无毛，皮孔显著。幼苗具二回羽状复叶，有小叶 6～8 对，幼苗第 4 片真叶才开始变态，即小叶退化，叶柄呈叶状，变态叶披针形、革质，长 10～25cm，两端渐狭，顶端略钝，平行脉 3～6 条（其中 3 条特别明显）。花橙黄色、芳香，穗状花序，1 至数枝簇生于叶腋或枝顶，细小，由 5 枚花瓣组成；雄蕊多数，明显伸出于花冠之外，花柱约与雄蕊等长。荚果初始平直，成熟时扭曲成圆环状，结种处略膨大。种子椭圆形，坚硬、黑色、有光泽，种脐大。花期 7—8 月及 10—12 月，果期 12 月至翌年 5 月。

生态习性：喜温暖潮湿且阳光充足的环境，较耐高温，怕霜冻。生长最适温度 20～35℃。适应性强，对土壤要求不高，较耐旱，耐贫瘠。在土壤被冲刷严重的酸性粗骨质土、沙质土和黏重土里均能生长。

应用：干形通直，树叶婆娑，四季常绿，开花时满树金黄，为优良的行道树。适应性强、生长迅速，且能于贫瘠、干燥、坚硬的土壤上正常生长，又能抵抗强风，是绝佳的防风及造林树木。可作四旁及公路绿化、美化、防护栽植，其生态效益、社会效益相当显著。

**3. 台湾相思**

学名：*Acacia confusa*

含羞草科金合欢属

原产：中国台湾，东南亚也有分布。

形态特征：常绿乔木，高 6～15m，无毛，枝灰色或褐色，无刺，小枝纤细。苗期第一片真叶为羽状复叶，长大后小叶退化，叶柄变为叶状柄，叶状柄革质，披针形，长 6～10cm，直或微呈弯镰状，两端渐狭，先端略钝，两面无毛，有明显的纵脉 3～5（～8）条。头状花序球形，单生或 2～3 个簇生于叶腋，直径约 1cm；花金黄色，有微香；雄蕊多数，明显超出花冠之外。荚果扁平，干时深褐色，有光泽。花期 3—10 月，果期 8—12 月。

生态习性：喜暖热气候，亦耐低温，喜光，亦耐半阴，耐旱瘠土壤，亦耐短期水淹，喜酸性土。生长速度快，适应性强，在各种环境中都能正常生长，自身具有较强的固氮特性。长期栽种该树木还能改善土壤条件。

应用：树冠苍翠婆娑，为优良而低维护的遮阴树、行道树、园景树、防风树、护坡树。幼树可作绿篱。尤适于海滨绿化。花能诱蝶、诱鸟。

**4. 银叶金合欢**

学名：*Acacia podalyriifolia*

含羞草科金合欢属

原产：澳大利亚昆士兰州。

形态特征：灌木或小乔木，高 2～4m，树皮粗糙，褐色，多分枝，小枝常呈"之"字形弯曲，有小皮孔。托叶针刺状，刺长 1～2cm，生于小枝上的较短。二回羽状复叶长 2～7cm，叶轴糟状，被灰白色柔毛，有腺体；羽片 4～8 对；小叶通常 10～20 对，线状长圆形。头状花序 1 或 2～3 个簇生于叶腋，花黄色，有香味；雄蕊长约为花冠的 2 倍。荚果膨胀，近圆柱状，褐色。花期 3—6 月，果期 7—11 月。

生态习性：喜阳光，适宜所有排水性良好的土壤，包括贫瘠的土壤，适宜温暖的气候。能耐旱，在温带、亚热带及半干旱地区都能生长。

应用：枝叶银灰色，花金黄色，极其美丽。无论植于山坡或是水边，其优雅的树姿都是一道亮丽的景观。

**5. 合欢**

学名：*Albizia julibrissin*

含羞草科合欢属

原产：分布于亚洲及非洲的温带及热带地区。

形态特征：落叶乔木，高可达16m，树干灰黑色；嫩枝、花序和叶轴被绒毛或短柔毛。二回羽状复叶，互生；羽片4～12对，栽培的有时达20对；小叶10～30对，线形至长圆形。头状花序在枝顶排成伞房花序；花粉红色；雄蕊多数，基部合生，花丝细长。荚果带状。花期6—7月，果期8—10月。

生态习性：性喜光，喜温暖，耐寒、耐旱、耐土壤瘠薄及轻度盐碱，对二氧化硫、氯化氢等有害气体有较强的抗性。

应用：对气温反应敏感，晚上低温小叶双合，早上日出温暖，两叶又自然张开，故名合欢。盛花期芳香四溢，雄蕊集成一束，突出花瓣之外。树姿优美，绿伞如荫，花叶雅致。适宜作庭荫树及行道树。

**6. 阔荚合欢（大叶合欢）**

学名：*Albizia lebbeck*

含羞草科合欢属

原产：热带亚洲和非洲。

形态特征：小乔木，高4～9m，嫩枝、叶轴密被锈色绒毛。二回羽状复叶，羽片1对；总叶柄近顶；基部及叶轴上每对小叶着生处均有1枚腺体；小叶2～3对，纸质，长圆形、椭圆形或斜披针形至斜椭圆形，长7～20cm，宽3.5～7cm，先端具长或短的尖头，基部急尖或浑圆，上面无毛，下面有极稀少的伏贴短柔毛，在脉上多些；中脉居中，侧脉6～11对；小叶柄长2～6cm。头状花序直径约1.5cm，有花约20朵，排成腋生或顶生的圆锥花序；花白色，无梗；花萼杯状，长2cm，顶端5齿裂；花冠长约6cm，裂片长圆形，与萼同被白色绒毛；子房光滑，具短柄。荚果膨胀，带状，长7～20cm，宽2.5～3.5cm，厚1～1.5cm；种子椭圆形，长1.8～2.5cm，宽2cm，棕色，光滑。花期4—5月，果期7—12月。

生态习性：喜温暖湿润气候，喜光，耐半阴，喜肥沃、排水良好的土壤。生长迅速，抗风，抗空气污染。

应用：枝叶茂密，树冠广阔而开展，绒球状花素雅芳香，适宜作园景树及行道树，在香港被大量种植作遮阴树及作观赏用途。

**7. 朱缨花（红绒球）**

学名：*Calliandra haematocephala*

含羞草科朱缨花属

原产：毛里求斯。现热带、亚热带地区广泛栽培。

形态特征：落叶灌木或小乔木，高1～3m。枝条扩展，小枝圆柱形，褐色，粗糙。二回羽状复叶，羽片1对，小叶7～9对，斜披针形，中上部的小叶较大，下部的较小。头状花序腋生，直径约3cm（连花丝），有花约25～40朵，冠管长3.5～5cm，淡紫红色；雄蕊突露于花冠之外，非常显著，雄蕊管长6cm，白色，上部离生的花丝长约2cm，深红色。荚果线状倒披针形。花期 8—9 月，果期 10—11 月。

生态习性：喜光，喜温暖湿润气候，不耐寒，适生于深厚肥沃排水良好的酸性土壤。

应用：枝叶扩展，花序呈红绒球状，在绿叶丛中夺目宜人。初春萌发淡红色嫩叶，引人入胜。适宜在庭院中作园景树，也可丛植作花篱和道路分隔带种植。

**8. 雨树**

学名：*Samanea saman*

含羞草科雨树属

原产：中美洲和西印度群岛。

形态特征：落叶大乔木；树冠极广展，干高 10～25m，分枝甚低；幼嫩部分被黄色短绒毛。羽片 3～6 对，长达 15cm；羽片及叶片间常有腺体；小叶 3～8 对，由上往下逐渐变小，斜长圆形，上面光亮，下面被短柔毛。花玫瑰红色，组成单生或簇生、直径 5～6cm 的头状花序，生于叶腋；花冠长 12cm；雄蕊 20 枚。荚果长圆形。花期 8～9 月。

生态习性：枝叶繁茂，树冠开展，树形优美，常在热带地区的公园和庭园种植，也可作行道树。

应用：生长迅速，枝叶繁茂，可为庭园绿化树种。果味甜多汁，牛喜食之；在南美及西印度群岛常植作庭荫树和饲料树。幼树木材松软，老树材质坚硬，可做车轮。

**（十二）蝶形花科 Paplilionaceae（Fabaceae）**

**1. 刺桐**

学名：*Erythrina variegata*

蝶形花科刺桐属

原产：热带亚洲。中国福建、广东、海南、台湾、江苏等地均有栽培。

形态特征：落叶大乔木，高可达 20m。树皮灰褐色，枝有明显叶痕及短圆锥形的黑色直刺。羽状复叶具 3 小叶，常密集于枝端；小叶膜质，宽卵形或菱状卵形。长宽 15～30cm，先端渐尖而钝，基部宽楔形或截形。总状花序顶生，长 10～16cm，上有密集、成对着生的花；花萼佛焰苞状；花冠红色，长 6～7cm，旗瓣椭圆形，先端圆，瓣柄短；翼瓣与龙骨瓣近等长；龙骨瓣 2 片离生。荚果肿胀黑色，肥厚。花期 3 月，果期 8 月。

生态习性：性强健，喜光，喜温暖湿润、光照充足的环境，耐旱也耐湿，对土壤要求不严，不耐寒。

应用：树形似桐，干有刺。早春先花后叶，适宜作庭院观赏及四旁绿化树种。

**2. 鸡冠刺桐**

学名：*Erythrina crista-galli*

蝶形花科刺桐属

原产：巴西。

形态特征：落叶灌木或小乔木，茎和叶柄稍具皮刺。羽状复叶具 3 小叶；小叶长卵形或披针状长椭圆形，长 7～10cm，先端钝，基部近圆形。花与叶同出，总状花序顶生，每节有花 1～3 朵；花深红色，长 3～5cm，稍下垂或与花序轴成直角。荚果长约 15cm，褐色。花期 4—7 月。

生态习性：喜光，也轻度耐阴，喜高温，但具有较强的耐寒能力。

应用：适应性强，树态优美，树干苍劲古朴，花繁、艳丽，花形独特，花期长，具有较高的观赏价值。列植于草坪上，显得鲜艳夺目，是公园、广场、庭院、道路绿化的优良树种。

**3. 龙牙花**

学名：*Erythrina corallodendron*

蝶形花科刺桐属

原产：热带美洲。

形态特征：灌木或小乔木植物，高 3～5m。干和枝条散生皮刺。羽状复叶具 3 小叶；小叶菱状卵形，长 4～10cm，先端渐尖而钝或尾状，基部宽楔形，两面无毛，有时叶柄上和下面中脉上有刺。总状花序腋生，长可达 30cm 以上；花深红色，旗瓣长椭圆形，长约 4.2cm，先端微缺，略具瓣柄至近无柄，翼瓣短，长 1.4cm，龙骨瓣长 2.2cm，均无瓣柄；雄蕊二体，不整齐，略短于旗瓣。荚果长约 10cm。花期 6—11 月。

生态习性：喜阳光充足，能耐半阴。喜温暖，湿润，能耐高温高湿，亦稍能耐寒。对土壤肥力要求不严，但喜湿润、疏松土壤，不耐干旱。干燥土和黏重土生长不良。

应用：红叶扶疏，初夏开花，深红色的总状花序好似一串红色月牙，艳丽夺目，适用于公园和庭院栽植，若盆栽可用来点缀室内环境。是阿根廷国花。

**（十三）芸香科**

**1. 金橘**

学名：*Fortunella margarita*

芸香科金柑属

原产：分布于中国华南。

形态特征：常绿灌木，高达 3m。枝细，密生。叶披针形或长圆形，长 5～9cm，表面深绿有光泽。花两性，整齐，白色，芳香；萼片 5；花瓣长 5cm；果矩圆形或卵形，金黄色。花期 3—5 月，果期 11—12 月。

生态习性：喜阳光，稍耐阴，喜温暖、湿润的环境，不耐寒，耐旱，要求排水良好的肥沃、疏松的微酸性沙质壤土。

应用：枝叶茂密，树姿秀雅，四季常绿。夏日花白淡雅，芳香宜人；秋冬金色果实鲜艳夺目，色艳味甘。为观果优良树种，可植于庭院、花坛、建筑物入口处。还可盆栽观赏。

**2. 柚子**

学名：*Citrus maxima*

芸香科柑橘属

原产：东南亚。

形态特征：常绿乔木。嫩枝、叶背、花梗、花萼及子房均被柔毛，嫩叶通常暗紫红色，扁且有棱。单生复叶，叶厚革质，色浓绿，阔卵形或椭圆形。总状花序，花蕾淡紫红色，稀乳白色。果圆球形、扁圆形、梨形或阔圆锥状，横径通常 10cm 以上，淡黄或黄绿色，杂交种有的为朱红色。花期 4—5 月，果期 9—12 月。

生态习性：喜温暖气候，喜光，稍耐阴。对温度适应性强，对土壤种类和土壤酸碱度的适应性比较广泛，以土层深厚、肥沃疏松、富含腐殖质的微酸性沙壤土为宜。

应用：花白色，淡雅，芳香；果大，阔圆锥形。除作经济果树外，还可在庭院中作吉祥园景树栽植。

**3. 九里香**

学名：*Murraya exotica*

芸香科九里香属

原产：中国台湾、福建、广东、海南及广西。

形态特征：常绿灌木，高达 8m。羽状复叶，小叶 3～7 对，互生，倒卵形或倒卵状椭圆形，顶端略尖突。聚伞花序，顶生或生于上部叶腋；花白色，极芳香。浆果，卵形或球形，橙黄或朱红色。花期 4—8 月，果期 9—12 月。

生态习性：喜温暖湿润气候，要求阳光充足，耐干热，不耐寒，要求土层深厚肥沃疏松及排水良好的沙壤土。

应用：树冠优美，四季常绿，花香宜人。为优良的观花芳香花木，常作绿篱或园景树配置于庭院中、建筑物周围。枝叶致密，耐修剪，还可作盆景。

**（十四）玉蕊科 Lecythidaceae**

**1. 红花玉蕊**

学名：*Barringtonia racemosa*

玉蕊科玉蕊属

原产：中国及亚洲热带、大洋洲。

形态特征：常绿小乔木或中等大乔木，稀灌木状，高可达 20m。小枝稍粗壮，直径 3～6mm。叶常丛生枝顶，有短柄，纸质，倒卵形至倒卵状椭圆形或倒卵状矩圆形，长 12～30cm 或更长，边缘有圆齿状小锯齿。总状花序顶生，稀在老枝上侧生，下垂，长达 70cm 或更长，雄蕊通常 6 轮，最内轮为不育雄蕊。果实卵圆形，微具 4 钝棱。花期春末夏初。果期秋季。

生态习性：性耐潮，抗风，耐阴，耐盐，为典型的海岸植物。

应用：优良的观赏花木，树姿优美，具芳香。夏初开花，总状花序具悬垂性，盛开时奔放的雄蕊排列有序，令人赞赏，花常夜开早落，惊鸿一瞥。秋季果熟，蓝色的累累果实亦堪观赏，还具有抗烟尘和抗有毒气体的环保作用，同时也是典型的海岸植物，适于园林景观美化或海岸防风固沙。

**2. 滨玉蕊**

学名：*Barringtonia asiatica*

玉蕊科玉蕊属

原产：中国及亚洲热带。

形态特征：常绿乔木，高 7～20m。小枝粗壮，有大的叶痕。叶丛生枝顶，有短柄，近革质，倒卵形或倒卵状矩圆形，甚大，长达 40cm，宽达 20cm，顶端钝形或圆形，全缘，侧脉常 10～15 对，两面凸起。总状花序顶生，下垂，长 2～15cm；花芽直径 2～4cm；花瓣 4，椭圆形或椭圆状倒披针形，长 5.5～8.5cm；雄蕊 6 轮，花丝长约 8～12cm。果实卵形或近圆锥形。花期几乎全年。

生态习性：常生于滨海地区的林中，多生于海边。性耐潮，抗风，耐阴，耐盐，为典型的海岸植物。

应用：树干通直，叶片硕大，叶色油绿，花大而艳，总状花序自枝顶悬垂而下，花姿柔美可爱，花有夜开性，盛开的花朵有 400 余条粉红色的雄蕊，像火焰般光芒四射，极为美丽，可作园景树，尤适合于海边地区绿化。

## （十五）木犀科 Oleaceae

### 1. 云南黄素馨

学名：*Jasminum mesnyi*

木犀科茉莉属

原产：中国云南。

形态特征：半常绿灌木，高 0.5～5m，枝条下垂。小枝四棱形，具沟，光滑无毛。叶互生，三出复叶或小枝基部具单叶，近革质，小叶片长卵形或长卵状披针形，无柄。花通常单生于叶腋，稀双生或单生于小枝顶端；苞片叶状，倒卵形或披针形；花冠黄色，漏斗状，径 2～4.5cm。果椭圆形。花期 2—4 月，可延续开数月。

生态习性：喜光，稍耐阴，略耐寒，对土壤要求不严，在肥沃排水良好土壤中生长最佳。萌蘖性强。

应用：树冠圆整，小枝柔软下垂，早春碧叶黄花相衬，色彩明快，是南方重要的藤本状花灌木。枝叶茂密，适宜作绿篱、花篱、篱垣材料；也可配置于水边驳岸，形成临水花灌木；还可配置于台地、路缘、花坛、草坪边缘、林缘。

### 2. 茉莉花

学名：*Jasminum sambac*

木犀科茉莉属

原产：印度。现热带、亚热带和温带地区广为栽培。

形态特征：直立或攀缘灌木，高达 3m。叶对生，单叶，叶片纸质，圆形、椭圆形、卵状椭圆形或倒卵形，长 4～12.5cm。聚伞花序顶生，通常有花 3 朵，有时单花或多达 5 朵；花冠白色。果球形。花期 5—8 月，果期 7—9 月。

生态习性：性喜温暖湿润，在通风良好、半阴的环境生长最好。土壤以肥沃疏松、富含腐殖质的微酸性沙质土壤为最适合。

应用：著名的香花植物，叶色翠绿，花色洁白，极为芳香，适宜作庭园观赏芳香花卉栽植，通常群植作花篱、花坛等；也可室内盆栽，清雅宜人。

### 3. 小蜡树

学名：*Ligustrum sinense*

木犀科女贞属

原产：中国原产种，华北各地均有分布。

形态特征：落叶小乔木，高 5～8m，树冠圆形，枝条细柔；树皮褐色。羽状复叶长 7～15cm；小叶 3～5 枚，纸质至薄革质，卵形或阔卵形。圆锥花序顶生或腋生枝梢，长 7～12cm，多花，密集；花冠白色至淡黄色。翅果线形或线状匙形。花期 5—6 月，果期 9 月。

生态习性：喜光，稍耐阴，不耐严寒，喜温暖湿润气候和深厚肥沃土壤，在瘠薄干旱地带和重盐碱地上生长不良，根系发达，萌芽和萌蘖性均强，极耐修剪整形，对二氧化硫等有害气体有抗性。

应用：枝叶稠密又耐修剪整形，花期春季，花着生于枝条顶端，密集，芳香，具有观赏性，适作绿篱、绿屏和园林点缀树种。抗有毒气体，适于厂矿绿化。树桩可作盆景，叶片可代茶饮用。

**4. 木犀（桂花）**

学名：*Osmanthus fragrans*

木犀科木犀属

原产：中国西南及华中。南方各地广为栽培。

形态特征：常绿灌木或小乔木，高可达 10m。树冠卵圆形。叶长椭圆形，先端尖，对生，幼树之叶缘疏生锯齿，大树之叶缘近全缘。花生叶腋间，短总状花序，花冠合瓣四裂，形小，花黄白色或橙红色，香气浓郁。核果椭圆形。花期 9—10 月，果期翌春。其园艺品种繁多，最具代表性的有金桂、银桂、丹桂、月桂等。

生态习性：喜温暖，抗逆性强，既耐高温，也较耐寒。较喜阳光，亦能耐阴，在全光照下其枝叶生长茂盛，开花繁密，在阴处生长枝叶稀疏、花稀少。性好湿润，切忌积水，但也有一定的耐干旱能力。对土壤的要求不太严，但以土层深厚、疏松肥沃、排水良好的微酸性沙质壤土最为适宜。对氯气、二氧化硫、氟化氢等有害气体都有一定的抗性，还有较强的吸滞粉尘的能力，常被用于城市及工矿区。

应用：我国传统名花，树冠整齐，绿叶光润，中秋前后开花，芳香宜人。在庭院中常孤植于草坪中或列植于道路旁，可赏姿闻香，也可群植成林。是庭院中常见的芳香吉祥树种，植于房前屋后、水滨亭旁，散植点缀或与松竹配置，别有情趣。

**（十六）夹竹桃科 Apocynaceae**

**1. 夹竹桃**

学名：*Nerium indicum*

夹竹桃科夹竹桃属

原产：伊朗、印度和尼泊尔。现广植于热带、亚热带地区。

形态特征：常绿直立大灌木，高可达 5m，枝条灰绿色，嫩枝条具棱，被微毛，老时毛脱落。叶 3~4 枚轮生，叶面深绿，叶背浅绿色。聚伞花序顶生，花冠深红色或粉红色，花冠为单瓣呈 5 裂时，其花冠为漏斗状。种子长圆形。花期几乎全年，夏秋为最盛，果期一般在冬春季，栽培很少结果。

生态习性：喜温暖湿润的气候，耐寒力不强。不耐水湿，要求选择高燥和排水良好的地方栽植；喜光，也能适应较阴的环境，但蔽阴处栽植花少色淡。耐瘠薄。生命力强，生长迅速。抗风，抗大气污染，耐海潮。萌蘖力强，树体受害后容易恢复。

应用：枝叶伸展，叶片如柳似竹；盛花时满树红花灼灼，胜似桃花，有特殊香气，是夏季开花的有名的观赏花卉。可作园景树、绿化树及行道树。但需注意其花粉及汁液有毒，避免用于居住区、学校等专用绿地。

与本种有相同用途的栽培变种有：

白花夹竹桃 'Album'；

粉花重瓣夹竹桃 'Plenum'；

粉花夹竹桃 'Roseum'；

斑叶夹竹桃 'Variegatum'。

**2. 黄花夹竹桃**

学名：*Thevetia peruviana*

夹竹桃科黄花夹竹桃属

原产：中南美洲。

形态特征：常绿乔木，高达 5m，全株无毛；树皮棕褐色；多枝柔软，下部枝叶下垂。叶近革质，窄长圆形，长 10～15cm，顶端渐尖，叶面亮绿色，叶背淡绿色。花大，黄色，具香味，顶生聚伞花序，花冠漏斗状，花冠筒喉部具 5 个被毛的鳞片。核果扁三角状球形，绿色而亮，干时黑色；全株具丰富乳汁。花期 5—12 月，果期 8 月至翌年春季。

生态习性：喜温暖湿润的气候。耐寒力不强，在中国长江流域以南地区可以露地栽植，但在南京有时枝叶冻枯，小苗甚至冻死。在北方只能盆栽观赏，室内越冬。白花品种比红花品种耐寒力稍强。不耐水湿，要求选择高燥和排水良好的地方栽植。喜光好肥。也能适应较阴的环境，但在蔽阴处栽植花少色淡。萌蘖力强，树体受害后容易恢复。

应用：枝软下垂，叶绿光亮，花大鲜黄色，花期长，是美丽的观赏花木，常于公园、绿地、路旁、池畔等地段种植。抗空气污染的能力较强，对二氧化硫、氯气、烟尘等有毒有害气体具有很强的抵抗力，吸收能力也较强，因此是工矿美化绿化的优良树种。

**3. 鸡蛋花**

学名：*Plumeria rubra*

夹竹桃科鸡蛋花属

原产：墨西哥和中美洲。现广植于亚洲热带和亚热带地区。

形态特征：落叶小乔木，高可达 8m。树皮淡绿色，平滑。叶厚革质，椭圆形至狭长椭圆形，长 14～30cm，顶端急尖或渐尖，叶面深绿色，叶背浅绿色，无毛。小枝肥厚；叶互生，多簇生于枝条上部，阔披针形或长椭圆形。聚伞花序顶生，花冠漏斗状，裂片 5，回旋覆瓦状排列，粉红色，喉部黄色，具芳香。花期 5—11 月。

生态习性：喜阳光充足及高温、高湿气候，肥沃、深厚、湿润而排水良好的土壤。略耐阴，能耐干旱，忌涝。生长适温为 23～30℃。

应用：树姿优美，花色素雅，花期长，适合庭园美化或大型盆栽观赏，是热带、亚热带地区庭院绿化、庭院布置的佳品。落叶后，光秃的树干弯曲自然，宜在庭园、草坪栽植观赏，也可盆栽。花香，可提香料，是佛教文化流行地区的重要庭院风景树种之一。

在华南地区常见的栽培品种还有：

红花鸡蛋花 *P. rubra* 'Acutifolia'；

粉红鸡蛋花 *P.* 'Windmill'；

白花鸡蛋花 *P. obtusa*。

**4. 沙漠玫瑰**

学名：*Adenium obesum*

夹竹桃科沙漠玫瑰属

原产：非洲肯尼亚、坦桑尼亚。

形态特征：多肉灌木或小乔木，高达 4.5m；树干膨大。单叶互生，集生枝端，倒卵形至椭圆形，革质，有光泽，全缘。总状花序，顶生，着花 10 多朵，喇叭状，花冠漏斗状，5 裂，有玫红、粉红、白色及复色等。花期 5—12 月。

生态习性：性喜高温、干旱、阳光充足的气候环境，喜富含钙质的、疏松透气的、排水良好的沙质壤土，不耐阴，忌涝，忌浓肥和生肥，畏寒冷，生长适温 25～30℃。

应用：植株矮小，树形古朴苍劲，根茎肥大如酒瓶状。每年 4—5 月和 9—10 月二度开花，鲜红艳丽，形似喇叭，极为别致，深受人们喜爱。南方地栽布置小庭院，古朴端庄，自然大方。盆栽观赏，装饰室内阳台别具一格。

### 5. 狗牙花

学名：*Tabernaemontana divaricata* 'Flore Pleno'

夹竹桃科狗牙花属

原产：中国云南南部。孟加拉国、不丹、尼泊尔、印度、缅甸、泰国也有分布。

形态特征：常绿灌木，通常高达 3m，除萼片有缘毛外，其余无毛；枝和小枝灰绿色，有皮孔。叶坚纸质，椭圆形或椭圆状长圆形，短渐尖，叶面深绿色，背面淡绿色。聚伞花序腋生，通常双生，着花 6～10 朵；花冠白色，边缘有皱纹，状如狗牙，花冠筒长达 2cm。蓇葖果长圆形。花期 6—11 月，果期秋季。

生态习性：喜高温，喜温暖湿润，不耐寒，宜半阴。喜肥沃、湿润且排水良好的酸性土壤。

应用：枝叶茂密，株型紧凑，花净白素丽，典雅朴质，为著名的香花植物。其花冠裂片边缘有皱纹，状如狗牙。花期长，为重要的衬景和调配色彩花卉，适宜作花篱、花境或大型盆栽。

### 6. 黄蝉

学名：*Allemanda neriifolia*

夹竹桃科黄蝉属

原产：巴西。热带地区广为种植。

形态特征：常绿灌木，植株直立生长，高约 2m，盆栽一般控制在 1m 左右。叶 3～5 片轮生，叶片椭圆形或倒披针状矩圆形，叶长 5～12cm，被有短柔毛。聚伞花序，花朵金黄色，喉部有橙红色条纹，花冠阔漏斗形，裂片 5，并向左或向右重叠，花冠基部膨大，内部着生雄蕊 5 枚。蒴果球形，有长刺。花期 5—6 月。

生态习性：喜高温、多湿、阳光充足，稍耐半阴。适于肥沃、排水良好的土壤。不耐寒冷，忌霜冻，遇长期 5～6℃低温，枝叶受害。喜肥沃湿润的沙壤土，黏重土生长较差，忌积水和盐碱地。较耐水湿，不耐干旱，土壤宜经常保持湿润。

应用：植株浓密，叶色碧绿，花朵明快灿烂，花期较长，在暑热夏天开放，灿烂满枝，增添园林景色。用于花坛、花境或作建筑物基础种植，与彩色花配置使用，可丰富园林景色。也可种植于公园、工矿区、绿地、阶前、山坡、池畔、路旁群植或作花篱，供庭园及道路旁作观赏用。还可盆栽布置于门前、厅堂、阳台、居室等处或用作切花。

园林中常见的栽培种类还有：

软枝黄蝉 *A. cathartica*；

硬枝黄蝉 *A. neriifolia*；

紫蝉 *A. violacea*。

### 7. 糖胶树

学名：*Alstonia scholaris*

夹竹桃科鸡骨常山属

原产：中国广西和云南。印度、尼泊尔和澳大利亚等热带地区也有分布。现中国广东、广西、福建、台湾和海南等地广泛栽培。

形态特征：常绿乔木，高达20m，直径约60cm；枝轮生，具乳汁，无毛。叶3～8片轮生，倒卵状披针形，长7～28cm，顶端圆形；侧脉每边25～50条，密生而平行，近水平横出至叶缘连接。花白色，多朵组成稠密的聚伞花序，顶生，被柔毛。蓇葖果，细长，线形。花期8—10月，果期10月至翌年4月。

生态习性：喜光，喜高温多湿气候，对土壤要求不严，喜肥沃土壤，抗风，抗大气污染。

应用：树干通直，树姿挺拔，枝叶常绿，生长有层次如塔状。叶色终年亮绿，夏季满树白花，有香味，秋季细线形蓇葖果悬垂枝梢，别具一格。为优良的行道树、园景树及庭荫树。

### 8. 海杧果

学名：*Cerbera manghas*

夹竹桃科海杧果属

原产：中国海南、广东、广西和台湾等地。东南亚、日本、太平洋岛屿和澳大利亚也有分布。

形态特征：常绿乔木，高4～8m；树皮灰褐色；枝条粗厚，绿色无毛；全株具丰富乳汁。叶厚纸质，倒卵状长圆形或倒卵状披针形，长6～37cm，叶面深绿色，叶背浅绿色；中脉和侧脉在叶面扁平，在叶背凸起，侧脉在叶缘前网结。花序梗粗壮，花白色，直径约5cm，芳香。核果双生或单个，阔卵形或球形，成熟时橙黄色。花期3—10月，果期7月至翌年4月。

生态习性：生于海边或近海边湿润的地方。抗逆性强，耐热、耐旱、耐湿、耐碱、耐阴，抗风，生长快。

应用：花多、美丽而芳香，叶深绿色，树冠美观，为著名的庭院观赏树种，可作庭园、公园、道路绿化、湖旁周围栽植观赏。

### （十七）茜草科 Rubiaceae

### 1. 栀子花

学名：*Gardenia jasminoides*

茜草科栀子属

原产：中国长江流域、中部及中南部有分布。

形态特征：常绿灌木，高1～3m；嫩枝常被短毛，枝圆柱形，灰色。叶对生，革质，稀为纸质，少为3枚轮生，叶常为长椭圆形，长6～12cm，先端渐尖，基部宽楔形，全缘，无毛，上面亮绿，下面色较暗；侧脉明显，每侧约6～9条；托叶成鞘状包裹小枝。花单生枝端或叶腋；花冠高脚碟状，先端常6裂，白色，浓香。果卵形，具6纵棱。花期3—7月，果期5月至翌年2月。

生态习性：喜光，耐半阴，喜温暖、湿润和阳光充足环境，稍耐寒，怕积水。要求疏松、肥沃的酸性沙壤土，也耐干旱瘠薄。抗二氧化硫能力较强。耐修剪。

应用：叶色亮绿，四季常绿，花芳香素雅，绿叶白花，格外清丽可爱。适用于阶前、池畔和路旁配置，也可用作花篱和盆栽观赏，花还可做插花和佩带装饰。

## 2. 龙船花

学名：*Ixora chinensis*

茜草科龙船花属

原产：亚洲热带地区，现热带地区广为栽培。

形态特征：灌木，高 0.8～2m，无毛；小枝初时深褐色，有光泽，老时呈灰色，具线条。叶对生，有时由于节间距离极短几成 4 枚轮生，披针形、长圆状披针形至长圆状倒披针形，长 6～13cm，宽 3～4cm，顶端钝或圆形，基部短尖或圆形；中脉在上面扁平略凹入，在下面凸起，侧脉每边 7～8 条，纤细，明显，近叶缘处彼此连接，横脉松散，明显；叶柄极短而粗或无；托叶长 5～7cm，基部阔，合生成鞘形，顶端长渐尖，渐尖部分成锥形，比鞘长。花序顶生，多花，具短总花梗；总花梗长 5～15cm，与分枝均呈红色，罕有被粉状柔毛，基部常有小型叶 2 枚承托；苞片和小苞片微小，生于花托基部的成对；花有花梗或无；萼管长 1.5～2cm，萼檐 4 裂，裂片极短，长 0.8cm，短尖或钝；花冠红色或红黄色，盛开时长 2.5～3cm，顶部 4 裂，裂片倒卵形或近圆形，扩展或外反，长 5～7cm，宽 4～5cm，顶端钝或圆形；花丝极短，花药长圆形，长约 2cm，基部 2 裂；花柱伸出冠管外，柱头 2，初时靠合，盛开时叉开，略下弯。果近球形，双生，中间有 1 沟，成熟时红黑色；种子长、宽 4～4.5cm，上面凸，下面凹。花期 5—7 月。

生态习性：喜高温多湿气候。喜光，在全日照或半日照时开花繁多。不耐低温，生长适温在 23～32℃，适宜在富含有机质的沙质壤土或腐殖质壤土上生长。

应用：四季常绿，盛花期花团锦簇，鲜艳夺目。为优秀热带木本花卉，在园林中用途广泛，可孤植、丛植、列植、片植在各类园林绿地中，片植组成带状大色块，列植作花篱，修剪富有流线型的或几何图形的优美图案。还可盆栽或用作切花。

庭院常见的栽培种类有：

红花龙船花 *I. coccinea*；

黄花龙船花 *I. coccinea* var. *lutea*；

大王龙船花 *I. diffii* 'Super King'；

白花龙船花 *I. parviflora*；

矮黄龙船花 *I. williamsii* 'Dwarf Qrange'；

小叶龙船花 *I. williamsii* 'Sunkist'。

## 3. 希茉莉

学名：*Hamelia patens*

茜草科长隔木属

原产：巴拉圭等拉丁美洲各国。中国南部和西南部有栽培。

形态特征：常绿灌木，植株高 2～3m，分枝能力强，树冠广圆形；茎粗壮，红色至黑褐色。叶 4 枚轮生，长披针形，长 15～17cm，纸质，腹面深绿色，背面灰绿色，叶面较粗糙，全缘；幼枝、幼叶及花梗被短柔毛，淡紫红色。聚伞圆锥花序，顶生，管状花长 2.5cm，橘红色。花期几乎全年。全株具白色乳汁。

生态习性：喜高温、高湿、阳光充足的气候条件，喜土层深厚、肥沃的酸性土壤，耐阴，耐干旱，忌瘠薄，畏寒冷，生长适温为 18～30℃。

应用：枝叶繁茂，四季常绿，花朵色艳，生长非常快，便于修剪，观赏价值非常高，在南方庭院绿化中应用广泛，是庭院、绿地及道路绿化极佳的配植树种。

**4. 红叶金花（红萼花、红纸扇）**

学名：*Mussaenda erythrophulla*

茜草科玉叶金花属

原产：巴西。热带地区广泛种植。

形态特征：常绿或半常绿灌木，枝条密被棕色长柔毛。叶对生或轮生，长圆状披针形或卵状披针形，长 7～10cm，两面密被棕色长柔毛。伞房聚伞花序顶生，花萼 5 枚，鲜红色，其中 1 枚或多枚瓣化，花冠高脚碟状，筒部红色，密被长柔毛，檐部淡黄白色，喉部红色。浆果椭圆形。花期 6—10 月。

生态习性：排水良好的沙壤土为好。在华南地区可露地越冬，北方冬季必须进入温室越冬。

应用：夏季盛花期鲜红色瓣化的花萼与金黄色的花朵璀璨缤纷，为极具魅力的木本花卉，是良好的美化、绿化植物。在庭院绿地中可单植、丛植或与其他花卉配植；也可盆栽观赏。

在庭院常见的栽培品种还有：

玉叶金花 *M. pubescens*；

白纸扇 *M. philippica* 'Aurorae'；

粉萼花 *M. hybrida* 'Alicia'。

**5. 五星花**

学名：*Pentas lanceolata*

茜草科五星花属

原产：热带和阿拉伯地区。中国南部有栽培。

形态特征：直立或外倾的亚灌木，高 30～70cm，被毛。叶卵形、椭圆形或披针状长圆形，长可达 15cm，顶端短尖，基部渐狭成短柄。聚伞花序密集，顶生；花冠淡紫色，喉部被密毛，冠檐开展，直径约 1.2cm。花期 3—10 月。

生态习性：喜暖热而日照充足的气候环境，生长期间，宜保持夜温在 17～18℃以上，日温 22～24℃以上。

应用：热带庭院重要的花卉之一，花小，星状，别致，且花色丰富、艳丽，多花聚生成球，花期持久。可作夏、秋季花境材料，群植于花坛，能获得美丽的景观。也可盆栽布置庭院、走廊、亭、台、花坛。

**（十八）紫葳科**

**1. 吊瓜树（吊灯树）**

学名：*Kigelia africana*

紫葳科吊灯树属

原产：热带非洲、马达加斯加。

形态特征：常绿乔木，高 10～15m，枝下高约 2m，胸径约 1m。奇数羽状复叶交互对生或轮生，小叶 7～9 枚，长圆形或倒卵形，顶端急尖，基部楔形，全缘，叶面光滑，亮绿色，背面淡绿色，近革质；羽状脉明显。圆锥花序生于小枝顶端，花序轴下垂，长 50～100cm；花稀疏，6～10 朵。花冠橘黄色或褐红色，裂片卵圆形，上唇 2 片较小，下唇 3

片较大，开展，花冠筒外面具凸起纵肋。果下垂，圆柱形，长 38cm 左右，直径 12～15cm，坚硬，肥硕，不开裂。花期夏季，果期秋冬季。

生态习性：喜光，喜温暖湿润气候，喜肥沃、排水良好的土壤。

应用：树姿优美，夏季开花成串下垂，花大艳丽，特别是其悬挂之果，形似吊瓜，经久不落，新奇有趣，蔚为壮观，是一种十分奇特有趣的高档新优绿化树苗，可用来布置公园、庭院、风景区和高级别墅等处，可孤植，也可列植或片植，作园景树，亦可作行道树。

### 2. 猫尾木

学名：*Dolichandrone cauda-felina*

紫葳科猫尾木属

原产：中国南部地区。泰国、老挝、越南均有分布。

形态特征：乔木，高达 10m 以上。叶近于对生，奇数羽状复叶，长 30～50cm，幼嫩时叶轴及小叶两面密被平伏细柔毛；小叶 6～7 对，无柄，长椭圆形或卵形，长 16～21cm，顶端长渐尖，基部阔楔形至近圆形，全缘纸质，两面均无毛或于幼时沿背面脉上被毛。花大，直径 10～14cm，组成顶生、具数花的总状花序；花萼长约 5cm，与花序轴均密被褐色绒毛，顶端有黑色小瘤体数个；花冠黄色，长约 10cm，花冠筒基部漏斗形，下部紫色，花冠外面具多数微凸起的纵肋，花冠裂片椭圆形，长约 4.5cm，开展。蒴果极长，达 30～60cm，悬垂，密被褐黄色绒毛。花期 10—11 月，果期 4—6 月。

生态习性：喜光，稍耐阴，喜高温湿润气候，要求深厚、肥沃疏松、排水良好的土壤。生性强健，生长迅速。

应用：树冠浓郁，花大美丽，蒴果形态奇异，酷似巨型猫尾。在热带地区常作园景树及行道树。

### 3. 火烧花

学名：*Mayodendron igneum*

紫葳科火烧花属

原产：中国台湾、广东、广西、海南、云南。

形态特征：常绿乔木，高可达 15m，胸径 15～20cm，树皮光滑，嫩枝具长椭圆形白色皮孔。大型奇数 2 回羽状复叶，长达 60cm，中轴圆柱形，有沟纹；小叶卵形至卵状披针形，长 8～12cm，顶端长渐尖，基部阔楔形，偏斜，全缘。短总状花序，有花 5～13 朵，着生于老茎或侧枝上；花萼长约 10cm，直径约 7cm，佛焰苞状，外面密被微柔毛。花冠橙黄色至金黄色，筒状，基部微收缩，长 6～7cm，檐部裂片 5，半圆形，长约 5cm，反折。蒴果长线形，下垂，长达 45cm。花期 2—5 月，果期 5—9 月。

生态习性：喜高温、高湿和阳光充足的环境，能耐干热和半阴，不耐寒冷，忌霜冻。生长适温 23～30℃。喜土层深厚、肥力中等、排水良好的中性至微酸性土壤，不耐盐碱。

应用：一般先开花，后发叶，属典型的老茎生花。花朵呈橙黄色，小喇叭一般，极具特色，常作为公园、庭院、街道、风景区的优良园林风景树种，可种植于草坪中、水塘边或主干道路旁作林荫树或行道树，也适宜孤植或列植观赏。火烧花广泛分布于西双版纳的低海拔地区。是西双版纳 3、4 月份最为常见的植物之一，可食用。

## 4. 炮仗花

学名：*Pyrostegia venusta*

紫葳科炮仗花属

原产：巴西。现世界温暖地区广为栽培。

形态特征：常绿藤本，具有3叉丝状卷须。叶对生；小叶2～3枚，卵形，顶端渐尖，基部近圆形，长4～10cm，上下两面无毛，下面具有极细小分散的腺穴，全缘。圆锥花序着生于侧枝的顶端，长约10～12cm。花萼钟状，有5小齿。花冠筒状，内面中部有一毛环，基部收缩，橙红色，裂片5，长椭圆形，花蕾时镊合状排列，花开放后反折，边缘被白色短柔毛。花柱与花丝均伸出花冠筒外。果瓣革质，舟状。花期1—6月。

生态习性：喜向阳环境和肥沃、湿润、酸性的土壤。生长迅速，在华南地区能保持枝叶常青。

应用：花橙红色、茂密、成串，形如炮仗，花期长，开花时正值春夏季，是美丽的观赏藤本，多种植于庭院、栅架、花门和栅栏，作垂直绿化。也宜地栽作花墙、覆盖土坡，或用于高层建筑的阳台作垂直或铺地绿化，是华南地区重要的攀缘花木。矮化品种可盘曲成图案，作盆花栽培。

## 5. 铁西瓜

学名：*Crescentia cujete*

紫葳科葫芦属

原产：热带美洲。中国广东、福建、海南、台湾等地有栽培。

形态特征：常绿小乔木，高5～18m，为典型的热带雨林"老茎生花"植物，叶片簇生于枝条上。花、果单生于小枝或老茎上。花冠钟形，淡绿黄色，具褐色脉纹。春夏开花。

生态习性：喜光，耐半阴，喜温暖湿润气候。喜肥沃疏松排水良好的土壤。浅根性。

应用：铁西瓜为著名的热带观果植物，其观果期可长达6～7个月，果实外观青绿光亮，美丽奇异，极具观赏性。

## 6. 黄花风铃木

学名：*Handroanthus chrysanthus*

紫葳科风铃木属

原产：墨西哥、中美洲、南美洲。中国自南美巴拉圭引进栽种。

形态特征：落叶乔木，高可达5m，树皮有深刻裂纹，掌状复叶，小叶4～5枚，卵状椭圆形，先端尖，全缘或具疏锯齿。圆锥花序顶生，花两性，萼筒管状，花冠金黄色，铃形，五裂，盛开时花多叶少，金黄亮丽。蒴葵果。花期3—4月开花，先花后叶，果期8—10月。

生态习性：性喜高温，生育适温23～30℃，适宜土层深厚、土壤肥沃、有机质含量丰富的环境。

应用：四季变化明显，春天风铃状黄花花团锦簇；夏天萌生的嫩芽满枝丫，接着是翅果纷飞；秋天枝叶繁茂，葱葱郁郁的绿色；冬天枝枯叶落，满是沧桑。树形优美，花色艳丽，掌状复叶，叶形美观。植株生长快，适应性强，是优秀的庭院绿化树种，常用于庭院等绿化，可在园林、庭院、公路、风景区的草坪、水塘边作蔽阴树、行道树和园景树，适宜单独种植或并列种植观赏。

在庭院应用种类还有：

玫瑰风铃木 *T rosea*；

银鳞风铃木 *T caraiba*；

粉花风铃木 *T impetiginosa*；

洋红风铃木 *T pentaphylla*。

**7. 蓝花楹**

学名：*Jacaranda mimosifolia*

紫葳科蓝花楹属

原产：巴西。中国南部多有引种。

形态特征：落叶乔木，高达 15m。叶对生，2 回羽状复叶，羽片通常在 16 对以上，每 1 羽片有小叶 16～24 对；小叶椭圆状披针形至椭圆状菱形，长 6～12cm，顶端急尖，顶端的 1 枚明显大于其他小叶；全缘。初春落叶，春末夏初开花后再发新叶。圆锥花序，长达 30cm。花萼筒状；花冠筒细长，蓝色，下部微弯，上部膨大，长约 18cm，花冠裂片圆形。蒴果扁卵圆形。花期 4—6 月。

生态习性：喜温暖湿润、阳光充足的环境，不耐霜雪。对土壤条件要求不严，在一般中性和微酸性的土壤中都能生长良好。

应用：观叶、观花树种，热带、暖亚热带地区广泛种植，是著名的庭院风景树和行道树。每年夏、秋两季各开一次花，盛花期满树紫蓝色花朵，十分雅丽清秀。在热带，开蓝花的乔木种类较罕见，属于珍奇木本花卉。

**8. 凌霄花**

学名：*Campsis grandiflora*

紫葳科凌霄花属

原产：中国和日本。

形态特征：气生根类攀缓藤本；茎木质。叶对生，奇数羽状复叶；小叶 7～9 枚，卵形至卵状披针形，顶端尾状渐尖，基部阔楔形，长 3～6cm，边缘有粗锯齿。顶生疏散的短圆锥花序，花序轴长 15～20cm，花萼钟状，长 3cm，分裂至中部；花冠内面鲜红色，外面橙黄色，长约 5cm，裂片半圆形。蒴果顶端钝。花期 5—8 月。

生态习性：喜光，宜温暖，要求肥沃、深厚、排水良好的沙质土壤。

应用：凌霄花为藤本植物，是著名的庭院花卉之一。喜攀缘，是庭院中绿化的优良植物，其花朵漏斗形，大红或金黄，色彩鲜艳。花开时枝梢仍然继续蔓延生长，且新梢次第开花，花期较长。还可用支架编成各种图案，让植株攀缘，非常实用美观；也可通过整修制成悬垂盆景，或供装饰窗台、晾台等用。

**9. 硬骨凌霄**

学名：*Tecomaria capensis*

紫葳科硬骨凌霄属

原产：南非好望角。中国长江流域以南有栽培。

形态特征：常绿半藤本状灌木。枝绿褐色，常有小瘤状突起。羽状复叶；小叶 7～9 枚，卵状至椭圆形，长 1～3cm，边缘有不规则的锯齿。总状花序顶生；花冠长漏斗状，弯曲，橙红色，有深红色纵纹。蒴果，扁线形。花期6—9月。

生态习性：喜光，能耐半阴。喜温暖湿润气候，不耐寒，不耐旱。要求肥沃疏松湿润的土壤。耐修剪。

应用：终年常绿，枝细叶茂，叶片秀雅，夏、秋季节开花不绝。可用于庭院及绿地作花灌木或绿篱。

### 10. 火焰木

学名：*Spathodea campanulata*

紫葳科火焰木属

原产：热带非洲和热带美洲。现世界热带地区广为栽培。

形态特征：常绿乔木，株高10～20m，树干通直，灰白色，易分枝。叶为奇数羽状复叶，全缘，小叶具短柄，卵状披针形或长椭圆形，两面均被灰褐色短柔毛。花大，聚成紧密的伞房式总状花序；花冠钟形，红色或橙红色，单花长约10cm。蒴果，长椭圆形状披针形。花期4—8月。

生态习性：需强光。喜高温湿润气候，生育适温23～30℃。生长快。耐热、耐旱、耐湿、耐瘠、易移植、不耐风。以肥沃和排水良好的沙质壤土或壤土为宜。

应用：树形优美，树冠优雅，整株成塔形或伞形，四季葱翠美观，绿荫效果好；花色艳丽，花量丰富，如气候适宜则全年均可开花，花朵自外围向中心逐步开放，一簇簇橙红色的花序似火焰般灿烂，极其美观。适合作行道树、庭院树等。

### 11. 菜豆树

学名：*Radermachera sinica*

紫葳科菜豆树属

原产：中国台湾、广东、广西、贵州和云南，不丹也有分布。现华南地区有栽培。

形态特征：常绿小乔木，高达10m；叶柄、叶轴、花序均无毛。2回羽状复叶，小叶卵形至卵状披针形，长4～7cm，顶端尾状渐尖，全缘；侧生小叶片在近基部的一侧疏生少数盘菌状腺体。顶生圆锥花序，直立，长25～35cm；花冠钟状漏斗形，白色至淡黄色，长约6～8cm左右，裂片5，圆形，具皱纹，长约2.5cm。蒴果细长，下垂，圆柱形，稍弯曲，多沟纹，渐尖，长达85cm。花期5—9月，果期10—12月。

生态习性：性喜高温多湿、阳光足的环境，耐高温、畏寒冷、宜湿润、忌干燥。宜用疏松肥沃、排水良好、富含有机质的壤土和沙质壤土。

应用：树干通直，树姿优雅，叶色翠绿有光泽，花、果均有观赏价值，常在园林绿地、庭院中孤植、丛植，作园景树及行道树。

庭院栽培的还有同属植物：

海南菜豆树：*R. hainanensis*。

### （十九）紫茉莉科 Nyctaginaceae

### 叶子花

学名：*Bougainvillea spectabilis*

紫茉莉科叶子花属

原产：巴西。

形态特征：常绿的藤状灌木，枝有锐刺。单叶互生，枝叶密被柔毛；叶纸质，卵形，先端钝，基部较阔。花顶生，为 3 枚椭圆状卵形苞片所包围，鲜红色，较花被管长，花被管有棱，紫红色或绿色，顶端浅黄色，密被柔毛。

生态习性：喜温暖湿润气候和阳光充足环境，对土壤要求不严，喜肥，喜水，不耐旱，忌水涝，不耐寒，适生于无明显旱季地区。萌芽力强，耐修剪。

应用：叶子花树势强健，花形奇特，色彩艳丽，缤纷多彩，花开时格外鲜艳夺目，深受人们喜爱。观赏价值很高，在中国南方常用于庭院绿化，作花篱、棚架植物及花坛、花带的配置，均有其独特的风姿。切花造型具有独特的魅力。叶子花具有一定的抗二氧化硫功能，是一种很好的环保绿化植物。

庭院应用的本属植物还有：

双色叶子花（杂交种）B. ×spectoglabra 'Mary Palmer'；

西施叶子花 B. buttiana 'Tahitian Maid'；

金边叶子花 'Lateritia'；

金心叶子花（杂交种）B. ×spectoglabra；

黄叶子花（杂交种）B. ×buttiana 'Mrs Mc Lean'；

蓝叶子花 B. glabra Cypheri；

白叶子花 B. glabra 'Snow White'；

黄锦叶子花 B. buttiana 'Doub Loon'；

珊红叶子花（杂交种）B. ×buttiana 'San Diego Red' 等。

### （二十）爵床科 Acanthaceae

**1. 金苞虾衣花**

学名：*Pachystachys lutea*

爵床科单药花属

原产：秘鲁和墨西哥。

形态特征：常绿小灌木，株高 30～60cm，全株平滑。茎节膨大，叶对生，阔披针形或长卵形，先端尖，有明显的叶脉，全缘。穗状花序顶生，苞片密生、直立如穗状，鲜黄色，二唇状，并伸出白色小花，形似虾体。花期春夏季，条件合适时一年四季都可观赏。

生态习性：喜高温、高湿和阳光充足的环境，比较耐阴，适宜生长于温度为 16～28℃的环境。冬季要保持 5℃以上才能安全越冬。适合栽种在肥沃、排水良好的轻壤土中。

应用：株丛整齐，花色鲜黄，花期较长。适作会场、厅堂、居室及阳台装饰。南方用于布置花坛，也可用作花境。暖地可庭园栽植，北方则作温室盆栽花卉，是优良的盆花品种。

**2. 麒麟吐珠**

学名：*Beloperone guttata*（syn. *Calliaspidia guttata*）

爵床科麒麟吐珠属

原产：墨西哥。

形态特征：常绿小灌木，株高 30～80cm，全株枝叶密被细毛。叶对生，长卵形或长椭圆形，全缘，长 2.5～4cm，先端短渐尖，基部渐狭而成细柄。穗状花序紧密，长 6～9cm，下垂；苞片重叠密生，二唇状，鲜艳，砖红色；花冠白色，长约 3cm，伸出苞片之外，花冠管狭钟形。蒴果棒状。花期春夏季。

生态习性：喜温暖湿润气候。耐旱，喜光照充足。生长适温25～30℃。

应用：花姿酷似小虾，美观，观赏期长达数月，适合花坛美化、庭院丛植或盆栽。

### 3. 鸟尾花

学名：*Crossandra infundibuliformis*

爵床科十字爵床属

原产：印度、斯里兰卡。

形态特征：常绿小灌木或半灌木，株高约15～40cm。叶对生，阔披针形，长6～15cm，全缘或有波状齿叶面平滑，浓绿富光泽。穗状花序，顶生或腋生，长18cm，花冠漏斗形有细管，圆柱状，裂片5，宽阔，成覆瓦状排列，橙红色及黄色。花期夏、秋季。

生态习性：喜温暖湿润气候。生长适温20～25℃。性耐阴，全日照、半日照或稍蔽阴均能成长。喜疏松、肥沃及排水良好的中性及微酸性土壤。

应用：花期长，春至秋季均能开花，适合花坛成簇栽培或盆栽，为夏秋季优美的低矮花卉。可在庭院园路中用于花坛或园路两边栽培观赏。

### 4. 大花老鸭嘴

学名：*Thunbergia grandiflora*

爵床科山牵牛属

原产：孟加拉。

形态特征：攀缘草本或灌木。全株茎叶密被粗毛，叶厚，单叶对生，叶片卵形、披针形、心形或戟形，先端急尖或渐尖，有时圆，具羽状脉、掌状脉或三出脉，长13～18cm，广心型至阔卵形，基部心形或近心形，叶缘角状浅裂，类似瓜叶，叶背叶面均有毛。全年均能开花，总状花序，悬垂性，花单生或成总状花序，顶生或腋生；苞片2，叶状，卵形或披针形，小苞片2，常合生或佛焰苞状包被花萼，常宿存；花萼杯状，具10～16小齿或退化；花通常大而艳丽，花冠成漏斗状，花冠管短，蓝紫色。蒴果。花期夏秋季。

生态习性：喜高温高湿，生育适温为23～30℃。喜光，稍耐阴。栽培土以肥沃疏松、排水良好的沙壤土为宜。

应用：花姿优雅，蓝花成串，凌空往下垂，婀娜多姿。花穗长达数十厘米，观赏时间长，花期长。适宜庭院绿地及庭院中配置于棚架、花门等作垂直绿化材料。

### 5. 硬枝老鸭嘴

学名：*Thunbergia erecta*

爵床科山牵牛属

原产：亚洲热带至马达加斯加、非洲南部。

形态特征：基部楔形至圆形，边缘具波形齿或不明显3裂。花单生于叶腋，花冠斜喇叭形，蓝紫色，喉管部为黄色。

生态习性：喜高温高湿，生育适温为23～30℃。喜光。栽培土以肥沃疏松、排水良好的沙壤土为宜。

应用：花形奇特，花期长，适合公园、风景区、庭院丛植、片植或与其他花灌木配植，可作绿篱。也可盆栽观赏。

（二十一）马鞭草科 Verbenaceae

**1. 赪桐**

学名：*Clerodendrum japonicum*

马鞭草科赪桐属

原产：中国长江以南各省区，印度、马来西亚、日本也有分布。

形态特征：半常绿灌木，高 4m。小枝有绒毛。叶卵圆形或心形，先端渐尖，基部圆形或浅心形，边缘具浅锯齿，长 8～35cm，叶两面无毛，背面密生黄色小腺体，掌状脉。聚伞花序组成的大型顶生圆锥花序；花萼大，红色，5 深裂；花冠鲜红色，顶端 5 裂并开展；雄蕊细长，长达花冠筒的 3 倍，与雌蕊、花柱均突出于花冠之外。果近球形，蓝黑色。花果期 5—11 月。

生态习性：喜高温、湿润、半阴的气候环境，喜土层深厚的酸性土壤，耐瘠薄，忌干旱，忌涝，畏寒冷，生长适温为 23～30℃。

应用：花艳丽如火，开花持久不衰，花期长，为庭院美化的好材料。耐阴，主要用于公园、楼宇、人工山水旁的绿化，成片栽植效果极佳。

庭院中栽培的同属植物还有：

大青 *C. cyrtophyllum*；

龙吐珠（白萼赪桐）*C. thomsonae*；

美丽赪桐 *C. speciosissimum*；

乌干达赪桐（蓝蝴蝶）*C. ugandense*。

**2. 假连翘**

学名：*Duranta repens*

马鞭草科假连翘属

原产：南美洲。

形态特征：常绿灌木，高可达 3m。枝常拱形下垂，具皮刺，幼枝具柔毛。叶对生，卵形或卵状椭圆形，长 2～6cm，全缘或中部以上有锯齿。总状花序，顶生或腋生；花冠蓝色或淡蓝紫色。核果，球形。成熟时金黄色。花果期 5～11 月。

生态习性：喜光，耐半阴，喜温暖湿润气候，不耐寒。对土壤要求不严。耐修剪。

应用：枝条柔软下垂，花色优雅，果色金黄艳丽，是观花、观果、观姿的优良观赏植物，耐修剪，可用于庭院绿地及庭院作花坛植物及绿篱植物。

庭院中栽培的同属植物还有：

白花假连翘 'Alba'；

金叶假连翘 'Dwarf Yellow'；

花叶假连翘 'Variegata'；

蕾丝假连翘 'Lass'。

**3. 冬红**

学名：*Holmslioldia sanguinea*

马鞭草科冬红属

原产：喜马拉雅至马来西亚。现中国广东、广西、台湾等地有栽培。

形态特征：常绿灌木，高 3～7m；小枝四棱形，具四槽，被毛。叶对生，膜质，卵形或宽卵形，基部圆形或近平截，叶缘有锯齿，两面均有稀疏毛及腺点。聚伞花序常 2～6 个，再组成圆锥状，每聚伞花序有 3 花，中间的一朵花柄较两侧为长，花柄及花序梗具短腺毛及长单毛；花萼朱红色或橙红色，由基部向上扩张成一阔倒圆锥形的碟，直径可达 2cm，边缘有稀疏睫毛；花冠朱红色，花冠管长 2～2.5cm，有腺点。核果倒卵形。花期春夏季。

生态习性：喜光，喜温热及肥沃、排水良好的环境，不耐寒。

应用：花色浓艳，花萼扩展，枝条细长蔓状，形态别致，为庭院及绿地常见观赏花木，用于道路边缘、草坪绿地作观花灌木观赏。

### 4. 马樱丹

学名：*Lantana camara*

马鞭草科马樱丹属

原产：美洲热带地区。中国南方各省已归化为野生状。

形态特征：常绿直立或蔓性的灌木，高 1～2m，有时藤状，长达 4m；茎枝均呈四方形，有短柔毛，通常有短而倒钩状刺。单叶对生，揉烂后有强烈的气味，叶片卵形至卵状长圆形，长 3～8.5cm，顶端急尖或渐尖，边缘有钝齿，表面有粗糙的皱纹和短柔毛，背面有小刚毛，侧脉约 5 对。头状花序，花序直径 1.5～2.5cm；花冠黄色或橙黄色，开花后不久转为深红色。果圆球形，成熟时紫黑色。全年开花。

生态习性：喜光，性喜温暖湿润，对土壤要求不严，以深厚肥沃和排水良好的沙壤土较佳。

应用：花美丽，花期长，生长健壮，栽培容易，在南方各省常用于庭园栽培，作花坛和地被植物供观赏。

本属中常见栽培的种及品种有：

黄花马缨丹 'Flava'；

橙红马缨丹 'Mista'；

白花马缨丹 'Alba'；

蔓马缨丹 *L. montevidensis*。

### 5. 杜虹花（台湾紫珠）

学名：*Callicarpa sormosana*

马鞭草科紫珠属

原产：中国、菲律宾。

形态特征：常绿灌木，高 1～3m；小枝、叶柄和花序均密被灰黄色星状毛和分枝毛。叶片卵状椭圆形或椭圆形，长 6～15cm，顶端通常渐尖，基部钝或浑圆，边缘有细锯齿，表面被短硬毛，稍粗糙，背面被灰黄色星状毛和细小黄色腺点。聚伞花序宽 3～4cm，通常 4～5 次分歧，苞片细小；花萼杯状，被灰黄色星状毛，萼齿钝三角形；花冠紫色或淡紫色，无毛。果实近球形，紫色，径约 2cm。花期 5—7 月，果期 8—11 月。

生态习性：喜温暖至高温高湿，喜光，喜肥沃、疏松排水良好的沙壤土。生育适温 20～30℃。

应用：树形强健，花密集，花、果紫色雅致，适于庭院种植作园景树或大型盆栽观赏。

## 实训 1-3　热带木本花卉种类识别

**（一）目的要求**

热带木本花卉种类繁多，以行道树、庭荫树、园景树等多种形式在热带园林景观中占据重要地位，也是地区园林绿地生态系统的主要组成部分，构成该地丰富多彩的园林绿地景观。本实习通过现场教学结合自行调查总结，使学生掌握本地区常见的木本花卉种类、形态特征、生态习性及园林应用形式，进一步巩固常见热带木本花卉。

**（二）时间与地点**

6月上旬及12月上旬。选择木本花卉种类多样性、景观性较好的有代表性的道路、绿地、公园、专类园等。

**（三）材料及用具**

相机、卷尺、记录本。

**（四）内容与方法**

首先由指导教师带领学生到实习地点进行现场讲解和识别，观察植物的生活型、体态以及生长环境。然后仔细观察了解木本植物的主要识别特征，理解其所属的科属和分类中所属的类型、生态习性、观赏特征及园林用途。进而学生参考实习指导分组对常见花卉的株高、冠幅、密度、应用等形式进行调查，教师答疑。

**（五）作业**

完成调查地点的常见木本花卉名录。

**参考文献**

[1]　宋希强. 热带花卉学 [M]. 北京：中国林业出版社，2010.
[2]　刘燕. 园林花卉学 [M]. 3版. 北京：中国林业出版社，2016.
[3]　刘燕. 园林花卉学实习实验教程 [M]. 北京：中国林业出版社，2013.
[4]　薛聪贤. 景观植物实用图鉴9 [M]. 北京：北京科学技术出版社，2007.
[5]　赵家荣，刘艳玲，徐立铭，等. 景观植物实用图鉴16：水生植物187种 [M]. 沈阳：辽宁科学技术出版社，2007.
[6]　庄雪影. 园林植物识别与应用教程 [M]. 北京：中国林业出版社，2009.
[7]　孙吉雄. 草坪学 [M]. 北京：中国农业出版社，2001.
[8]　杨秀珍. 园林草坪与地被 [M]. 北京：中国林业出版社，2015.
[9]　林有润. 观赏棕榈 [M]. 哈尔滨：黑龙江科学技术出版社，2003.
[10]　王慷林. 观赏竹类 [M]. 北京：中国建筑工业出版社，2004.

# 第二章　热带园艺植物繁殖技术

## 第一节　有性繁殖

有性繁殖是指用植物种子播种而产生后代的一种繁殖方法，也称种子繁殖。

有性繁殖的特点：繁殖量大，方法简便；根系完整，生长健壮，抗性强，寿命长；种子便于携带、贮存、流通、保存和交换；播种苗变异性大，难以保存品种原有的优良性状；开花结果晚。

### 一、种子的品质

**（一）品种纯正**

品种纯正，且是杂种第一代种子。

**（二）颗粒饱满，发育充实**

种子必须成熟，粒大而饱满，有光泽，重量足，种胚发育健全。如牵牛等千粒重10g，万寿菊、金盏菊等千粒重1g，矮牵牛等千粒重0.1g。

**（三）富有生活力**

新采收的种子生活力强，发芽率高。旧种子则相反。

**（四）无病虫害**

种子是传播病虫害的重要媒介，因此播种的种子要确保无病虫害。

### 二、种子的采收与贮藏

**（一）采收**

种子的采收应在成熟后进行，采收时根据果实开裂方式、种子着生部位及种子成熟的程度，采用不同的采收方法。

**（二）种子贮藏**

种子贮藏的原则：降低种子的呼吸作用，以减少其消耗，保持其生命力。常用干藏法和湿藏法。

**（三）种子的保存年限**

种子都有一定的保存年限，在保存年限内种子有生命力，超出保存期，种子的生命力降低或失去。如：凤仙花种子保存年限3年；重阳木种子保存时间为1～2个月。

### 三、播种技术

**（一）地播**

**1. 苗床整理**

整地作畦，土壤疏松肥沃，排水良好，酸碱度适宜，通风透光。

**2. 播种方法**

大粒种——点播法，按一定的株行距单粒点播或多粒点播，如散尾葵等。

中粒种——条播法，按一定的株行距条播，如天门冬等。

小粒种——散播法，散播要均匀，如鸡冠花等。

**3. 播种深度及覆土**

播种（覆土）深度为种子直径的 2～3 倍，大粒种子宜厚，小粒种宜薄。播种后使种子与土壤紧密结合，便于吸收水分而发芽。

**4. 播种后的管理**

（1）保持苗床湿润，初期给水偏多，以保证种子吸水膨胀的需要，发芽后适当减水，以土壤湿润为宜。

（2）播种后要适当遮阳。

（3）播种后期适当拆除遮阳物，逐步见光。

（4）真叶出土后，根据苗的疏密程度及时"间苗"，去掉纤细弱苗，留下壮苗，充分见阳光"蹲苗"。间苗后立即浇水，以免留苗因根部松动而死亡。

**（二）盆播**

**1. 苗盆的准备**

苗盆选用盆口较大的浅盆或浅木箱，浅盆深 10cm，直径 30cm，底部有 5～6 个排水孔，播种前要洗刷消毒后待用。

**2. 盆土的准备**

苗盆底部的排水孔上盖一瓦片，下部铺 2cm 厚粗河沙和细粒石子以利于排水，上层装入过筛消毒的播种培养土（疏松、肥沃、保水、排水、酸碱度适宜），颠实、刮平即可播种。

**3. 播种**

小粒种子撒播，大粒种子点播。小粒种子覆土要薄，以不见种子为度。

**4. 盆底浸水法**

将播种盆浸入水中，通过苗盆的排水孔向上渗透水分，至盆面湿润后取出，用玻璃和报纸覆盖盆口，防止水分的蒸发和阳光照射。夜间将覆盖物掀去，使之通风透气。

**5. 管理**

种子出苗后立即掀去覆盖物，拿到通风处，逐步见阳光。当长出 2～4 片真叶时可分盆移植。

## 实训项目

## 实训 2-1　播　种　繁　殖

**（一）目的要求**

使学生掌握不同大小的种子地播或盆播技术。

**（二）材料与用具**

大、中、小、微粒花卉种子，如棕榈、九里香、凤仙花、何氏凤仙及矮牵牛等种子，沙床、苗床、土杂肥（或肥土）、筛、锄、耙、刮板（1cm 厚、4～5cm 宽、80～100cm 长）、花洒桶、花盆、喷壶等。

## （三）内容与方法

（1）整地作畦，准备苗床。土壤细碎、松软、平整，畦面弄成稍呈龟背形，修边保水。

（2）大粒种子（如大王棕或更大粒的种子）沙床催芽或直播。

（3）九里香等中等粒种子，撒播或条播，播后撒上肥土（或过筛的垃圾土或火烧土），覆盖种子。

（4）凤仙花等小粒种子撒播或盆播，为了撒播均匀，可用过筛的沙或土混合种子撒播。

（5）矮牵牛（或一串红、何氏凤仙）等微粒的种子混入过筛的细土，撒播于盆中（盆土亦应进行精细处理，平整土面），播种后，用过筛的细土盖过种子0.2～0.4cm，用喷水壶喷水保湿。

## （四）作业

统计撒播均匀度及出苗率。写播种心得体会。

# 第二节　无性繁殖

无性繁殖是用植物的一部分器官如根、茎、芽、叶、花粉等，通过分生、压条、嫁接、扦插及组织培养等方法，使其成为一个新植株的各种繁殖方法的统称。

无性繁殖的特点：开花结果较早；遗传因子较单一，后代能保持母本的性状；苗木分枝较早，植株较矮小，适于密植；无性繁殖苗生长势较差，寿命较短，适应性和抗逆性差；贮运困难。

## 一、扦插繁殖

扦插繁殖是利用植物的根、茎、叶、芽等营养器官的一部分，插入基质中，在一定条件下培养，待生根、长叶后移植栽培成为完整新植株的繁殖方法。

### （一）扦插成活的原理

扦插成活原理主要基于植物营养器官具有再生能力，可发生不定芽和不定根，从而形成新的植株。

### （二）扦插生根的环境条件

**1. 温度**

大多数花卉种类适宜扦插生根的温度为15～20℃，嫩枝扦插温度宜在20～25℃，热带花卉植物可在25～30℃以上。

**2. 湿度**

插床环境要保持较高的空气湿度，一般插床基质含水量控制在50%～60%左右，插床保持空气相对湿度为80%～90%。

**3. 光照**

嫩枝扦插带叶片，在阳光下进行光合作用，促进碳水化合物合成，提高生根率。由于叶片表面积大，阳光充足温度升高时会导致插条萎蔫。扦插初期要适当遮阳，当大量根系长出后再陆续给予光照。

**4. 空气**

插条在生根过程需要进行呼吸作用，特别是愈伤组织形成后、新根发生时呼吸作用增强，这时应降低插床中的含水量，使之保持湿润状态，适当通风提高氧气的供应量。

**5. 生根激素**

生根激素促进剂，可有效促进插穗早生根多生根。常见的生根激素有萘乙酸、吲哚乙酸、吲哚丁酸等。一般扦插成活率低的植物需使用生根激素。

**（三）扦插床的类型和扦插基质**

**1. 扦插床的类型**

温室插床；全光喷雾扦插；普通插床。

**2. 扦插基质**

用作扦插的材料应具有保温、保湿、疏松、透气、洁净、酸碱度呈中性、成本低、便于运输等特点。常用扦插基质有蛭石、珍珠岩、椰糠、沙等。

**（四）扦插技术**

**1. 枝插**

（1）硬枝插——选用一二年生完全木质化、生长健壮、表皮光滑、芽饱满、无病虫害的枝条。通常把枝条剪成长 15～20cm 左右，带 3～5 个芽，上剪口在芽上方 1cm 左右，下剪口在基部芽下 0.3cm，剪口有斜面和平面 2 种。扦插深度为插穗长度的 1/2 或 2/3，且浇足水。

（2）绿枝插——花谢 1 周后，选芽饱满、叶片发育正常、无病虫害、半木质化的枝条，剪成 10～15cm 的小段，上剪口在芽上方 1cm 左右，下剪口在基部芽下的 0.3cm，切面要平滑，枝条保留叶片 2～4 枚且每枚叶片保留 1/2，扦插深度为插穗长度的 1/2 或 2/3。浇水。

（3）嫩枝插——草本花卉在生长旺盛期，采取 10cm 长幼嫩茎尖，基部削面平滑，扦插深度约为插穗长度的 1/2。浇水。

**2. 叶插**

叶插包括叶片或叶柄作插穗的插法。

（1）叶片插——将叶片平铺在插床，使叶片与基质紧密接触，如落地生根等。也有将叶片切成数块来扦插，如虎尾兰等。

（2）叶柄插——易于发根的叶柄作插穗，将带叶的叶柄基部插入基质中，由叶柄基部发根，如球兰、豆瓣绿等。

**3. 芽插**

利用芽作插穗的扦插方法，取 2cm 长，且有较成熟的芽的枝条作插穗，芽的对面略剥去皮层，将插穗的枝条露出基质面，可在茎部表皮破损处愈合生根，如橡皮树等。

**4. 根插**

利用根作插穗的扦插方法，适用于带芽的肉质根，将根剪成 5～10cm 长度，全部埋入插床基质或顶梢露出土面，如美人蕉等。

扦插时需要注意插穗的极性，即要顺插（芽向上），不要反插（插颠倒），剪口要平滑。

**5. 扦插后的管理**

（1）土温高于气温

土温高于气温 3～5℃，促进插穗基部愈伤组织形成，有利于根的生长。

（2）保持较高的空气湿度

相对空气湿度 90%，防止插穗蒸发失水。

（3）由弱到强的光照

逐步增强叶片的光合作用，促进愈伤组织形成，进而促进生根。

（4）及时通风透气

增加根部的氧气，促使生根快，生根多。

**实训项目**

## 实训 2-2　扦 插 繁 殖

**（一）目的要求**

使学生掌握各种扦插繁殖技术，包括茎扦插、枝扦插、绿枝扦插、叶插与芽插的操作技术与管理方法。

**（二）材料与用具**

巴西铁、朱蕉、三角梅、大红花、榕树、菊花、万寿菊、一串红、印度榕、虎尾兰等植物和枝剪、嫁接刀、修枝锯、插床、杀菌剂等。

**（三）内容与方法**

**1. 茎扦插**

选取巴西铁茎（或三角梅、印度榕）等的粗枝截成 20~25cm 长，扦插于恒湿沙床上，入土深度为插穗的 1/2~2/3，淋透水，盖上防蒸发的塑料罩，或插入普通沙床上，定期淋水保湿。

**2. 枝扦插**

选大红花（或三角梅、榕树等）木栓化小枝（枝粗直径 0.6cm 以上），扦插方法同上。

**3. 绿枝（嫩枝）扦插**

（1）草本花卉嫩枝扦插：取菊花（或一串红、何氏凤仙等）枝梢上端，截成 5~6cm 长，剪去大部分叶片，留顶部叶片。

① 在插条下端（切口）用湿塘泥（或肥泥）捏一小圆球，扦插于沙床或浅盆上，深度为插穗的 1/2~2/3，淋透水。

② 将插条直接插入沙床（或浅盆上），方法同上，淋水保湿。

（2）木本植物嫩枝扦插：选桉树（或木麻黄）的嫩梢作扦插材料，剪去部分叶片，直接扦插于沙床上。

**4. 叶插**

选老熟健壮的虎尾兰叶片，剪切成 5~7cm 长的一段，按原生长方向插入沙床（注意极性，不可插反），深度为叶段的 1/3~1/2，淋水保湿。也可以选用西瓜皮椒草、紫罗兰或大岩桐叶片扦插。

**5. 芽插**

（1）选健壮的万寿菊枝条，在节间切断，垂直劈开，每侧面 1 个芽和叶片，每段芽上留 1cm，插入基质 1~2cm，喷水保湿。

（2）选健壮的印度榕枝条，每节连皮带芽剥下，叶片剪去 1/2~2/3，把叶基插入基质中（深 1.5~2.5cm），淋水保湿。

**6. 淋水**

用花洒桶或喷壶洒湿插床，插床上应加盖遮阳网。

**（四）作业**

如插在普沙床上，每2d检查一次，见干则应淋水保湿，1个月后检查发根情况，最后统计发根生长率。

## 二、嫁接繁殖

### （一）嫁接成活的原理

**1. 选择亲和力强的植物**

不同科植物亲和力弱，嫁接不能成活。接穗和砧木多数为同属内、同种内或同品种的不同植株间进行。

**2. 细胞具有再生能力**

接穗与砧木伤口处形成层和髓射线的薄壁细胞分裂形成愈伤组织，愈伤组织进一步分化出输导组织，使砧木与接穗之间的输导系统互相沟通，形成统一的新个体。形成层细胞和薄壁细胞的活性强弱是嫁接成活的关键因素。

**3. 嫁接物候期合适**

季节和砧木、接穗所处的物候期适宜，易成活，否则难成活。

### （二）砧木与接穗的选择

**1. 砧木的选择**

砧木与接穗有良好的亲和力；砧木适应本地区的气候、土壤条件，根系发达，生长健壮；对接穗的生长、开花、寿命有良好的基础；对病虫害、旱涝、地温、大气污染等有较好的抗性；能满足生产上的需要；以一二年生实生苗为好。

**2. 接穗的采集**

接穗应从品质优良、特性强的植株上采取。一二年生枝条生长充实、色泽鲜亮光洁、芽体饱满，取枝条的中间部分，过嫩不成熟，过老基部芽体不饱满。采集接穗最好在晴天上午11时之前，采下来的接穗剪去叶片，但不要剪伤芽眼，在清水或自来水中冲洗干净，标上品种名，用纸包好，放入塑料袋内封好。如果远途运输，最好用湿润椰糠、碳粉、锯木屑保存接穗，不宜用湿纱布、毛巾、湿卫生纸保湿接穗，否则易引起接穗变质。

### （三）嫁接技术

**1. 芽接（补片芽接、腹接）**

补片芽接的步骤：

（1）开芽接位：在砧木第一蓬梢上方选树皮光滑处开一个长2.5～3.5cm，宽0.6～1.2cm的芽接口，试剥皮，如能离皮即削芽片。

（2）削芽片：选与砧木粗度相当的接穗，选第2～3片叶以上的芽，削一个比砧木芽接口稍小的芽片（带少许木质、削深至枝条的1/4～1/3左右），将两边修平、剥去木质（不损伤形成层），芽片切成比芽接位小0.5～1mm。

（3）接合：拉开接口的树皮并切除，镶入芽片，芽片的下端紧靠芽接位下端（上端和两旁可留0.5mm的空隙），用有韧性的塑料薄膜带缠紧，密封（不留空隙）。

（4）解绑和截砧：嫁接后25～30d，接口愈合紧密即可解绑，解绑后5～7d，芽片仍保持青绿即可截砧或出圃（芽接桩出圃）。

**2. 枝接（切接、劈接、合接、舌接）**

切接的步骤：

（1）截砧：嫁接前把嫁接的砧木枝（茎）根据要求截短。

（2）开芽接位：在已截干的砧木上紧靠木质部垂直切一刀，深度以可容接穗削面插入为准。

（3）削接穗：在接穗的枝条上削一垂直平面，以切去皮层稍带木质部即可，下部切成一斜面接穗带 2～3 个芽。

（4）接合：把削好的接穗对准砧木形成层，插入接口。

（5）用塑料薄膜带把接穗牢牢缠紧，接后 25～30d 可松绑，露出芽点。

**3. 髓心接——接穗和砧木以髓心愈合而成的嫁接方法**

（1）仙人球嫁接

先将砧木上面切平，外层削去一圈皮肉，平展露出髓心，再将仙人掌的接穗基部也削成一个平面，然后砧木和接穗平面切口对接在一起，中间髓心对齐，最后用细绳连盆一起绑扎固定，放半阴干燥处，保持伤口干燥，待成活后拆去绑线。

（2）蟹爪兰嫁接

以仙人掌为砧木，蟹爪兰为接穗，蟹爪兰接穗采集生长成熟、色泽鲜绿肥厚且有 2～3 节分枝的枝条，在其基部 1cm 处的两侧都削去外皮，露出髓心。在肥厚的仙人掌切面的髓心左右切 1 刀，再将插穗插入髓心挤紧、固定，避免水分进入切口。

## 实训项目

### 实训 2-3　嫁接繁殖所需园艺工具介绍、保养与维修

**（一）目的要求**

使学生掌握园艺工具各个品牌及选购知识，掌握园艺刀具磨锋、保养及损缺后的维修技术。

**（二）材料与用具**

各种品牌的嫁接刀、枝剪、圈枝刀、修枝锯、铁钳、活动扳手、磨刀石（粉石和钢石）等。

**（三）内容与方法**

（1）教师介绍优质园艺工具的要素，各个品牌园艺工具的优缺点，使学生掌握选购园艺工具的知识与技能。

（2）园艺刀具磨锋（开路）技术及保养要求，刀具损缺后的维修技术。

（3）磨锋操作（老师示范、学生操作、老师检查）。

① 嫁接刀的开口与磨锋；

② 枝剪的开口与磨锋；

③ 修枝锯的开锯路与磨锋。

**（四）作业**

嫁接刀、枝剪的开口、磨锋。

### 实训 2-4　嫁 接 繁 殖

**（一）目的要求**

使学生掌握常用的嫁接技术。补片芽接、小芽腹接、切接、劈接必须掌握，并介绍示范合接、舌接、枝腹接、皮下接、鞍接等，以扩大学生的知识面。

**（二）材料与用具**

嫁接需用的砧木、接穗（初学以大红花为主）、嫁接刀、枝剪、塑料薄膜绑带、湿布、磨刀石、塑料牌、铅笔等。

**（三）内容与方法**

（1）基本功实训：每一项嫁接技术都进行基本功培训，即削接穗（芽片）、开芽接位、接合捆缚，逐项练习、逐项过关，以求熟练各项嫁接技术的技法。基本功的练习可以在室内集中进行，老师讲授理论并示范操作，再逐项对基本功提要求，同学练习操作，老师检查。每次练习完毕还需清洁场地，并作为文明生产项目记分（不文明者扣分）。

（2）嫁接：每个项目通过基本功练习后，在苗圃（或树上）进行嫁接操作，每项嫁接技术接5～10个芽（视材料而定，10个最佳，以加强实际操作体验），根据嫁接成活率计算成绩，如时间允许，可多进行实践。

（3）介绍其他嫁接方法，如合接、舌接、鞍接、枝腹接、皮下接等。

**（四）作业**

（1）嫁接成活原理、影响因素及提高嫁接成活率的措施。

（2）列表调查各种嫁接法的成活率。

## 实训2-5  仙人掌嫁接繁殖

**（一）目的要求**

掌握仙人掌嫁接繁殖技术，要求学生学会用三棱柱作砧木的髓心嫁接技术和以叶仙人掌作砧木的插接技术。

**（二）材料与用具**

三棱柱（霸王鞭）、叶仙人掌、各种仙人掌、仙人球、仙人鞭、蟹爪兰等植物，透明粘胶、塑料布及塑料绳、竹签等工具和材料。

**（三）内容与方法**

**1. 仙人掌类髓心嫁接技术**

（1）平接法

① 将三棱柱顶部平切，并在3个棱上向上斜削一小角，使切面与接穗的切口相近；

② 将待接的仙人掌（球）底部平切一刀，切口与砧木切口相近；

③ 将接穗切口的髓部对准砧木切口的髓部，放稳，用胶布（胶纸）或线、绳固定（绑牢）。

（2）插接法：此法适宜嫁接蟹爪莲及令箭荷花等。

① 取三棱柱（长20～30cm），在离顶部3～5cm处的各个棱上向下斜切一口，深约1.5～2cm，取蟹爪兰（或令箭荷花），将2～3节基部削成楔形，插入接口，固定。可接2～3层。

② 取三棱柱顶部切平，顺髓心下切1.5cm，取蟹爪兰2～3节，削尖基部，插入砧木接口，固定。

**2. 叶仙人掌作砧木嫁接法**

（1）选已木质化的叶仙人掌，截顶，在顶部1～1.5cm处环状剥芽，露出木质部（不带皮，但要保证形成层完整）；

（2）取仙人球（鞭），切平基部，用竹签在中部戳一深1～1.5cm的伤口，插入砧木木质中，固定。

**3. 养护**

仙人掌嫁接后，接口不能淋水（或浸入雨水），可放置在防雨棚内或套上塑料袋防雨。

**（四）作业**

调查嫁接成活率。

## 三、压条（空中压条）繁殖

### （一）空中压条的原理

剥去枝条一段皮层，切断光合产物往下运行的通道，使有机养分积累在枝条伤口上，促进枝条生根。

### （二）空中压条的步骤

**1. 选枝环剥**

选择生长健壮和已木质化的枝条作繁殖材料，在表皮光滑、操作方便的枝段环剥去一段 3～6cm 长的树皮（长度因枝条粗度不同而异），树皮切口必须平整，以利于愈合。将伤口内的形成层彻底刮干净，但不要切削木质部，以防断折。

**2. 包培养基**

培养基以椰糠最理想，也可以选用过的发酵木糠、森林的腐木渣、混合林地的腐殖土、干牛粪和少量的过磷酸钙作基质，发根基质以疏松、湿润为好，过干和过湿都不利于发根，用（15～20)×(20～25) cm 的塑料薄膜环绕伤口卷成筒状绑牢下端，装入基质，边装边压实，当基质埋过整个切口并高出 2～3cm 即可扎紧。

**3. 剪离母株**

压条后 15～60d 开始发根（因树种及天候而异），长出 2～3 轮根并开始老化时可剪离母枝，剪去嫩枝和过多的枝叶，一般保留 2～3 条生长较好的分枝，剪去所带叶片的大部分，小心解开塑料薄膜，保持球根完整，移植时不能伤根，不能踩压根球。

**实训项目**

## 实训 2-6　空中压条繁殖

**（一）目的要求**

使学生掌握空中压条（圈枝）繁殖技术。

**（二）材料与用具**

大红花或白玉兰、芽接刀（或圈枝刀）、枝剪、椰糠（每人 2～3 斤椰糠）、塑料薄膜（40cm×20cm，每人 10 块）、塑料缚带（30 条/人）、小木棍等。

**（三）内容与方法**

**1. 空中压条**

（1）选健壮、易操作的枝条，除去妨碍工作的枝、叶，选平直而易操作的枝段，环剥一长圈树皮（长度与枝条周长相等），刮干净形成层，注意检查上方的切口必须平整。

（2）在伤口部位圈上塑料薄膜成筒状，固定下方，填入湿椰糠（湿度以手捏不出水为宜），边填边用小木棍插紧椰糠，待椰糠掩盖伤口 2cm 后，压紧填充物，缚紧填料，并在中间再紧缚一圈，使填料更紧实。

注意检查：①填料必须盖过伤口，缚带在伤口以外；②填料球必须紧、实，否则不易发根。

（3）定期检查，发现填料球被蚂蚁咬破，必须搬走椰糠，重新包扎；一般 15～30d 发根，当长出 3 轮根后（此时根已明显较多），可以剪下来假植育苗。

**2. 地上压条**

包括普通压条和堆土压条，由老师作示范。

**（四）作业**

（1）圈枝发根原理，提高圈枝成活率的措施；

（2）定期检查发根情况，统计发根成苗率。

## 四、分生繁殖

### （一）分株繁殖

**1. 分株繁殖**

将丛生花卉由根部分开，成为独立植株的繁殖方法。分株繁殖在春天植树期或分盆换土期和秋天分株移栽期进行。

**2. 分株方法**

整个植株连根挖出，脱去土团，按 3～5 枝为 1 丛，3～5 丛为 1 株，由根部用刀劈开，使每株都有自己的根、茎枝、叶，栽培于另一地，浇水夯实。

**3. 分株繁殖需要注意的问题**

吸芽必须有自己的根系以后才能分株；切勿伤及假磷茎；有病虫害的植株要立即销毁或彻底消毒后栽培；分株时根部的切伤口在栽培前用草木灰消毒，以防腐烂；保持植株的完整。

### （二）分球繁殖

**1. 分球繁殖**

利用球根花卉的地下变态茎产生的子球进行分级种植的繁殖方法。分球繁殖时期在春季和秋季。

**2. 注意事项**

（1）球茎、鳞茎、块茎直径超过 3cm 大的球才能开花。要根据大小分别种植。

（2）鳞茎类花卉如百合、水仙、郁金香等，可对母球用割伤处理的方法诱导产生不定芽形成小鳞茎，加大繁殖量。

（3）球茎类花卉如唐菖蒲、香雪兰、番红花等，可用栽培中的老球产生的新球、新球旁边产生的仔球作繁殖材料。也可通过切割大球诱导出苗。

（4）根茎类花卉如美人蕉、鸢尾等，含水分多，贮藏期要注意防冻害，切割时要注意保护芽体，伤口要用草木灰消毒。

（5）块茎类花卉如大丽花、小丽花、花毛莨等，由根颈处萌芽，分割时要注意保护颈部的芽眼。

**实训项目**

### 实训 2-7　分株、分球繁殖

**（一）目的要求**

使学生掌握分株、分球繁殖技术。

（二）材料与用具

美人蕉、朱顶红、风雨花、沿阶草，苗床或种植容器（花盆、育苗袋等）。

（三）内容与方法

**1. 分株繁殖**

将丝兰（或沿阶草）倒出，去泥，用锋利小刀切出带根的株丛（2～3株/丛），移入花盆或育苗袋中，用凤梨类或红、白掌作材料繁殖也可，用这类材料可单株移植。

**2. 分球繁殖**

（1）利用鳞茎植物分球繁殖：选健壮的风雨花（或石蒜）倒出花盆（或成丛挖起），用利刀单球或双球移栽。用网球花作材料也可。

（2）利用块茎分球繁殖：选花叶芋或美人蕉，成丛挖起，分株（或分球）移入苗床，可单球种植。

（3）利用块根分球繁殖：选2年生以上的大丽花成丛挖起，1株有多个块根，单球移植。

**3. 养护**

移植后淋透水，以后1～2d淋水一次，保持苗床湿润。

（四）作业

调查分株分球繁殖成活率，写出心得体会。

## 实训 2-8　种苗出圃技术

（一）目的要求

使学生掌握种苗出圃技术。

（二）材料与用具

锄头、起备铲、塑料布（草袋）、塑料绳（草绳）、枝剪、手锯等。

（三）内容与方法

**1. 介绍苗木相关标准（略）**

**2. 带土起苗与包装技术**

（1）苗木直径1.5cm以内的1～2年生苗木，起苗前剪去嫩枝嫩叶及部分老叶（减少水分蒸发），用土团直径为10～15cm的起苗器起苗，用塑料薄膜及塑料绳包扎土团，使土团不易松动。

（2）树干直径2～4cm的中苗，起备前先剪去大部分小枝嫩枝，留已木栓化的枝段，修剪好骨干枝。以主干周长为半径划圈，用起苗铲削去表层松土，先在圆圈外3～4cm用锄头向外挖10～15cm深的沟，用起苗铲小心挖出土团。土团高度为其直径的3/5～2/3（一般是25～30cm），难成活的树种应在起苗前15d先断主根，并修剪地上部分，15d后挖起。

（3）树干直径大于4cm的大规格苗，剪去大部分枝条，直径2cm以上的骨干枝重截枝并断粗根。起苗操作原则如（2），包好土团后，树干及树枝（粗枝），用粗草绳（或稻草）或塑料薄膜包扎，以减少日晒及水分蒸发。

**3. 裸根苗起苗与包装技术**

一些容易成活的小苗或即挖即栽苗，可以裸根起苗，如九里香、黄金梅等。

（1）用锄头连根挖起苗木。

（2）剪去苗木的嫩枝及部分叶片，剪平挖折、挖裂、挖伤的木质侧根。

（3）50～100株一把缚好，用泥浆浆根，如果远距离运输，应用稻草或草包、塑料薄膜等包扎根部，以防根部失水干枯。

**（四）作业**

记录起苗步骤及方法，写起苗作业心得体会。

## 五、组织培养快速繁殖

### （一）植物组织培养快速繁殖的原理

植物组织培养快速繁殖是根据植物细胞具有全能性的理论基础发展起来的一项新技术。植物体上每个具有细胞核的细胞，都具有该植物的全部遗传信息和产生完整植株的能力。植物在生长发育过程中从一粒种子（受精细胞）能产生完整形态和结构机能的植株，在植株上某器官的体细胞表现一定的形态，具有一定的功能，这是它们受到器官和组织所在环境的束缚，其遗传力仍潜伏存在，一旦脱离原来所在的组织或器官，成为离体状态时，在一定营养、激素和环境条件的诱导下，就表现出全能性，生长发育成完整的植株。

### （二）植物组织培养快速繁殖的方法与程序

**1. 外植体的选择**

用于离体培养的初始材料称为外植体，如兰花组培选择的外植体是茎尖和种子。

**2. 外植体的灭菌与接种**

外植体冲洗干净带入无菌操作室，将外植体（枝条）剪成3～5cm 1段，3～5段为1组依次经过70％酒精浸泡、无菌水冲洗、2％～10％次氯酸钠浸泡、无菌水冲洗3～5次，然后用剪刀将枝条剪成每芽1段，植入培养基。

**3. 增植与继代培养**

切段及丛生芽增植；原球茎增植；不定芽增植。

**4. 壮苗与生根**

在生根培养基上，转入单株生长或单株丛生无根小苗，培养其生根。同时苗长大了，植株也健壮了。

**5. 炼苗与管理**

试管苗出瓶后必须经过30～50d的炼苗阶段才能进入大田栽培。

> **实训项目**

## 实训 2-9　文心兰茎尖培养

**（一）目的要求**

了解文心兰组织培养的方法和步骤，熟练掌握外植体的取材、消毒、接种、初代培养的操作过程。

**（二）材料用具**

超净工作台、高压灭菌锅、电磁炉、长镊子、培养皿、酒精灯、接种工具、烧杯、玻璃棒、移液管、培养箱、剪刀、培养瓶等。

## （三）实验内容

培养基的选择与配制灭菌；外植体的选取与消毒；无菌操作技术；培养条件。

## （四）材料选取

选取文心兰4—5月萌发的侧芽，将芽切去根，洗净。

## （五）实验步骤

（1）根据培养基配方配制诱导培养基并灭菌。不同阶段的培养基配方有所差异（表2-1）。

**各种培养基配方**　　　　　　　　　　　　　　　　　　　表 2-1

| 不同阶段 | 培养基 | 备注 |
|---|---|---|
| 愈伤组织（原球茎）的诱导 | MS＋2.0mg/L6－BA＋0.1mg/LNAA＋2%蔗糖＋50ml/L椰子水＋0.7%琼脂 | pH＝5.4 |
| 原球茎的增殖 | MS＋2.0mg/L6－BA＋0.1mg/LNAA＋2%蔗糖＋100ml/L椰子水＋0.7%琼脂 | pH＝5.4 |
| 原球茎的分化 | MS＋20%马铃薯＋0.2mg/LNAA＋3%蔗糖＋0.7%琼脂 | pH＝5.4 |
| 幼株的生根壮苗 | MS＋10%香蕉＋1.0mg/LNAA＋3%蔗糖＋0.7%琼脂＋2g/L活性炭 | pH 为 5.4~5.6 |

（2）选取文心兰4—5月萌发的侧芽，将芽切去根，用肥皂水浸泡5min，再用自来水流水冲洗30min；

（3）用自来水冲洗干净后，置于超净工作台，用75%酒精消毒15s；

（4）用0.1%氯化汞溶液加一滴吐温浸泡10min后，用无菌水冲洗4次，每次4~5min；

（5）剥取茎尖生长点（带3~4个叶原基）作为诱导类原球茎的外植体接种到配置好的诱导培养基上；

（6）培养条件为温度（25±2）℃，每天光照10h，光照强度1600~2000lx。

## （六）作业

（1）文心兰组织培养过程包括哪几个环节？

（2）文心兰怎样用侧芽组织培养方法繁殖？

**参考文献**

[1] 柏玉平，王朝霞，刘晓欣. 花卉栽培技术［M］. 北京：化学工业出版社，2009.

[2] 北京林业大学园林学院花卉教研室. 花卉学［M］. 北京：中国林业出版社，1990.

[3] 陈卫元. 花卉栽培［M］. 北京：化学工业出版社，2007.

[4] 夏仁学. 园艺植物栽培学［M］. 北京：高等教育出版社，2004.

# 第三章　热带园艺植物栽培管理

## 第一节　土壤耕作与管理

土壤是园艺植物根系生长、吸取养分和水分的基础，土壤结构、营养水平、水分状况决定着土壤养分对植物的供给，直接影响到园艺植物的生长发育。土壤耕作与管理，是根据植物对土壤的要求和土壤的特性，采用机械或非机械方法改善土壤耕层结构和理化性状，以达到提高土壤肥力、消灭病虫杂草的目的而采取的一系列耕作措施，它是提高园艺作物产量的重要措施之一。

### 一、果园土壤改良与果园覆盖

果树多为多年生植物，定植后将在同一地点长期生长，因此对土壤要求较高。为改善根系环境，保持土壤肥力，保证果树健壮生长，在果树栽培中，通常要进行土壤改良，以改善土质，增强果树根系的吸收能力。

#### （一）果园土壤改良

**1. 土壤熟化**

果树应有 80～120cm 的土层，因此果园的土壤需要深翻熟化。土壤深翻一年四季均可进行，但一般在秋季结合施基肥深翻效果最佳，此时由于果实已经采收，地上部生长缓慢，养分开始回流，对树体生长影响不大。

幼树定植后，从定植穴边缘开始，每年或隔年沿树冠外围逐年向外扩穴深翻，直到全园深翻完为止，每次向外扩宽 0.5～1m。栽前已改土的幼龄和成龄果园以及密植、成行栽植和等高梯田式果园，可隔行或隔株深翻，即先在一个行间深翻，留一行不翻，2～3 年后再翻。挖定植沟定植的密植园，可采用全园深翻，将定植穴以外的土壤一次深翻完毕。深翻施肥后应立即灌透水，有助于有机物的分解和园艺作物根系的吸收。

**2. 土壤改良**

包括果树在内的园艺作物的栽培，都要求土壤团粒结构良好，土层深厚，理化性状较差的黏性土和沙性土需要土壤改良。山岭薄地压土增厚土层，可以起到以土代肥的作用，尤其压含有矿物的半风化土效果更好；沙滩地土壤的有机质含量低，保水保肥力差，压土应以较黏重土壤为好，结合增施有机肥可以显著提高土壤肥力。对于黏土地，可结合深翻施入粗大有机物料并掺入粗沙土，对于改善土壤水、肥、气、热条件均有良好作用。

#### （二）果园覆盖

果树在生长发育过程中，根系不断从土壤中吸收水分、养分，供给果树正常生长和开花结果的需要。因此，土壤是果树生长的基础，土壤营养水平关系到果树生长发育状况的好坏，土壤结构则决定养分对植株的供给。果园覆盖与间作的目的就是要创造良好的土壤环境，使果树根系能够充分发挥其吸收功能，为果树健壮生长和连年丰产、稳产创造良好条件。

### 1. 果园覆草

热带地区日照较强，蒸发量高，且雨季集中，台风会带来短时强降雨。果园覆草后可大大减少土壤蒸发量，大雨过后不发生地表径流。利用作物秸秆、杂草、树叶等覆盖果园地面，常年保持15cm厚的草被，可以起到增肥、保墒、调节温度、免耕、灭草等作用，保证树体健壮生长，使果树连年高产、稳产。

果园覆草前，需整地浇水。若草未经腐熟，需追施一次速氮肥，以补充前期微生物自身繁殖对氮肥的需要，避免引起土壤短期缺氮。氮肥施用可采用放射状沟施或穴施，初果期果树每株施尿素1～1.5kg，盛果期每株施2～2.5kg，均匀盖上秸秆或其他草类，厚度15～20cm，每亩（约667m²）需2500～3000kg秸秆或草类。盖后尽量将草压实，也可零星压些土或石块，以防风刮。

### 2. 清耕法

果园内不种作物，经常进行耕作，使土壤保持疏松、无杂草状态。多次中耕，使土壤保持疏松透气，促进微生物繁殖和有机物分解，短期内可显著增加土壤有机态氮素。清耕能起到除草、保肥、保水的作用。但长期采用清耕法，土壤有机质迅速减少，还会使土壤结构受到破坏，影响果树生长发育。

### 3. 清耕覆盖作物法

在果树需肥水最多的生长前期保持清耕，后期或雨季种植覆盖作物，待作物成长后，适时翻入土壤中作绿肥。果园种植的绿肥以豆科植物为主，包括一年生或多年生绿肥。通常，绿肥割埋处理多在其盛花前后，采取直接深埋（30cm以上）、压青的办法，亦可作家畜饲料后利用其厩肥。它是一种比较好的土壤管理方法，兼有清耕与生草法的优点，既可熟化土壤，保蓄水分养分，供给果树需要，也可通过后期播种间作物，吸收利用土壤中过多的水肥，有利于果实成熟，提高品质，并可防止水土流失，增加土壤有机质。

### 4. 生草法

生草后，土壤不进行耕锄，果园管理较省工。在土壤水分条件较好的果园里，可在果树行间播种禾本科、豆科等植物，待草长到一定高度刈割后覆盖地面。在缺乏有机质、土层较深厚、水土易流失的果园，生草法是较好的土壤管理方法。生草可减少土壤冲刷，遗留在土壤中的草根可增加土壤有机质，改善土壤理化性质，使土壤保持良好的团粒结构，可以促进枝条生长充实，提高果实品质。在雨季，草类吸收土壤中过多的水分和养分。采用生草法的果园可以通过调节割草周期和增施矿质肥料等措施，减轻与果树争水、争肥的弊端。果园种草可选用柱花草、三叶草、百喜草、爬地兰、日本草、宽叶雀稗、山绿豆、山扁豆等。豆科与禾本科混合播种，对改良土壤有良好作用。

### （三）果园间作

在不影响果树生长发育的前提下，可适当发展果园间作。种植作物要遵循合理间作的原则，做到种低不种高、种短不种长、种浅不种深、种远不种近，种植豆科植物、蔬菜作物、经济作物等。当播种多年生牧草时应注意，因为其根系强大，应避免其与果树根系交叉，加剧争肥、争水的矛盾。

间作物的选择原则是矮秆、浅根、生育期短、需肥水较少且需肥水期与果树生长发育的关键时期错开，不与果树共有危险性病虫害或互为中间寄主。以绿肥作物最理想，其次为矮秆的豆科作物。同一种作物在同一果园内栽种多年会引起多种问题，如营养元素缺乏、病虫害严重、根系分泌物积累等，对果树以及间作物本身有毒害作用。即使是豆科作物连作，由于氮素的积累，也会使根瘤菌的活动受到抑制。为了避免间作物所带来的不良影响，需根据果园具体条件制订合理轮作制度。

## 二、菜园整理与作畦

### （一）菜园土地整理的作用和要求

良好的蔬菜园地应满足以下要求：土地平整，不会积水，易于排灌；有足够深厚的土层和耕层，一般土层应在 1m 以上，排层在 25cm 以上；耕层土壤应有良好的物理和化学性质，能满足作物对热量、水分、营养和氧气的需求；没有污染，不能有农药残留、重金属及其他生物与非生物污染，保证食品和环境安全。

菜园土壤整理的主要作用是通过土地整理可以平整土壤，改变土壤耕层物理性状，调节土壤中固、液、气三相比例，进而调整土壤肥力，并影响土壤微生物活动和杂草生长，修复土壤环境，为蔬菜作物生长发育提供一个适宜的土壤生态系统。

土地整理的主要任务如下：改善耕层，保持土壤良好的团粒结构；通过正确耕翻促进有机肥分解，增加土壤肥力；清除根茬和残株，消灭杂草，保持田间清洁，减轻病虫害发生；创造适宜蔬菜作畦、播种、定植及生长发育的环境条件。

### （二）菜园土地整理类型

菜园土地整理主要有翻耕、耙松、镇压、平整等。翻耕是指在耕层范围内使土壤在上下空间易位的操作方法；耙是将翻耕过的土块弄碎，同时将土壤表面平整；松是将近地表的土层结构进行疏松的作业方式，通过松土可以增加土壤的通透性；镇压是使土壤表层紧密，从而增加保水性能的操作。土地整理还包括混土和平整，以及施基肥和作畦。

#### 1. 土地翻耕

（1）翻耕的类型

根据翻耕的深浅可分为深耕、浅耕和耙地。深耕是指利用犁铧翻耕土壤的耕作方法，翻耕深度 25～30cm。浅耕是用铁锹、旋耕机等进行翻耕，深度在 25cm 以下，一般为 10～20cm。耙地是利用平耙、圆盘耙等进行的土壤平整和土壤表层疏松的作业，深度一般不超过 10cm。

（2）翻耕季节

可分为秋耕、春耕、夏耕及播前翻耕。秋耕是在秋季蔬菜收获后，土壤尚未冻结之前进行的翻耕。对于二作和多作区，春茬蔬菜收获后还应进行夏耕（伏耕），夏耕主要以整地、保墒为目的，经过日晒和高温，还可起到晒垡作用，能提高土壤肥力、改善土壤结构、杀灭虫卵和病菌。播前翻耕是指在蔬菜播种或定植之前进行的平整和耙地，以利于做畦或起垄。不论秋耕、春耕或伏耕，在播种或定植前一般均应进行耕地。

（3）翻耕的深度

翻耕深度应根据翻耕类型、季节和栽培的蔬菜种类确定。海南冬季瓜菜种植可于 9—10 月水稻收获后进行，是主要的翻耕季节，一般应进行深翻，翻耕深度应在 20～25cm。在有条件的情况下应尽可能深翻，以达到秋翻效果。深耕不仅具有增加土层厚度，使土壤变成肥料库和蓄水池，增强营养供应的效果，还有利于消灭病虫草害。

夏季耕地一般在春茬蔬菜收获后、秋季蔬菜种植前进行。由于此时为高温多雨季节，土壤较为松软，应采用浅耕，以 10～15cm 为宜。

由于不同蔬菜作物根系分布不同，根系分布较深的根菜类、茄果类和瓜类蔬菜应适当深耕，根系分布较浅的叶菜类和葱蒜类可进行浅耕。

**2. 土地平整**

土地翻耕后，由于地形起伏或翻耕不均，会造成土壤表面不平整，为了便于耕作和以后的田间管理，应对土壤进行平整。小范围的平整可用铁锹、平耙完成。如果需平整的范围较大，可采用机械平整，如耕整机。

**3. 作畦**

菜园整地完成后还应作畦，然后才能进行播种或定植。作畦的目的是便于灌溉和排水，有利于控制土壤中的含水量，并能改善土壤温度和通气条件。

（1）栽培畦的种类

畦的种类也称畦的形式，常见的形式有平畦、低畦、高畦、垄 4 种类型。栽培时应根据蔬菜作物的种类和品种、地域气候和土壤条件、栽培方式等选择适宜的类型。

① 平畦

平畦没有畦沟和畦面之分，畦面与田间通道（走道）相平。这种畦适宜雨量均匀、排水良好、不需要经常灌溉的地区。如果没有其他特殊要求，使用平畦可以节约畦沟或畦面所占土地，从而提高土地利用率，增加单位面积产量。但在南方地区，雨量偏多，地下水位高，不宜采用平畦。

② 低畦

低畦为畦面低于地表面的栽培畦，畦间走道比畦面高。这种栽培畦有利于蓄水灌溉，适宜在少雨季节和干旱需要经常灌水的地区应用。

③ 高畦

在降雨较多，地下水位高或排水不良的地区，为了容易排水，减少畦面积水，建成畦面凸起、高于畦沟的栽培畦，称为高畦。这是长江流域及南方地区最常用的栽培畦。高畦有以下特点：畦面凸起后，暴露在空气中的土壤面积增大，水分蒸发量增加，可以减少土壤水分含量，增加土壤温度，适宜茄果类、瓜类、豆类等喜温蔬菜栽培，同时还可有效提高土壤耕层厚度，不利之处是使土地利用面积减少。

④ 垄

垄是高畦的变型，是一种较窄的高畦，其形式为垄底宽、垄面窄。垄比高畦更易失水，水分蒸发更加迅速。因其温度和透气条件更好，耕作层明显增加，更适于栽培喜温性和深根性蔬菜，如瓜类、豆类等。

（2）栽培畦的规格和走向

畦的规格应根据畦的类型确定。平畦没有一定规格，便于栽培管理即可；低畦的规格一般是畦宽 1.2～1.5m，长 6～10m，畦间做宽 20～30cm，上宽 10cm，高 10～15cm 的畦埂；高畦的规格一般为高 15～20cm，畦宽 1.0～1.5m 或 2.5～3.0m，长 6～10m，畦沟上宽 50～60cm，下宽 40cm；垄的规格一般为高 15～20cm，上宽 50～80cm，底宽 30～50cm，垄距 60～80cm，长度根据地形而定，可为 20m 左右，甚至更长。

畦的走向宜根据不同季节的温、光条件而定。在风力较大的地区，畦的走向应与风向一致，这样利于行间通风，还可减少风害。由于我国地处北半球，冬季和早春栽培，太阳偏向南面的时间较长，日光入射角较大，畦向应采用东西延长，定植时行向与长畦同向，有利于接受较多的光照。夏秋季节东南风较多，建成南北延长的畦有利于降温，避免高温对植株的危害。

（3）栽培畦的建造

① 低畦的建造

首先将土地平整，然后按设定的栽培畦规格用皮尺量好距离，再按量好的距离画线。在线的左右取土做成畦埂，畦埂高出畦面 10～15cm。四面畦埂按同一规格做好后，如需要施基肥，可在畦面施入基肥，然后用四齿耙刨土使之与肥料混合，并将畦面耙平，最后用平耙将畦平整，再用铁锹轻拍畦面或用脚轻踩畦面，使土壤表面紧实以利保墒。

② 高畦的建造

先将土面平整，然后用皮尺根据设定的栽培畦规格量好畦宽和沟宽并画线，再量好畦长并画线，沿畦沟方向取土放在畦面，使畦面高出地面 10cm 左右。高畦做好后，其横切面应为梯形。在畦面施入基肥（如果需要），用四齿耙刨土使肥料与土壤混均匀，然后将畦面做平并轻轻镇压保墒。

③ 垄的建造

垄的建造与畦的建造不同，先用皮尺按设定好的规格量好垄宽和沟宽，按垄宽和沟宽延长画线。然后将肥料集中施于垄沟处，把肥料与土壤混匀，用混合后的土壤培垄，使垄面高出地面 10cm 左右。

## 三、花卉营养土的配制

热带地区是我国切叶花卉和盆栽花卉的重要生产基地。花卉种类不同，原产地也不同，生态类型各异，因而对栽培土有不同的要求，需按栽培花卉的种类不同来选择栽培土壤。盆栽是一个特殊的小环境，因盆土容量有限，对水、肥等缓冲能力较差，故用土要求较严，盆土一般要求达到疏松、透水、透气，还要有较强的保水、保肥能力，重量轻，便于运输和管理。

培养土的种类如下：

**1. 腐叶土**

由阔叶树的落叶堆积腐熟而成，其中以山毛榉和各种栎树的落叶形成的腐叶土较好。秋季将各种落叶收集起来，拌以少量的粪肥和水，堆成高 1m，宽 2～2.5m，长数米的长方形堆。为防止风吹，可在表面盖一层园土，使堆内疏松透气，有利于好气性菌类活动。每年翻动 2～3 次，堆积 2～3 年，春季用粗筛筛去粗大未腐烂的枝叶后，经蒸汽消毒后便可以使用，筛出的枝叶继续堆积发酵，以后再用。

腐叶土含有大量的有机质，疏松、透气和透水性能好，保水、保肥能力强，至今是优良的传统盆栽用土，适合于栽种多种常见的盆栽花卉，如仙客来、大岩桐、瓜叶菊、天南星科植物、兰花、蕨类植物等。

**2. 堆肥土**

园艺中各种植物的残枝落叶，各种农作物秸秆，温室、苗圃中各种容易腐烂的垃圾废物等都可以作为原料，在遮阴避风处、不被水冲刷的地方堆积，可堆成高 1.5m，宽 2.5m，长度视具体情况而定，可连续堆多条，便于管理。堆积时加入少量的废土和沙土，浇上粪水或牲畜粪液，一层一层地堆，不要压紧。通常每年堆一条，次年再从头开始。每年翻动 2～3 次，翻动时将土堆移到堆后 1～2m 处，重新堆起来，把上面和两侧露在外面，腐熟的材料翻到中央，经充分腐熟后过筛，用蒸汽消毒后即可使用。

### 3. 泥炭土

又称草炭、黑土，通常分为两类，即高位泥炭和低位泥炭。高位泥炭是由泥炭藓、羊胡子草等形成的，主要分布在高寒地区，高位泥炭含有大量的有机质，分解程度较差，氮和灰分含量较低，酸度高，pH6.0～6.5或更低；低位泥炭是由低洼处季节性积水或常年积水地方生长的，需要无机盐养分较多的植物如苔草属、芦苇属和冲击下来的各种植物残枝落叶多年积累形成的，一般分解程度较高，酸度较低，灰分含量较高。

泥炭土含有大量的有机质，疏松，透气、透水性能好，保水、保肥能力强，质地轻，多酸性，pH 6.0～6.5，无病虫害，是优良的盆栽花卉用土。泥炭土在形成过程中经长期的淋溶，本身的肥力少，使用时可以根据需要，加进所需的大量元素和微量元素混合使用。泥炭土在加肥后可以单独盆栽，也可以和珍珠岩、蛭石、河沙等配合使用。

### 4. 椰糠

椰糠是椰子外壳纤维粉末，是加工后的椰子副产物或废弃物。经加工处理后的椰糠非常适合于培植植物，是目前比较流行的园艺介质。椰糠质地疏松，孔隙大，含水量少，密度较小，介于0.10～0.25g/cm³ 之间。海南省文昌市是我国椰糠的重要来源地，此外，也有花卉公司从印度、斯里兰卡、马来西亚、菲律宾等国进口。椰糠性状优良，是泥炭的良好替代品。

### 5. 沙和细沙石

通常指的是建筑用的河沙，沙粒不应小于0.1mm或大于1mm，用作培养土的配制材料比较合适。细沙又称沙土、黄沙土等，沙土排水好，资源丰富，可以和腐殖土、红土混合使用。

### 6. 珍珠岩

珍珠岩是粉碎的岩浆岩加热至1000℃以上膨胀形成的，具有封闭的多孔性结构，质轻、通气好、无营养成分，可以作培养土的添加物。在使用中容易浮于混合培养土的表面。

### 7. 蛭石

蛭石是硅酸盐材料在800～1100℃高温下膨胀而成，配在培养土中使用容易破碎使土壤变致密，致使通气和排水性能变差，最好不用作长期栽培土使用。用作扦插床介质，应选颗粒较大的蛭石，且使用不能超过1年。

另外，还有树皮、蕨根、锯末、稻壳、火山灰等也可以和泥炭等混合作为栽培基质，物理性能均比较好。

花卉的种类不同，配制的培养土也不同，并且在同种花卉不同的生长时期所需的培养土也不同。因此需要根据实际情况进行操作，一般原则为播种期所用的培养土为腐叶土、园土、河沙，比例为5:3:2；小苗换盆为腐叶土、园土、河沙，比例为4:4:2；植株逐渐长大，腐叶土的比例应逐渐减少。

不同地区栽培的土壤酸碱性有差异，可以用硫酸铜或生石灰进行调配，不过南方地区的土壤大多数都是偏酸性，而大多数花卉所需的土也是偏酸性的。但对一些特殊花卉如菊花、兰花、山茶等要求的土壤条件较高，栽种花卉时需分别配制。

# 实训项目

## 实训 3-1　培养土的配制

### （一）目的要求

掌握优质培养土所具备的条件，并能根据本地实际配制出蔬菜花卉育苗栽培所需的培养土。了解营养基质性能特点、成分和配制比例，掌握蔬菜育苗培养土的配制方法。

### （二）材料与用具

材料：园土、腐熟的有机肥、固体基质、化肥、农药及自来水等。

用具：铁锹、平耙、水管等。

### （三）内容与方法

**1. 培养土配制材料准备**

（1）育苗用的园土

要在头一年的秋天取回，过筛、晾晒、堆放，为了防止土壤病害，最好选择刚种过豆类、葱蒜类的地上取土。要取 4～5 寸（1 寸＝3.33cm）以内的肥沃表土。

（2）备用的各种有机肥

如猪粪、马粪、鸡粪、人粪尿等，必须经过堆置后充分发酵腐熟，防止粪肥的病菌和虫卵带入营养土内。未经充分腐熟的有机肥料，施入后易发酵而产生烧苗现象。

（3）固体基质

沙子、泥炭、水藓泥炭、蛭石、珍珠岩等。

（4）化肥

磷酸二铁、钙镁磷肥、尿素、过磷酸钙、硫酸钾等。

（5）农药

福尔马林、多菌灵、五代合剂、甲基托布津、瑞毒霉等。

**2. 培养土配制**

（1）营养土的配比

在培养土的配制上，一般以 1～2 种材料为主要基质，添加其他的一些材料以调节土的性能，另外也掺和部分有机或无机肥料。下面主要简单介绍几种配制方法以供参考。

培养土配制方法一：肥沃园土 65%、细沙 10%、火烧土 25%，过筛，加入 0.4% 的钙镁磷肥拌匀，装入营养袋或营养钵中。

培养土配制方法二：过筛沙壤土与腐熟饼肥按 7:3 比例配制。

培养土配制方法三：过筛腐熟农家肥与黏土、草炭土、沙壤土按 1:3:3:3 比例配制。

（2）土壤的酸碱度

培养土的酸碱度对秧苗的生长发育也有一定的影响，大多数的蔬菜适宜于微酸到接近中性的土壤。番茄、茄子、黄瓜适宜的 pH 为 5～8，土壤过酸过碱对根的生长都有害，影响根对各种有机养分的吸收，也妨碍土中有益微生物的活动，降低土壤的肥力。土壤过酸要加入一定量的石灰进行调节，过碱则要加入酸类物质调节。

（3）土壤湿度

土壤湿度大小直接影响土中的空气含量、土壤的温度、肥料的分解和秧苗吸水能力等。秧苗生长的不同阶段对土壤含水量要求不同，茄果类苗期适宜的土壤湿度是土壤最大持水量的 60%～80%，其中，番茄为 60%～70%，但在播种出苗前和移植小苗前，需要较高的土壤湿度，茄子比番茄要求更高的土壤湿度，宜在 80% 左右。黄瓜根系浅而弱，吸收能力较小，而叶面积大，消耗水分较多，以 80%～90% 为好，要根据天气和室温情况，灵活掌握浇水次数和水量。

育苗营养土总体要求质地疏松、通气，有机质含量不低于 5%，土壤酸碱度（pH）为 6.5～7.5，每立方米风干重不超过 1.5g，速效氮、磷、钾的含量分别不低于 0.1%、0.2% 和 0.15%。

### （四）作业

1. 配制 1～2 种蔬菜育苗营养土，并填写表 3-1。

蔬菜营养土配制记录表　　　　　　　　　　　　　　　　表 3-1

| 蔬菜类型 | 营养土原料 | 营养土配方 | 消毒方法 |
| --- | --- | --- | --- |
|  |  |  |  |

2. 分析营养土配制过程中应注意哪些事项。

## 第二节　热带园艺植物栽植技术

### 一、果树栽植技术

果树栽植前，根据果园规划前的土壤调查和测定，应做好土壤改良工作。一般山地栽植应首先做好水土保持工作，熟化土壤。对土质条件较差的土壤，应施用腐熟的有机肥或种植绿肥作物，以提高土壤肥力，当土质转好以后再行栽植。新栽果树要避免重茬，若实在不可避免，应尽量挖净前茬果树根系，然后进行土壤消毒，如用石硫合剂或五氯酚钠喷洒消毒。

#### （一）定点挖穴

在果园平整土地之后，按预定栽植设计测出栽植点，按点挖穴或挖沟。定植穴的大小依栽植密度、土壤厚度、坡度大小、地下水位高低和环境条件而定，一般平地可挖 0.8～1m³ 的栽植穴，土层瘠薄的山地应挖大穴。当株距等于或小于 2m 时，最好开挖深度和宽度均为 1m 的定植沟。开挖时间最好在夏季（适宜秋季栽植）或秋季（适宜春季栽植）。为保证苗木的准确定位栽植，可使用定植板。将中央凹口处对准定植点，在定植板两端凹口处插上木棒，然后取掉定植板，开挖定植穴。挖穴时，应将表土和心土分别放置。要求穴壁平直，不能挖成上大下小。如果下层土壤有河卵石层或白干土层，必须全部取出置换好土。定植穴（沟）挖好后，应迅速回填。将秸秆、杂草或树叶等粗大有机物与表土分层压入坑内。为加速有机物分解和保持肥分的平衡，应在每层秸秆上撒施少量氮肥。回填时尽量将好土填至下层，每填一层踩踏一遍，填至距地表 25cm 左右时，撒一层粪土（每株用优质腐熟农家肥 20～25kg，并掺入过磷酸钙或饼肥 1～1.5kg，与土壤混合均匀）。回填完成后及时灌水，使土壤沉实。

#### （二）苗木和肥料准备

##### 1. 苗木准备

苗木均应于栽植前进行品种核对、登记、挂牌，发现差错应及时纠正，以免造成品种混杂和栽植混乱。还应进行苗木质量检查与分级。应选择生长充实、根系完整健壮、枝干无伤害、芽体饱满、无病虫害的苗木，假植的苗木应在栽植前 1d 取出，将根系放入清水中浸泡 24h，然后用 100mg/L 生根粉溶液浸泡 1h，将苗木按大小和根系状况进行分级，将混杂品种或感病苗木剔除。对苗木根系进行适当修剪，将病、枯根剪掉，断伤、劈裂根剪除，以利根系的发生。

**2. 肥料准备**

为改良土壤，应按 100～200kg/株或 150t/hm$^2$ 准备好优质有机肥用作基肥，基肥可就地取材，如野生绿肥、杂草、树枝树叶、作物秸秆，以及牲畜粪肥等。最好在定植前 1～2 个月集中堆沤或与土壤混合填入定植穴（沟）中，使肥料能有一段时间分解腐熟，有利于栽植成活，为了中和有机质分解时产生的过多酸性物质和加速其腐烂，可混撒一些石灰或人畜粪尿、过磷酸钙、钙镁磷肥等。

**（三）栽植时期**

果树栽植时期应根据果树的生长特性及当地的气候条件来确定。常绿果树一般在春季萌芽前定植，以秋植（10—11 月）或早春为好；营养袋育苗全年均可定植。

**（四）主要栽植方式**

**1. 长方形栽植**

这是最常见的一种栽植方式。其特点是行距宽，行间通风透光良好，便于机械耕作和管理；株距较小，增加密植株数，提高单位面积产量，且株距间较密，使植株能相互保护，增强对自然灾害的抵抗力。

**2. 等高栽植**

适用于坡地和修筑梯田的果园栽植。其特点是行距按地形、地势等高排列，行距不等，株距一致，并可利用高差增加光照，上下交叉排列，缩小株行距，且由于行向沿坡等高，便于修筑水平梯田，有利于果园水土保持。

**3. 计划密植**

将永久树和临时加密树按计划栽植，当果园即将密闭时，及时缩减，直至间伐或移出临时加密树，以保证永久树的生长空间。这种栽植方式的优点是可提高单位面积产量和增加果园早期经济效益，但建园成本相对较高。

**4. 带状定植**

又称宽窄行定植，其做法为：2 行或 3～4 行密植，行距株距小，为 1 带；带与带之间距离较大，常以畦沟或梯田作宽行。草莓常采用这种定植方式。

**（五）栽植方法**

栽植前，先将粗大根系的伤口剪平。苗木栽植的基本步骤如下：①将混好肥料的表土填一半于坑内，并堆成丘状。②将计划栽植的苗木放入坑内，使根系均匀舒展地分布于表土与肥料混合的土丘上，同时校正栽植位置，使株、行间对齐，并使苗木主干与地面保持垂直。③将另一半混合有肥料的表土填入坑内，每填一层都要压实，并将苗木轻轻提动，使根系与土壤密接。④将心土填入坑内上层，但苗木根系周围应是表土与精细有机肥的混合物。在进行深耕并施用有机肥改土的果园，栽植后垄土应高于原地面 10～15cm，且根颈应高于垄土面 5cm 左右。⑤在苗木树盘内立即灌水。

对于已回填沉实的定植穴或定植沟，可挖定植小穴（30cm×30cm×20cm），小穴中拌入精细有机肥和含有氮、磷的化肥后，再栽植果树苗木。

### （六）栽植后的管理

果树苗木栽植后，主要应注意以下几方面的管理：

**1. 及时灌溉**

第一周应每天浇水 1 次，以后每 2～3d 浇 1 次，直至成活，水源不足的地方，为减少土壤水分蒸发，可进行地面覆盖。

**2. 成活情况检查及补栽**

春季发芽后，应及时进行苗木成活情况的检查，找出死株原因，并及时补栽。

**3. 其他管理**

春季发芽前，应按整形的要求进行定干，并及时进行病虫害防治、中耕除草和施肥等日常管理，以提高成活率，促进幼树早果丰产。

## 二、蔬菜播种与栽植技术

### （一）蔬菜播种

**1. 蔬菜播种方式**

虽然很多蔬菜都可采用直播栽培，但不同种类蔬菜采用的直播方式不尽相同，蔬菜播种方式主要有 3 种，即撒播、条播和穴播。

（1）撒播

撒播不讲究株行距，而是将种子直接均匀地撒布在栽培畦面的一种播种方法，这种方法适用于植株矮小、生长迅速、营养面积小的绿叶蔬菜如菠菜、苋菜、小青菜及根菜类如四季萝卜、胡萝卜等。撒播具有栽培密度大、土地利用率高、蔬菜产量高等特点，但也有管理不方便，不适宜机械化管理，对土壤质地、畦地整理和撒播与覆土技术要求高等不足，而且用种量也比较大。

（2）条播

条播是按直线方向均匀播种子的播种方法，有垄作单行条播、畦内多行条播和宽幅条播等形式，生产上根据蔬菜种类、栽培时期和栽培目的而选用。单株占地面积较小，栽培密度较大的蔬菜可采用条播，如胡萝卜、菠菜、芹菜等。条播具有撒播的优点，但其又具有固定的行距，便于机械化管理和中耕除草、培土等耕作管理，同时也有节约灌水、土壤通透性好的优点。

（3）穴播

穴播也称点播，是在垄上按一定距离或在畦面按一定株行距定点播种的方法。穴播适用于生长量较大、生长期较长的蔬菜如茄果类、瓜类等，一些需要丛植的蔬菜如韭菜、豆类也可采用穴播。穴播的优点在于能创造局部发芽所需的水、温、气等条件，而且种子集中，容易出苗，有利于在不良条件下保证全苗壮苗，这在土壤容易板结的条件下尤为有利。穴播还可节约种子，便于管理，有利于机械化作业。穴播的最大特点是植株具有固定的行株距。根据行株距不同，可分为宽行穴播、正方形穴播和交叉状（三角形）穴播，从通风透光角度以宽行穴播为好。

**2. 蔬菜播种方法**

（1）播种前的准备

蔬菜播种前应做好充分准备，以保证播种质量和出苗效果。此外，还有一项重要的准备工作是明确种子的发芽率并确定用种量。因此，播种前应按发芽试验规程进行种子发芽试验。了解种子发芽率后，即可按下列公式计算播种量。

$$播种量 = \frac{计划株数}{每克种子粒数 \times 纯度(\%) \times 发芽率(\%) \times 成苗率(\%)}$$

其中，成苗率＝种子出苗数/种子发芽数×100％

以计算出的播种量为参考依据，再根据播种面积即可确定出实际播种量。为了保证足苗，还应根据播种时的环境条件按10％～20％的系数增加播种量。

根据生产经验，每亩（约667m²）用种量为：绿叶蔬菜中的芫荽、茴香、菠菜、苋菜等为2.0～5.0kg；豆类蔬菜中的菜豆1.5～2.0kg，豇豆1.0～1.5kg；以收获菜秧为目的的小白菜（不结球白菜）为1.0～3.0kg。

（2）播种

播种分为催芽播种和不催芽播种，不催芽种子又分干种子和湿种子。催芽种子一般用于穴播和条播，撒播和条播可以催芽，也可以不催芽，未经浸种的种子为干种子，经浸种的种子为湿种子。

无论何种类型的种子，在播种前都应按播种方式进行土壤准备。如果是撒播，应平整畦面；如果是条播，应按行距画好开沟线；如果是穴播，除按行距画线外，还应确定株距。播种时要配合浇水，根据浇水在播种的先后，分为干播法和湿播法，干播法是指先播种后浇水，即播种时土壤是干的；湿播法是先浇水后播种，即播种时土壤是湿的。

对于干播，应根据蔬菜种类和栽培要求选择播种方式。撒播时在耙平畦面后将种子均匀地撒在畦面；条播时按画出的条播线开沟，种子大小不同，沟的深浅也不同，一般1～3cm深，然后把种子均匀撒在沟内；穴播时按画定的播种行和确定的株距用锄头或镐头开穴，穴深3～5cm，每穴播种2～5粒，如果是发芽的种子或种子很贵则只播1粒即可，播种后及时覆土并镇压，撒播后应覆盖过筛的细土，厚度0.5～1.0cm；条播和穴播则利用沟穴周围的土回填覆盖，厚度1～3cm，镇压的目的是使种子与土壤充分接触以利吸水，同时使土壤紧实，利于保湿。根据土壤含水量决定浇水与否，如果土壤含水量低，天气炎热干旱，应进行浇水，甚至需连续浇水以保持土壤表面湿润状态直至出苗。表面浇水容易导致土壤板结，影响出苗，可在土壤表面覆盖遮阳网或碎草，以防止土壤表面因浇水板结，特别是对于撒播更应注意覆盖保湿。

湿播法是先在栽培畦、沟、穴内浇水，待水下渗，表面没有积水时，再进行播种。播后覆土镇压，其方法同干播法。湿播法有利于保墒和防止土壤板结，能促进种子发芽和出苗。对于浸泡过的种子，特别是已催芽的种子，应采用湿播法，否则，会因土壤墒情不够影响种子出苗。

**（二）蔬菜栽植**

**1. 定植前的准备**

蔬菜在定植前要准备好土地，包括整地、施基肥、作畦等。

定植前必须准备好秧苗，秧苗的准备可通过自己育苗完成，也可委托育苗单位完成或直接向育苗企业购买，在国外有专门的种苗公司为蔬菜农场育苗甚至定植。我国多数蔬菜生产农户仍采用自己育苗，但集中育苗或委托育苗已成为一种趋势。

当秧苗长到定植要求时，即可取苗定植，为提高秧苗适应性，在取苗前的5～10d可减少灌水，适当降低温度进行炼苗。如果是土床育苗，取苗时应注意保护根系，以提高成活率，缩短缓苗期；如果是容器育苗，则直接把苗连同育苗容器如穴盘或营养钵运至定植田块，取苗时应注意选苗，去除病苗、弱苗和有损伤的秧苗。

如果有条件，土床育苗在取苗时应尽可能多带土壤，然后装入运苗筐，进行带土移栽。如果不能带土移栽，在运苗及移栽时，应对秧苗保湿和遮光，防止秧苗水分散失造成萎蔫。对于容器育苗，在运苗和移栽时也应适当遮阳以防秧苗萎蔫。为便于定植时取苗，对于容器育苗，在定植前可不浇水，这样定植时轻轻磕打穴盘或营养钵，根坨就会与容器壁分离，秧苗很容易取出。

**2. 定植时期**

原则上讲，定植时期应按生产的茬口进行，在需要定植入田时即可定植，在实际生产中，定植期受控的因素较多，依作物的品种、气候、设施条件、生产目的、上市时间等而定。华南地区规模性栽培多以春、秋两季定植较多，但反季节栽培另论。冬季北运蔬菜的定植期在10—12月。

**3. 定植密度**

定植密度因蔬菜种类、品种、栽培方式、管理水平和环境条件而异。植株株型高大，要求营养面积充足，则定植密度不应过大，反之则可大些，如番茄、黄瓜的定植密度为每亩（约 $667m^2$，下同）2400～3500 株，芹菜为每亩 35000～45000 株；甜瓜吊蔓栽培定植密度为每亩 1000～1500 株；番茄双干整枝定植密度为每亩 2000 株，单干整枝则为每亩 3000～3500 株；春番茄定植密度为每亩 3500～4000 株，夏秋番茄一般为每亩 4000～5000 株。

**4. 定植方法**

在栽培畦上按确定的行距画好定植线，沿定植线开沟或按株距挖穴，开沟或挖穴的深度为3～5cm。与播种相似，根据定植时浇水的先后，可分为明水定植和暗水定植。明水定植是在定植覆土后浇水，为热带地区所常用；暗水定植为先浇水，后定植覆土。

对于明水定植，在开沟或挖穴后取出秧苗，开沟定植需要按株距将秧苗摆入相应位置；而挖穴定植，则只需将秧苗直接摆入定植穴中。秧苗定植后应及时覆土并压实土壤，使土壤与根系或根坨紧密接触。覆土厚度一般在子叶以下，不宜超过子叶；如果茄果类秧苗较高或发生徒长，可适当深植，覆土表面可达到第一片真叶以下。对于嫁接苗，应注意覆土部位不能达到接口，以防止在接穗上形成不定根，影响嫁接作用的发挥。在覆土并压实后即可灌水，待水分全部下渗后，可在表面再覆盖0.5cm左右细土，以防止土壤表面板结。明水定植虽然省工省时，但浇水后容易形成土壤板结。

定植应选择无风阴天进行，以避免阳光暴晒，减少水分蒸腾。定植后应注意浇水保墒，以提高定植成活率。但低温季节在保墒的前提下，应减少浇水次数，以保持土壤温度，促进秧苗发根。缓苗后可浇缓苗水，进行中耕松土，促进秧苗根系生长。

## 三、花卉栽植技术

花卉栽培分为田间栽培与容器栽培两大类。田间栽培面积大、投入少，简单易行，适合切花等大规模生产。容器栽培即盆栽花卉，常用于一、二年生草本、观叶乃至木本花卉的室内栽培观赏等。下面介绍花卉栽培中的关键环节。

## （一）间苗

间苗适于一些一、二年生草本花卉或难移栽而必须直播的花卉。

**1. 方法**

苗床过密时需分次进行间苗，留强去弱，去除徒长苗和畸形苗。间苗前勿使苗床过干，浇水呈湿润状态时，用竹签轻轻挑起幼苗，根部尽量带土，以提高成活率。间苗后及时浇水，以免留苗因根系松动而死。

**2. 时间**

一般在长出子叶后进行，多在浇水或雨后进行间苗。

## （二）移植

移植又分为假植和定植。

假植：幼苗栽植后经一定时期生长后，还要进行移栽的称为假植。

定植：幼苗栽植后不需进行移栽的称为定植。

**1. 草本花卉的移植**

（1）移植时期

幼苗展开 2～3 片真叶时进行，过小操作不便，过大易伤根，最好选择无风的阴天或傍晚进行，宜在春秋移植。

（2）移植前浇水

起苗前半天，苗床浇一次水，使幼苗吸足水分更适宜移栽。

（3）整地深度

移栽露地时，整地深度根据幼苗根系而定，春播花卉根系较浅，整地一般浅耕 20cm 左右，同时施入一定量的有机肥（鸡粪、堆肥等）作基肥。

（4）移植方法

移栽时的操作同间苗，将幼苗挖起时要尽量保护好根系，以利于移植成活。

（5）移植后管理

移栽后将四周的松土压实，及时浇足水，幼苗适当遮阳，之后进行常规浇水施肥、中耕除草等栽培管理。

**2. 木本花卉的移植**

（1）移植次数

一般来说，阔叶木本花卉在播种或扦插苗一年后进行第一次移植，以后每隔 2～3 年移植一次，并在移植时相应扩大株行距。

（2）移植时间

移植时间应根据地区、气候、种类来确定，多以春、秋季移植为宜。

（3）移植方法

分为裸根移植和带土移植，以带土移植或带基质移植应用较多。带土移植，挖起的苗木，根旁带土球，大土球要用草绳等包扎。这种方法最安全，适用于常绿木本花卉和一些较难移栽成活的大苗、珍贵花卉等。

对于树龄较大、树干较粗的花木，移植前先进行断根处理，一般于断根 1～2 个月后起挖栽植。栽植大苗木应事先挖穴（沟），要在栽植前 15～20d 挖好穴，穴的大小往往影响移植后苗木的成活和生长。穴的大小应比土球直径大 30～50cm，比土球深 30cm。移植小苗木可采用开沟移植，沟的深度依据苗木的根系而定。挖穴（沟）后，在底部施一些有机肥，栽植苗木后，表土填穴（沟）底，心土填在穴（沟）的上面。栽植后立即浇一次透水，经常向树冠喷水雾。为防止大风吹歪树身，大苗木多采用四支柱或井字式支撑固定。常绿大苗木移植后一段时间内不能拆除草绳，以减少水分的蒸腾作用，预防日灼和冻害。同时可采用遮阳网遮阳或者喷抗蒸腾剂减少蒸腾作用。

（三）上盆

上盆的步骤是：①将播种苗或扦插苗从育苗盆或扦插苗床中轻轻挖起，勿伤根。②根据苗的大小选择相应规格的花盆，注意不能用大盆栽植小苗，否则不利于养分利用和水分管理。用一块碎瓦片凸面朝上盖住盆底的排水孔，盆底可放入碎片和粗粒培养土，以利排水，上面再装入较细培养土至七成满，以待植苗。③左手拿苗放于盆口中央适当位置，注意栽苗的深度应近似于原苗的种植深度或略深一些。用小铲填入培养土于苗根的周围，同时轻振花盆，使土下沉，然后再用手指轻轻压实盆土，土面与盆口应留有适当高度（2～3cm）。④栽植完毕，浇水。第一次应浇透水，一般要连续浇水 2 次，即待第一次浇的水浸干后，紧接着再浇一次，使水从盆底排水孔溢出才算浇透。⑤移栽后 1 周内避免阳光直射，应移至蔽阴处缓苗，待苗恢复长势后，再移到光照充足的地方。

实训项目

## 实训 3-2　花卉的上盆和换盆

**（一）目的要求**

在了解花卉生长基本规律的基础上，通过实验熟练掌握盆花管理中上盆与换盆的操作技术。

**（二）材料与用具**

草花幼苗、盆花，不同型号的花盆、喷壶，各类营养土等。

**（三）内容与方法**

1. 上盆

（1）选择与幼苗规格相应的花盆，用一块碎盆片盖于盆底的排水孔上，将凹面朝下，盆底可用粗粒或碎盆片、碎砖块，以利排水，上面再填入一层培养土，以待植苗。

（2）用手指将播种苗从穴盘中顶起，用左手拿苗放于盆口中央深浅适当的位置，填培养土于苗根周围，用手指压紧，土面与盆口留有适当高度（3～5cm）。

（3）栽植完毕，喷足水，暂置阴处数日缓苗。待苗恢复生长后，逐渐移于光照充足处进行常规管理。

2. 换盆

（1）分开左手手指，按置于盆面植株基部，将盆提起倒置，并以右手轻扣盆边，土球即可取出。不易取出时，将盆边向硬砖等物轻扣。

（2）土球取出后，对部分老根、枯根、卷曲根进行修剪。宿根花卉可结合分株，并刮去部分旧土；木本花卉可依种类不同将土球适当切除一部分；一、二年生草花按原土球栽植即可。

（3）换盆后第一次浇足水，置阴处缓苗数日，保持土壤湿润；直至新根长出后，再逐渐增加浇水量。

3. 翻盆

（1）脱盆。让原盆稍干燥后，两手反挟盆沿，把盆翻转，让身体对面的盆沿在台边或柜上轻扣，让盆土松离并用棍棒从出水孔向上捅一下；同时用手掌护住盆泥，防止植株下跌而损伤，扣松后，左手托住植株和盆泥，右手把盆拿开，再把植株翻转过来。

（2）修剪与减泥。剔除泥球外沿泥尾达 1/3～1/2，并修剪部分烂根弱根。

（3）上盆。将植株栽入原盆中，可在新培养土中掺入肥料。

（4）浇水、缓苗浇透水后，置于蔽阴处缓苗。

**（四）作业**

（1）什么叫上盆？描述上盆的操作过程，操作中应注意哪些关键环节。

（2）什么叫换盆？描述换盆的操作过程，操作中应注意哪些关键环节。

（3）上盆与换盆后应该加强植株的栽培管理，应注意哪些方面？观察其生长表现并作相关记录。

# 第三节　热带园艺植物肥水管理技术

## 一、果树肥水管理技术

### （一）根部施肥

**1. 施肥时期**

果园施肥应根据果树的生长发育需要、肥料性质、土壤肥力和天气情况适时进行，要做到以有机肥、微生物肥料为主，有机肥、微生物肥与无机矿物相结合，定时、定量、因地制宜地按需要施肥。

**2. 肥料种类**

（1）有机肥

堆肥、沤肥、厩肥、沼气肥、绿肥、作物秸秆、混肥、饼肥。

（2）无机肥料

矿物氮肥、矿物钾肥和矿物磷肥（磷矿粉）、石灰、按农业技术部门指导的优化配方施肥技术方案配制的氮肥（包括尿素、碳铵、硫铵）、磷肥（磷酸二铵、磷酸一铵、过磷酸钙、钙镁磷肥）、钾肥和其他符合要求的无机复合肥。

（3）复合肥料

以上述两种或两种以上的肥料按科学配方配制而成的有机和无机复合肥料。

（4）微生物肥料

根瘤菌肥料、磷细菌肥料、碳酸盐细菌肥料、复合微生物肥料、光合细菌肥料。

（5）微量元素肥料

铜、铁、锰、锌、硼、钼等微量元素及有益元素为主配制的肥料。

（6）植物生长辅助肥料

用天然有机提取液或接种有益菌类的发酵液，添加一些腐殖酸、藻酸、氨基酸、维生素、糖等配制的肥料。

（7）中量元素肥料

以钙、镁、硫、硅等中量元素配制的肥料。

**3. 施肥方法**

果园施肥不同于一年生作物，方法得当与否直接影响施肥效果。果树施肥应根据各物候期需肥特点和肥料的性质确定施肥时期。对多数果树采用如下施肥方法：

（1）基肥

一般在秋冬季结合果园土壤进行深翻施基肥，既有利于伤根愈合，促发新根，又有利于提高树体内营养贮藏水平，促进花芽分化。肥料类型以腐熟有机肥、人畜粪、麸饼、绿肥、沼气肥、作物秸秆、泥肥、杂草、树叶及土杂肥等长期供给果树多种养分的基础肥料为主，配合施用过磷酸钙，土壤酸性大的地区适当加入生石灰。

（2）追肥

各个果树产区、各种果树施用追肥在施用时间和次数上均有一定的区别。目前生产上成年结果树多数每年追肥3～5次。分为以下几类：

① 花前肥

施用花前肥的目的是提高花穗质量、提高坐果率和促进营养生长。秋梢老熟稳定、花芽分化前后一次施下。以化肥（尿素、过磷酸钙、氯化钾或复合肥）为主，结合施用适量的有机肥。

② 促梢肥

促梢肥一般在抽出春梢及秋梢前施用，以促发新梢，使春梢及秋梢生长充实健壮。促梢肥多以速效氮肥为主，施肥量应根据植株当年结果量、树势、树龄、土壤条件等因素确定。

③ 稳果肥

第一次生理落果期到第二次生理落果期施用，主要是及时补充幼果生长发育需要的养分，减少第二次生理落果。稳果肥以速效氮肥为主，配合磷、钾肥施用。花量大的植株宜早施多施，花量小的植株迟施，树势壮旺而花量小的植株可少施或不施。

④ 壮果肥

施用壮果肥的目的是及时补充树体的营养消耗，保证果实生长发育，促进果实增大，增强树势。壮果肥以速效氮肥为主，配合磷、钾肥施用。

⑤ 采果肥

采果前后施用，目的是恢复树势。丰产树、迟熟品种应在采果前施用。采果肥一般以速效氮肥和基肥结合施用。

**4. 施肥量**

果树的施肥量应根据不同种类、品种、树龄、树势、土壤质地及肥力等因素来确定。山地果园土壤肥力低，施肥量宜大，土壤肥力较高的平地果园，施肥量较少；大树、丰产树、衰弱树多施，壮旺树、小树少施；菠萝、柑橘、荔枝等需肥量大，应多施，桃、李等需肥量较小，可适当少施。施肥量的确定方法可参照当地丰产园的施肥量及土壤营养诊断和叶片营养诊断结果进行。如一般生产50kg荔枝鲜果需施纯氮1.2～3.5kg，五氧化二磷0.7～1.9kg，氧化钾1.5～3.5kg，氮、磷、钾养分配比为1∶0.5∶1.2。

**5. 实践步骤**

（1）基肥

基肥的施用一般结合果园深翻改土进行，采用条状沟施肥法，以柑橘、荔枝等为例，可在秋梢老熟后在行间树冠滴水线外围开条状沟，沟的位置在树冠投影边缘，宽50～100cm，深40cm左右，到达根系集中分布层，分层压入作物秸秆、野生绿肥、杂草、树叶、腐熟有机肥如堆肥、沤肥、厩肥、沼气肥及过磷酸钙、生石灰等。深翻时挖出的土分层堆放，回填时先将表土填至根系分布层，底土压在表层。密植园树冠近交接时可以隔行开沟施肥，次年轮换。

（2）树盘撒施

幼龄果园适宜采用此法。在树盘撒肥，将肥料撒在树盘内，结合翻树盘将肥料翻入土内。密植园土壤各区域根系密度较大，可全园撒施，将肥料均匀地撒在地表面，然后翻入土中。

（3）环沟施肥

在树冠投影边缘稍外挖环状沟，沟宽30～50cm，深20～40cm（达根系集中分布层），劳动力紧张或肥料短缺时，也可不挖完整的环状沟，而挖几段月牙沟，月牙沟总长度达到圆周的一半，次年再挖其余一半。

（4）放射沟施肥

在树冠下，大树距树干1m，幼树距树干0.5～0.8m，向外挖4～8条放射沟，沟的规格为：近树干端深、宽各20～30cm；远离树干端深、宽各30～40cm。挖的过程中要注意保护大根不受伤害，粗度1cm以下的根可适当短截，促发新根，使根系得到全方位的更新，将有机肥与表土混匀填入沟内，底土做埂或撒开风化，沟的位置每年轮换。

放射沟施肥是一种比较好的施肥方法，可以有效地改善树冠投影内膛根系的营养状况，但在密植园、树干过矮的情况下操作不便。

（5）灌溉式施肥

将肥料配制成水溶液，结合滴灌、喷灌施用，可用腐熟人畜粪水、麸饼水、速效氮肥、微量元素肥料和中量元素肥料等肥料制成，但要注意过滤，以免堵塞滴灌管及喷头。

**（二）果树根外追肥**

在果树新梢转绿期、开花期、幼果期等物候期，用叶面施肥和树干注射追肥技术进行根外追肥，可迅速补充树体养分和预防缺素症。肥料进入叶片或树干后可直接参与有机物的合成，不用经过长距离运输，不受生长中心的限制，分布均匀，发挥肥效快，且不受土壤条件和根系功能的影响，用量少但效果明显。树干注射追肥主要应用于果树缺素症的矫正，特别是对微量元素缺乏症的矫治，起效快，用量少。

**1. 施用时间与浓度**

施用时间以早晨或傍晚为佳，也可在喷药防治病虫害时加上尿素、磷酸二氢钾等进行根外追肥。喷施时间以上午8：00～10：00、下午16：00以后为宜，以免气温高，肥液很快浓缩，既影响吸收又易发生药害。雨天，叶片吸收少，流失多，不宜叶面喷施。

叶面喷肥前一定要先做小型试验，确认不发生药害时再大面积喷施。叶面喷肥的浓度一般为0.15%～0.2%，生长季前期宜低，后期可略高。叶面喷肥的温度为18～25℃，相对湿度90%左右为佳，高温干燥的气候条件下叶面喷肥的浓度宜低，阴天叶面喷肥的浓度可略高。

**2. 根外追肥技术**

（1）叶面喷施

不同肥料种类在叶面喷肥时使用的浓度不同，应根据果树种类、肥料种类、天气状况等因素将肥料配制成适宜的浓度（表3-2）。光合细菌肥、天然有机提取液或接种有益菌类的发酵液以及国家批准生产的专用叶面肥应参照相关使用说明书推荐的浓度配制使用。

甜橙叶面肥常用浓度　　　　　　　　　　　　　　　表 3-2

| 肥料种类 | 常用浓度/% | 肥料种类 | 常用浓度/% |
|---|---|---|---|
| 尿素 | 0.3～0.5 | 硫酸镁 | 0.3～0.5 |
| 磷酸二氢钾 | 0.3～0.5 | 硫酸锰 | 0.05～0.1 |
| 三元复合肥 | 0.5～1.0 | 硫酸亚铁 | 0.05～0.1 |
| 过磷酸钙浸出液 | 1～2 | 柠檬酸铁 | 0.05～0.1 |
| 草木灰浸出液 | 1～3 | 硫酸铜 | 0.01～0.02 |
| 人尿 | 15～20 | 硫酸钾 | 0.3～0.4 |
| 硼砂 | 0.15～0.2 | 腐殖酸钠 | 0.1～0.2 |
| 硼酸 | 0.1 | 钼酸铵 | 0.01～0.015 |
| 硫酸锌 | 0.05～0.1 | 钼酸钠 | 0.0075～0.015 |

注：使用硫酸锌、硫酸锰、硫酸亚铁时加等量石灰

将肥料配制成适宜浓度后，及时用喷雾器喷施，施用部位以叶片和绿枝为主，着重喷施在叶片背面，均匀喷施至叶片滴水为度。也可在喷药防治病虫害时加上尿素、磷酸二氢钾等进行叶面喷肥。喷施绿枝时采用的浓度可以高些，一般可达 3%～5%，可以间隔 7d 连续喷 3～5 次。

（2）树干注射

将肥料配成适宜的使用水溶液，在树干光滑处钻孔至树干中心，孔径在 5mm 以下，用强力注射器将肥液注入树体，注射器的压力为 98Pa，肥液用量一般为 20～50mL，注射完毕后再用小木塞将孔堵严即可。

**（三）果园水分管理技术**

水分管理包括果园排水、灌水和保水，是果园日常田间管理工作的重要内容。在果树的生长发育过程中，缺水将影响新梢生长和果实增大，积水则会导致烂根、黄叶，引起落果和加剧病害的发生。果园水分管理应根据果树的物候期、当地的气候特点及土壤干旱程度及持续时间等因素进行。

在正常年份，我国南方水果产区年降雨量普遍较大，多在 1000～1800mm，总量基本上可以满足果树生长发育需要，但分布不均匀，大多数果园水资源普遍缺乏，对果树的正常生长发育产生严重影响。果园水分管理应结合实际，采用高效节水的灌水方式，可以保持土壤良好的通气状况，大幅度节约用水。

**1. 排、灌水时期**

果树具体的灌水时期应根据果树的物候期、天气状况、树体生长发育状况和土壤含水量的变化灵活掌握。多数果树在萌芽前后至开花期、新梢生长、幼果膨大期、采收后至休

眠期等物候期应保证有充足的水分供应。一般而言，在新梢生长和果实发育时期，当土壤含水量低于田间最大持水量的60%时，应及时灌水。如我国南方7—9月通常是夏秋高温季节，而此时正值柑橘果实膨大期，水分供应不足会严重影响果实产量和品质。排水时间一般根据土壤水分测定结果和果树的耐涝力确定。发现土壤过湿时，应对耐涝力弱的果树优先排水。

**2. 灌水量**

适宜的灌水量是保证灌水后使土壤含水量达到有利于根系生长发育及发挥功能的程度。果树根系分布较深，因此果园灌水应一次灌透，如果灌水量少，达不到灌溉要求，多次补充灌溉，则易引起土壤板结。每灌一次水，一般应达到田间持水量的60%~80%，深厚的土层一次浸润达1m以上，浅薄的土层经过改良的也应达0.8~1.0m，有效期15~25d，灌水量的确定，一般可根据土壤容重、田间持水量和灌溉前土壤湿度、要求土壤浸润的深度，来计算一定灌溉面积的灌水量，即通过下列公式计算：

灌水量＝灌溉面积×土壤浸润程度×土壤容重×（田间持水量－灌溉前土壤湿度）

我国南方水果产区在春夏季降雨较多，易引起果园积水，一般当土壤含水量达到或超过最大田间持水量时，应及时根据土壤含水量进行排水。在实际果园水分管理中，不同生长状况的果树应区别对待，正常健壮的植株要保证水分供应适宜；旺长树适当控水，尤其在新梢旺长时控水有利于控旺促花；弱树保证充足的水分供应。

**3. 方法**

（1）灌水

地面灌溉包括分区漫灌、盘灌和沟灌3种，是我国水果产区传统灌溉方法。

① 盘灌

山地果园常用的一种灌溉方法，灌水前以树干为中心，在树冠投影（滴水线）附近修一方形或圆形树盘，幼树2~4m²，成年结果树4~6m²，四周筑埂，埂高20~30cm，果园水渠与树盘连通。灌溉前先疏松盘内土壤，以便于水分渗透，灌水时将水通过引水渠引到树盘内即可，盘灌要求一次灌透，灌后最好浅耕松土，用草覆盖，以减少水分蒸发。

② 沟灌：对全园土壤浸润均匀，水分流失少，是地面灌溉中较好的方法。南方雨水较多，果园大多开有排水沟，沟灌时可利用排水沟或在果树行间开沟，密植园在每一行间开一条沟，稀植园在行间每隔1.0~1.5m开沟，灌溉沟稍低于引水沟，灌水时将沟灌满即可。

③ 漫灌

将水通过引水渠引入全园进行灌溉，此法操作简便，但耗水量大。

④ 穴灌

在树冠投影边缘均匀挖4~12个穴（数量根据树体大小而定），穴直径30cm左右，深30~40cm（不伤及粗根），灌水时将穴灌满即可，灌完水后填平。

⑤ 滴灌

将水分通过事先铺设好的滴管以水滴或细流的形式缓慢流入果树根域，是现代集约化果园提倡的灌水方式，用水经济，特别适用于水资源紧张的丘陵山地地区。在果园高处设置蓄水池与滴管连接，滴管的设置视果树栽植密度而定。密植果园可沿行向铺设1~2条滴管，若铺设 1 条，紧靠树干基部；若铺设 2 条，沿行向在树干两侧铺设，距树干 0.5～1.0m，每次灌水时浸润深度在 50cm 左右即可，干旱季节每周可灌 2 次，若追肥时采用易溶于水的肥料如尿素等，可以随同水分通过滴灌管直接进入根部所在的土壤区域，能使肥效更快发挥。蓄水池与滴管的连接口一定要有良好的过滤装置，否则滴头的微孔极易堵塞。热带地区需水较勤的香蕉多采用滴灌方式。

⑥ 喷灌

通过人工或自然加压，利用喷头将水喷洒入果园空中，形成细小水滴落到地面，类似自然降雨的一种灌溉方法。喷灌基本不产生深层渗漏或地表径流，不破坏土壤结构，而且可以调节果园小气候，避免或减轻低温、高温、干热风对果树的危害，对地形的要求不高，但投资较大。在果园高处设置蓄水池与 PVC 管连接，这样可以利用其自然落差喷水，如果水压不够，则要用水泵加压。喷头的设置密度视果树栽植密度而定，喷灌设备可以是固定的，也可是移动的。喷灌必须在无风或微风的天气进行，风力超过 3 级，易使喷水不匀，形成地表径流，蒸发损失也大，喷灌灌水的园地空气湿度大，要加强病虫害防治。PVC 管喷灌较适于苗圃，成龄果园应用较少。由于果树大多为高大乔木，通常喷灌要求高度过高。目前在一些地方推行低压微喷灌技术，将喷头设置在树干 60cm 左右的高度进行喷灌，效果显著。

此外，果园灌水或降雨后要及时采取保水措施，减少水分损失，延长灌水效果，尤其是在水源较缺乏和降雨较少的丘陵山地，应采取措施保水抗旱，实行节水栽培。保水措施包括果园覆膜或覆草保水、果园间作保水、生草保水和开沟埋草保水等。

（2）排水

① 平地果园

分为明沟排水和暗管排水。

A. 明沟排水

在果园行间开畦沟，沟深至根层下 20cm 左右，宽约 50cm，在果园周围再开深度较果园畦沟深 20cm 左右的支渠排水。地势较低洼的果园，采用深沟高畦法排水，即在果园行间开深沟，沟深 30～50cm，宽约 30cm，筑成高畦，畦上种植果树。

B. 暗管排水

在果园地下埋设排水管道，将土壤中的多余水分通过排水管道排出果园。

② 山地果园

按照自然水路趋势开设排水系统，包括总排水沟和集水沟。梯田的背沟为集水沟与总排水沟相连，深约 20cm，宽约 30cm，沟内可设置一些小土埂，排灌兼用。

## 二、蔬菜肥水管理技术

### （一）绿叶菜

**1. 绿叶菜需肥特性**

绿叶菜类是一类最为复杂和种类繁多的蔬菜种类，包括菠菜、莴苣、蕹菜、苋菜、落葵、茼蒿、莜麦菜、番杏、紫背天葵、罗勒、荠菜、薄荷等。

多数绿叶菜根系较浅，生长期短，单位面积上株数较多，同时叶片占植株的大部分，因此对土壤和水肥条件的要求较高，并以氮素的吸收量最大。如菠菜，就氮肥的种类来说，硝态氮与铵态氮的比例在 2∶1 及以上时的产量高；单纯供应铵态氮往往会抑制钾、钙的吸收，带来氨害影响生长；单用硝态氮，虽然植株生长量大，但在还原过程中消耗的能量过多，若在弱光条件下，硝态氮的吸收可能受抑制，造成氮供应不足。氮肥的施用量过少，植株褪绿，生长缓慢，产量低；施氮量过多，由于高盐浓度的影响，产量亦下降。增施磷、钾肥、硼肥均可提高绿叶菜类蔬菜的产量。

**2. 基肥的施用**

基肥是在播种前或定植前施用的肥料。常用的基肥有有机肥、微生物菌肥，或有机无机复合肥、磷肥等。绿叶菜类一般为直播，基肥的施用方法主要是进行撒施，于土壤耕作前或整地时施入，施入后再作畦；若进行移栽，一般于整地作畦时撒施，充分与土壤混匀，然后再定植。有机肥的施用量依有机肥的种类及其养分状况而定，一般每亩（约667m²）可施入农家堆肥1000～3000kg，磷肥50kg或花生麸50～80kg，或鸡粪100～200kg，或工业化的有机肥100～300kg。

**3. 追肥的施用**

叶菜类的追肥应根据其养分吸收特点进行。在植株生长期间，可进行3～4次追肥。一般用复合肥进行追肥。追肥量应根据品种特性、土壤特点及肥料的养分含量而定。以复合肥为例，一般每亩（约667m²）施三元复合肥30～40kg，其中幼苗期占20%，叶片迅速生长期占80%。

**4. 水分的管理特点**

在不同生长期对水分有不同要求。播种时要充分浇水，保证出苗快而整齐；幼苗期不能干燥也不能太湿，要掌握少浇勤浇的原则，以避免徒长或老化；发棵期是产品器官旺盛生长时期，生长量最大，要求水分充足，如缺水则叶片小，味苦，品质差。水分的供应方法有淋施、沟灌等方式。

**（二）果菜类肥水管理技术**

**1. 果菜类蔬菜需肥特性**

果菜类生长量大，生长过程大部分时间是营养生长和生殖生长同时进行，生长前期应避免徒长，生长后期应避免早衰和落花落果。其生育周期可分为发育期、幼苗期、抽蔓期、开花结果期。不同的果菜类，其吸肥量是不同的。如番茄对主要营养元素的吸收总量表现为 $K_2O > N > CaO > P_2O_5 > MgO$，氮、磷、钾施用比例为（2～3）：1：5。辣椒对主要营养元素的吸收总量表现为 $K_2O > N > CaO > MgO > P_2O_5$，$K_2O$、N、CaO、MgO、$P_2O_5$ 的吸收比例为 1.32：1：（0.62～0.8）：（0.61～0.78）：0.25。瓜类蔬菜如冬瓜、节瓜、丝瓜、西葫芦、苦瓜和菜瓜等，对主要矿质养分的吸收表现为 $K_2O > N > CaO > P_2O_5 > MgO$，但不同种类及其不同生长期对矿质养分的需要是有差别的。如黄瓜的施肥表明，每100kg产品需肥量为 N 2.8kg、$P_2O_5$ 0.9kg、$K_2O$ 3.9kg、CaO 3.1kg、MgO 0.7kg，而西瓜对三要素的吸收比例为3.28：1：4.33。

**2. 基肥的施用**

果菜类蔬菜的根系发达，生长期一般较长，生长期间缺肥水必然会影响开花结果，因此，必须重视基肥的施用才能取得理想的产量和品质。基肥是在播种前或定植前施用的肥料。常用的基肥有有机肥、微生物菌肥，或有机无机复合肥、磷肥等。除豆类作物外，果菜类一般为育苗移栽。基肥的施用方法有撒施，即于整地时施入，施入后再作畦；另一种方法是起畦后于中间开沟施入，然后覆土再定植。有机肥的施用量依有机肥的种类及其养分状况而定，一般每亩（约 667m²）可施入农家堆肥 3000～5000kg，磷肥 40～50kg，或花生麸 100～120kg，或鸡粪 200～300kg，或工业化的有机肥 200～400kg。

**3. 追肥的施用**

追肥是在植物生长期间施用的肥料，包括有机肥和无机肥。追肥的方法主要有撒施，可进行干施，也可进行淋施，干施时应结合培土进行。在施足基肥的基础上，果菜类的追肥也应根据其生长发育特点及吸肥特点进行，生长前期应避免肥水过多导致徒长，生长后期应避免肥水不足而导致落花落果。一般用复合肥和有机肥进行追肥。追肥量应根据品种特性、土壤特点及肥料的养分含量而定。一般每亩（约 667m²）茄果类蔬菜需用总肥量为尿素 50kg、氯化钾或硫酸钾 70～80kg；或三元复合肥（如 17-8-15 或 17-5-10 等）100～120kg 加钾肥 30kg。具体的施肥方法是：基肥占 30%，幼苗期占 5%，抽蔓期占 10%，开花结果初期占 25%，开花结果旺盛期占 30%。瓜类的种类较多，不同的瓜类吸肥量差异较大，如冬瓜、节瓜、苦瓜等的需肥量较高，而黄瓜、白瓜、西葫芦等的需肥量相对较少。一般每亩（约 667m²）瓜类蔬菜用三元复合肥（如 17-8-15 或 17-5-10 或 15-15-15 等）50～80kg。具体的施肥方法是：基肥占 20%，幼苗期占 5%，抽蔓期占 10%，开花结果初期占 25%，开花结果旺盛期占 40%。

**4. 水分的管理特点**

果菜类蔬菜忌涝，水分过多病害严重，因此应合理地管理水分。不同生长期对水分的要求是不同的，应结合土壤供水能力和气候条件进行灌溉。定植前应控制水分以提高抗逆能力；抽蔓后营养器官和生殖器官迅速生长，对水分要求不断增加，但在开花结果之前，为了引导根系向土层深处发展，提高吸水能力，避免徒长，这时的水分和肥料都不宜多；开花结果期一方面营养器官迅速生长，另一方面不断开花结果，这期间需要通过经常灌溉保持较高的土壤湿度。但对于一些瓜类，如西瓜、甜瓜和南瓜等，果实发育后期应控制水分以提高糖分。

# 三、花卉肥水管理技术

## （一）花卉肥料管理

**1. 施肥时期**

在花卉栽植前施基肥，在花卉生长期间，根据各器官生长所需的养分进行追肥。一般春季以施氮肥为多，此时是花卉生长旺盛时期；秋季当花卉顶端停止生长后，可以施完全肥，对多年生花卉的根的生长有促进作用；冬季和短日照花卉吸肥能力差，可以少施或停止施肥。

**2. 施肥量**

因花卉种类及生长量不同，有机肥的施肥量也有所不同，一般小苗或生长缓慢的花卉可以少施；植株生长旺盛或较大型的花卉可以多施，如月季、香石竹、菊花及球根花卉类；室内观叶植物可按每 1000m² 施用 200～300kg 为好，化肥作为补充肥料。在花卉生长期间可依情况进行追肥，在花卉生长期一般施氮肥为每亩（约 667m²）10～20kg，液肥浓度为 200～500 倍，磷肥为每亩（约 667m²）30kg 左右，钾肥施肥量很少，视各种花卉需求量不同施用。

### 3. 施肥方法

（1）土壤施肥

有土壤施肥和根外追肥2种，土壤施肥是按照花卉根系分布的情况来施，施肥范围稍比根系分布范围宽一些，有利于根系的分布扩大，增加吸收能力，具体操作是以植株冠幅大小为准，顺滴水线范围再向外扩大即是施肥的最佳范围，然后将腐熟的有机肥固体肥料埋于土壤中，深度在50cm左右，与土壤充分混合，多以穴施或沟施为好，这样能均匀集中肥力，减少不必要的浪费。

（2）根外追肥

将腐熟后的有机肥稀释20～40倍施入植株附近的土壤中，补充花卉生长的养分不足。另外，还可进行叶面喷肥，用喷雾器将稀释的化肥（浓度为0.11％～0.13％）或微量元素肥料溶液直接喷洒在花卉叶面上，使肥料通过叶面被吸收。采用这种方法可以补充根部养分，简单易行，用肥量少，见效快，可随时满足花卉的需要，还可以与防治病虫害的药剂混合使用，但注意混用后要无药害，且不能降低肥效。

## （二）花卉水分管理

### 1. 花卉需水特性

（1）旱生花卉

这类花卉形成了适应干旱气候生态环境的内部结构与生理适应性，因而能耐较长时间的缺水。它们大多具有根系发达、细胞液浓度高、渗透压高、叶片革质或蜡质层、气孔少且小、栅栏组织发达、茎肉质多浆等特点，如仙人掌类多肉植物。在栽培中应掌握宁干勿湿的原则。

（2）湿生花卉

这类花卉叶片大、质薄、柔软多汁、根毛少、细胞液浓度低、渗透压小、组织疏松，在干旱环境中生长不良，叶色淡，甚至死亡。因此，在生长期需大量的水分和很高的空气湿度。这类花卉大部分原产于沼泽地带及热带雨林中，如海芋、旱伞草等。

（3）水生花卉

这类花卉生活在水中或沼泽地，根茎及叶内有高度发达的通气组织，使呼吸作用能正常进行，若失水，叶片很快焦边枯黄，严重时会死亡，如荷花、睡莲等。

（4）中生花卉

这类花卉适应生长在湿润而又排水良好的土壤中，过干过湿都对生长不利，因此在栽培管理中应保持适宜的水分，大多常见花卉都属于这一类型。

### 2. 水的原则

（1）水质

浇花用水最好是微酸性或中性，可饮用地下水、湖水、河水可以用来浇花；城市中自来水含氯较多，水温也偏低，不宜用来直接浇花。可预先在水池中贮存2d左右，使氯挥发，并排除大量有机盐后用来浇花。

（2）浇水量

浇水量的多少视土壤干湿程度、花卉种类、生长时期而定。露地栽培的花卉春季风大、温度高、蒸发量大，应多浇水；冬季温度低、花卉植物生长慢、蒸发量小，应少浇水；温室或大棚中栽培的花卉，温度、湿度条件相对较好，视土壤干湿情况进行浇水；如果是盆栽花卉要求则高一些，盆土有限，保水能力也有限，完全取决于管理者的供水，浇水多对植株发育影响不良，浇水少易干死，因而一定要控制好浇水量。

**3. 浇水方法**

（1）盆栽花卉灌水

在花卉栽培中，一般避免把胶管装在自来水龙头上直接浇水，一方面水温低，水中氯对植物不利；同时水压过大对盆土和幼嫩植物冲击力大，盆土流失以及幼嫩枝叶破损严重，浇水量也不易控制，可以采用以下几种方法浇水。

① 用浇壶浇水

浇壶是给盆花浇水的专用工具，使用方便，浇水量容易掌握，喷口是活动的，可以随意取下，注意浇时不要冲刷盆土。

② 水孔渗入灌水

把花盆放入水槽或浅水缸内，水深低于盆土土面，让水自盆底部的水孔渗入盆土中，这种方法主要适合于小粒种子播种后和小苗分株后的灌水。

③ 浸泡

将整个植物或植物的根部浸在水中，使植物的根系和盆栽基本全部浸透。大部分热带和亚热带产的附生花卉，如兰科花卉、蕨类、凤梨等，栽植在木框、多孔花盆中，栽培材料多为疏松的蕨根、苔藓、树皮块等，浇水易湿透，故除浇水外，应定期浸泡灌水。

④ 喷水

向植物叶片喷水，可以增加空气湿度，降低温度，冲洗掉花卉叶片上的尘土，有利于光合作用。冬季和植物休眠期，要少喷或不喷；夏季天气炎热，干燥时适当喷水是有好处的，尤其对那些原产热带及亚热带林下的耐阴植物更有好处。

（2）地面灌水技术

传统的地面灌溉是在水源和栽培地之间修筑水沟渠，利用沟渠进行灌溉。现代的地面灌溉技术是利用输水管道进行灌溉，灌溉时用水泵把水从水源输送到水管道中，利用输水管把水送到栽培地。地面灌溉对栽培畦的要求较严格，要求畦面要平整，土壤要细碎，以便于水的流动。地面灌溉的水量和时间要由栽种的花卉种类来决定。一般根系深的花卉灌水量大，根系浅的花卉灌水量小，另外还根据植株大小、温度变化、土壤质地情况而定。大多数花卉采用这种方法浇水，操作简单，成本低。

**实训项目**

### 实训 3-3 黑皮冬瓜水肥一体化灌溉施肥实验

**（一）目的要求**

通过本次实验，掌握作物灌溉施肥方案的制定方法，了解水肥一体化的节水节肥效果。

**（二）材料与用具**

灌水器为滴灌带的田间灌溉系统，15-15-15复合肥，某厂家提供的水溶肥产品及施肥方案。

**（三）内容与方法**

以含N-P-K分别为15-15-15的三元复合肥为对照，按表3-3的施肥方案开展水肥一体化实验。

表 3-3

| 时期 | CK | T | 备注 |
|---|---|---|---|
| 基肥 | 亩施有机肥 500kg，缓释高氮型复合肥 40kg，钙镁磷肥 30kg | | |
| 苗期 | 15-15-15 复合肥 10kg/亩 | 15-0-0 硝酸铵钙 10~15kg | 移栽 7~10d 后施用 |
| | | | 6~7 片真叶期施用 |
| 伸蔓期 | 15-15-15 复合肥 10kg/亩 | 16-16-16 硝基水溶肥（或 17-17-17 水溶根动力）20~25kg。分作 2 次 | 第二次施肥后 10~12d 施用 |
| 开花坐果期 | | | 第一朵雌花开花到果实坐住后，控水控肥 |
| 果实膨大期冬瓜坐果后 | 15-15-15 复合肥 20kg/亩 | 14-6-30 水溶肥 10kg/亩 | 瓜坐稳，在 1kg 以上；冬瓜生长需水量大，每次施肥间隔12d，雨期注意排除积水，实时放大施肥间隔。在收获前 15~20d 停止施肥 |
| | 15-15-15 复合肥 20kg/亩，粉状硫酸钾 5kg/亩 | 14-6-30 水溶肥 12kg/亩 | |
| | 15-15-15 复合肥 20kg/亩，粉状硫酸钾 10kg/亩 | 14-6-30 水溶肥 14kg/亩 | |
| | | 14-6-30 水溶肥 15kg/亩 | |

## （四）作业

观测记录冬瓜生长情况，记入表 3-4。

 表 3-4

| | 株高 | 茎粗 | 叶片 | | 根 | | 果实 | | | |
|---|---|---|---|---|---|---|---|---|---|---|
| | | | 叶面积 | 叶片数 | 根重 | 根长 | 纵径 | 横径 | 单果重 | |
| 15-15-15 复合肥 | | | | | | | | | | |
| 某水溶肥产品 | | | | | | | | | | |

# 第四节 园艺植物整形修剪技术

## 一、果树整形修剪

### （一）荔枝的修剪

#### 1. 初果期树的修剪

与其他栽培管理措施相配合，促使荔枝树在生长扩冠的同时，逐步增加开花结果的枝条，提高坐果率，迅速达到营养生长向开花结果转变。在采果后及时剪去过密枝、交叉枝、病虫枝、枯枝和采果折断的枝条，采后修剪量控制在枝梢总量的 10% 以下。为了促进秋梢成熟和花穗发育，在 10—11 月对大枝刻伤、环割或部分伤根，环割应选在枝条的光滑处，用利刀环割一圈，深度达木质部，环割的伤口在 15~20d 可以愈合。

#### 2. 盛果期树的修剪

为避免大小年，一般盛果期树每一基枝留 2~3 个秋梢，每平方米树冠留 30~40 个秋梢，以培养适量健壮的有果母枝。盛果期树修剪较重，促使秋梢抽生，确保次年开花结果，通常修剪量为枝梢的 20%~30%。

采后修剪主要是剪去病虫枝、荫蔽枝、下垂枝、过密枝、交叉枝；对个别结果较多、生长势较弱的枝条可进行适当重剪，以促进抽生枝梢，恢复生长势；对已封行的荔枝树，回缩交叉枝，使株间保持 60cm 以上的距离。

对大年树适当提前采果，采用"短枝采果"法，将结果母枝和结果枝折短，每个枝上留 1～3 个粗壮的秋梢。对小年树和秋梢数量较多的树，可采用人工摘除，减少秋梢数量，并应控制冬梢的抽生。

**3. 生长期修剪**

（1）春季修剪

春季修剪的主要目的是调节荔枝的花量，使养分合理分配，增加雌花比例，避开不良天气时段，创造授粉受精有利条件，确保当年的收成。此外，适当疏果，使树体合理负载也是春季修剪的内容。

疏花穗主要疏除早花穗，目的是促使抽生二次花穗，推迟花期，使雌花盛开期避过低温阴雨的不良气候，一般在开花前 40～50d 将早花穗全部摘除，使其重新抽生花穗，此期若遇多雨高温，可不必全部摘除，留有一小部分花穗，以避免冲梢。

短截花穗指在开花前 15～25d，于小寒至春分抽穗期对花穗进行短截，每穗花保留 5～10 个花枝，长度短截至 10～15cm。其次，是在雄花现蕾，即雌花开放前 5～7d，剪除主轴花穗，保留侧花穗，一般每穗保留 50～100 朵雌花。

此外，分期分批短截花穗可创造穗内与穗间雌、雄花交错开放，有利于授粉。

（2）夏季修剪

采果后 1 个月内是进行荔枝修剪的重要时期。目的是促进秋梢适时抽生，培养翌年优良的结果母枝。在采后剪去枯枝、衰弱枝、病虫枝，适当地短截当年生结果母枝，一般留 20～30cm 较适宜，同时短截当年抽出的夏梢，促其分枝。修剪后，秋梢抽出 3～4cm 或展叶时进行疏梢，先选留分布均匀的枝梢 1～2 个，培养作为翌年的结果母枝。

（3）秋季修剪

秋梢是翌年的主要结果母枝，末次秋梢萌发迟早、质量好坏与翌年开花结果关系甚大。在福建末次秋梢抽放时间一般在 9 月下旬到 10 月上、中旬，闽东宜早，闽南略迟。秋梢抽生早，养分积累充足，抽出的花穗长而大，花量多，花期早，如遇有高温及适宜的湿度条件，极易抽生冬梢；秋梢抽生迟，营养积累不足，则不易形成花芽；适时抽生的秋梢，其抽生的花穗短壮且雌花比例高，并可防止冬梢的抽生，以及适当推迟花期。掌握末次秋梢抽放的时间，还可依树龄、树势、品种不同，配合调控水肥、增施钾肥、树盘中耕、喷施叶面肥、多效唑、修剪等相应措施加以促控。此外，秋季修剪还可结合进行枝干回缩更新。

## 二、蔬菜整形修剪

**（一）搭架**

蔬菜作物栽培时常用的支架类型有棚架、人字架或倒人字架、单杆架、篱笆架、三星鼓架或四星鼓架、三星鼓架平棚、三角形架或四角形架、塑料绳吊架等。支架的类型依栽培场地、作物种类、品种、密度及支架的材料等而定，但每种方式均应以较好地利用空间、有利于合理密植和生产操作、在可能的情况下降低生产成本为原则。

**1. 棚架**

包括平棚和三星鼓架平棚等，平棚根据高矮又分高棚和矮棚。在风力较大的地方应采用矮棚，并要求坚固性强。高棚高 1.7～2.0m，矮棚高 1m 左右，一株插一柱，柱子可用粗竹、木杆、钢管或水泥柱，柱间用横竹或钢管连贯固定，田地的四周立杆要粗而坚固，棚顶按 40～60cm 的间隔横架一条细竹或木条，也可用竹片、铁丝或尼龙网等横架连接固定。三星鼓架平棚的高度与平棚的高度基本一致，不同的是这种方式把支架和棚架结合，在支架的基础上搭棚。三星鼓架是用 3 根竹搭成鼓架，架高 1.3～1.5m，各鼓架上用横竹或木条连接固定，每株一个鼓架。棚架适用于生长期较长的蔓生蔬菜，如冬瓜、南瓜、苦瓜、普通丝瓜（水瓜）、山药、葛、四棱豆等。

**2. 人字架或倒人字架**

人字架或倒人字架是按行距每株插一条竹条或细木条，然后把两株旁的竹条或木条交叉绑缚呈人字形或倒人字形，再用横竹或木条在交叉点处连贯固定，若风力较大或支架欠牢固，还可在人字架的两侧距地面 50～60cm 处绑一条横竹（也叫腰杆）。人字架或倒人字架的竹竿或木杆长 2.0～2.5m，可在 1.7m 或 1m 左右处交叉呈人字形或倒人字形。人字架适用于蔓生的瓜类、豆类、豆薯等蔬菜作物，这种支架的应用最广。

**3. 篱笆架**

每株或每隔 1～2 株沿畦方向斜插一条竹竿，相邻竹竿相互交叉呈倒人字形或人字形（下相邻交叉点呈倒人字形，而上相邻交叉点呈人字形），相同斜插方向的竹竿相互平行，为了使支架更牢固，可在支架的上、中、下部各绑一条横杆，这样就构成篱笆架。篱笆架的竹竿长可根据蔬菜植株的高矮而定，一般长 1.2～2.5m。篱笆架适宜番茄、荷兰豆、丝瓜、节瓜、甜瓜等蔬菜作物的栽培。

**4. 单杆架**

单杆架也称"一条龙"。是在每株或隔 2～3 株的旁边直立一条竹竿或木杆，各个单杆之间用横杆连贯或不连贯固定。这种支架适合半蔓生或大型的蔓生蔬菜，如番茄、茄子、矮生豆类、冬瓜等。

**5. 三星鼓架或四星鼓架**

即用 3～4 根竹竿或木条搭成鼓架，架高 1.3～1.5m，各鼓架上用横竹或木条连贯固定，每株一个鼓架。这种方式适合冬瓜、节瓜、豆薯等蔬菜的栽培。

**6. 三角形架或四角形架**

即 3 或 4 根竹竿或木条搭成三角形或四角形，形成塔形或伞形架，每架 1 株。这种支架和三星鼓架或四星鼓架类似，适合冬瓜、节瓜、豆薯等蔬菜的栽培。

**7. 塑料绳吊架**

适用于保护地栽培，是在温室或塑料棚内的骨架上拴挂塑料绳、尼龙绳或尼龙网等，每株 1 绳。这种方式适合大棚或温室栽培的蔓生蔬菜作物，如瓜类、茄果类等。

**（二）蔬菜整形修剪方法**

蔬菜整形方法：摘心、打杈、摘叶、疏花、疏果、压蔓等。

**（三）茄果类蔬菜整形修剪**

茄果类蔬菜整形修剪主要通过打杈和摘叶等操作来完成。一般应在晴天午后进行，不能在雨天操作，否则会感病。打杈时应待侧枝长出 1～3cm 时开始采用人手或刀片摘除，对病株打杈后应消毒手或刀片后再继续进行。茄果类蔬菜主要有番茄、茄子和辣椒等。

**1. 番茄的整枝方法**

番茄蔓性或半蔓性、半直立，根据花序着生位置和主茎生长特性可分为无限生长类型和有限生长类型。

番茄的整枝方式有很多，但常用的是单干整枝和双干整枝。

单干整枝。只留主干，把所有的侧枝全部摘除。这种方式较适宜于无限生长型的品种，也适宜于密植。对于无限生长型的品种进行单干整枝时，一般在单株具有3~5簇果的情况下进行打顶；而对于有限生长型的品种，必须在进行密植的前提下进行单干整枝，而且不适宜进行打顶。打顶时应在顶部果穗上留2~3节。进行单干整枝的结果数目减少，但单果重增加，且在单位面积上可以栽植较多的株数，可增加早期产量以及总产量。

双干整枝。每株植株从地面直接留用2个主蔓，平行引缚上架。主蔓上不再分生侧蔓，而是按一定距离选留结果母枝组。一般情况下，主蔓距离50cm。树势旺、节间长、叶片大的品种蔓距宜大，反之则小。短梢修剪，结果母枝组的距离25~30cm。这种方式适合于无限生长型品种，也适用于有限生长型品种。这种方式需要的株行距较大，单位面积上的株数较少，早期产量较低，但总产量较高。

此外，还有三干式、四干式等。即在主干上留2~3个侧枝结果，这样单株着生的果实较多，但单株营养面积大，在管理上需要较大的肥水及较高的栽培技术，生产上较少用。无论何种整枝方式，于植株生长中后期应把基部的病叶、老叶摘除，改善通风透光环境，减少病虫害。

**2. 茄子的整枝方法**

茄子主茎直立，其开花结果很有规律。主茎生长到第6~12片叶后，顶芽分化成花芽，随后由花芽下的2个副生长点斜向抽生2个侧枝，侧枝每隔2~3片叶又重复形成双叉分枝，每次分枝处着生1朵或2~4朵花，第一层果称"根茄"，第二层果称"对茄"，第三层果称"四门茄"，第四层果称"八面风"，第五层以上结果不太规则，称"满天星"。第一次分枝以下的叶腋也能抽生侧枝，但开花结果较迟。茄子的整枝主要是摘除第一分枝以下的全部侧芽，以利通风透光，减少病虫害；也有保留一个侧枝，结一果后摘心的，称为杯状整枝。

**（四）瓜类蔬菜整形修剪**

**1. 黄瓜整形修剪**

我国黄瓜整枝方式有架瓜和地爬2种。架瓜有大架、中架和小架3种架式。地爬瓜、小架瓜和结瓜期较短的春黄瓜一般均采用单干整枝；而大架瓜、中架瓜一般均采用双干整枝。整枝一般与引蔓同时进行。

单干整枝是只留主蔓结果，侧蔓全部摘除。双干整枝是在留主蔓的前提下，选留一健壮的侧蔓，让其与主蔓同时生长。黄瓜摘心与否可依据人力、气候、植株生长情况、肥水管理水平而定。于生长后期去除基部的黄叶、老叶和病叶。

**2. 冬瓜的整枝方法**

冬瓜的茎蔓性，分枝能力强，每节腋芽都可发生侧蔓，侧蔓各节腋芽也可发生副侧蔓。冬瓜的栽培方式可分为地冬瓜、棚冬瓜和架冬瓜3种。

地冬瓜的植株爬地生长，株行距较稀，管理比较粗放，茎蔓基本上放任生长或结果前摘除侧蔓，结果后任意生长。

棚冬瓜利用竹木搭棚，棚高 1～2m。植株上棚以前摘除侧蔓，上棚以后茎蔓任意生长，使蔓叶分布均匀。根据冬瓜雌花着生习性和坐果位置，棚冬瓜一般在主蔓 15～20 节后引蔓上棚，上棚前的瓜蔓爬地生长，并结合压蔓固定生长方向和增加吸收面积。

架冬瓜能较好地利用空间，提高坐果率，并使果实大小均匀，提高产量与质量。整枝时结合引蔓和压蔓工作。架冬瓜的整枝方法有多种，有的是坐果前摘除全部侧蔓，坐果后留 3～4 个侧蔓，摘除其余侧蔓，主蔓打顶或不打顶；有的是坐果前后均摘除侧蔓，坐果后主蔓不打顶；有的是坐果前后均摘除全部侧蔓，坐果后主蔓保持若干叶后打顶。采用何种整枝方法应依据植株生长状况、管理水平、劳动力情况及气候条件等而定。

冬瓜的坐果位置：小型冬瓜尽量每株多结果，一般不存在坐果位置问题。大型冬瓜则不同，一般每株留一果，尽量结大果。冬瓜的坐果位置与果实大小有一定的关系，冬瓜 23～35 节坐果，坐果结大果的可能性较高，22 节以前和 35 节以后都不理想。坐果保留 10～15 片叶打顶。

**3. 甜瓜的整枝方法**

甜瓜以子蔓或孙蔓结果。甜瓜的整枝方式较复杂，应根据情况灵活掌握。甜瓜整枝的基本原则：对于主蔓上雌花发生早而连续发生的品种，可以不摘心；对于在主蔓上雌花发生晚而在子蔓上发生较早的品种，可主蔓摘心以促进子蔓早发；对于主蔓和子蔓雌花发生均较晚而在孙蔓上发生较早的品种，可进行主蔓和子蔓两次摘心，以促使孙蔓的发生。目前生产上甜瓜的整枝方式主要有单蔓整枝、双蔓整枝和多蔓整枝。

（1）单蔓整枝

即主蔓不进行摘心，而只摘除主蔓基部侧芽。一般在主蔓留 24～26 节摘心，视长势确定 11～13 节或 13～15 节的子蔓作果枝（即结果蔓），子蔓留 1～2 片叶摘心，其余全部摘除。

（2）双蔓整枝

采用直立架式栽培时，当幼苗 3～4 片真叶时进行主蔓摘心，子蔓伸出后选 2 条最健壮的子蔓，其余子蔓全部摘除，这样逐步形成以这两条子蔓为骨干的双蔓整枝方式。立架栽培时主蔓留 4 片叶后摘心，留 2 条子蔓引蔓上架，在子蔓的第 24～26 节摘心。子蔓上长的孙蔓，根据生长情况确定坐果枝。长势良好的选择 11～13 节发生的孙蔓留 2～3 叶摘心，其余的孙蔓一并除去，若长势稍弱者可提高 2～3 节作果枝。

（3）多蔓整枝

在 4～8 片真叶进行主蔓摘心，随后从伸出的子蔓中选留 3～4 条健壮子蔓，均匀引向四方，其余子蔓全部摘除，每条子蔓长至适当部位及时摘心。子蔓上长出的孙蔓，根据生长情况确定坐果枝，坐果枝确定后的孙蔓长出后留 2～3 片叶摘心。

**4. 西瓜的整枝方法**

西瓜的整枝有单蔓、双蔓和三蔓整枝。单蔓整枝只保留主蔓，摘除所有侧蔓。双蔓整枝或三蔓整枝是在保留主蔓的基础上，在主蔓的第 3～5 节叶腋处再选留 1～2 条健壮的侧蔓，摘除其余所有侧蔓。一般选择第 2～3 个雌花坐果。留果的数量依整枝方式和栽培水平而定。单蔓整枝留 1 个果实；双蔓或三蔓整枝可留 2～3 个果。

目前栽培的小型西瓜的整枝方式也较复杂。小型西瓜长势弱，蔓细叶小，整枝宜轻不宜重。留蔓多少应根据栽培密度而定。一般早熟栽培可采用保留主蔓，再在基部选留 2～3

条子蔓，摘除其余子蔓的整枝方法。这种整枝方法的优点是雌花出现早、结果早，可抢占早期市场；缺点是结果期拉长，果实成熟不一致。另一种整枝方法是摘心整枝，2～3 蔓整枝的，在 4～5 片真叶时摘心，子蔓抽生后选留 2～3 条生长相近的子蔓平行生长，摘除其余的子蔓和孙蔓及坐果前由子蔓上抽生的孙蔓；4～5 蔓整枝的，于 5～6 片真叶时摘心，子蔓抽生后保持 4～5 条生长相近的子蔓平行生长，其余子蔓及孙蔓摘除。这种整枝方法的优点是各子蔓间的生长与雌花出现节位相近，开花结果较一致，结果期相近，果实整齐一致，商品率高。留果节位以第 2 或第 3 雌花为宜。留果多少可视留蔓数而定，一般双蔓整枝留 1～2 个果，三蔓整枝留 2 个果，四蔓整枝留 3 个果，五蔓整枝留 4 个果。生长后期进行翻瓜 2～3 次，每次翻转 1/3，翻瓜必须在午后进行。

## 三、花卉整形修剪

### （一）露地花卉的整形形式

#### 1. 单干式

只留主干，不留侧枝，使顶端开花 1 朵，用于大丽花、香石竹的标准型，菊花中的标本菊整形。这种方法为充分表现品种特性，将所有侧蕾全部摘除，使养分集中于顶蕾。为防止植株倾倒，常设置单柱式支架。

#### 2. 多干式

留主枝数个，使开出较多的花。如大丽花留 2～4 个主枝，多头菊留 3、5、9 枝，而其余的侧枝全部剥去。

#### 3. 丛生式

生长期间进行多次摘心，促使发生较多枝条，全株呈低矮丛生状，开出数朵花。适用于此种整形的花卉较多，如藿香蓟、矮牵牛、一串红、波斯菊、金鱼草、美女樱、百日草、万寿菊、半边莲等。菊花中的大立菊亦为此种形式，但这种花对于分枝及花朵的位置要求更为整齐严格。

#### 4. 悬崖式

又称诱引式。这一形式的特点是全株枝条向一方伸展下垂，多用于小菊类品种或藤本类花卉（如常春藤）的整形。

#### 5. 攀缘式

又称立支架，蔓性花卉多采用此种形式，如牵牛花、茑萝、风船葛、球兰、一串钱、香豌豆、红花菜豆、旱金莲、旋花等，使枝条蔓生于一定形式的支架上，如塔形、圆柱形、棚架及篱垣等形式。

#### 6. 匍匐式

利用枝条匍匐地面的特性，使其覆盖地面，如花叶长春蔓、常春藤等。

### （二）花卉的修剪方法

花卉的修剪方法主要有摘心、抹芽、摘蕾、摘果、摘叶、折梢及曲枝、断根等。其中适于生长期修剪的方法有摘心、抹芽、摘蕾、摘果、摘叶、折梢及捻梢、曲枝等。适于休眠期使用的方法有疏剪、剪截等。而断根等法则在 2 个时期均可应用。

#### 1. 摘心

是将顶端生长点去掉的操作，促进分枝，增加枝条数目，从而达到花繁株密的目的。幼苗期间及早进行摘心促其分枝，可使株形低矮紧凑。同时，摘心可以抑制枝条徒长、调控花期。但花穗长而大或自然分枝力强的种类不宜摘心，如鸡冠花、凤仙花、紫罗兰、麦秆菊、虞美人等。

**2. 抹芽**

抹芽的目的在于去除过多的腋芽，限制枝数的增加和过多花朵的发生，使所留花朵充实而美、大，如菊花、大丽花在栽培中需及时除去过多的腋芽。

**3. 折梢及捻梢**

折梢是将新梢折曲，但仍连而不断；捻梢是将枝梢捻转。二者的目的均为抑制新梢的徒长，促进花芽的形成，如牵牛、葛萝可用此法。而将新梢切断时，常使下部腋芽受刺激而萌发抽枝，起不到抑制徒长的作用。

**4. 曲枝**

又叫作弯或盘扎，是将枝缚扎引导以形成一定要求的枝势，抑制生长势；为使枝条生长均衡，将生长势强的枝条向侧方压曲，弱枝则扶之直立，可起到抑强扶弱的效果。作弯有S状弯和五片弯。为了防止折断枝条，必须分次进行，同时，最好处理前1~2d不浇水，使枝条稍有萎蔫时再进行。大立菊、一品红、八仙花、梅花、碧桃等整形时常用此法。

**5. 摘蕾**

通常指除去侧蕾而留顶蕾，以使顶蕾开花美、大。芍药、菊花、大丽花、香石竹等常用此法，为使球根肥大，在球根生产过程中常将花蕾除去，使其不开花，以免消耗养分。

**6. 摘果**

又称疏果，即将不需要的幼果去除，以免消耗营养。保证观赏期内果实的大小均匀度和美观度。如火棘、珊瑚果、观赏柑橘类等。

**7. 摘叶**

植株营养生长过旺，通过摘除过多的叶片，从而达到促进开花的目的，如非洲菊的切花栽培。此外，在花卉栽培管理期间应及时摘除衰老、枯死、病虫危害的叶片。

**8. 疏剪**

剪除枯枝、病虫害枝、扰乱株形的枝、花后残枝等，改善植株通风透光条件，减少养分的消耗。

**9. 剪截**

分为轻剪、中剪和重剪。轻剪为一般花卉剪除多余的侧枝或顶梢；中剪是剪除枝条的中上部；重剪是开花数年枝条逐渐衰老，将所有侧枝自基部向上保留3~4个芽进行重剪，使其萌发新枝，使植株更新复壮。

## 实训项目

### 实训 3-4　番茄的植株调整对比实验

**（一）目的要求**

通过本实验充分认识植株调整对果菜类蔬菜生产的重要意义，了解并掌握植株调整的方法。

**（二）材料与用具**

**1. 材料**

番茄苗。

**2. 用具**

修枝剪、竹竿、塑料绳、直尺、台秤。

**（三）内容与方法**

**1. 整枝方案确定与种苗定植**

选好地块（面积根据种植株数定），按照 100t/hm² 量施加农家肥，并施加氮磷钾三元复合肥 500kg/hm²，后深翻耙平，做成高×宽＝10cm×60cm 的垄，垄间距 40cm。再将番茄分别按照双蔓整枝、单蔓整枝和不整枝 3 种方式确定合理株行距（分别为 55cm×50cm、40cm×50cm、55cm×50cm），且每种整枝方式 30 株进行双行定植，定植后及时浇透水，保持较高温度以利缓苗。

**2. 植株调整**

按整枝方式在苗高 30cm 时开始整枝，非整枝方式按自然状态生长。

**3. 水肥管理**

在生长发育期内除整枝与否外，均在同一时间内进行除草施肥浇水。水分管理以栽培垄表面土壤"见干见湿"为原则，随时清除杂草，肥料则根据长势情况按照"少量多次"原则追施氮、磷、钾三元复合肥，可随水追肥，也可在土壤湿润时在植株周围开沟追肥，追肥后覆土。

**4. 结果比较观察**

以整枝植株果实采收期为时间标准进行采收。对非整枝和两种整枝方式的每个植株统计结果数、单果重、总果重，比较整枝与不整枝、单蔓整枝和双蔓整枝下番茄果实的总产量及单果重差异；同时观察整枝与不整枝、单蔓整枝和双蔓整枝下番茄植株间病虫危害程度的差异。

**（四）作业**

（1）试分析整枝与不整枝、单蔓整枝和双蔓整枝下番茄果实总产量及单果重差异形成的原因。

（2）试分析整枝与不整枝、单蔓整枝和双蔓整枝下番茄植株间病虫危害程度差异形成的原因。

**参考文献**

［1］ 石雪晖. 园艺学实践［M］. 南方本. 北京：中国农业出版社，2008.

［2］ 齐永顺，冯志红，刘玉艳. 园艺专业技能训练［M］. 北京：中国农业科学技术出版社，2012.

［3］ 刘金泉. 园艺技能实训教程［M］. 北京：科学出版社，2016.

［4］ 程智慧. 园艺概论［M］. 北京：科学出版社，2016.

# 第四章　热带园艺植物的应用

## 第一节　组合盆栽

### 一、组合盆栽概述

组合盆栽又称盆花艺栽，就是利用两种或两种以上生物学、生态学习性相近的花卉，根据美学原理将其栽植在同一花盆内，以形成环境要求相近、色彩调和、高低错落、造型优美的栽培形式。一般一个容器可组合种植 3～5 种植物。这种盆花艺栽色彩丰富，花叶并茂，极富自然美和诗情画意，极大地提高了盆花的观赏效果。近年来在欧美和日本等国相当风行，在荷兰花艺界还有"活的花艺、动的雕塑"之美誉。

**1. 组合盆栽的基本原则**

第一是要取材容易，方便换盆或换盆后仍能满足基本的观赏需求；第二是要养护管理简单易行，存活率高；第三是要能够提高观赏性和增加观赏时间。

**2. 组合盆栽的设计**

组合盆栽的设计近似于盆景的设计，一般讲究植物习性、色彩、平衡、层次、对比、韵律、比例等诸多设计元素。在组合设计之初，应考虑到栽植间配置后持续生长的特性及成长互动的影响，并和摆设环境的光照、水分管理条件相配合。故要设计出情感生动丰富的组合盆栽，需熟练地运用各种设计元素，方能达到效果。

**3. 植物习性基本一致**

种植在同一容器中的花材应尽量选择生态习性一致的种类，其对温度、湿度、光照、水分和土壤酸碱度等生态因子要求相似，以便于养护管理，容易达到理想的组合盆栽效果。如喜光、耐旱的有仙人掌类、景天科、龙舌兰科等；喜阴、耐湿的有蕨类、天南星科、竹芋科等。

**4. 色彩搭配和谐**

植物的色彩相当丰富，从花色到叶片颜色，都呈现出不同风貌，在设计时必须考虑其空间色彩的协调及渐层的变化，同时还要配合季节和空间背景，选择适宜的植栽材料。整体空间气氛的营造可通过颜色变化，引导欣赏者的视线及环境互动而产生情绪的转换，使人有赏心悦目之感。色彩搭配时，一般以中型直立植物来确定作品的色调，再用其他小型植物材料作以陪衬。花形花色与叶形叶色匹配，使组合后的群体在色彩形态、姿、韵律方面创造出美感。

**5. 平衡稳重**

影响组合盆栽稳定感的主要因素是重量感，组合盆栽各个组成部分的重量感是通过它们的色彩、体量、形态、质地等表现出来的。色彩浓艳或灰暗、体形粗壮、体量大等重量感就大；数量少、质地光滑、薄软等重量感就小。在制作时，为保持稳定感和均衡感，要做到"上轻下重""上散下聚""上小下大"。

### 6. 层次分明

渐层是一种渐次变化形成的效果,含有等差、渐变的意思,在由强到弱、由明至暗或由大至小的变化中形成质或量的渐变效果。而渐变的效果在植物体上常可见到,如色彩变化、叶片大小、种植密度的变化等。

### 7. 对比鲜明

将两种事物并列使其产生极大差异的视觉效果就是对比。如明暗、强弱、软硬、大小、轻重、粗糙与光滑等,运用的要点在于利用差异来衬托出各自的优点。

### 8. 富有韵律

又称为节奏或律动,本是用来表现音乐或诗歌中音调的起伏和节奏感。在盆栽设计中,无论是形态、色彩或质感等形式要素,只要在设计上合乎某种规律,对视觉感官所产生的节奏感即是韵律。

### 9. 比例协调

比例指在一特定范围中存在于各种形体之间的相互比较,如大小、长短、高低、宽窄、疏密的比例关系。各种或各组植物在组合盆栽中要有一定比例的变化,不然作品便会看起来呆板无味。

组合盆栽基质应选择泥炭土、河沙、蛭石、珍珠岩、水草、树皮、腐叶土等材料配制成营养土。根据植物对基质的保水性、透水性和通气性要求混合配制,保证多种植物正常生长发育,肥水管理要统筹兼顾各种植物,营养需求差异较大的植株组合时,大体以"中性"程度较妥,即对光照给予半阴半阳,对水分保持湿润,对肥料实行薄肥淡施,使它们都能获得生长需求的基本条件。

## 二、盆栽容器

花卉盆栽应选择适当的花盆。通用的花盆为素烧泥盆或称瓦钵,这类花盆通透性好,适于花卉生长,价格便宜,在花卉生产中广泛应用。近年塑料盆亦大量用于花卉生产,它具有色彩丰富、轻便、不易破碎和保水能力强等优点。此外应用的还有紫砂盆、水泥盆以及作套盆用的瓷盆等。

## 三、培养土的配制

### (一)配制培养土的原料

由于盆栽花卉根系受到容器的限制,因此盆土的通透性及营养状况对花卉的生长发育影响很大,是盆栽花卉生长好坏的重要限制性因素。配制培养土常用的原料有园土、腐叶土、河沙、泥炭、厩肥土、堆肥土、珍珠岩、蛭石等。

### 1. 常见培养土的组分

(1)园土

是果园、菜园、花园等的表层活土,具有较高的肥力及团粒结构,但因其透气性差,易板结,故不能直接拿来装盆,必须配合其他透气性强的基质使用。园土的酸碱性因地区而异,一般北方的园土 pH 为 $7.0 \sim 7.5$,南方的园土 pH 为 $5.5 \sim 6.5$。

(2)腐叶土

腐叶土是由树叶、杂草、稻秸等与一定比例的泥土、厩肥层层堆积发酵而成。其质地疏松，有机质丰富，保水保肥性能良好，土壤多呈酸性，pH 为 5.5~6.0，是配制培养土最重要的基质之一。

（3）河沙

河沙不含任何养分，排水较好，但与腐叶土、泥炭土相比较透气性能差，保水持肥能力低，质量重，pH6.5~7.0，不宜单独作为培养土。

（4）泥炭

低湿地带植物残体，在多水少气的条件下，经过长期堆积、分解形成的松软堆积物，称之为泥炭。泥炭有 2 种，即褐色泥炭和黑色泥炭。褐色泥炭分解较差，含有机质丰富，pH6.0~6.5，是酸性植物培养土的重要成分；黑色泥炭分解较好，含有机质少，含矿物质较多，pH 为 6.5~7.4。泥炭质地疏松，密度小，透气、透水，保水性能良好，是配制培养土的优良原料。

（5）厩肥土

马、牛、羊、猪等家畜厩肥发酵沤制，其主要成分是腐殖质，质轻、肥沃，土壤呈酸性。

（6）堆肥土

由植物的残枝落叶、旧盆土、垃圾废物等堆积，经发酵腐熟而成。堆肥土富含腐殖质和矿物质，一般呈中性或碱性（pH6.5~7.4）。

盆栽花卉除了以土壤为基础的培养土外，还可用人工配制的无土混合基质，如用珍珠岩、蛭石、木屑或树皮、椰糠等一种或数种按一定比例混合使用。由于无土混合基质有质地均匀、重量轻、消毒便利、通气透水等优点，在盆栽花卉生产中越来越受重视，尤其是一些规模化、现代化的盆花生产基地，盆栽基质大部分采用无土基质。而且，我国已经加入世界贸易组织，为促进和加快盆花贸易的发展，无土栽培基质无疑是未来盆栽基质的主流。但是就我国目前的花卉生产现状，培养土仍然是盆栽花卉最重要的栽培基质。

**2. 培养土的配制**

不同种类的花卉以及花卉不同的生长发育阶段，对培养土的物理性状、化学成分、有机质含量及酸碱度的要求均不相同，因而要求培养土的成分也不同。

## 实训项目

### 实训 4-1　组合盆栽技术

**（一）目的要求**

本实验通过综合利用植物学、栽培学、美学、园林设计等多学科知识，通过对花卉品种的选择、基质的调配、盆具挑选、色彩搭配、种植设计和点缀装饰材料的配置等环节的实践，加强学生的动手能力、设计能力以及分析问题的能力。本实验将理论与实践操作紧密结合，将多学科知识综合起来，将设计的意图变为现实，对激发和培养学生对基本理论、基本知识、基本操作的学习热情具有很好的促进作用，为培养学生的创新能力打下良好基础。

**（二）材料与用具**

**1. 材料来源**

学院实验基地上数百个花木品种，学生可以根据实验的内容和组合盆栽设计的意图，选择合适的花木品种和规格。

**2. 用具**

枝剪、盆具、装饰材料和石头、数码照相机等。

**（三）内容与方法**

**1. 内容**

（1）制定组合盆栽实验方案。查阅相关资料，研究组合盆栽的特点；构思组合盆栽方案。

（2）考虑组合盆栽的科学性。考虑植物的生物学习性，选择搭配植物的相互关系，确定植物种类构成。

（3）考虑组合盆栽的艺术性。考虑植物色彩搭配、体量（规格）及配置。

（4）考虑增加组合盆栽科学性和艺术性的辅助配置：研究盆具、装饰材料和置石等。

**2. 方法**

（1）植物材料准备。根据组合盆栽设计的要求，选择不同色彩、不同规格的花卉植物材料。

（2）盆具准备。根据组合盆栽设计的需要，选择适宜形状、适宜大小和适宜颜色的花盆和用具。

（3）培养土的准备。采用基质栽培的种植形式，首先配制好所需要的培养土，注意其配方、pH 值和 EC 值，适合不同种花木同在一盆的要求。

（4）组合盆栽种植。注意不同花卉材料的配置，探讨各种配置方式的美学效果和不同花卉种类的生态和谐性。

**（四）作业**

如何提高蝴蝶兰组合盆栽艺术性?

# 第二节　插花技艺

## 一、东方式插花艺术

以中国和日本的插花艺术风格为代表的一类插花称为东方式插花艺术。主要流行于亚洲地区。

**（一）东方式插花艺术主要特点**

**1. 花材简洁，花色淡雅**

每件作品中以 2～3 种花材为宜。其色彩不求浓重，追求淡雅，一般花色不超过 3 种，否则易显杂乱。

**2. 追求线条造型**

东方式传统插花追求线条造型美，多采用木本花材的枝条展现各种线条姿态。如竹子的直线美，龙柳的曲线美，一叶兰、兰叶的弧线美，以及通过对枝条或叶片的加工，可以创造出丰富多样的线条变化。

**3. 多为不对称均衡构图**

通过线条造型，构成不等边三角形构图，突出不对称的自然美。

**4. 意境深远**

东方式传统插花巧妙运用花材的花语及文化内涵，赋予作品深刻的含义，借花抒情，以花达意，表达作者浓郁的思想感情。作品不但给人以华美的视觉享受，而且充满诗情画意，令人遐想。

**5. 注重花材的个体美**

作品中的花材简洁，多则 2～3 种，这个特点同时也形成了它的另一个特点，即注重表现花材的个体美。由于花材简洁，便有条件使每朵花每片叶子充分得到展现，互不遮掩，使花材的个体美显露无遗。

**（二）东方式插花构图的基本法则**

高低错落、疏密有致、俯仰呼应、虚实结合、上轻下重、上散下聚。

东方式插花的构图主要由 3 根骨干花材构成，根据 3 根骨干花材插置的角度不同而形成了不同的花型。其基本花型有直立型、倾斜型、下垂型。根据其风格不同又有自然式、盆景式、野趣式、写景式、自由式等不同的插花形式。

**（三）东方式插花的技法**

**1. 花枝长度的确定**

（1）容器量：容器的高与口径之和。

（2）主枝长度：东方插花通常用 3 主枝，而 3 主枝又长短不一，最长的一枝称第一主枝，下面 2 枝分别称第二主枝、第三主枝，其长度计算方法如下。

第一主枝：长为容器量的 1.5～2 倍。

第二主枝：长为第一主枝长的 1/2 或 3/4。

第三主枝：长为第二主枝长的 1/2 或 3/4。

**2. 东方插花的插法**

东方插花的中心问题是确定 3 主枝位置，3 主枝固定后再根据情况配以衬枝。

# 二、西方式插花艺术

以欧美国家插花艺术风格为代表的一类插花称为西方式插花艺术。主要流行于欧美地区。

**（一）西方式插花艺术具有以下特点**

**1. 花材繁多，花色浓艳**

每件插花作品均使用大量花材，结构充实而丰满。花色追求五彩缤纷、雍容华贵的效果。

**2. 突出花材的群体色彩美和图案美**

由于花材繁多，个体姿态得不到充分展现，但群体表现出的色彩和图案的观赏效果很有感染力。

**3. 多为对称均衡的几何形构图**

如圆球形、椭圆形、放射形、三角形、半球面形等是西方式传统插花中的常见花型。由于花材用量大，色彩艳丽，易于营造出热烈而欢快的气氛，渲染力强。

**（二）西方式插花的技法**

西方式传统插花主要由骨架花、焦点花、填充花、叶材 4 类花材构成。其构图的外形轮廓均成一定的几何形状。其基本花型主要有：三角形、球形、半球形、塔形、扇面形、倒 T 形、椭圆形、水平形、L 形、S 形、新月形等。

## 三、礼仪插花

### 1. 花束

花束是日常生活中常用的礼仪插花。凡迎送宾客、探亲访友、慰问及悼念等场合都可用。用于花束的切花种类常因花束的用途和各地风俗习惯不同而不同。如深红色的月季多用于表示爱情；香石竹则是母亲节的主要用花；结婚喜庆馈赠花色艳丽、芳香的月季、百合、非洲菊等；而表示怀念或参加葬礼时，则可赠献白色的月季、菊花等。

花束经常使用的花材有月季、香石竹、翠菊、菊花、非洲菊、马蹄莲、百合、紫罗兰、郁金香等，其中以花梗挺直、穗状花序的为最好。花束用花不宜带刺，应无异味，不污染衣物。

花束的造形常见有半球形、圆锥形、放射形等形式。新娘捧花则是花束的一种特殊应用形式。其形式丰富多彩，常见有半球形、半月形、球形、环形等。

### 2. 胸花

胸花是利用花材制作的人体饰花的一种。主要装饰在人体的胸部，是人们参加重要活动和礼仪场合的装饰物。制作胸花的切花材料应是花瓣不易脱落、对衣服没有污染、具有一定抗脱水能力的切花材料。胸花的组成结构由3部分组成，即花体部分，由1~2朵主花和适量陪衬花组成，为主要观赏部位；装饰部分，即位于花体下部的丝带花装饰材料，起烘托和陪衬作用；花柄部分，即花体的延伸，起平衡作用。常用的主花有香石竹、月季、洋兰、蝴蝶兰、非洲菊等团块状花材。陪衬花可选用满天星、情人草、勿忘我等散状花材。陪衬叶常用文竹、高山羊齿、蓬莱松等叶片细小的叶材。饰物是指系在胸花花柄上部的丝带花、缎带等异质材料。

### 3. 花篮

花篮是将切花插于用藤、竹、柳条等编制的花篮中的插花形式，常用于礼仪、喜庆或探亲访友以及室内装饰等。花篮制作时先在篮中放置吸水花泥或其他吸水材料，用作花材的固着物及供水来源。制作时一般先以线形花材勾出构图轮廓，再插主体花和填充花，最后用丝带作蝴蝶结系于篮环上。

依用途不同可将花篮分为以下几种类型：庆贺花篮、生日花篮、探亲访友花篮、悼念花篮、观赏花篮等。花篮常见构图形式主要有三角形、扇面形、半球形、L形、新月形等。大型花篮还可插成多层的。

## 四、现代插花艺术

在东西方插花艺术的基础上，又吸收了现代审美观形成的插花艺术新形式，亦是插花艺术发展的新高度，现代插花艺术打破了东西方地域的界限和形式上的规则，使插花艺术以全新面目出现。

现代插花艺术的最大特点是无论造型、用色还是立意都不受任何传统手法限制，而是自由发挥，因此亦可称为"自由式"。现代插花艺术在构图上吸收东方和西方插花艺术的特点，在多数情况下吸收西方手法更多些；在用色上通常更多吸收西方插花手法，多用对比、艳丽、明快、富于装饰性等手法；也吸收现代艺术方面的抽象手法创作一些抽象的插花艺术品。

## 实训 4-2　东方式插花

**（一）目的要求**

熟悉掌握花材的修剪、弯曲造型、固定等技术，掌握插花的基本过程和东方式基本花型的插法。

**（二）材料与用具**

（1）花材：竹、黄丽鸟蕉、鹤望兰、百合、月季、菊花、非洲菊、康乃馨、黄莺、勿忘我、散尾葵、天门冬等以及一些木本植物枝条。

（2）容器：以剑山、花瓶、浅盘等为主。

（3）其他用具：枝剪、剪刀、刀、花泥、绿胶带、绿铁丝等。

**（三）内容与方法**

（1）根据立意进行构图设计，要求分别设计出直立形、倾斜形、下垂形花型。

（2）选材：根据设计选择适宜的花材，对花材进行修剪整理。原则上要顺其自然。选定枝条主视面，一般应以叶片的正面（阳面）为主视面。选定茎的主轴和头部，然后对其余侧枝进行取舍。

（3）根据构图对花材进行弯曲造型固定和花型构思，先插好第一、二、三主枝，再插入焦点花，然后在上述各枝周围加入其他辅助枝条。在基部可错落插入散状花材或衬叶，以稳定重心，并遮盖剑山。

（4）对作品进行整体修饰，花材修剪应符合自然，插花做到"起把紧"，具有空间立体感。各枝长度比例适当，焦点突出。

（5）命名。

（6）清洁和整理插花现场。

**（四）作业**

东方式插花的方法与步骤。

## 实训 4-3　西方式插花

**（一）目的要求**

让学生掌握不同花型的结构特点、插花步骤与插花要点。注意比较不同花型的异同点，并注意不同花色的设计与搭配产生的不同观赏效果。通过反复练习，熟悉西方式插花的制作过程。

**（二）材料与用具**

（1）材料：月季、康乃馨、小菊、勿忘我、黄丽鸟蕉、肾蕨等。

（2）用具：容器、枝剪、剪刀、刀、花泥、绿胶带、绿铁丝等。

**（三）内容与方法**

（1）先用骨架花插出花型骨架，定出花型高、宽、深等外型轮廓；定焦点，插焦点花；插主体花，一般先插轮廓线，再在轮廓线范围内插入其他花朵，完成花型主体；用填充花、衬叶填空，遮盖花泥。

（2）对作品整体进行调整，学生完成作品，教师点评，并计成绩。要求操作步骤正确、规范，作品外形设计符合要求，花材色彩搭配协调等。

（3）清洁和整理插花现场。

**（四）作业**

西方式插花的方法与步骤。

## 实训4-4　花　篮　制　作

**（一）目的要求**

了解花篮的简单插制原理和方法，并通过实训掌握花篮的插制技巧。

**（二）材料与用具**

花篮、月季、百合、满天星，透明玻璃纸、花泥等。

**（三）内容与方法**

（1）先把透明玻璃纸放置在花篮里，将花泥放好，做好插制的准备。

（2）再将月季按所需要的位置和高度插制。

（3）将百合作为焦点花在花篮合适的位置插制。

（4）在花篮中插满天星作为填充材料。

（5）最后检查作品，进行调整，直到完善。

**（四）作业**

热带插花材料在花篮制作中的应用。

## 实训4-5　花　束　制　作

**（一）目的要求**

了解制作花束的注意事项，掌握一些常见花束的制作原理与方法。能够单独完成单面观赏型和四面观赏型花束制作。

**（二）材料与用具**

（1）材料：月季、菊花、唐菖蒲、满天星、勿忘我、山茜草等。

（2）用具：包装纸、绿铁丝、丝带、枝剪、剪刀、订书机等。

**（三）内容与方法**

（1）每组同学任选一个单面观赏、四面观赏或有骨架的花束制作。

（2）处理花材：将花材茎下部的叶、刺全部去掉，按种类排放在操作台上。按教材操作步骤制作花束。

（3）用花带制作蝴蝶结，再固定在花束上，将花带用剪刀轻轻卷起，再将带末剪成马蹄形。

（4）清洁和整理插花现场。

**（四）作业**

制作花束材料的选择有哪些要求？

# 第三节　盆景技艺

盆景是我国传统的优秀艺术珍品，是植物栽培技术和造型艺术的巧妙结合。它利用各种植物或山石等素材，经过艺术加工，模仿大自然的风姿，在大不盈尺的盆中，塑造出立体的、活的艺术品。

盆景艺术源于中国绘画艺术和造园艺术。技法上源于自然，但又高于自然，用高度概括的手法来表现自然，如用虬曲的老干和繁茂的枝叶表现参天的百年古木，用山势多变、对比等手法给人以"一峰则太华千寻"之感。在内容上强调意境，使人观之如入山野林泉之中，饱含诗情画意，回味无穷，妙趣横生。

盆景分为树桩盆景和山石盆景两大类。

树桩盆景简称"桩景"，是表现自然界的各种树木和花草等优美植物景观的盆景艺术品。树桩盆景用材以树木为主，也用其他多种草本植物，且常以山石和其他小工艺品陪衬，种类很多，如以表现花果为主的，称为花果盆景。

山石盆景是表现自然界山水景观的盆景艺术品。山石盆景用材则以石料为主，并点缀细小的植物和微型的亭、桥、船等工艺品，塑造秀丽的山水佳景。

# 一、树桩盆景

## （一）树桩盆景的形式

### 1. 按树干形状分

（1）直干式：主干直立（亦可稍曲），此种形式能表现雄伟、挺拔的大树。

（2）斜干式：主干倾斜（常略有弯曲），能表现多年古树。

（3）卧干式：主干横卧盆面，表现苍老树木。

（4）悬崖式：主干下垂，大部分枝条在盆面以下，此种形式自然、优美，通常陈设于高架之上。

（5）曲干式：主干弯曲。

（6）垂直枝式：适用于枝条多而细长的树种，经加工使其枝条下垂。

### 2. 按树干数目分

（1）单干式：树木只一本一干。

（2）双干式：2株树或一本二干。常一高一低，一粗一细，一直一斜。

（3）丛林式：3株以上树木配置于一盆内，呈现树丛或森林景观。

### 3. 按栽植方式分

（1）附盆栽式：即将树木或其他植物配植于盆内土中。

（2）附石式：将树木等栽植在石头上，使其根攀附在石缝内，再伸入石下的盆土或水中。

## （二）树桩盆景的制作要点

### 1. 植物的栽植和配置布局方法

桩景栽植首先要选用培养成形的树木和其他植物的材料，然后选好盆和配件，按造型要求栽植。栽植时间通常以春季为佳，但若盆植材料带全土团则四季皆可。栽植方法及培养土配制如盆花。

### 2. 栽植的配置布局要点

（1）单干式：栽在盆左右的1/3处，而不植于中央，前后向也不应在正中。通常是树冠偏左则植于右边；偏右则植于左边。前后也如是。

（2）丛林式：先确定主树（最高大，可为一株也可为一组）的位置，通常亦在盆的左右 1/3 处，前后也勿在正中；副树（小于主树，大于其他树，一株或一组）则植于主树相反方向的 1/3 处；衬树（最小的，一株或一组）植于主树附近。三部分应形成不等边三角形。以上为丛林式桩景布局的基本原则，制作时以此原则为基础灵活变化。

丛林式桩景用材数量上为 3 株、5 株、7 株、9 株等，不宜用偶数。

配植中要注意空间变化和整体配合，要疏密有致，相互呼应。要选择植株最具观赏价值的一面作为正面。

（3）附石式：此类栽植较复杂，下面按水附石和旱附石分别叙述。

水附石栽植方法：首先在石料上栽植处打洞，洞口宜小，但洞内部宜大，然后于洞内填置培养土并栽植植物，用竹杆开孔栽植，栽后按紧土，栽后洞土轻浇水，并向整个石料喷水，然后置于水盆中。以后要保持盆中水量，并经常喷水。

旱附石栽植方法：首先在石料上自上而下凿植根缝，并于缝旁每隔一定距离开一小孔，将铝丝段一端插入小孔，以铝块（或竹块）塞固，然后将树根嵌入石缝，并用以上铝丝固定，再用河泥涂抹盖没树根，外面植以青苔。将其放入盆土上，并将根下部植入土内。植后浇透水，并喷水。以后亦如盆花水肥等管理。

第二年便可除去青苔与河泥，使根显露出来。至第三年，根已充分生长与石抱紧，可去掉固定根的铝丝。

### （三）配石和配件

树桩盆景中，常以山石和配件与植物配合，形成特殊的意境，有画龙点睛之功。

一盆之中，树下置以山石，盈尺之树，立即显出参天的气势。山石与树木相配，要求树与石的姿态要相互呼应、高低参差、协调一致，如以竖纹取胜的峰石配以萧疏的竹子，以横纹取胜的山石则与兰相配等。

配件指人物、动物、亭、台、楼阁等小型工艺品。置入配件，常呈现出特定主题，增加生活气息等。应用配件要注意配件色彩要与整个作品协调，以淡雅为佳，配件宜小不宜大；配件不要过多，通常 1～2 件即可。

### （四）树桩盆景常用树木的培养及造型

桩景用树，通常选取株矮、叶小的种类栽植于盆中，用攀扎、整枝、修剪、剪根、摘叶、摘芽等方法，抑制其生长，使其逐步具备干粗、枝曲、叶细、根露等形象，从而达到小中见大，见千年古树的效果。

桩景用树的培养造型上，主要用"剪"与"扎"两种方法。剪的方法为岭南派盆景的主要造型方法，适合于萌发力较强的树种，其特点是成型后苍劲、自然。扎的手法为中国盆景普遍应用的传统手法，适合用于各种树种，其特点是曲折多变，古朴典雅。松柏类树木尤为适于后种手法。

剪扎法通常结合使用，两者适宜的配合使用法为：剪为主，扎为辅，主枝用扎，小枝用剪。剪、扎的具体方法如下：

（1）修剪法

当树木培养到枝、干粗度适合时，每根枝干上剪掉一段，这些枝干称作第一节枝，其上生出的侧枝称作第二节枝，当第二节枝长到粗度适合时，再将其剪掉一段，使生出第三节枝，依此法再生出第四节枝。一般在每一节枝上仅留 1～3 个小枝，而且长短各异。每一节枝条剪去多长及保留多少小枝，根据造型需要而定，要根据疏密有致的原则，灵活处理。

修剪时间，依树种而不同，落叶树宜在落叶后发芽前修剪，常绿树则宜在生长旺盛时修剪，定期发芽的树种宜在发芽前修剪，观花树种则宜在花后修剪。春夏季节，宜让树木自然生长一段时间后再行修剪，可促使枝叶繁茂，多生新根。生长势强的树种可强剪，生长势弱的则要少剪；更弱的可使其自由生长一定时间，恢复较强的生长势后再剪。

（2）攀扎法

用铜丝或铝丝卷绕在树枝，再将树枝进行各种弯曲。攀扎时，根据枝干的粗细选用金属丝，一般用铝丝，常用的规格是 14～24 号。攀扎从主干开始，然后扎侧枝，最后扎小枝。方法是先将铝丝一端固定在枝干的基部或交叉处，然后作螺旋状卷绕，必须紧贴枝干，绕好后，即可行造型弯曲。如果枝干太粗，用铝丝不能使其弯曲时，通常用棕绳或麻绳将弯曲处扎成弓状，亦可采用"开刀法"，即在树干要弯曲处，用利刀竖向穿透树干切 3～5cm 口，然后再弯曲。通常一年后即可拆除金属丝。

# 二、山石盆景

## （一）山石盆景的种类

### 1. 水盆式

又称水石盆景，是山石盆景中最常见的形式。即将山石置于浅口水盆中，盆内贮水，常以植物、配件等作点缀。这种形式主要表现有山有水的景观。其特点是自然优美、意境深远、管理方便，景物易更换，便于拆散携带。

### 2. 旱盆式

又称旱石盆景。即将山石置于浅盆土内，并配以植物和配件。此类盆景主要用以表现山林景观。其盆底有排水孔，管理与树桩盆景大致相同。

### 3. 水旱式

即盆中一部分盛土，另一部分贮水，山石、树木、配件巧妙地安排在其中。此类盆景较难处理。

### 4. 挂壁式

是近年海派新创，即将山石用胶贴于大理石板上（亦可用其他板），石上树木的根透过山石和大理石板的小孔，栽在连于板后的盆土中。虽管理稍麻烦，但非别致、有趣。石料要选用质松的。

## （二）山石盆景制作要点

### 1. 山石盆景的用盆选择

水石盆景均用盆底无孔能够贮水的浅口盆，盆的形状以长方形和椭圆形最常见，也最为适用，长方形水盆整齐大方，常用于表现雄伟、挺拔的山峰；椭圆形水盆柔和、优美，常用于表现秀丽、开阔的山水景色，此外尚有其他形状的盆。水石盆景用盆色彩一般以素淡为宜，常见的有白色、淡黄、淡绿和淡蓝等，要根据盆景内容及山石的色彩选用，要既可调和又有对比，如表现江海时可用淡黄和淡蓝色，表现湖池可用淡绿色，表现夜景可用深蓝色等。水盆的质地有多种：①石盆：用大理石、白矾石等制成，以整块石凿成最佳，近来有采用几块石料胶接制成的，此法省工、省料，效果也很好。②瓷盆：釉色各异，并具光泽，虽不如石盆，但也很理想。③水泥盆：一般多用于大型盆景，皆自制，材料以白水泥为佳。方法是：先按要求制木模，然后放入钢筋架，再填入白水泥掺白石子浆，待

3～4d去模后，用油石沾水磨光。白水泥可掺入颜料，制成各种颜色的盆。④陶盆（紫砂等）：因色深，一般水石盆景少用。

旱石盆景和水旱盆景一般需用旱盆，旱盆较水盆深，盆底有排水孔。各种质地及各种颜色的均可选用。

**2. 山石盆景石料的选择**

（1）砂积石：山石盆景最常用的石料之一，黄褐色具小孔，石质疏松，便于加工，能雕各种纹理，吸水性强。缺点是易破损。

（2）芦管石（亦称鸡管石）：同砂积石性质大致相同，多产于同一地区，特点是里面有许多天然管状小孔。

（3）海母石：是一种海洋贝壳类生物遗体积聚而成的冲积化石，质地疏松，易加工，能吸水。

（4）钟乳石：石炭岩洞中的岩石，呈钟乳状，白或淡黄色，质地较硬，但可锯截。

（5）斧劈石：灰黑色，质地坚硬，纹理刚直，一般呈修长状。

（6）木化石：黄褐色，质地坚硬，纹理直。

（7）其他：火山岩、浮石（江石沫）、英德石、石笋石、砂片石、宣石等。

**（三）山石盆景布置形式种类**

（1）孤峰式：只一主峰，对山石的要求高，故山石形要优美。石上皱纹、层次要细致多变。

（2）重叠式：山峰多且分很多层次。每块石上皱纹不必太细，主要注重造型。

（3）开合式：两旁有山峰，中间空白处为江河或道路，后面再以远山合起。

（4）疏密式：山石较多，但分散，有疏有密散布在整个盆中，形式较自由，无明显规律。

（5）偏重式：山石偏重一边，另一边用很小的山石作均衡陪衬和对比。

**（四）山石布局要点**

**1. 突出主峰**

主峰的位置通常应在盆的1/3处，应稍偏前或偏后。主峰应是最高大的山峰，配峰要围绕主峰，要和主峰相呼应烘托主峰，使人看出是一个山系，而不是一堆乱石。布局上要有疏有密、疏密得当，使空间有变化。

**2. 多样统一**

一盆盆景中所有山峰及构图必须在风格上统一，但山形、大小等又必须有变化，不允许出现等高峰。既要有节奏的高低参差变化，又要注意调和。

**3. 小中见大**

要力求表现出三远的意境，即高远、深远、平远，一件作品至少要表现出两个远。远山低矮平淡，近山高耸多变可造成平远的意境；水面成"S"形弯曲，能造成深远感；用小山及小配件等与大山成对比效果，能造成高远的意境；用露和藏的手法，如山上作出些半露半藏的层次或山洞，令人感到深不可测，也能达到深远的意境；另外用开合手法等皆可造成三远的意境。

**4. 神似**

一盆盆景的整体气势，与自然实景相比，要神似而不追求形似。山石主要线条要简洁，自然而粗壮有力，有巍然屹立之感；忌太精细、呆板，否则近于模型，反失艺术价值。

**5. 空白**

石盆景空白处的处理也很重要。空白处应视为画面的重要组成部分，但究竟留多少，要视题材、内容而定：如表现开阔水面，则要大些，可达整盆的 2/3 以上；如以表现山为主，则水面可占 1/3 左右。一般说，水面宜大些，这样整个作品才有清雅、开阔之感。有些地方大片的空白不但不显单调，反而觉得其味无穷。

**（五）植物配置**

山石盆景中植物栽植也非常重要，常用的植物材料有树、草、青苔等。这些材料最重要的要求是小。即株小叶亦小。中国画中有"丈山尺树"说法，就是此意。树可用五针松、罗汉松、榆等，但如无合比例之小树，则宁可不用。草本常用的有酢浆草、蒲草等，一般选用叶细、体小、培养容易的种类。

青苔只能在疏松、吸水的石料上长好，养好的关键是保持湿润和半阴环境。山石盆景的植物，要配置恰当，易简不易繁，要自然而有变化。山石上栽植植物的方法，如桩景的水附石法，即在山石上打小洞，然后填土栽植。

**（六）山石盆景的配件**

山石盆景放置配件非常重要，配置适宜，往往起到画龙点睛之效果。

配件有人物、亭、台、楼、阁、房屋、小桥、小船等。要求配件颜色素雅、形美体小。配件主要有陶质、瓷质、石质及金属等多种，一般用水泥或万能胶粘接在盆景内。

配件设置要注意与山石的比例关系及远近关系，决不能乱放。另外配件也宜简不宜繁，以少为佳。

## 实训项目

## 实训 4-6　景盆的选择

**（一）目的要求**

通过实训，了解各类景盆的质地、形态、特点，并正确掌握其用途。

**（二）材料与用具**

**1. 各类不同质地的景盆**

紫砂盆、釉盆、瓷盆、石盆、云盆、水泥盆、泥瓦盆、竹木盆、塑料盆等。

**2. 各类不同形状的景盆**

长方盆、方盆、圆盆、椭圆盆、八角盆、六角盆、浅口盆、扁盆、盾形盆、海棠盆、自然型石盆、天然竹木盆等。

**3. 各类深浅不同的景盆**

浅盆、深盆、千筒深盆等。

**4. 各种不同用途的景盆**

植物盆景用盆、山石盆景用盆、水旱盆景用盆等。

**（三）内容与方法**

**1. 各类景盆的识别**

按景盆的质地、形态、用途等不同，对各类景盆正确地识别、归类，并明确其用途。

**2. 盆景园内典型案例观摩**

通过观摩盆景园内典型案例（即精品盆景），现场比较、分析、归类，总结出不同盆景材料对景盆的选择搭配的要点；同时针对盆景园内不太成功的学生习作，分析其在材料与配盆方面的失误之处。

**3. 植物盆景用盆的选择**

树桩盆景多用紫砂盆和彩陶盆等，形状不拘。

**4. 山水盆景用盆的选择**

根据石材及表现的主题不同，盆景在质地、形状等方面进行目测初选，然后将山石材料与景盆近距离接触，通过多方案比较来细致地选择。

**5. 选择景盆，合成盆景**

每位同学根据教师给定的景材，选择景盆，并结合盆景习作，以实验组为单位进行分析评价。

**（四）作业**

（1）列表描述所观察到的各类景盆的质地、形态、用途。

（2）选取盆景园内的精品与习作盆景，分析比较其在景材、盆景搭配上的成功与失误之处。

（3）将全班同学的盆景习作拍成数码图片，然后全面客观地分析比较。

## 实训 4-7 盆景制作工具的识别与应用

**（一）目的要求**

通过实训，能够熟练识别常见盆景制作工具种类，了解其性能并掌握正确的使用方法。

**（二）材料与用具**

**1. 制作工具**

疏枝剪、剪枝剪、万能剪、平头斜口剪、镊子、斜口刀、锯子、雕刻刀凿、雕刻机、转台、曲干器、山石切割机、交相砂轮机、钢锯、榔头、凿子、琢镐、琢锤、钢丝刷、砂轮。

**2. 辅助材料**

棕丝、棕绳、金属丝、钢丝钳、麻皮、胶布、金属钩、泥筛、喷雾器、水壶、防腐杀菌剂、毛刷、记号笔、橡皮垫、油灰刀、白水泥、颜料、胶水、黄沙、小桶、小钵、竹片、锯片条等。

**（三）方法与内容**

**1. 盆景制作工具的识别**

在教师指导下，分小组在实训室或盆景园现场，识别各类盆景制作常用工具及其辅助材料，讨论各种类工具与辅助材料的特点、操作要点及注意事项。

**2. 盆景制作工具的使用**

在盆景园内，学生首先观摩实训教师示范使用各类盆景制作常用工具及其辅助材料，然后分组分别操练树木盆景制作工具及其辅助材料，掌握山水盆景制作工具及其辅助材料的操作步骤与使用技巧。

**（四）作业**

（1）对各类盆景制作常用工具及其辅助材料正确识别。

（2）掌握各类盆景制作常用工具及其辅助材料的操作与使用技巧。

（3）列表描述所观察到的各类盆景制作常用工具与辅助材料的识别要点、操作规程及使用要点。

## 实训 4-8  当地盆景风格的观察

**（一）目的要求**

通过参观当地盆景园或盆景展览，辨别盆景的风格类型，掌握树木盆景八大流派的典型特征及山水盆景的地方特色。

**（二）材料与用具**

（1）盆景教学光盘。

（2）盆景教学的多媒体课件。

（3）当地盆景中的具有各大流派及地方风格典型特征的各种盆景。

**（三）内容与方法**

（1）学生观看有关盆景风格与流派的教学课件及光盘。

（2）教学讲解各盆景的风格与流派的典型特征。

（3）参观盆景园，教师讲解，指导学生认识常见的盆景植物及山石石料的种类，使学生辨认各流派及风格的盆景。

**（四）作业**

海南常见盆景的类型调查。

## 实训 4-9  微型盆景制作

**（一）目的要求**

通过本次实训使学生了解微型盆景的优点，明确微型盆景造型的原则，学会微型盆栽盆景的基本技艺。

**（二）材料与用具**

**1. 材料**

盆景盆、石料、配件、腐叶土、园土、河沙、12～24 号金属丝和罗汉松、小石榴、火棘、小榕树等植物材料。

**2. 用具**

筛子、小铲、喷壶、剪枝剪等。

**（三）内容与方法**

**1. 教师讲解示范**

微型盆景具有成型快、占用空间小、易于搬动的优点，已成为目前最盛行的盆景款式之一。选材遵循以微为贵的原则，一般选叶小、枝干短粗、萌发力强的树种为好。造型宜简不宜繁，采用"以少胜多""缩龙成寸"的造型方法。教师示范微型盆景植物材料脱盆、修根、枝干造型、培土上盆等操作过程。

**2. 学生设计与操作**

在教师的指导下，学生按照微型盆景造景的要求，根据现有素材的实际情况进行造型创作，以实训小组为单位，每组创作一幅微型盆景。

**3. 教师点评**

根据盆景作品造型优劣进行评分，作为该组的成绩。

**（四）作业**

海南微型盆景的材料及特点。

# 第四节　热带植物景观营造

植物景观，主要指由于自然界的植被、植物群落、植物个体所表现的形象，植物景观也包括人工的即运用植物题材来创作的景观。植物造景，就是运用乔木、灌木、藤本及草本植物等题材，通过艺术手法，充分发挥植物的形体、线条、色彩等自然美（也包括把植物整形修剪成一定形体）来创作植物景观。

植物造景基本原则需要具备科学性与艺术性两方面的高度统一，既满足植物与环境在生态适应上的统一，又要通过艺术构图原理体现出植物个体及群体的形式美，以及人们在欣赏时所产生的意境美。

## 一、影响热带植物景观的环境因子

研究环境中各因子与植物的关系是植物造景的理论基础。植物生长发育过程中，温度、水分、光照、土壤、空气等因子都对植物起到重要的生态作用。生活在某种环境中的植物，由于受环境条件的特定影响，通过新陈代谢在植物生活过程中形成某些特定生态需要，称为生态习性，如龙血树喜微酸性沙质土壤，荷花耐湿，仙人掌耐旱耐、高温等。具有相同生态习性和生态适应性的植物属于同一植物生态类型。

环境中各生态因子对植物的影响相互综合、相互联系，又相互制约。温度的高低和相对湿度的高低受光照强度的影响，光照强度受大气湿度、云雾所左右。不同生境中生长着不同的植物种类。如热带和亚热带南部地区高温高湿，生长着大量棕榈科植物，如椰子、油棕、皇后葵、槟榔、鱼尾葵、散尾葵、糖棕、假槟榔等；寒冷北方或高海拔处，则生长着较多落叶松、云杉、冷杉、桦木类的植物；在阳光充足的地方，梅、桃、马尾松、木棉等植物长势旺盛，而蔽阴的区域，铁杉、阴绣球、紫金牛、六月雪等能较好生长；杜鹃、山茶、栀子、白兰等喜欢酸性土壤，在盐碱土上则生长着柽柳、木麻黄等；沙枣、沙棘、柠条、梭梭树、光棍树、龙血树、胡杨等在干旱的荒漠上顽强生长，睡莲、棱角、芡实、萍蓬草、荇菜等则在湖泊、池塘等环境中生存。

### 1. 温度因子

温度是植物极其重要的环境影响因子之一。空间上，在北半球，温度随海拔升高而降低，随纬度北移而降低；随海拔的降低而升高，随纬度的南移而升高。时间上，温度随昼夜变化，随四季变化。

温度的变化直接影响植物的光合作用、呼吸作用、蒸腾作用等。每种植物的生长有最低、最适、最高温度，称为温度三基点。一般植物在 $0 \sim 35℃$ 的温度范围内，随温度上升而生长加速，随温度降低生长减慢。热带植物如椰子、槟榔、橡胶等要求日平均气温在

18℃以上才能正常生长；亚热带植物如柑橘、香樟、油桐、竹等在15℃开始生长；暖温带植物如桃、紫叶李、槐等在10℃即可生长；温带树种紫杉、白桦、云杉在5℃时开始生长。一般地说，热带干旱地区植物能忍受的最高极限温度为50~60℃左右。

高温会影响植物质量，如造成果实小、成熟不一、着色不艳。低温会使植物受到寒害和冻害。椰子在海南岛南部生长旺盛，硕果累累，到了海南岛北部则果实变小，产量显著降低，若跨海到广州不仅不易结实挂果，甚至还会发生冻害。凤凰木原产于热带非洲，生长十分旺盛，花期长且先花后叶，引种至海南岛南部，花期较原产地明显缩短，花叶同放，引至广州，大多变成先叶后花，花量明显减少，甚至只叶无花，影响了景观效果。植物造景时应尽量选用乡土树种，或者是通过驯化后适应当地环境的树种。在园林实践中，通常采用温度调节来控制花期，以满足造景需要，通过提高温度，可控制花芽的活动和膨大。

**2. 水分因子**

水分是植物体重要组成部分，是植物生存的物质条件，也是影响植物形体结构、生长发育、繁殖、种子传播等重要的生态因子。一般植物体含水60%~80%，高的达到90%。植物对营养物质的吸收和运输、光合作用、呼吸作用、蒸腾作用等生理作用，都必须依靠水分参与才能进行。水直接影响植物是否健康生长，也具有多种特殊的植物景观。

**3. 光照因子**

根据植物对光强的需求，可分为阳性植物、阴性植物和耐阴植物。在自然界的植物群落组成中，有乔木层、灌木层、地被层。各层植物所处的光照条件不相同。

阳性植物：一般需要光度为全日照70%以上的光强，常为上层乔木。如木棉、桉树、木麻黄、椰子、鱼尾葵、大王椰子、高山榕、细叶榕以及许多一、二年生植物。

阴性植物：一般需要光度为全日照5%~20%，常为中、下层植物，或生长在潮湿背阴处。如棕竹、散尾葵、巴西木、袖珍椰子等。

耐阴植物：对光的适应幅度较大，一般需要光度在阳性植物和阴性植物之间。如鸟巢蕨、鹿角蕨、肾蕨、文心兰、花叶芋等。

通过光照处理，还可以对植物的花期进行调节，使其在有需求时开花，用来满足布置花坛、美化街道以及各种场合造景的需要。

**4. 土壤因子**

土壤是植物生长的基质，为植物根系生长的场所，提供植物生长需要的水分和养分，以及微量元素。理想的土壤保水性强，有机质含量丰富，中性至微酸性。

**5. 空气因子**

空气中二氧化碳和氧气是植物光合作用的主要原料和物质条件，这两种气体的浓度直接影响植物的健康生长与开花状况。

空气中常常还含有植物分泌的挥发性物质，其中有些能影响其他植物的生长。植物的芳香气味也能用于康体治疗等作用。

## 二、热带植物景观

热带包含海南和云南、广西、广东、台湾等地南部地区。年平均气温22~26.5℃，最冷月平均气温16~21℃，极端低温大于5℃，最热月平均气温26~29℃，活动积温为

8000～10000℃。热带地区全年基本无霜，降雨极丰富，月降雨量 1200～2200mm。植物种类极其丰富：棕榈科、山榄科、紫葳科、茜草科、木棉科、楝科、无患子科、梧桐科、桑科、龙脑香科、橄榄科、四数木科、大戟科、番荔枝科、肉豆蔻科、藤黄科、山龙眼科等树种较多。热带雨林植物种类繁多，层次结构复杂，少则 4～5 层，多则 7～8 层，藤本植物种类增加，尤其多木质大藤本。出现层间层、绞杀现象、板根现象、附生现象等景观，热带植物景观丰富多彩。

**1. 热带雨林植物景观**

在云雾缭绕、高海拔的山区，有千姿百态、万紫千红的可供观赏的植物。它们长于岩壁、石缝、瘠薄的土壤母质上，或附生于其他植物体上，这类植物没有坚实的土壤基础，其生存与空气湿度息息相关。在高温高湿的热带雨林中，高大的乔木上常常附生大型蕨类，如鸟巢蕨、岩姜蕨、书带蕨、星蕨等，植物体呈现出悬挂、下垂的姿态，抬头观望，犹如空中花园。在海南岛尖峰岭，由于植物树干、树杈以及地面长满苔藓，地生兰、气生兰随处可见，在高海拔处，具有足够的空气湿度植物才能附生在树上。模拟热带雨林植物景观，创造空气湿度不低于80％的生态环境，便可在展览温室中进行人工的植物景观营造，如在一段朽木上可附生多种开花艳丽的气生兰、花与叶都美丽的凤梨科植物以及各种蕨类植物。

**2. 热带水生植物景观**

水是构成景观的重要因素。水体给人明净、清澈、近人、开怀的感受。各类水体，或多或少借用植物来丰富景观，水中、水旁园林植物的姿态、色彩、所形成的倒影，均加强了水体美感和动感。

水生植物是指生在淡水深处的土壤或自然漂浮在水中的植物，有时也包括沼泽中出现的植物。水生植物依其生态习性及其对水分的需求可分为挺水植物、沉水植物、浮叶植物、漂浮植物。热带水生植物景观有：①挺水植物景观：荷花、菖蒲、芦苇、旱伞草、水生鸢尾类等植物构成的景观（根生于泥，茎叶挺在水面之上）。②沉水植物景观：金鱼藻、苦菜等植物构成的景观（根生于泥，茎叶全部沉在水中）。③浮叶植物景观：睡莲、王莲、菱角等植物构成的景观（根生于泥，花、叶浮于水面）。④漂浮植物景观：凤眼莲、浮萍等植物构成的景观（根伸展于水中，叶片浮于水面）。

**3. 热带植物与建筑景观**

热带植物与建筑配植是自然美与人工美的结合，植物丰富的自然色彩、柔和多变的线条、优美的姿态及风韵都能增添建筑的美感。如椰子、大王棕与图书馆搭配，能充分体现热带植物自然美和建筑景观人工美。

**4. 热带植物与道路景观**

随着城市建设飞速发展，城市道路增多，功能各异，形成了各种绿带。行道树、林荫道、防护林带共同连成城市的绿色走廊，如热带植物细叶榕树冠大，枝叶繁茂，老树常有锈褐色气生根，与城市道路景观相得益彰。

**5. 热带植物与山石景观**

热带植物与山石的结合在景观中的应用十分广泛，常以山石本身的形体、质地、色彩及意境作为欣赏对象。可孤赏，可做成假山，可砌作岸石，可结合地形半露半埋造景。

## 实训 4-10　屋顶花园的植物配置

**（一）目的要求**

掌握屋顶花园的植物配置方法。

**（二）材料与用具**

绘图纸、绘图笔、直尺、三角尺、圆模板等。

**（三）内容与方法**

**1. 设计基本原则**

（1）实用原则：衡量一座屋顶花园好坏，绿化覆盖率指标必须达到50％以上。屋顶花园除满足不同使用要求外，应以绿色植物为主，创造多种环境气氛，以精品园林小景新颖多变的布局，达到生态效益、环境效益和经济效益的结合。

（2）美学原则：屋顶花园应与主体建筑和周围大环境保持协调一致，具有自身的景观风格，景物配置、植物选配、材料选择要与总体规划尺度一致。

（3）安全原则：符合结构承重安全性、防水结构安全性、屋顶四周防护安全性。

**2. 屋顶花园绿化类型**

（1）按使用要求区分：公共游憩型、营利型、私密家庭型、绿化科研生产型。

（2）按绿化形式分：成片状种植区（地毯式、自由式、苗圃式），分散和周边式，庭院式。

（3）按位置划分：低层建筑屋顶花园和高层建筑屋顶花园，开敞式、半开敞式和封闭式。

**3. 植物设计与选择**

（1）植物设计

以突出生态效益和景观效益，根据不同植物对基质厚度的要求，通过适当的微地形处理或种植池栽植进行绿化。

**不同植物种植厚度**　　　　　　　　　　　　　　　　　　　　　表 4-1

| 植物类型 | 规格/m | 基质厚度/cm |
|---|---|---|
| 大型乔木 | $H=2.0\sim2.5$ | 大于等于 60 |
| 大灌木 | $H=1.5\sim2.0$ | $50\sim60$ |
| 小灌木 | $H=1.0\sim1.5$ | $30\sim50$ |
| 草本、地被植物 | $H=0.2\sim1.0$ | $10\sim30$ |

屋顶种植区要尽可能模拟自然土的生态环境，又要考虑承重、排水、防水等工程问题，一般采用改良方式：采用人工合成种植土代替陆地土，以减轻屋顶荷重，并能够根据植物生长需求调节酸碱性、营养成分等；设置过滤层防止种植土随浇灌水和雨水流失；设置排水层，在人工合成土、过滤层之下，设置排水、储水和通气层，以利于植物生长。

屋顶花园植物选择应注意：遵循植物多样性和共生性原则，以生长特性和观赏价值相对稳定、滞尘控温能力较强的本地常用和引种成功的植物为主。以低矮灌木、草坪、地被植物和攀缘植物为主，有条件时可少量种植耐旱小型乔木。选用须根发达的植物。选择易移植、耐修剪、耐粗放管理、生长缓慢的植物。选择抗风、耐旱、耐高温的植物。选择抗污性强，可耐受、吸收、滞留有害气体或污染物质的植物。

（2）植物选择

① 园景树：大叶榄仁树、桃花心木、木棉、凤凰树、油棕、椰子、蒲桃、荔枝。

② 花灌木：三角梅、桂花、龙船花、月季、山茶、含笑、米兰、九里香、大红花、软枝黄蝉。

③ 地被植物：台湾草、大叶油草、马鞍藤、蔓花生、紫叶酢浆草、麦冬、沿阶草、蕨类植物。

④ 藤本植物：紫藤、络石、爬山虎、金银花、使君子、炮仗花、木香、蒜香藤、大花老鸦嘴、扁担藤、西番莲、油麻藤。

⑤ 绿篱植物：红绒球、灰莉、海桐、福建茶、假连翘、九里香、勒杜鹃、红果仔、山指甲、花叶鹅掌柴、变叶木、金脉爵床。

⑥ 抗污染树种：夹竹桃、无花果、桑、木槿、女贞。

**（四）作业**

以某建筑屋顶为对象，对其进行屋顶花园设计。要求：

（1）绘制植物配置平面图；

（2）编制景观植物苗木表（表4-2）。

景观植物苗木表 表 4-2

| 序号 | 名称 | 拉丁名 | 胸径/m | 树高/m | 冠幅/m | 株数 |
|---|---|---|---|---|---|---|
| 例1 | 鸡蛋花 | *Plumeria rubra* | 0.4 | 3 | 5 | 5 |
| 例2 | 鸢尾 | *Iris tectorum* | — | — | — | 20 |

# 第五节 热带庭院规划设计

## 一、庭园规划设计概述

庭院作为人们生活场所的一部分、大自然的一个缩影，被人们广泛关注。随着我国城市化进程的加快、社会经济的增长以及人民生活水平的日益提高，人们越来越关注环境，重视生态，向往自然，渴望拥有属于个人的绿色空间。本节所谈的庭院，涉及个人住宅庭院、宾馆酒店公共庭院等，以改善和美化居住环境为主要目的，直接为人们服务。

庭院规划设计是在有限的空间范围内，结合自然条件，人为加工设计而成的景观，具有美化、休憩、康体、游乐等多重功能。本节介绍庭院规划设计的概念、基本原则和设计方法，并针对不同风格的庭院设计，为读者提供具有价值的设计参考。

## 二、庭园规划设计基本要求

从现代都市的发展趋势来看，庭院的建设目标通常是僻静、舒适、美观、方便和安全，并有一定的适应性。

### 1. 布局的多样与统一

多样统一就是把庭院里的各个部分适当组合在一起，让它们和谐有序、相互协调产生美感。一般来说，要达到庭院设计的多样性，应遵循一定规律。

首先确定风格。庭院风格类型有规则式、自然式、花丛式、简约式。规则式庭院的主要特点是比较规则的布局，将耐修剪的黄杨、石楠、栀子等植物修剪成整齐的树篱或球状。自然式庭院的特点在中式庭院主要表现为植物配置多为自然式树丛为主，重视宅前屋后名花、名木的精心配植，如灵活选用梅、兰、竹、菊、松、桂、牡丹、玉兰、海棠等庭院花木，赋予一定主题，烘托气氛，情景交融；自然式的美式庭院主要特点是着重于树丛、草地、花卉组成自然的风景园林，讲究野趣和自然；自然式的日式庭院吸收中式庭院的风格后自成一个体系，它对自然高度概括和精炼，成为写意的"枯山水"，园中特别强调置石、白沙、石灯笼和石钵的应用。花丛式庭院的主要特点是在其角隅或边缘，在道路的两侧或尽头栽植各种多年生花卉，高低错落有致，色彩艳丽，形成花丛、花境，其余空间铺设地坪，放置摇椅、桌凳、太阳伞等，供人休息、小憩。花丛式的庭院植株低矮，让人感觉空间宽阔，有较好的活动和观赏效果。简约式庭院主要特点为精简干净，采用卵石作为铺装组景，或用嵌草地坪，既有图案又显活泼，植物材料多选用叶质硬厚、管理粗放的品种，并合理搭配色彩。

然后划分道路系统。规划好庭院的道路系统是统一庭院的重要步骤，规划时结合功能要求，巧妙规划合理的道路系统。

之后布置硬质景观。让铺地、木板平台、山石、水池、休息亭、花棚、花架等景观组合有序，相互协调，互相补益。

最后布置软质景观。布置时应考虑植物的形体、高低和叶簇、花卉的形状、颜色、质感等要素，综合考虑，合理搭配。切忌随便放置遮阴树和灌木层，会产生杂乱效果。

**2. 构图的平衡与韵律**

保持平衡。平衡会使视觉稳定，可按体积、大小、高低、色彩和质感去布置各种植物和构筑物，借以平衡它们在视觉上的重量。

渐变韵律。韵律是一种视觉从一个要素转换到相邻的另一个要素的感受。这种流动韵律的产生，是由体积、形式、线条、色彩的重复和对比产生的。

**3. 形状的尺度与比例**

小的庭院需要低矮的小尺度植物与之搭配。而高大的树木群会让人感到自身矮小，感觉阴森和神秘。如大尺度的雪松、杨树等高大树木可以和3层楼房成比例。

**4. 色彩的对比与统一**

花园中色彩斑斓的众多花卉是颜色的来源之一，还有叶子、果实、树干、树皮、建筑材料等各种各样的颜色。色彩可以发出强烈的情感信号，并影响庭院的诸多方面。重复色彩能够产生视觉上的统一效果。

**5. 质感的效果与表现**

植物的质感取决于叶子的大小和枝干情况，有精致、中等、粗糙之分。黄杨木有小的卵圆形的叶子，显得细致而平静。木槿花长有大的菱状叶，显得枝干粗犷。植物的叶子硬而细致光亮，会产生清爽之感。

## 三、庭院植物的文化

植物本身的实用性能体现农耕文化。传统的庭院里常常种果树，如：荔枝、龙眼、橘、杧果、桃树、杨桃等。传统的文化品位让人们赋予了植物文化特性，如：典雅尊贵的牡丹，象征荣誉、富贵；高雅脱俗的菊花，被誉为"隐逸之星"。传统文化中，也常借植物寄托愿望或自喻某种品格或委婉含蓄地表达道德准则、志趣品位，如："梅兰竹菊""岁寒三友"等（表4-3）。

各种常见花木的象征意义 表 4-3

| 植物品种 | 文化内涵 |
|---|---|
| 竹子 | 清高、气节、坚贞 |
| 牡丹 | 荣誉、富贵 |
| 菊 | 高雅、脱俗 |
| 桃花 | 和平、理想、幸福 |
| 石斛兰 | 美人、喜悦、祝福 |
| 红掌 | 心心相印、爱心 |
| 紫玉兰 | 紫气东来、富贵祥和 |
| 散尾葵 | 优美 |
| 松 | 吉祥、长寿 |
| 龟背竹 | 长寿 |
| 满天星 | 清纯、温柔 |
| 荷花 | 健康、清雅、出淤泥而不染 |

#### 四、庭院经济作物

常见庭院果树有：椰子、槟榔、杨桃、番木瓜、杧果、荔枝、龙眼、毛叶枣、橙、柠檬、柚子、香蕉、菠萝、草莓、番石榴、黄皮、菠萝蜜等。

常见庭院蔬菜有：观叶类蔬菜、茄果类蔬菜、瓜类蔬菜、芽菜类蔬菜等。

#### 五、庭院植物规划设计

庭院植物规划设计要慎重选择植物类别及使用方式，需根据乔木、灌木、花草与藤本植物特有的观赏性、庭院植物在对应的社会环境赋予其的特定文化含义、庭院植物的经济价值等综合因素，做好庭院植物规划设计工作。

**（一）观赏型庭院植物规划设计**

**1. 庭院观赏乔木**

以观赏特性为分类依据，可以把乔木分为常绿类、落叶类、观花类、观果类、观叶类、观枝干类、观树形类等。

乔木体量大，占据庭院绿化的空间最大，是庭院植物景观营造首先要考虑的因素。大乔木遮阴效果好，可以屏蔽建筑物等不良视线，落叶乔木冬天能透射温暖阳光，中小乔木宜作为背景和风障，也可用来划分空间、框景。

常用的观赏乔木有：白玉兰、凤凰木、海南红豆树、沉香、大王棕等。

**2. 庭院观赏灌木**

庭院中的灌木通常指具美丽芳香的花朵、色彩丰富的叶片或诱人可爱的果实等观赏性状的灌木和观花小乔木。可分为观花类、观果类、观叶类、观枝干类等。

常用的观赏灌木有：九里香、玫瑰、含笑、月季、南天竹、木槿、米兰等。

**3. 庭院观赏花草与藤本**

花草具有种类繁多、色彩丰富、生产周期短、布置方便、更换容易、花期易于控制等优点。用于装点庭院、建筑周围等，应用形式有花坛、花境、立体装饰、造型装饰、专类园等。

常用一、二年生花卉有：大丽花、菊花、三色堇、虞美人、百日草、牵牛花、一串红等。

常用宿根花卉有：鸢尾、蜀葵、菊花等。

常用球根花卉有：大花美人蕉、唐菖蒲等。

常用水生花卉有：荷花、睡莲、雨久花等。

常用的庭院观赏地被植物有：酢浆草、麦冬、天门冬等。

常用的庭院观赏藤本有：金银花、爬山虎、多花蔷薇、凌霄等。

**（二）经济型庭院植物规划设计**

（1）庭院果树：杨桃、木瓜、福橙、咖啡等。

（2）庭院蔬菜：韭菜、空心菜、姜、蒜、萝卜、地瓜等。

（3）庭院药用植物：薄荷、车前草、芦荟、益母草等。

## 实训项目

### 实训 4-11　热带庭院规划设计

**（一）目的要求**

了解庭院规划设计的方法。

**（二）材料与用具**

绘图纸、绘图笔、直尺、三角尺、圆模板等。

**（三）内容与方法**

**1. 设计注意事项**

（1）确定庭院面积大小

庭院中的配置要有科学性和艺术性两方面的考虑，若把植物杂乱无章地种植在庭院内，就达不到美化和景观艺术的效果。所以先要考虑庭院面积的大小，大有大的规划，小有小的灵巧布局。

若庭院较小，可用面积有限，须有周密的配置计划，所栽的植物种类应少一些。在正面就不适宜种植过多的花木，尤其是高大粗壮的，会遮住视线，给自己活动带来不便。相较之下，面积越大的庭院可选的植物种类越多，组配方式也可复杂一些，但在种植时必须顾及整体的一致性，不要不伦不类。

（2）了解庭院的地理环境

排水、光照、通风、土质等会影响到植物生长发育的好坏，特别是光照充足与否是决定可栽培哪些花卉的重要条件。一般来说，能将花园建在光照条件好、朝南的地方最理想，所以必须首先弄清所设计庭院的环境条件，一天中有几个小时日光照射，是半阴或是背阴。在此基础上选择适宜这些环境的植物种类。另外还要保持土壤排水的畅通，避免积水。如果庭院过于潮湿，光照不足，排水不良，可改为盆栽。也可搭梯状的花架，以增加光照，同时透风通气，使植物生长良好。

**2. 植物配置**

植物配置是庭院设计最重要的部分，应注意以下几点。

（1）注重植物的多样性

自然界的植物千奇百态，丰富多彩，本身具有很好的观赏价值。如果能把它们合理有效地搭配在一起，则能呈现出三季有花、四季有景的一个动态变化，创造出丰富的自然景观，体现大自然的无穷魅力。

（2）注重植物的合理性

庭院植物种植前先要排除有毒的植物，因为它们会给人带来伤害（如：夹竹桃、龙葵、鼠李等）。避免种植会引起花粉症、呼吸道疾病和皮炎的植物（如：天竺葵、康乃馨、夜来香等）。可多栽植一些芳香植物，开花时芳香四溢、沁人心脾能使人心情愉悦，精神焕发（如：桂花、鼠尾草、薰衣草等）。少用易患病虫害及易吸引害虫的植物，多用吸引益虫的植物（如：向日葵、艾菊、甘菊等）；特别注意绝对不可以用自繁迅速而破坏其他植物生长的植物（如：一枝黄花等）。栽植的花卉也应以多年生宿根、球根花卉为主，因为其花色鲜艳、花期较长、管理简单，平时不必经常更换植物就能长期保持其自然景观。

（3）注重植物的形态和色彩的合理搭配

庭园色彩规划的技巧之一是设计成不同主色调的庭院。观叶植物在花园的设计中很重要，绿色中嵌有斑叶、红叶植物比纯绿色种类明度高，如与变叶木、鹅掌柴、红桑等植物配置，可将花园衬托得更明亮。其他另有橙色、紫色的叶，还有叶形的变化、质感的差异等众多观叶植物。

**（四）作业**

为一个热带地区 60m$^2$ 左右的庭院进行规划设计。

绘制庭院规划平面图，并标注植物名称。

**参考文献**

[1] 李枝林. 鲜切花栽培学 [M]. 北京：中国农业出版社，2006.

[2] 岳桦. 园林花卉 [M]. 北京：高等教育出版社，2006.

[3] 包满珠. 花卉学 [M]. 北京：中国农业出版社，2011.

[4] 黎佩霞，范燕平. 插花艺术基础 [M]. 北京：中国农业出版社，2002.

[5] 谢利娟. 插花与花艺设计 [M]. 北京：中国农业出版社，2002.

[6] 谢利娟. 插花一本通 [M]. 北京：中国农业出版社，2004.

[7] 刘慧民，赵利群. 插花装饰艺术 [M]. 北京：化学工业出版社，2012.

[8] 刘金海. 盆景与插花技艺 [M]. 北京：中国农业出版社，2001.

[9] 孙霞. 盆景制作与欣赏 [M]. 上海：上海交通大学出版社，2007.

[10] 王立新. 插花与盆景 [M]. 北京：高等教育出版社，2009.

[11] 苏雪痕. 植物造景 [M]. 北京：中国林业出版社，1994.

[12] 苏雪痕. 植物景观规划设计 [M]. 北京：中国林业出版社，2012.

[13] 徐帮学. 庭院植物花卉设计 [M]. 北京：化学工业出版社，2015.

[14] 黄清俊. 小庭院植物景观设计 [M]. 北京：化学工业出版社，2011.

[15] 王淑芬，苏雪痕. 质感与植物景观设计 [J]. 北京工业大学学报，1995，21（2）：41-45.

[16] 陈笑，苏雪痕. 植物景观设计的科学性 [J]. 景观设计，2009（4）：88-91.

[17] 姚瑶，苏雪痕，苏醒，等. 植物景观设计的艺术性 [J]. 景观设计，2009（6）：94-97.

[18] 苏雪痕. 论植物景观规划设计 [J]. 风景园林，2012（5）：148-149.

[19] 仇莉，苏雪痕，苏醒，等. 植物景观设计的文化性 [J]. 景观设计，2009（5）：92-95.

[20] 王磊，汤庚国. 植物造景的基本原理及应用 [J]. 林业工程学报，2003（5）：71-73.

[21] 翁殊斐，洪家群. 广州园林植物造景的岭南特色初探 [J]. 广东园林，2003（2）：26-28.

[22] 杨德凭，李宇宏. 古典园林庭院植物景观设计的极简主义思想 [J]. 北京林业大学学报（社会科学版），2012，11（4）：61-65.

# 第五章　热带园艺植物育种技术

## 一、热带园艺植物育种概况

热带园艺植物指果树、蔬菜和观赏植物，有时也将茶叶、药用植物和芳香植物等列入其中。它们为人类提供大量的维生素、粗纤维、矿物质及其他保健成分，在人们膳食结构中是不可替代的，同时也改善人类的生存环境，净化空气，陶冶情操，满足人们对物质文明和精神文明多层次的需求。但是，随着人们生活水平的提高，人们对果品、蔬菜和观赏植物等在质和量上的需求提高。因此，如何提高热带园艺植物的产量和品质，已成为农业生产中一项重要内容。特别是当前我国全面建成小康社会和构建和谐社会，不断注重生态环境建设，热带园艺植物育种的作用和地位更显突出。

在确定了育种目标后，就要根据热带园艺植物的特点、资源现状、品种分布和目标要求等，计划安排采取什么育种途径，以获得符合育种目标的新品种。根据以往在园艺植物育种中积累的工作经验，以及热带园艺植物育种上取得的成就，我们可以用"查、引、选、育"4个方面概括热带园艺植物育种的基本途径，从而加深对热带园艺植物育种技术的了解。

种质资源的调查、搜集、鉴定等工作是育种的基础。通过调查可以挖掘长期蕴藏在局部地区而还未被重视和很好利用的品种类型，通过评价能发现已经征集但往往被忽略的材料。本章主要学习种质资源的调查、搜集、评价、创新及利用的原理和方法。

引种是从外地或国外引进新品种或新作物以及各种种质资源的途径。引种不仅能丰富热带种质资源，并直接应用于生产，以提高产量、改善品质、增加效益，而且还可以充实育种的基因资源，为其他育种途径提供种质资源。由于各地区生态条件存在差异，一个品种引入到新地区后，与原产地相比较可能不同，必须对引进的新品种进行引种试验，以便确定其优劣及适应性。引种材料经过试验后，组织专业人员对其进行综合评价，一是依据引种成功的标准进行可行性评价，二是根据生产成本和市场价格进行经济性评价。

芽变是选择育种的一个方面，主要利用群体的自然变异。芽变选种是在热带园艺种质资源中出现变异芽，经过比较鉴定后选出优良的变异类型，繁殖成优良的无性系。芽变选种常在优良品种基础上对个别性状进行改进。芽变选种的关键在于发现变异并分析变异的原因，区别性状遗传性变异（即芽变）和非遗传性变异（即饰变）。此外，由于芽变常常以嵌合体形式存在，因此要对变异体进行遗传稳定的测定，筛选变异稳定的材料，并对变异性状进行综合分析研究，以确定其利用价值。

实生选种是指在实生树种中选择优良单株，通过无性繁殖而成为无性系品种。

杂交育种中常因亲本间花期不遇或花粉距离较远给杂交育种工作造成困难，有的园艺植物可通过延迟花期或调整播种期等来解决，有的则不得不进行花粉贮藏。在贮藏期内，应人为创造低温、干燥、黑暗等条件以降低花粉代谢强度，延长其寿命。但要注意有些植物的花粉不适宜在干燥条件下保存。因此，育种工作者有必要掌握花粉的收集、贮藏及检查花粉生活力的方式，以便顺利地进行有性杂交。在使用外地花粉或经过一段时间贮藏的花粉时，应事先测定花粉的生命力，以便杂交成果的分析与研究。

## 二、热带园艺植物育种技术

育种是指通过人工创造变异，从中筛选符合育种目标的变异新品种的方法，是一种定向而复杂的育种方法。因现有的园艺植物品种不能满足当前和今后生产及消费发展的需求，必须创造基因突变、重组或染色体变异，选出可利用的新资源。育种主要包括有性杂交育种、优势杂交育种、倍性育种、诱变育种和植物生物工程技术等育种方法。

有性杂交育种是指通过人工杂交，把分散于不同生物体上的优良性状组合到杂种中，对其后代进行多代选育，比较鉴定，以获得遗传相对稳定的新品种的育种途径。而优势杂交育种是指两个遗传组成不同的亲本杂交所产生的杂交种，在生长势、适应性、繁殖力、产量和品质等性状超过双亲的育种途径。有性杂交育种和优势杂交育种两者育种程序截然不同，前者先杂后纯，可以留种繁殖，而后者先纯后杂，年年买种。随着科学技术的进步，育种方式也逐渐增多。倍性育种是指使植物染色体数目发生倍性变化，从而培育新品种或中间育种材料的育种技术；诱变育种是指利用物理、化学或生物等手段，诱发生物体基因突变，丰富种质资源以选育新品种的途径。植物生物工程技术是指利用各种现代生物技术手段，有目的地培育符合人们需求的新种质或新品种，植物生物工程技术通过解决植物自然生理繁殖障碍，缩短育种的年限，实现传统育种无法实现的育种目标。

**实训项目**

## 实训 5-1　热带园艺植物种质资源调查

### （一）目的要求

了解热带园艺植物种质资源调查的重要性，掌握热带园艺植物种质资源调查、搜集与保存方法。

### （二）材料与用具

材料：选择当地主要栽培的热带园艺植物 2～5 种，如香蕉、荔枝、杧果、蝴蝶兰、红掌、凤梨、黄灯笼、生菜等。

用具：种子袋、标本夹、记录工具、照相机、测量工具、记录本、有关工具书等。

### （三）内容与方法

**1. 内容**

（1）热带园艺植物种质资源的分布调查。

（2）完成热带园艺植物种类、品种、代表植株的调查、搜集和保存工作。

**2. 方法**

（1）选择当地主要栽培的热带园艺植物 2～5 种，分别进行其野生种、引进种或主栽种在当地的分布、生长状况、经济价值等状况的调查。

（2）对热带园艺植物代表植株的调查。

① 植株的一般情况，如分布特点、栽培历史、来源、栽培比例等。

② 生物学特性，如生长习性、开花结果习性、物候期、抗逆性等。

③ 形态特征，如株型、叶、花、种子等。

④ 经济性状，如产量、品质、用途、贮藏性等。

（3）按热带园艺植物各品种的形态特征，对典型特征进行比较并分类。

**（四）作业**

（1）填写热带园艺种质资源（以香蕉为例）植株形态特征登记表（表 5-1）

香蕉形态特征登记表

表 5-1

| 记录类别 | |
|---|---|
| 假茎高度/cm | |
| 假茎颜色 | |
| 叶柄槽形状 | |
| 叶片形态 | |
| 叶基形状 | |
| 果穗长度 | |
| 果穗宽度 | |
| 果疏数 | |
| 果指数 | |
| ⋮ | |
| 果指形状 | |

（2）每组或每人完成 1 份被调查热带园艺植物的种质资源情况报告。

## 实训 5-2  热带园艺植物引种试验调查

**（一）目的要求**

（1）通过对引种试验的调查，加深对引种基本原理的理解。

（2）了解引种的注意事项。

（3）理解影响引种的因素。

（4）能应用引种的原理和相关技术成功引种热带园艺植物。

**（二）材料与用具**

材料：热带园艺植物等引种植物的有关书籍文献、标本、引种地的环境资料等。

用具：计算器、测量工具、计算机及相关软件、照相机、天平、记录本等。

**（三）内容与方法**

调查热带园艺植物品种的植物学性状和经济性状等。每个品种调查 10～20 株，比较引进品种和当地品种（对照品种）的植物学性状和经济性状。

（1）形态特征的观察，如株高、冠幅、果形、叶形、叶色等。

（2）生育期调查，如播种期、出苗期、定植期、开花期、结果期、采收期等。

（3）品质的调查，如口感、质地、外观品质等。

（4）抗逆性的调查，如调查病虫害情况、计算发病率和病情指数等。

（5）产量调查，如单果重、单株产量等。

**（四）作业**

（1）4～5 人为 1 组进行调查，将调查的结果列表记载。

（2）总结引进品种与对照品种的比较情况，并作出结论。

## 实训 5-3　热带园艺植物芽变选育

### （一）目的要求
（1）通过热带园艺植物芽变选种实践，进一步掌握芽变的规律和特点。

（2）了解无性繁殖的园艺植物的品种、个体和枝条间的性状特点。

（3）掌握芽变选种的方法和步骤，分析鉴别变异的性质和特点，选出优良变异的单株和枝条。

### （二）材料与用具
材料：选用杧果、荔枝、龙眼或其他热带园艺植物集中的栽培园（圃）。

用具：测量工具、电子天平、照相机、签字笔、水果刀、修枝剪、标签、采果袋、记录本等。

### （三）内容与方法
**1. 内容**

（1）明确选种的对象和目标，确定选种时期，制定选种程序。

（2）了解芽变选种的程序。

（3）理解芽变发生的遗传与细胞学原因。

**2. 方法**

（1）明确选择育种的对象和目标

芽变选种的目标主要是针对当地栽培的热带园艺植物和品种在生产上存在的问题、市场需求以及果树发展方向来确定。由于芽变选种主要是从原有优良品种中进一步选择更优良的变异，要求在保持原品种优良性状的基础上，针对其存在的主要缺点，通过选择而使之得到改善。

龙眼：在黄壳石硖龙眼无性系群体中通过营养系选种选育出大果型桂花味，平均单果重达 $10.5 \sim 11.1g$，比普通石硖龙眼重 $26\% \sim 31\%$；单株产量比对照稍高，果实品质基本保持原黄壳石硖龙眼的水平，认为是优良芽变新株系。

（2）确定选种时期

首先根据选种目标，抓住最易发生芽变的有利时机进行。一般可在果实采收期，该时期最易发现果实经济性状的变异，如果实着色期、成熟期、果实的形状、颜色、品质、结果习性和丰产性等。其次可在灾害发生期，如霜冻、旱、涝、病虫害等发生后，选择抗病性强的变异类型。例如，在冻害发生之后，到田间进行观察，如果发现一个枝条或一个植株没有被冻死，而其他的植株几乎都被冻死了，则基本上可以认为该枝条或者植株是一个抗冻性较强的芽变；然后从该植株上取下枝条进行高接，待长成植株后再和其他的植株一起鉴定抗寒的强弱，如果其抗冻性仍然比较强，则可以断定是遗传性变异。在发现抗病性的芽变时，要在病虫害发生特别严重的地段和病虫害高发期，到田间进行检查，如果发现一些病虫害发生较少的植株或枝条，就可以仔细分析这些变异发生的情况，作出是否是芽变的初步判断。

（3）制定选种程序

芽变选种程序大致可按初选、复选和决选 3 个步骤进行。

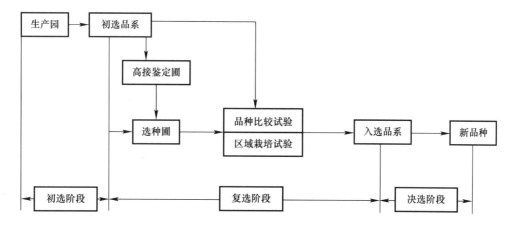

## （四）作业

（1）何谓芽变？芽变有什么特点？如何鉴定芽变和饰变？

（2）如何纯化芽变嵌合体？

（3）结合实训说明在实践中如何简化芽变选种的程序。

（4）试述芽变选种的关键和特点。

## 实训 5-4　热带园艺植物选择育种

### （一）目的要求

通过单株选择与混合选择的实际操作，使学生掌握单株选择法与混合选择法这两种基本技能；掌握选种程序及提高选种效率的措施。

### （二）材料与用具

材料：凤仙花、兰花、荔枝等热带园艺植物。

用具：量角器、挂牌、种子袋、铅笔、放大镜、游标卡尺、记录本、卷尺等。

### （三）内容与方法

在原始材料圃整地作畦，采用条播或撒播的方式播种，然后进行田间整理。

**1. 单株选择法**

（1）选择优良单株

根据育种目标，选择综合性状优良、具有个别突出优点的单株或单个花序。选择一般不在田边而要在田中间进行。选择要贯穿整个生长季节，如苗期、开花初期（盛期）、开花末期及生长后期等，每个时期都要进行多次选择，而且还要抓住性状表现的关键时期。发现符合标准的植株要及时做好标记，一般是挂牌标记，牌子上注明其主要特点。每次可选十几株，种子成熟后对入选单株或单个花序分别采收，分别编号并保存。

（2）株行试验

将入选单株的种子分别种成株行，即每个单株的种子种成 1 行或多行，一般行长 5～10m，采用顺序排列，原品种作为对照。在各个生育期进行观察鉴定，严格选优。入选株行各成 1 个品系，参加品系鉴定试验。

（3）品系鉴定试验

将入选各品系种成小区，小区面积 5～10m²，并设 2 次重复（品系多的可不设重复）

和对照。在生育期间认真观察，凡比对照表现好、性状整齐一致、基本符合育种目标要求的品系均可入选，种子成熟时，分别采收。

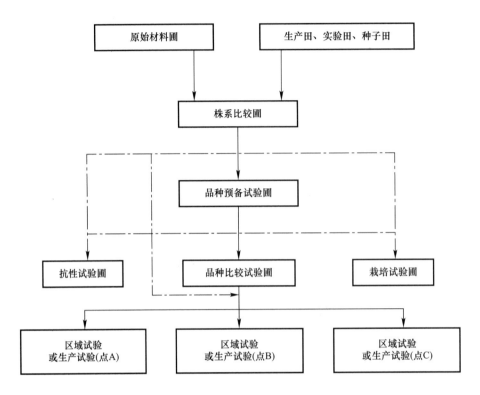

（4）品种鉴定试验

将品系鉴定试验中入选的品系，采取随机区组设计种成小区，小区面积 $10\sim20m^2$，设 3 次重复，每一重复内设一对照。用统一的标准及时准确地对各品系和对照进行比较、鉴定，从中选出最优良的品种。

**2. 混合选择法**

（1）选择优良单株

在品种的群体中，根据育种目标，在各个生育期内进行选择，选择株型、花期、观赏特性等主要性状相似的优良单株或单个花序，符合标准的挂牌标记。可选优良单株几十株，种子成熟后，混合采收种子。选择时应注意入选的单株必须具有本品种的典型性，做到纯中选优，否则品种纯度和性状的整齐性便会显著下降。

（2）混合播种

比较鉴定将混合收获的优良单株的种子播种在混选区内，同时在相邻小区内种植标准品种（当地同类优良品种）及原始群体，进行比较鉴定，选出比原品种及标准种优异的新品种。如一次选择未达到育种目标的要求，可重复"混合选择法"过程，直到选出符合要求的品种为止，即多次混合选择。

**（四）作业**

（1）以组为单位进行单株选择与混合选择试验，并总结选育的全过程，写出试验报告。

（2）试比较单株选择法与混合选择法的区别，分析在什么情况下适用不同的选择方法?

## 实训 5-5  园艺植物花粉的贮藏及花粉生活力的测定

**(一) 目的要求**

了解花粉收集与贮藏的方法，掌握花粉生活力的测定方法。

**(二) 材料与用具**

材料：选择处于花期的部分热带园艺植物并采集部分花粉，以及蔗糖（葡萄糖）、琼脂、硼酸溶液、蒸馏水、氯化钙、α-萘乙酸等。

用具：显微镜、冰箱、培养箱、干燥器、天平、培养皿、酒精灯、烧杯、量筒、凹形载玻片、盖玻片、脱脂棉、刀片、镊子等。

**(三) 内容与方法**

**1. 花粉的贮藏**

（1）干燥。将采集的花粉首先进行干燥（可以放在散光下晾干或放入盛有氯化钙的干燥器中干燥），一般以花粉不相互黏结为度。

（2）去杂。花粉在贮藏前要过筛去杂后分别装在小瓶里，数量为小瓶容量的 1/5，瓶口用双层纱布封扎，并在小瓶外贴上小标签，注明花粉名称和采集日期等，将其置于底部盛有无水氯化钙等吸水剂的干燥器内。

（3）冷藏。干燥器应放在阴凉、干燥处，或置于 0～2℃的冰箱内贮藏。

**2. 花粉生活力的测定**

（1）蔗糖琼脂培养法

① 配制培养基。在 100mL 蒸馏水中加入 1～2g（即质量分数为 1%～2%）琼脂煮沸，使琼脂溶解，然后再加入一定量的蔗糖或葡萄糖和硼酸（因植物花粉种类而异），制成不同质量分数（5%、10%、15%、20%）的蔗糖琼脂培养基。如硼对促进花粉萌发的作用最大，适宜的浓度为 20mg/L。

② 制片。用玻璃棒蘸少许培养基，趁热滴入凹形载玻片，放置片刻，待其凝固后，撒上少许花粉粒。注意花粉粒要均匀，不可过多，否则在显微镜下不易分清数目，同时应防止花粉埋入培养基中而影响花粉发芽。

③ 培养。将制好的载玻片置于培养皿，下面垫有脱脂棉，加入少量水以保持湿度。将培养皿盖好，置于 25±3℃培养箱中。不同植物种类其花粉发芽所需时间不同，发芽快的花粉，如凤仙花、凤眼莲等，经过数小时即可观察；而有些则需经过十几小时或几十小时才能观察到发芽的花粉。需在显微镜下观察花粉发芽。在各载玻片上贴上标签，注明花粉种类、采集时间、蔗糖浓度、播粉时间和操作者。

④ 镜检。在播花粉后，根据不同植物，经不同时间，在显微镜下检查花粉发芽情况。3～4h 后检查，每次检查 3～5 个视野，统计花粉总粒数和发芽粒数（花粉发芽以其花粉管伸长超过花粉直径为标准），计算出平均值。若花粉发芽率在 5%以下为极弱，不能被采用。

（2）染色法-氯化三苯基四氮唑（TTC）法

取 TTC 0.5g 放入烧杯中，加入少许 95%乙醇使其溶解，然后用蒸馏水稀释至 100mL，配制成 0.5%的 TTC 溶液，避光保存。TTC 为有毒性的物质，操作时应注意安全。

取少数花粉播于载玻片上，加几滴 TTC 溶液，用镊子使其混合后，盖上盖玻片。

将制片放置于 35～40℃培养箱中约 15～20min，然后在显微镜下观察。凡被染为红色的花粉则活力强，淡红色次之，无色者为没有生命力或不育的花粉。

观察 2～3 个制片，每片取 5 个视野并统计 100 粒花粉，计算花粉生活力。

**（四）作业**

（1）用培养法计算花粉生活力（取 5 个视野）。

（1）用染色法计算花粉生活力（取 5 个视野）。

$$花粉生活力 = \frac{有生活力花粉数}{观察花粉总数} \times 100\%$$

（3）分析花粉发芽率高或低的原因（表 5-2）。

**测量结果记录表** 表 5-2

| 培养基浓度/% | 在 5 个视野中的花粉粒数量 | | | | | 统计 | | 发芽率/% |
|---|---|---|---|---|---|---|---|---|
| | 1 | 2 | 3 | 4 | 5 | 发芽数 | 总数 | |
| | | | | | | | | |
| | | | | | | | | |
| | | | | | | | | |
| | | | | | | | | |

（4）上述方法是否适用于所有植物花粉活力的测定？你还知道哪些方法可以用来检测植物花粉活力？

## 实训 5-6　园艺植物的有性杂交技术——菊花的杂交育种

**（一）目的要求**

通过实训，熟悉菊花的开花习性，学习并掌握菊花去雄、套袋、授粉等有性杂交技术。

**（二）材料与用具**

材料：根据育种目标选择杂交亲本 3～4 个品种、酒精等。

用具：镊子、授粉器、花粉瓶、毛笔、培养皿、放大镜、培养箱、干燥器、纸袋、挂牌、回形针等。

**（三）内容与方法**

**1. 亲本的选择**

根据育种目标，选择花型与花期一致、花色吻合的菊花作为杂交育种的亲本。杂交中花色和花期会发生有趣的变化。如粉色与紫色杂交其后代可以出现粉色、紫色和黄色；黄色与红色品种杂交，后代会出现古铜色和金黄色；秋菊和夏菊进行杂交后代以秋菊为主等。

**2. 杂交技术**

（1）花瓣处理。菊花多数品种的舌状花的花冠筒较长，人工杂交过程中，应于舌状花大半开放时，将父母本的舌状花花冠剪去大部分，保留基部 1～2cm，以利筒状花的发育，也便于采粉和授粉工作，但要注意不能伤及雌蕊柱头。

（2）套袋。菊花雌、雄蕊成熟期不同，一般不会自花授粉，且自交结实率极低，因而杂交时可以不去雄，但在采粉及授粉前，需对父母本进行套袋，以防外来花粉污染和天然杂交。

（3）花粉采集。用作父本的花粉采自筒状花。筒状花的雄蕊通常于雌蕊成熟前2~3d先行成熟散粉，一般在下午3时左右散粉最盛，是采集花粉的最佳时机。采粉时先去掉套袋，用毛笔将花粉扫落在培养皿中备用，然后再套上纸袋。将培养皿置于室内温暖干燥处，待花粉散出后装入花粉瓶，在瓶上贴好标签，注明品种名称和采集日期，置于干燥器内并放在冰箱中备用。

（4）授粉。在晴朗无风、阳光充足的上午10：00~12：00，于室内进行人工授粉。将父本花粉授到雌蕊呈Y的柱头上（不成熟雌蕊的柱头是一条线，呈I状；老化的柱头呈T状；最佳授粉时期的柱头呈Y状）。每天授粉1次，连续进行3次。每次授粉后套袋，挂牌标明授粉次数、父本及日期。最后一次授粉1周后去袋。

（5）杂交后的管理。授粉后的母株要加强管理。多施钾肥促进种子饱满。可在授粉15~20d后当花头老熟时，将众多多余的花朵剪除以增加其营养，增加阳光透入，有利于种子成熟。自授粉以后浇水不能淋湿花朵，更不能淋雨，防止发霉影响种子成熟。

（6）种子采收。授粉后经40~60d种子成熟后将花头剪下，晾干后采收种子并记录、收藏。

**3. 注意事项**

（1）母本以舌状花做杂交，父本采集管状花的花粉。

（2）剪除母本舌状花的花瓣时应使柱头恰好露出，但又不伤及柱头。

（3）去雄过程中，如果工具被花粉污染，须用70%的酒精消毒。

（4）1周后即可将纸袋去掉，防止发霉。

**（四）作业**

（1）在有性杂交工作中最容易发生失误的技术环节有哪些？

（2）试述提高菊花杂交结实率的主要技术环节。

（3）详细记录杂交过程。

## 实训5-7　有性繁殖园艺植物杂种一代育种计划的制定

**（一）目的要求**

通过利用所学习的杂种优势育种及相关章节的育种知识，制定具体的育种计划，加深对所学知识的理解。

**（二）材料与用具**

铅笔、钢笔、A4纸、照相机等。

**（三）内容与方法**

**1. 育种计划制订的内容**

育种工作者在开始工作之前，应该有一个较为完整的育种计划，以免事倍功半。育种计划的制定因育种目标、选育方法、环境、人力和物力条件而异，无固定模式可循。下面以蔬菜作物甘蓝为例，说明甘蓝杂交一代新品种育种计划设计方案的制定以供参考。

确定育种目标及达到该育种目标的技术经济指标：从目前甘蓝生产及市场发展趋势分析，今后甘蓝的总需求量不会大量增加，但期望周年均有甘蓝供应，并且要求高品质、小型化。因此，优质、抗病、丰产是目前及今后一个时期内甘蓝育种的主要目标。

具体的育种目标为以下 3 个方面：

品质：叶球外观符合当地消费者的要求，叶球的帮叶比不高于 30%；叶球紧实度 0.5 以上，叶球内中心柱长不超过球高的 1/2；叶质脆嫩，风味品质优良，无异味；维生素 C 每 100g 含量在 45mg 以上，粗纤维少。

抗病性：抗病毒病（TuMV）兼抗黑腐病。

产量：高于同类主栽品种 10%。

**2. 技术路线及实施方案**

（1）种质资源的广泛搜集和观测。广泛搜集甘蓝种质资源，对搜集到的材料进行整理与观察。在当地甘蓝种植季节，于田间设观察圃地进行栽培，按当地的种植习惯，在同样的栽培管理条件下，对其植物学性状和生物学特性作观察鉴定。

（2）自交不亲和系的选育。甘蓝是典型的异花授粉植物，杂种优势十分明显，加之群体内自交不亲和基因的频率较高，通过选择可以得到稳定的自交不亲和系供配制杂种一代之用。因此，杂种优势已成为目前甘蓝育种最为主要的育种途径。

甘蓝杂交优势利用的正常工作程序是先从配合力强的品种中培育经济性状好的自交不亲和系，再用选出的自交不亲和系配成不同的组合，测定其产量及其他经济性状，最后选出最佳组合。但为了缩短育种年限，一般都采取经济性状选择纯化、自交不亲和系选育及配合力检测等工作同时进行的育种程序。在以上程序中，自交不亲和系的选育决定能否获得理想的亲本，是甘蓝杂种一代选育的关键。

自交不亲和系的选育以选择具有良好经济性状及符合育种目标的地方品种、常规品种或 $F_1$ 品种作为选育自交不亲和系的亲本材料。在 $S_0$ 进行单株自交，每品种可入选 20～30 株进行自交不亲和性鉴定。在严格的隔离条件下进行花期自花授粉测定亲和指数，同时在相同植株的不同花枝上进行蕾期自交授粉，以保存种子和测定蕾期亲和指数。对初选的优良自交不亲和植株，还应连续进行花期和蕾期的自交分离、纯化，并严格测定自交不亲和性。每代都注意选择那些自交不亲和性与经济性状综合表现好、抗病性强的植株留种（每系统 10 株左右），直到自交不亲和性稳定为止。优良的自交不亲和系除要求系统内所有植株花期自交都不亲和外，还要求同一系统内所有植株在正常花期内相互授粉也表现不亲和。一般在 $S_3$ 和 $S_4$ 可采用混合花粉授粉法（取 4～5 株花粉混合）或成对法进行花期系内兄妹交测定亲和指数。如测定结果为不亲和，即为自交不亲和系。花期亲和指数（指花期授粉每朵花平均结籽数）以小于 0.5 或 1 作为实用标准，蕾期授粉亲和指数一般要求 5 以上。育成一个优良的自交不亲和系一般需 4～5 代。

（3）在自交不亲和系选育以及经济性状鉴定的同时，对甘蓝材料抗病性进行鉴定。利用危害当地甘蓝的芜菁花叶病毒的代表性毒源以及黑腐病菌进行苗期室内人工接种鉴定，并与田间自然鉴定相结合，筛选出单抗或复合抗性表现较好的抗原材料。

（4）品质鉴定。利用感官鉴定法进行甘蓝外观、风味和质地的鉴定；利用理化方法分析帮叶比、叶球紧实度、中心柱长以及纤维素、维生素 C、可溶性固形物的含量等，以筛选出符合要求的优质材料。

（5）配合力测定。用筛选出符合育种目标的自交不亲和系，按照 Griffing（1956）完全双列杂交的第 4 种方案或格子方法制定杂交计划，进行配合力测定，选配优质、多抗（抗 TuMV 兼抗黑腐病）、丰产的甘蓝杂种一代组合。

（6）品种比较试验和区域性试验。将通过上述育种程序和鉴定方法选育出的优良组合进行品种比较试验和区域性试验，以确定其在生产上的应用价值和品种的区域适应性，这两项工作可同时进行，选育出符合育种目标的甘蓝杂种一代品种。

（7）亲本的扩大繁殖及杂种一代生产。从品种比较试验的后期开始，就要对表现突出的组合的亲本适当扩大繁殖，一方面增加亲本种子数量，另一方面扩大 F₁ 种子量。在进行生产试验的同时，研究该组合的杂交制种技术，建立杂交种生产基地，以便新品种迅速推广。

**3. 甘蓝杂种一代选育程序**

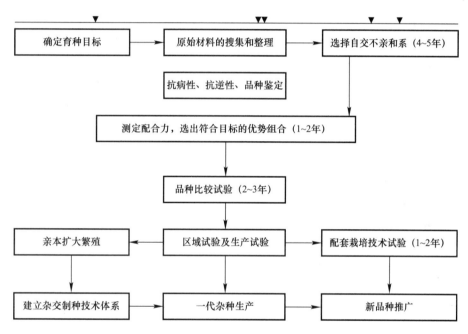

**（四）作业**

选择一种有性繁殖的园艺作物，根据市场和生产需求，结合该物种的繁殖特性及现有种质资源和品种现状，制定一个杂种一代育种计划。

## 实训 5-8　热带园艺植物多倍体的诱变与鉴定

**（一）目的要求**

了解人工诱导多倍体的原理，初步掌握用秋水仙素诱发多倍体的方法；了解人工诱变多倍体在植物育种上的意义；了解植物多倍体细胞染色体加倍的特点，掌握间接鉴定多倍体植物的方法。

**（二）材料与用具**

材料：热带园艺植物的植株、种子或幼苗、秋水仙素、番红、45％醋酸、醋酸洋红染液、70％乙醇、0.1％～0.2％升汞、蒸馏水、浓硫酸等。

用具：测量工具、滴管、放大镜、标签、脱脂棉、载玻片、盖玻片、镊子、解剖针、培养皿、试剂瓶、酒精灯、吸水纸等。

### （三）内容与方法

**1. 秋水仙素诱变多倍体方法**

秋水仙素的处理如下：

（1）配制药液。称取一定量的秋水仙素，加入蒸馏水配制成1%的溶液备用。

（2）处理液的配制。通常按0.2%～1%的体积分数配成2～3个处理液，每个处理重复3～4次，以蒸馏水为对照。

（3）处理材料的选择。选用园艺植物的植株、刚萌芽的种子或刚展开子叶的小苗等进行处理。

（4）处理方法。在芽部固定一个小棉球，每天清晨露水干后用滴管将处理液滴到棉球上，以能敷湿芽，不外流为度（最好外罩一塑料袋防止蒸发），连续处理2～3d或更长，然后去除棉球。萌动的种子则用0.2%秋水仙素浸泡24～36h（中间换气1次），然后洗净置于培养箱中催芽。小苗则滴于生长点，每天早晚各一次，连续处理2～4d。

（5）挂标签观察。每个处理的芽均要挂上标签，记录处理日期、次数与方法，并观察其生长变异情况。

（6）秋水仙素为剧毒药品，实验中应注意不要将药品沾到皮肤上、眼睛中。如果沾到皮肤上，应用大量自来水冲洗。

**2. 鉴定多倍体植物的方法**

（1）外部形态鉴定。仔细观察处理株与对照株在形态上的差异，如抽梢时间、梢长度、节间长度；叶的大小、厚度（用测微尺测量），叶色深浅，是否有变形叶、镶嵌叶，叶缘不规则，叶脉不对称等，叶脉粗细、多少；花器的大小、形态、颜色；果实的大小、形态、颜色及成熟度等。

（2）气孔的鉴定。撕取叶表皮放在载玻片上，于显微镜下观察鉴定。多倍体的气孔一般比二倍体长，单位面积气孔数比二倍体少；多倍体保卫细胞内的叶绿体数一般多于二倍体。

（3）花粉粒鉴定。将新开花的花粉撒于载玻片上，于显微镜下观察花粉粒大小。多倍体的花粉一般比二倍体大。

### （四）作业

（1）多倍体的特点及其形成途径和诱导方法。

（2）观察诱变材料与对照株的外部形态特征，并比较二者差异。

## 实训5-9 园艺植物转基因技术

### （一）目的要求

全面了解农杆菌介导的植物转基因方法；掌握农杆菌培养，植物外植体无菌系建立，农杆菌侵染和转化体筛选等一系列试验方法。

### （二）材料与用具

**1. 材料**

（1）LB培养基。每升含有：酵母浸膏5g，胰蛋白胨10g，NaCl 5g；pH 7.2。

（2）YEB 培养基。每升含有：牛肉浸膏 5g，酵母浸膏 1g，蛋白胨 5g，蔗糖 5g，Mg-SO$_4$·H$_2$O 0.5g；pH 7.0。

（3）YEP 培养基。每升含有：牛肉浸膏 10g，酵母提取液 10g，NaCl 5g；pH 7.0。

（4）实生苗培养基。1/2MS 培养基，附加 30g 蔗糖和 0.6% 琼脂；pH6.0。

（5）预培养基。MS＋1.0～1.2mg/L，2，4-D＋0.2mg/L，6-BA＋30g 蔗糖＋6g 琼脂；pH5.8。

（6）分化培养基。MS＋0.2mg/L，IAA＋2.0mg/L，6-BA＋30g 蔗糖＋6.5g 琼脂＋AgNO$_3$ 6mg/L；pH5.8。

（7）筛选培养基。分化培养基＋AgNO$_3$ 6mg/L＋500mg/L Cb（羧苄青霉素）＋10mg/L Kan（卡那霉素）；pH5.8。

**2. 用具**

超净工作台、培养箱、高速冷冻离心机、凝胶成像系统、台式常温高速离心机、立式灭菌锅、电泳相关设备等。

**（三）内容与方法（以烟草叶转化为例）**

**1. 根癌农杆菌的培养**

将保存于甘油中的菌种用画线法接种于 LB 固体平板培养基上培养，每次转化前一天从平板上挑取单菌落接种于 YEB 液体培养基中，在 26℃，170r/min 的摇床上过夜培养，当 OD$_{600}$ 值达 0.3～0.5 时，将其在 4000r/min 的条件下离心 5min，弃去上清液，然后用液体 MS 培养基将其重悬稀释 5～8 倍待用。

**2. 建立无菌苗**

将烟草种子用 75% 酒精浸泡 30s 后，于 0.1%HgCl$_2$ 溶液中处理 10min，无菌水冲洗 3 次后，接种于 1/2MS 固体培养基上，在 25±1℃ 黑暗条件下培养 3d，后移至光下培养 1～3d，取其下胚轴和带柄子叶接种在预培养基上，在 25℃，光照强度为 2000lx，16h 光照周期培养条件下培养，待用。

**3. 农杆菌侵染**

在无菌条件下，将预培养 2d 的子叶和下胚轴收集于一个无菌小烧杯中，浸入活化并稀释了 5～8 倍的农杆菌液中，5min 后转到无菌滤纸上，吸干多余的菌液，接至共培养培养基中，在 25℃ 生化培养箱中共培养 2d。

**4. 分化培养**

将共培养 2d 的受体材料先用无菌水冲洗 2～3 次至水澄清后，用 500mg/L Cef 浸泡 30～40min，材料取出并置于含有无菌滤纸的培养皿中干燥 2d。将培养物转移至附加 8～15mg/L 卡那霉素和 500mg 羧苄青霉素（或头孢霉素）的分化培养基中，在 25℃，昼夜光周期为 16/8h 恒定光照条件下培养。

**5. 筛选培养**

将分化培养中获得的绿芽移置筛选培养基（卡那霉素浓度升致 25mg/L），每隔 15～20d 转接一次。

**（四）作业**

（1）根据已学的知识，设计一个农杆菌介导植物的遗传转化实验方案。

（2）试比较各种基因转化方法的优缺点。

## 参考文献

[1]　陈业渊，贺军虎. 热带、南亚热带果树种质资源数据质量控制规范［M］. 北京：中国农业出版社，2006.

[2]　袁亚芳，陈明贤，陈清西，等. 福建地区火龙果种质资源调查及 ISSR 分析［J］. 中国农学通报，2013，29（34）：216-220.

[3]　史佑海，李绍鹏，梁伟红，等. 海南野生杜鹃花属植物种质资源调查研究［J］. 热带作物学报，2010，31（4）：551-555.

[4]　林尤奋，吴友根，李绍鹏，等. 海南菊花种质资源初步调查及其在海南发展前景的分析［J］. 中国农学通报，2008，24（10）：509-511.

[5]　陈大成，胡桂兵，林明宝. 园艺植物育种学［M］. 广州：华南理工大学出版社，2001.

[6]　方仁，尧金燕，白先进，等. 凤梨释迦在广西崇左的引种表现及其栽培技术［J］. 中国南方果树，2015，44（4）：119-121.

[7]　解德宏，张永超，张翠仙，等. 6 个东南亚引种芒果品种在云南的综合比较试验［J］. 南方农业学报，2015，46（7）：1243-1247.

[8]　申书兴. 园艺植物育种学实验指导［M］. 北京：中国农业大学出版社，2002.

[9]　张敏，邓秀新. 柑橘芽变选种以及芽变性状形成机理研究进展［J］. 果树学报，2006，23（6）：871-876.

[10]　王心燕，林昌明，黄永达，等. 大果型桂花味石硖龙眼芽变新株系的选育［J］. 仲恺农业技术学院学报，2001，14（4）：6-12.

[11]　景士西. 园艺植物育种学总论［M］. 2 版. 北京：中国农业出版社，2007.

[12]　周英彪，彭卓伦，蒋雄辉，等. 白掌花粉活力检测及其超低温保存研究［J］. 中国农学通报，2013，29（1）：113-117.

[13]　许林，杜克兵，陈法志，等. 川鄂连蕊茶花粉的形态、生活力及贮藏力研究［J］. 园艺学报，2010，37（11）：1857-1862.

[14]　祝朋芳，刘娜，周子琪，等. 不同授粉方法对切花菊品种自交及杂交亲和性的影响［J］. 中国农学通报，2011，27（8）：114-118.

[15]　刘思余，张飞，陈素梅，等. 四倍体菊花脑与栽培菊种间杂交及 F1 杂种的遗传表现［J］. 中国农业科学，2010，43（12）：2500-2507.

[16]　李辛雷，陈发棣，赵宏波. 菊属植物远缘杂交亲和性研究［J］. 园艺学报，2008，35（2）：257-262.

[17]　孟雅宁，王彦华，顾爱侠，等. 大白菜—结球甘蓝 5 号二体异附加系的选育及鉴定［J］. 中国农业科学，2010，43（14）：66-72.

[18]　顾爱侠，郑宝智，王彦华，等. 附加甘蓝 3 号染色体的大白菜单体异附加系的获得与研究［J］. 园艺学报，2009，36（1）：39-44.

[19]　徐跃进，胡春根. 园艺植物育种学［M］. 2 版. 北京：高等教育出版社，2015.

[20]　胡春根，邓秀新. 园艺植物生物技术［M］. 北京：高等教育出版社，2005.

# 第六章　热带设施园艺应用技术

## 第一节　设施园艺的类型和结构

### 一、设施园艺的类型和结构概况

设施园艺又称设施栽培、反季节栽培、错季栽培、保护地栽培等。是在不适宜园艺植物生长发育的环境条件下，通过建立结构设施，在充分利用自然环境条件的基础上，人为地创造生物生长发育的生境条件，实现高产、高效、优质的现代化农业生产方式。

一般是指设施种植，主体是种植业的各种作物。设施种植可充分发挥作物的增产潜力，增加产量，改善品质，并能使作物反季节生长，在有限的空间中生产出高品质的作物。与露地农业相比，在一定程度上摆脱气候对农业生产的不利影响，减轻气象灾害，如冷害、冻害、霜害、风害、热害等，以提高农业生产的稳定性；较好地满足农作物对生态条件（光、热、水、肥等）的要求，使农作物有一个温馨的家，从而获得高产优质的农产品，得到比露地耕作高几倍的经济效益。

设施园艺需要注意两个方面，一方面在作物上，需要培育优良的设施品种，掌握科学的栽培管理技术；另一方面在设施上，则需要设计和建造适于多种作物生育要求的农业设施，同时能够正确利用这些人工设施才能使设施的利用最大化，从而达到设施的效益最大化。

设施园艺有3种不同的技术层次，即：塑料大棚、温室和工厂化栽培，前者反映现阶段设施园艺的技术水平，智能型温室则更接近工厂化农业，代表设施园艺的发展方向，是设施园艺的最高技术层次。目前发展和应用较多的主要有塑料大棚、温室大棚和连栋温室，也有少量采用先进工程技术的智能型温室和大型温室。

### 二、设施园艺的类型和结构

常用的设施园艺包括以下几种类型：简易设施、塑料拱棚、温室、夏季设施等，现分述如下：

#### （一）简易设施

简易设施是指设施结构建造简单，使用方便，材料大多为农家容易寻找的有机物，且价格低廉的一些设施类型。因其有效地利用了农村现有的原材料进行建造，既有利于土壤肥料的再循环，又保护了生态环境，产品品质也相应得到了提高，是一类一举多得的园艺设施，目前在广大的农村或山区仍然不失为一种实用方便简单的操作方法。

**1. 秸秆覆盖**

秸秆覆盖是在畦面上或垄沟及垄台上铺一层农作物秸秆（如稻草等）的覆盖方式。铺设厚度一般为4~5cm，因目的不同而异，保水覆盖宜薄些，保温覆盖宜厚些。

### 2. 浮动覆盖

也称直接覆盖或浮面覆盖、飘浮覆盖。是将透明材料直接覆盖在作物表面，无需任何支撑物的一种保温栽培方式。覆盖材料可采用不织布（无纺布）、遮阳网、防虫网等，直接覆盖在作物表面，能提高覆盖物下的温度1～3℃，有效防止轻霜冻；亦能保湿，防止种壳硬化；还能防虫和防雨水冲刷。相比前一种覆盖，浮动覆盖还能提高覆盖物下二氧化碳的浓度，对作物提高产量有一定帮助。

主要覆盖形式有露地浮动覆盖、小拱棚浮动覆盖、温室和大棚浮动覆盖等3种。覆盖的方法是在作物播种或定植后，盖上覆盖材料，周围用绳索或土壤固定住。覆盖材料面积要大于覆盖畦的实际面积，给作物生长留有余地。在大型果树上应用时，可将覆盖物罩在树冠上，在基部用绳索固定在树干上。春秋应用较好，可使耐寒、半耐寒蔬菜露地栽培提早或延后生长20～30d，果树提早发芽生长10～15d。

### 3. 阳畦

阳畦又称冷床、秧畦，其结构是在种植的畦面上增加了畦框和覆盖物。畦框用土、砖、木材、草等材料堆砌起来，围住畦面四周，床框一般按南北向来设置；畦内完全利用太阳光热来保持畦温，没有人工加温设施，但有畦框和覆盖物的保护使其保温防寒性能良好，可在冬季保护秧苗越冬，防止冷害或寒害发生。常用于露地蔬菜早熟栽培、育苗露地蔬菜延后栽培采种或假植贮藏等。

透明覆盖物采用玻璃盖窗和塑料薄膜，可在白天光照充足的情况下采光加温，盖窗有单页和双页，长130～195cm，单页窗宽幅为50～56cm，双页窗宽幅为95～105cm。塑料薄膜有聚乙烯或聚氯乙烯材料，厚度为0.07mm，宽度为140～220cm。不透明覆盖物可在夜间低温情况下保温，如遮阴网、稻草、麦秸、蒲草、山草、芦苇花穗等，材料使用时须保持干燥。

一般长江中下游地区在1—2月，抢阳畦内平均气温较露地高13～15.5℃，最高温达20℃左右，最低温为2～3℃，可安全栽培耐寒叶菜或育苗。设备的局限性是热源来自阳光，受季节、天气的影响很大，存在很大的局部差异，没有人工补温措施，要注意防止喜温菜受到冷害和冻害。

有普通阳畦和改良阳畦2种类型。

普通阳畦依南北两边框的高低不同可分为抢阳畦和槽子畦两类：

① 抢阳畦：东西两框为北高南低的斜面，北框高，南框低，畦内可接收阳光，接受早上的阳光的时间较槽子畦长，增温效果亦比槽子畦明显。床框厚度一般在20～50cm，北框高35～60cm，南框高25～45cm，畦宽1.66m，长5～6m。

② 槽子畦：南北两框等高，近似槽形。框高40～60cm，畦宽1.66m，畦长6～7m。

普通阳畦依床框进入地下的程度不同分为3类：

① 地上式：南床框的位置全在地平面以上，高度一般在15～20cm，在南方多雨地区常用。

② 地下式：南床框的位置全在地平面以下，上沿可与地面平或略高出5～10cm。保温性好，通风、排水性差，适合干旱寒冷地区。

③ 半地下式：南床框的位置部分在地平面以下。

改良阳畦又称立壕、小暖窖，是在普通抢阳畦的基础上提高北框高度，降低南框高度，并增加了立柱，减少了风障设施。以加大阳光入射量，增强抗风雨雪的荷载能力，夜晚使用隔热能力强的覆盖物覆盖保温，与普通阳畦相比增温保温效果加强，其保温防寒性能优于普通阳畦。

**4. 温床**

是指具有加温结构的育苗床，一般是在阳畦的基础上增加加温结构或设备来补充日光增温的不足。根据温度来源不同将温床分为酿热温床、电热温床、水热温床、烟热温床、火热温床等几种类型。常见的类型是酿热温床和电热温床。

（1）酿热温床

是利用微生物包括细菌、真菌、放线菌等，分解酿热物等有机物质所产生的热量对苗床进行加温的设施。加温材料称为酿热材料或酿热物，主要有畜禽粪、垃圾、藁杆、树叶、杂草、纺织废屑等。马粪、禽粪、饼肥、纺织屑、米糠等为高热酿热物，发酵时分解快，发热温度高，持续时间短。牛粪、猪粪、稻草、麦秸、垃圾、树叶、锯末等为低热酿热物，发酵时分解慢，发热温度低，持续时间长。为保证温床发热性能的稳定和持续，应将高热酿热物与低热酿热物混合后再使用。

酿热温床的结构是在冷床的基础上挖一个填充酿热物的弓背形床坑，弓背形床坑的底部形状为南边较深，中间凸出，北边较浅的弧形。填充酿热物的坑平均深度为 20～30cm，最多不能超过 60cm，南方地区一般深度为 15～25cm。

酿热物的填充厚度亦根据所在地区的气候条件、苗床使用的时期、秧苗的种类及其占用苗床时间的长短、酿热物的种类等决定。一般为 10～60cm 厚，我国南方填床的厚度在 15～25cm，北方在 20～50cm。填床前酿热物用水（尿水最好）充分湿透、拌匀，水量要求达到 75％左右。然后将酿热物均匀分布在床内，分层填充，分层踏实。填床后立即盖上盖窗或薄膜，夜间加盖草栅，提高床温（初温），促使酿热物发酵生热。几天后，当温度升高到 50～60℃，铺上培养土。

一般 7d 后可增温达 70℃，后速降至 50℃，以后降温变缓。主要用于早春果菜育苗、花卉扦插或播种、秋播草花或盆花越冬。

（2）电热温床

电热温床是利用电流通过阻力大的导体，把电能转变成为热能来进行土壤加温的方式。目前使用的电热温床已不局限于原有的苗床，而是在小棚、中棚、大棚或温室的栽培床上，铺设电热线，进行加温育苗。

电热温床发热快，床温可以按照秧苗的需要人工地进行调节或自动调节，不受气候影响，解决了冷床育苗时苗床内气温高、地温低的矛盾。但是费工、费料、操作麻烦，很难做到在生产上大面积使用，常用于南方短期栽植或育苗、北方冬春园艺作物育苗及早熟栽培。

电热温床设有隔热层、散热层、床土层、电热设备、覆盖物 5 层结构。隔热层位于床坑的底部，作用是阻止热量向下层土壤传递散失，防止漏水和使床温均匀。隔热层所用的材料有秸秆、碎草、树叶、锯末等，厚度为 10～15cm；如采用泡沫板，厚度则为 3～4cm。散热层位于隔热层的上部，作用是均衡苗床内的热量，中间铺设电热线。可使用细沙、珍珠岩、干土、炉渣等材料铺设，厚度为 5～10cm。床土层即为培养土层，位于温床最上部，厚度为 12～15cm；也可以将育苗钵直接排列到散热层上，钵内装满营养土，用于育苗或栽植秧苗。

电热线设置需要先在整平的苗床底部铺上一层厚约 10cm 的隔热材料，再铺上一层厚约 3cm 左右的散热材料，耙平踩实；然后将电热线呈回纹状排布，线间距离 10～15cm，两端固定；线上再铺厚 3cm 的散热材料和 3cm 的隔热材料，最后铺上培养土，厚度一般8～10cm，若播种床为 5～8cm，分苗床则为 10～12cm。

电热设备包括电源、闸刀、电加温线、控温仪和交流接触器。电热温床需根据苗床大小设置电热线的用量。1kWh 电能约产生 860kcal 的热量。冬春育苗时，喜温菜苗每平方米苗床所需功率大致在 100～140W，需采用农用的专用电热线。

**5. 软化设施**

软化栽培是将蔬菜营养器官或种子种植在黑暗（或弱光）和温暖潮湿的环境中，培育出的具有独特风味蔬菜产品的一种设施栽培方法。大多数情况下是蔬菜生长前期在有光条件下正常生长，使种子、根、根茎、嫩茎或鳞茎内储存大量营养物质，待嫩芽长出后放在弱光条件下覆盖生长形成的蔬菜产品。软化蔬菜色彩丰富，大多呈现白绿、黄、黄白或紫红等颜色，组织柔软或脆嫩，具有较高的商品价值，是冬春季上市的鲜菜之一。如：韭黄、蒜黄、姜芽、石刁柏、菊苣等。

软化的设施或场所可分为地上式场地（又称简易软化）和地下式场地。

地上式场地可采用阳畦、温床、改良阳畦、稻草垄、马粪槽等设施，用瓦盆、草帘、黑薄膜、稻草、马粪等作覆盖。常见的地上式软化的类型有培土软化、风障草软化、马粪槽软化、瓦筒软化、盖棚软化（草棚、盖黑色薄膜）、假植软化等。

地下式软化场地可采用窖式软化（如井窖、地窖、菜窖、窑洞）以及土温室软化。大多是把露地培养的健壮的蔬菜植株、根株、鳞茎挖出，经过整理之后，密集地囤栽在地下式场地内，利用窖内温度，或补充加温，在黑暗环境下进行软化栽培。

**6. 地膜覆盖**

塑料薄膜地面覆盖的全称。它是一种以超薄（0.02mm）的塑料薄膜（地膜）贴盖于栽培畦或垄面，以改善作物根系的栽培环境，促进植物生长和增产的简易覆盖栽培方式。我国地膜覆盖技术于 1982 年开始在全国普及，是农作物高产栽培中不可缺少的技术环节，具有良好的透光增温性，能保水、保肥、护根。

地膜覆盖的方式有如下 4 种：

(1) 高垄覆盖，每垄覆盖一幅 60～90cm 宽的地膜。地膜覆盖度大。土壤接受太阳辐射多，升温快，适用于早春直播或定植的作物。地膜用量大，费工多。

(2) 高畦覆盖，国内应用最为普遍的一种方式。畦面呈现龟背形。生产中畦的高度要根据土质、灌溉条件等灵活掌握。黏土地、湿洼地、地下水位高的宜稍高些。

(3) 平畦覆盖，我国北方的平畦上用的一种方式。临时性覆盖，出苗时将地膜去掉；长期覆盖，直到栽培结束。在畦面上灌水，从畦埂蒸发水分，能使盐分向畦埂运动，有利于抗旱抗盐栽培，但增温效果不如高垄、高畦覆盖。适用于盐碱地区、干旱地区。

(4) 沟畦覆盖，又叫改良式地膜覆盖。在高畦上开沟，将幼苗定植在沟内，然后覆盖地膜。幼苗初期在膜下沟内生长，待生长的植株接触地膜时，在膜上割成十字形的孔口，促进通风，炼苗。晚霜过后，人工将苗引出膜外。采用这种方式可比一般地膜覆盖提早5～7d 定植。

地膜覆盖栽培要注意以下几点：

覆盖地膜前基肥施用量要充足，肥料种类以有机肥为主，每亩（约 667m² ）用量 3000kg 左右，另外需要增施磷钾肥，以及迟效性肥料，氮肥不宜过多。施肥方式可采用深施，或分层施。覆盖时要求地膜的四周要用泥土压牢，防风吹动。同时铺平扣紧，栽植孔与四边要用泥土封严。

定植要做到适时定植，早定植可发挥地膜提高土温的作用，有利于早熟增产。栽植密度应比露地适当降低，减少 10％ 左右。田间管理过程中要防植株徒长、早衰，控制氮肥的施用量，土壤水分不宜过多；追肥可采用开孔施、破膜施、随灌溉沟施或根外追肥；对于地下水位低的地块，须及时灌水，灌水量以 10～15cm 深处的土壤含水量 65％ 为宜。

为防草害，地块宜深耕，整地宜平整；覆膜要与土壤贴紧；栽植孔与四周地膜用泥土压紧；采用黑色或绿色地膜覆盖栽培；除草剂比不覆盖减少 20％；栽培后期地膜表面撒上泥土；拔除杂草。

病虫防治方面，对通过土壤传播的病害，宜晒田、消毒处理后再覆盖薄膜；有青枯病、枯萎病史的田块不宜使用地膜。若土温高，有些虫害可能提前发生，危害加剧，如蚜虫、蛴螬、小地老虎等。

适时采收，过早、过晚采收不利于产品品质。

### （二）塑料拱棚

塑料拱棚热源为太阳辐射，是以竹、木、水泥、钢材等做骨架，将塑料薄膜覆盖于拱形支架之上而形成的栽培设施。塑料棚建造容易、设备简单、取材方便，透光和保温性能好，是我国利用园艺设施进行蔬菜生产的主要形式。如果管理不当的话，白天易受高温灼害，夜间也容易出现冻害，需要及时揭盖或加盖覆盖物才能完成温度的调节。主要用于蔬菜早熟栽培、延后栽培、越冬栽培（长江中下游以南地区）、越夏栽培（高山地区）、防雨、防虫栽培、培育秧苗等。

骨架是支撑结构，需要有一定的承重能力，抗风雨抗荷载能力要强。材料的不同决定其承重能力的大小。一般骨架的构成是指"三杆一柱"，即：立柱，用于支撑拱架；拱杆（拱架），用于支撑塑料膜；拉杆（纵梁），是连接拱架的横杆；压杆（压膜线），可用于防风吹动塑料膜。

我国蔬菜生产上使用的塑料棚分为大棚、中棚和小棚 3 种类型，基本上都是单拱圆形。

### 1. 塑料小棚

小棚跨度 1.5～3m，棚高 1m 左右，长度 20～30m，每棚栽培面积 30～90m²。塑料小棚只需将架材弯成拱形即可，可设拉杆和压杆，无需立柱。结构简单，体积小，负载轻。取材方便，成本低，操作简单。但是人不能在小棚内直立行走和作业。

小拱棚的热源为自然光源，温度散失快，需要及时揭盖棚膜以防发生冻害或高温日灼。在一般条件下，增温能力只有 3～6℃，外界气温升高的情况下，棚内最大增温能力可达 15～20℃。冬春用于生产的小拱棚必须加盖草帘防寒。在与大棚、中棚、温室等结合的基础下可进一步提高温度，增强保温效果。适于短期园艺植物栽培及育苗，多用于延后及提早栽培。

小棚的结构根据覆盖形式有拱圆棚、半拱圆棚、双斜面棚、矮平棚、浮面覆盖等。还可进行保温覆盖，即小拱棚与遮阳网、无纺布、农膜等材料多层覆盖起来组成的保温被，有一定保温、防霜、增产、改进品质的作用。

小棚的骨架材料可采用竹片、细竹竿和钢筋等。根据拱架是否固定可做成固定式或移动式。如：拱圆形固定式小棚、拱圆形临时性小棚、半拱圆形固定式小棚等。

**2. 塑料中棚**

中棚跨度 4～5m，脊高 1.6～1.8m，长度 30～50m，每棚栽培面积 120～250m²。塑料中棚大小介于小棚和大棚之间，无需立柱，人可进入棚内操作。中棚的结构根据覆盖形式有拱圆形棚、半拱圆形棚、双斜面棚、矮平棚、浮面覆盖等。可加盖草帘防寒，也可揭膜通风降温。建造可因陋就简，也可做成移动棚。骨架可采用竹木、钢管、钢筋等材料。

中棚的性能强于一般小棚，次于大棚。空间小，热容量小，晴天日出后温度上升特别快，夜间或阴天温度下降也快，保温效果不如大棚，覆盖草帘后保温效果强于大棚。应用范围较广，可进行南方蔬菜越冬栽培或春早熟及秋延后栽培，或用于育苗及分苗。可生产韭菜、绿叶菜及果菜类；或用于采种。

**3. 塑料大棚**

（1）大棚的结构

跨度 6～10m，脊高 2.0～2.7m，长度 40～60m，多为拱圆形棚，薄膜种类一般用 0.1mm 的聚乙烯薄膜、0.06mm 银灰色反光膜、地膜、无纺布等。每棚栽培面积 240～600m²。在中棚的基础上提高了高度和跨度，骨架结构上形成了完整的"三杆一柱"。有良好的透光性，空间较大，增温效果明显，保温能力较强。在我国南方地区，冬春季节用于蔬菜、花卉的保温和越冬栽培，可以用来代替低温温室。如早春月季、唐菖蒲、晚香玉等，在棚内生长比露地可提早 15～30d 开花。晚秋时又可延长 1 个月花期。

为了减少棚内夜间的热辐射，加强防寒保温效果，提高大棚的夜间温度，可采用多层薄膜覆盖。多层覆盖的形式可在单层棚的基础上于棚内吊挂一层薄膜，进行内防寒；也可在大棚内加盖小棚，畦面用地膜覆盖，并加用二层幕等多层覆盖形式。一般两层薄膜间相隔 30～50cm，以减弱冷热气流的传导、辐射对流现象，减低地面辐射，保温效果较好。

大棚的性能表现在白天增温快，阳光能透过薄膜照到土壤上，地温可提高 3℃左右；夜间的保温性仅次于玻璃温室。有不透气性，在春季气温回升，昼夜温差大时，塑料大棚增温效果更为明显，热气散发减小，起到保温作用。天热时可揭开薄膜通风换气，通过卷膜能在一定范围调节棚内的温度和湿度。薄膜之间连接牢固，四周用土压紧，以保持棚内温度，免遭风害。使用灵活方便，可更换遮阳网用于夏秋季节的遮阳降温和防雨、防风、防雹等的设施栽培。对于要求温度、湿度较高的播种、扦插，还可在大棚内设置塑料小拱棚，以起到增温保湿的效果。一般出入口留在南侧。

（2）大棚的覆盖形式

① 单栋大棚：其采光覆盖的屋面形式可以是拱圆形屋面，也可以是屋脊形屋面，还有一些不规则的类型，如观赏型的鸟巢大棚等；中间有立柱，也有无柱的。除管式组装棚以外，无统一标准。单棚面积约 667m²，不宜过大。棚向南北延长。主要是在春、夏、秋 3 季生产。

② 连栋大棚：以 2 栋或 2 栋以上的拱圆形或屋脊形单栋大棚连接而成。单栋棚的跨度为 4～12m，一般占地面积 1300～6500m²，最大者为 20 000m²。连栋大棚覆盖的面积大，

土地利用充分，棚温较高，温度比较稳定，不足之处是通风不良，易高温多湿，连栋数目不宜过多。

（3）大棚的建筑材料

① 简易竹木结构大棚：主要以竹木材料做骨架支撑结构。跨度一般 6～12m，高 2.2～2.3m，长度因地势而定，面积多为 667m²，主要由拱杆、纵向拉杆、立柱等组成。建筑简单，拱杆多柱支撑，比较牢固，成本低。但遮光严重，作业不方便。

② 焊接钢管结构大棚：骨架全部用钢筋焊接而成。跨度 10～12m，顶高 2.8～3m，两侧肩部垂直高度 1.3～1.5m，多采用 $\phi 12$、$\phi 10mm$ 的圆钢焊接而成。建筑简单，用钢量少，支柱少，遮光少，作业方便，保温效果好、抗风载雪能力强。

③ 镀锌钢管装配式大棚：拱杆、纵向拉杆、端头均为薄壁钢管，用专用卡具连接形成整体，所有杆件和卡具均采用热浸镀锌防锈处理，是工厂化生产的工业产品，已形成标准、规范的 20 多种系列产品。跨度 4～12m，肩高 1～1.8m，脊高 2.5～3m，长度 20～60m，拱架距 0.5～1m，纵向拉杆（管）连接固定成整体。可用卷膜机卷膜通风，保温幕保温，遮阳幕遮阳和降温。装配式大棚寿命长、省钢材、成本低，缺点是自身重量大，运输移动困难。

（4）大棚的骨架

包括"三杆一柱"，即拱杆（拱架）、拉杆（纵梁）、压杆（压膜线）和立柱，其他还有棚布、门窗和天沟。

拱杆（拱架）可以是单杆拱架、平面拱架、三角形拱架或屋脊形拱架等。

固定式塑料大棚利用钢材、木料、水泥预制件做骨架，其上盖一层塑料薄膜。薄膜需 2～3 年更换一次。目前国内一些厂家已生产定型大棚，骨架配套，可长期固定使用，不需拆卸。简易式塑料大棚利用轻便器材如竹竿、木棍、钢筋等做成骨架，然后罩上塑料薄膜。多用于扦插育苗及盆花越冬等使用，用后即可拆除。

**（三）夏季设施**

**1. 塑料遮阳网**

又叫遮阴网、遮光网、寒冷纱、凉爽纱。是用高密度聚乙烯、聚丙烯或聚烯烃树脂为基础，加入防老化剂、各种颜料，熔化后拉成扁丝，再编织成的网状织物。颜色多种多样，如黑色、银灰色、白色、浅绿色、蓝色、黄色、黑色与银灰色相间等，生产上使用较多的是黑色网和银灰色网。

遮阳网可与多种结构相结合进行覆盖，覆盖方式灵活多样。

（1）温室遮阳网覆盖：可在温室外覆盖或温室内覆盖，但其性能有些差异，内遮阳保温的性能较强；外遮阳降温的效果较好。

（2）塑料大棚遮阳网覆盖：夏季利用大棚骨架或在棚膜上覆盖遮阳网。降温、防雨、防虫。用于越夏栽培、育苗、延后或提早栽培。

（3）中、小拱棚遮阳网覆盖：用于越夏栽培、育苗、延后或提早栽培。食用菌栽培覆盖、软化栽培覆盖。

（4）中、小平棚遮阳网覆盖：同上。

（5）遮阳网浮面覆盖：出苗期覆盖、越冬保温栽培。

（6）永久性阴棚和临时性阴棚。

遮阳网覆盖需要注意科学选网，要根据不同的植物、栽培目的、不同的季节选择不同规格、颜色、遮光率的遮阳网。不同地区选择不同的覆盖方式，通常北方夏季棚室空闲，覆盖遮阳网进行越夏栽培或育苗，可多生产1~2茬，提高棚室的利用率。而南方，可采用温室或大棚外部覆盖、塑料拱棚覆盖、浮面覆盖或小平棚覆盖等方式进行降温防灾栽培。同时也要注意适宜的遮盖时间，根据天气情况、不同种类、不同生育时期灵活掌握遮盖时间。

**2. 防雨棚**

将大棚除去围裙、小拱棚仅盖顶部，加强通风，利用薄膜防止多雨天气造成的涝害，这种覆盖形式称之为防雨棚。防雨棚于夏季使用可有效避免水、肥、土的流失和土壤的板结，能防止雨水直接冲击土壤，抑制雨水传播的土壤病害的扩散。能起一定的防风作用，防止作物倒伏。棚内有一定的遮光降温作用，再加盖遮阳网，能有效降低设施内的气温和地温，延长了早春喜温作物的生长期，防止日伤。是综合利用大棚、小拱棚的一种方式，夏季特别是黄梅季节多使用。

防雨棚的覆盖形式有如下几种类型：

（1）小拱棚式防雨棚。用小拱棚的拱架作为骨架，在顶部盖上薄膜，四周通气。

（2）大棚防雨棚。利用大棚骨架建成防雨棚，夏季去除大棚四周的围裙，留顶部防雨，气温过高时加盖遮阳网。春季、夏季延后供应，越夏种植，同遮阳网结合效果更好。

（3）弓桥形防雨棚。大棚两边增加了集雨排水槽，同时拱架间距较大。

**3. 防虫网**

防虫网是以添加了防老化、抗紫外线等化学助剂的优质聚乙烯（PE）膜为原料，经拉丝织成，形似纱窗的网状覆盖材料。抗拉力强度大、抗热、耐腐蚀、无毒、无味。采用物理防治技术，以人工构建的隔离屏障将害虫拒之网外，达到防虫的目的。防虫网反射、折射的光对害虫还有一定的驱避作用。

蔬菜防虫网技术目前在发达国家和地区的夏秋蔬菜生产中早已广泛使用，是生产无公害蔬菜常用的技术之一。防虫网的应用在南方夏季保护地蔬菜生产和蔬菜育苗中也很普及。

防虫网的覆盖方式与其他塑料棚相似，如大棚覆盖、小拱棚覆盖、水平棚架覆盖、飘浮覆盖、局部覆盖（大棚、温室的自然通风）均可，使用灵活方便，效果明显。需要注意覆盖前进行土壤消毒和化学除草，实行全生育期覆盖，选择适宜的规格，使用与多种设施相结合的综合配套措施，必要时要适时增湿降温。

**4. 无纺布**

无纺布，又叫不织布、丰收布。是以聚酯、聚丙烯（PP）、聚酰胺（PA）等为原料，经拉丝成网状，再以热轧合、黏合而成，类似布状的农用新型覆盖材料。具有强度大，质量轻、经济实惠、孔隙多的特点，有良好的通风透气性。通常作为飘浮覆盖使用，也可作为拱棚覆盖。生产上以白色长纤维亲水性无纺布的应用最广。

我国生产的无纺布一般宽2.8~3.0m，孔径20~80目，使用寿命5年左右。由于通气性、透光性和保温性随不同规格有较大差异，应根据应用目的不同加以选择。

无纺布覆盖的形式有：

（1）直接覆盖（浮面覆盖、漂浮覆盖）。将无纺布直接铺在植株群体上。

（2）小拱棚覆盖。可在小棚内直接覆盖，代替小棚薄膜覆盖。无纺布加薄膜双层覆盖。

（3）大棚二道幕覆盖和大棚外覆盖。大棚内设中棚，在中棚上覆盖；在大棚内设小拱棚，在小拱棚上覆盖；疏水性无纺布可用作大棚外覆盖保湿。

## （四）温室

### 1. 温室的概念

温室是比较完善的保护地生产设施，是以采光覆盖材料为全部或部分围护结构，人为地创造适合作物生长发育的环境条件，在不适宜露地植物生长的季节栽培植物的建筑形式。

温室在西方国家最早起源于17世纪，荷兰使用了单斜面玻璃日光温室。20世纪，温室的结构和设备不断完善，机械化、自动化水平日益提高。目前世界上温室事业发展很快的有荷兰、日本、意大利、美国和英国等国。

我国温室最早始于唐、明、清时期，用简易的土温室进行牡丹和其他花卉的促成栽培。20世纪50年代初，大量应用土温室，后来出现了日光温室以及废热加温温室。20世纪80年代，各地温室事业发展很快。20世纪90年代掀起了"洋温室"引进热，主要来自荷兰、美国、日本、法国、保加利亚、罗马尼亚、意大利和以色列等国家。

目前温室有3个发展趋向，一是温室大型化，小型温室一栋 $1hm^2$ 左右，中型的 $3hm^2$ 左右，大型的 $6hm^2$ 左右；二是温室现代化，表现在温室的结构标准化，温室的环境调节自动化，栽培管理机械化，栽培技术科学化；三是植物生产工厂化，植物周年连续均衡生产，单位面积产量比露地高10倍，应用范围广，大大缩短了生产周期。

### 2. 温室的类型

（1）按温室发展演变过程分类

① 原始型温室：指土洞子，于房间的窗前放花卉盆景，种植葱蒜类、果菜类；也包括暖洞子（浮洞子、临时温室），于直立的纸窗前种植两层蔬菜。

② 土温室型温室：在原始型温室的基础上把直立窗改为斜立窗，纸窗改为玻璃窗，也可在斜立窗接近地面处加上一扇立窗成为一坡一立的玻璃土温室。

③ 改良型温室：指小型的四周有墙体的单栋温室。空间和面积在土温室的基础上都已加大，采光和保温也比较好，改善了操作和种植条件，产量比土洞子、土温室大有提高。但存在室温低，局部温差大，地窗附近易结冰等现象。

④ 发展型温室：扩大了温室的栽培面积，进一步改善室内光照、温度、通风条件，适于小型机械耕作。采用水暖加温取代火炉加温。

⑤ 荷兰型温室：是比较完善和科学的温室。能创造适于蔬菜生育的环境条件，通过仪器仪表监测进行自动化管理。

（2）按建筑造型分类

有多种类型，如单屋面温室、双屋面温室、拱圆形屋面温室、多角屋面温室（观赏温室）、锯齿形温室、连接屋面温室（连栋温室）、双凸屋面温室、鸟巢温室等。

（3）按使用功能分类

可分为科研型温室、观赏型温室以及生产型温室。

① 科研型温室：也称繁殖温室、试验温室。用于学术研究和示范探讨的温室，对温室内环境条件要求相对较高。一般为引进温室，具有对温度、湿度、二氧化碳等环境因子的监控装置。建筑在植物园、公园或苗圃内，专供繁殖和培养各种花卉；建筑在科学研究单位，专供试验、研究用。

② 观赏型温室：又称陈列温室、展览温室。以展览、展示为主要目的，具有主体造

型美观、结构独特等特点。建筑在植物园、公园或其他公共场所，陈列各种花卉，供广大游人参观。如庭院温室、生态餐厅等。展览温室实现了温室工程技术与钢结构、园林景观和文化创意的有机结合。可根据展示风格不同，进行独特的造型设计，以满足美观适用和标志性功能。

③ 生产型温室：商用（销售）温室，以生产栽培为主，建筑形式以适于栽培需要和经济实力为原则，生产的植物种类单一，专业化较强。不注重外形美观与否。如生产花卉、苗木、育苗工厂等。

（4）按室内温度分类

① 高温温室：又称热温室。室内温度一般保持在 18～30℃，专供栽培热带种类或冬季促成栽培之用。

② 中温温室：又称暖温室。室内温度一般保持在 12～20℃，专供栽培热带、亚热带种类之用。

③ 低温温室：又称冷温室。室内温度一般保持在 7～16℃，专供亚热带、暖温带种类栽培之用。

④ 冷室：室内温度保持在 0～5℃，供亚热带、温带种类越冬之用。

（5）按加温来源的不同分类

① 加温温室：将太阳能加温与人为加温（烟道、蒸汽、热水、电热等）相结合利用的温室。在充分利用自然光的基础上合理人为加温。

② 不加温温室：只用太阳能加温，没有人为加温，如日光温室或冷室。

（6）按建筑材料分类

有土温室、砖木结构温室、钢材结构温室、钢木混合结构温室、铝合金结构温室、钢铝混合结构温室。

（7）按覆盖材料分类

有玻璃温室、塑料温室、双层充气膜温室、PC 板温室、阳光板温室等。

**3. 温室的结构参数**

（1）五度，指温室的采光角度、高度、跨度、长度和厚度。

角度，指透明屋面的采光角度、方位角，以及日光温室后屋面的仰角。

高度，包括矢（脊、顶）高、肩高以及日光温室后墙的高度。矢高是指屋面顶端与地面的垂直距离，肩高是指大棚直立采光面的高度。

跨度，指温室直立采光面内侧的距离。

长度，指温室东西山墙间的距离。

厚度，指日光温室后墙、后坡、草苫的厚度。

（2）四比

前后坡比，一般指日光温室前坡和后坡的垂直投影宽度比。

高跨比，指温室的高度与跨度的比例。

保温比，指温室内的贮热面积与放热面积比例。

遮阳比，指在建造多栋温室或在高大建筑物北侧建造时，前面地物对建造温室的遮阳影响，遮阳比应大于 1：2，设定温室前面地貌的高度为 $A$，后排温室与前排温室屋脊垂点的距离为 $B$，则 $A/B>1：2$，是最适当的无阴影距离。后屋面过长会造成春夏秋温室北部地面阴影过长；还会减小前屋面采光面积，使白天升温过慢。

（3）三材

建筑材料：铝合金结构、钢结构、水泥结构、竹木结构等。

透光材料：聚乙烯薄膜、聚氯乙稀薄膜、醋酸乙烯薄膜、玻璃等。

保温材料：如土墙、砖石以及保温被等。

**4. 温室的结构**

（1）玻璃温室

是指用玻璃作为采光覆盖材料的温室。大的高度可达 10m 以上，跨度可达 16m，开间最大可达 10m。玻璃温室是栽培设施中寿命最长的温室类型，适于在多种地区和各种气候条件下使用，可用于蔬菜植物、观赏植物、药用植物和果树的栽培，或用作农业科学研究的场所。

屋面的覆盖材料为浮法平板玻璃，生产上经常选用厚度为 4mm、5mm 两种规格的浮法平板玻璃，在多雹地区宜选用 5mm 厚的浮法平板玻璃。我国多采用厚度为 5mm 的浮法平板玻璃。

建筑结构包括骨架、镶嵌和密封件、天沟和檐沟、通风系统、屋面和帘幕系统。

① 骨架是温室的承重结构，起支撑和承重的作用。骨架包括柱、梁、拱架，由矩形钢管、槽钢等制成；门、窗、屋顶为铝合金型材，经抗氧化处理；基础由预埋件和混凝土浇筑而成，材料大多采用轻型钢材，部分采用普通钢，均采用热浸镀锌形式进行防腐处理。

② 镶嵌和密封件，是将温室覆盖材料固定在骨架上的配件，如卡簧卡槽；镶嵌材料采用铝合金条；密封件可采用橡胶条，或 PVC 型材密封。

③ 天沟和檐沟，是温室的屋顶及屋檐的主要排水结构，常采用铝合金型材或薄壁型钢冷弯型材；其排水方式可采用有组织排水，或山墙处排水。天沟也称为排水槽，自温室中部向两端倾斜延伸，有 0.5% 的坡降，在保证结构强度和排水顺畅的前提下，排水槽结构形状对光照的影响应尽可能最小。

④ 门、侧窗和天窗，是温室的自然通风系统，通过自然风的流通进行通风，窗的设置位置以能使空气流通顺畅为原则，华南地区夏季湿热，应适当增加顶窗的数量，使热空气能尽快通过顶部散发出去。必要时可增加强制通风装置，如在温室顶部悬挂循环风机、安装水帘风机等来进行通风调节。

⑤ 帘幕系统，是温室屋面的辅助结构，与屋面配合起来共同调节温室内的温度和光照条件，使用灵活方便，节省能源。帘幕系统有反光幕、遮光幕、热屏幕三大类，一般悬挂于屋面的顶部或温室的侧边，可在温室内外悬挂，所起的作用有差异。反光幕的材料中添加了银灰色镀铝聚酯膜，具有很高的反光率，内反光幕可增强温室内的光照，同时驱避蚜虫，冬季在蔬菜生产的温室内张挂能促进植物生长。遮光幕一般为黑色的遮阳网材质，内遮光幕具有保温、遮阳的效果；外遮光幕具有降温、遮阳的作用。热屏幕能阻挡温室内外的热量交换，在温度低的情况下采用。

⑥ 屋面，是玻璃温室的重要的采光结构。按屋面形式进行分类，有单屋面温室、双屋面温室、单栋温室、连栋温室等。目前华南地区以双屋面连栋温室较多见。

双屋面玻璃温室，一般指单栋的双屋面玻璃温室，室顶两侧有相同或不同长度的玻璃屋面，屋面长度相同的为等屋面温室，屋面长度不同的为不等屋面温室。设有窗户，室内光照充分而均匀，空间大，通风好。跨度一般为 3～6m，有的达 18m。肩高 2～2.5m，顶高 3～3.5m。

等屋面温室有 2 个面积相等和形状同为长方形的玻璃屋面，室内南北两边均能接受的光量相同，气温和地温较稳定。往往由于通风窗较少或使用不便而造成通风不良。同时由于玻璃屋面较大，散热较多，必须有完善的调温设备。

不等屋面温室是指南北二屋面面积不相等的温室，一般向南一面较宽，日光自南面照射较多，因此室内植物生长有向南弯曲的缺点。在建筑上及日常管理上都感不便，一般较少采用。

连栋玻璃温室，由 2 个以上相同样式的双屋面玻璃温室连接而成，又名连续式温室、连接屋面温室。连栋玻璃温室比单栋双屋面玻璃温室抗风雨雪能力强，建筑费用低，土地利用率高，同时侧壁减少，散热面积小，节约能源。室内宽敞，适于机械操作。温室一般采用南北走向，光照分布均匀，室内温度变化平缓，温度调节管理方便。但是日照稍差，空气流通也不畅，需设置通风及补充光照设备。

（2）塑料温室

是指采用塑料作为采光覆盖材料的温室，主要是指硬质塑料板材或塑料薄膜覆盖的温室，其覆盖材料轻便耐用采光性能优良，在全世界范围内应用远远高出玻璃温室，几乎成了现代温室发展的主流。

塑料温室能得到较完善的光谱，对促进植物生长、花色、果色与维生素的形成都比玻璃温室优越。隔热性能良好，建造比较容易，拆装方便，骨架材料用量少，适合机械化作业。环境调节控制能力较好，基本上可以达到玻璃温室的相同水平。

塑料温室的建筑结构与玻璃温室相同，只是覆盖材料不相同。温室的跨度为 6～12m，开间 3～4m，肩高 3～4m。以自然通风为主的连栋温室，在侧窗和屋脊窗联合使用时，温室最大宽度宜限制在 50m 以内，最佳宽度在 30m 左右；以机械通风为主的连栋温室，温室最大宽度可扩大到 60m，温室的长度最好限制在 100m 以内。

塑料温室的骨架由木材、钢材、铝合金材料、水泥柱等材料构成，部件和附件均用镀锌钢制造成标准尺寸的预制件，用紧固件（如螺栓、螺母和销钉）即可方便地安装。室内有永久性的设施，如保温、加温、遮阳降温、补光、灌溉、消毒、补充二氧化碳等先进的自控设施。

一般都用热浸镀锌钢管作主体承重结构，工厂化生产，现场安装。由于塑料温室自身的重量轻，对风、雨、雪荷载的抵抗力弱，一般在室内第二跨或第二开间要设置垂直斜撑，在温室的外围护结构以及屋顶上也要考虑设置必要的空间支撑。至少要有抗 8 级风的能力，一般要求抗风能力达 10 级。

（3）现代化温室

现代化温室是目前园艺设施的最高级类型。主要是指大型的（覆盖面积多为 $1hm^2$）、环境基本不受自然气候的影响、能全天候进行园艺作物生产的连接屋面温室。现代化温室在连栋温室的基础上完善了环境调节设备，面积和空间加大，大大提高了温室的生产效率。

现代化温室土地利用率高，内部作业空间大，有充足的阳光直射；内部设备配置齐全，环境调节能力较强，通过电脑自动控制，实现作物生产管理水肥一体化以及机械化（如机械起垄、作畦、播种、收获、运输），实现了作物的周年生产，已形成一个完整的生产技术体系。

对生产管理人员的操作技能和管理水平要求比较高，要求熟悉各种设备的使用和维护，熟练掌握无土栽培技术，同时设备设施的一次性投资大，加温耗能大，在经济不发达地区不适于大面积推广使用。

现代化温室的基本结构是在双屋面温室（拱圆屋面温室）的基础上设计建造。一般顶高 4.8～5.8m，肩高 2.5～3m，间跨 6～9m，设有天窗、腰窗、地窗。以玻璃、塑料薄膜（板材）等为采光材料。小型的现代化温室跨度 3～5m，大型的跨度 8～12m；长度为 20～50m 不等，一般 2.5～3m 设一个人字梁和间柱；脊高 3～6m，肩高 1.5～2.5m。

建筑材料多为铝合金或镀锌钢材骨架，主要有 3 种：普通钢材、镀锌钢材和铝合金轻型钢材，目前铝合金钢在现代化玻璃温室当中使用较多。透明覆盖材料采用钢化玻璃、普通玻璃、丙烯酸树脂、玻璃纤维加强板（FAR 板）、聚碳酸酯板（PC 板）、塑料薄膜等。保温幕多采用无纺布；遮光幕可采用无纺布或聚酯等材料。

屋面为等屋脊型，2 个采光屋面朝向相反，长度和角度相等。四周侧墙均由透明材料构成。连栋温室常见的屋面类型有等屋脊型连栋温室、拱圆型连栋温室、锯齿型连栋温室等，科研上等屋脊型连栋温室较常见，生产中以拱圆屋面连栋温室、锯齿型连栋温室应用较多。屋脊型连栋温室以浮法平板玻璃作为透明覆盖材料，也有采用塑料薄膜或硬质塑料板材，拱圆型连栋温室以塑料薄膜作为透明覆盖材料，配备的设施与现代化的玻璃温室相同（表 6-1、表 6-2）。

**屋脊型连栋温室的基本规格**　　　　　　　　　　　　　　　表 6-1

| 温室类型 | 长度/m | 跨度/m | 脊高/m | 肩高/m | 骨架间距/m | 生产或设计单位 |
|---|---|---|---|---|---|---|
| LBW63 型 | 30.3 | 6 | 3.92 | 2.38 | 3.03 | 上海农机所 |
| LHW 型 | 42 | 12 | 4.93 | 2.5 | 3.0 | 日本 |
| 普通型 | 42 | 12 | 5.75 | 2.7 | 2.625 | 日本 |
| SRP 型 | 42 | 8 | 4.08 | 2.5 | 3.0 | 日本 |
| SH 型 | 42 | 8 | 4.08 | 2.5 | 3.0 | 日本 |
| 荷兰芬洛 A 型 | | 3.2 | 3.05～4.95 | 2.5～4.3 | 3.0～4.5 | 荷兰 |
| 荷兰芬洛 B 型 | | 6.4 | 3.05～4.95 | 2.5～4.3 | 3.0～4.5 | 荷兰 |
| 荷兰芬洛 C 型 | | 9.6 | 3.05～4.95 | 2.5～4.3 | 3.0～4.5 | 荷兰 |

**拱圆型连栋温室的基本规格**　　　　　　　　　　　　　　　表 6-2

| 温室类型 | 长度/m | 跨度/m | 脊高/m | 肩高/m | 骨架间距/m | 生产或设计单位 |
|---|---|---|---|---|---|---|
| GLP732 | 30～42 | 7.0 | 5.0 | 3.0 | 3.0 | 浙江农业科学院 |
| 华北型 | 33 | 8.0 | 4.5 | 2.8 | 3.0 | 中国农业大学 |
| 韩国 | 48 | 7.0 | 4.3 | 2.5 | 2.0 | 韩国 |
| WPS-50 型 | 42 | 6.0 | | 2.2 | 3.0 | 日本 |
| SRP-100 型 | 42 | 6.0～9.0 | | 2.2 | 3.0 | 日本 |
| SP 型 | 42 | 6.0～8.0 | | 2.1 | 2.5 | 日本 |
| INVERCAC 型 | 125 | 8.0 | 5.21 | | 2.5 | 西班牙 |
| 以色列温室 | | 7.5 | 5.5 | 3.75 | 4.0 | 以色列 AZROM |
| 以色列温室 | | 9.0 | 6.0 | 4.0 | 4.0 | 以色列 AVI |
| 法国温室 | | 8.0 | 5.4 | 4.2 | 5.0 | 法国 RICHEL |

其内部设备配置如下：

① 加温系统：除了内保温等帘幕系统外，还安装有加热升温系统。

② 降温系统：包括门、窗的自然通风系统，以及风机水帘等强制通风系统，同时外遮阳系统的降温作用亦起到重要的调节作用。

③ 种植系统：包括水肥一体化自动灌溉系统，以及人工灌溉系统和施肥系统，二氧化碳施肥系统，苗床种植系统。

④ 补光系统：安装有人工光源，按植物需要补光。

⑤ 计算机控制系统：通过计算机自动进行环境控制。

⑥ 防虫网系统：门、窗等通风处均设置防虫网，减少病虫发生。

⑦ 配有蒸汽消毒装置，室内机械操作和运输等先进设备。

温室的加热系统设置，没有外覆盖保温，完全依靠人工加温。加温方式采用热水管道加温和热风加温两种方式。

热水管道加温是以热水为热媒的采暖系统，由锅炉、锅炉房、调节组、连接附件及传感器、进水及回水主管、温室内的散热管等组成。在供热调控过程中，调节组是关键环节，主调节组和分调节组分别对主输水管、分输水管的水温按计算机系统指令，通过调节阀门叶片的角度来实现水温高低的调节。加热方法有暖气加温、太阳能加温等，通过散热器使温度分布均匀。最常用的是热水散热器，有时也使用光管散热器、铝合金材料散热器。

热风加热系统是利用热风炉通过风机把热风送入温室各部分加热的方式。该系统由热风炉、送气管道（一般用 PE 膜做成）、附件及传感器等组成。由热源提供的热水通入空气换热器，室内空气用风机强迫流过空气换热器，吸收热水放出热量，被加热后进入温室，如此不断循环就加热了整个温室的空气。为了保证室内空气温度的均匀性，通常将风机压出的热空气送入通风管，通风管由开孔的聚乙烯薄膜制成，沿温室长度布置，此种风管重量轻，布置灵活，易于安装并且不会有太多的遮阳。

降温系统采用通风窗降温以及微雾降温、水幕降温、屋面喷白降温、帘幕降温等方式。设有遮阳网、挡光幕、反光幕，驱动系统分为齿轮齿条驱动系统与钢缆驱动系统。通风窗降温设有自然通风装置和强制通风装置。

灌溉和施肥系统设有电子调节器及电磁阀，控制盘上可测出液肥、农药配比的电导度和需要稀释的加水量。可实现定时、定量地进行自动灌水、灌液，或喷施液肥、农药，自动调节营养液中各种元素的浓度。在寒冷季节，可根据水温控制混合阀门调节器，把冷水与锅炉的热水混合在一起。盆栽花卉多采用针头滴头施肥灌溉。温室内环境相对封闭，二氧化碳浓度白天低于外界，不利于植物进行光合作用，需补充二氧化碳。多采用二氧化碳发生器，将煤油或天然气等碳氢化合物通过充分燃烧，产生二氧化碳；也可将贮气罐或贮液罐安放在温室内，通过电磁阀、鼓风机和管道输送到温室各个部位。同时在温室内安装气体分析仪等设备。

防虫系统设置防虫网、防虫板、杀虫灯等设备。

消毒方式可采用物理消毒和化学消毒两种方式。物理消毒有高温蒸汽消毒、热风消毒、太阳能消毒、微波消毒等。化学消毒常用的消毒作业机具有土壤和基质消毒机、喷雾机械等，利用土壤消毒机，将消毒剂直接注入土壤中，并使其汽化和扩散，喷雾机械的使用实现大规模生产管理需要，利用喷雾机械防治病虫害。

现代化温室优越的调控设备使其性能得到了最大的发挥，但温室加温能耗很大，费用昂贵，大大增加了成本。一般温度在冬天夜间室内最低温不低于15℃，夏季温度不高于30℃。热水管道或热风加温，加热管可按作物生长区域合理布局，除固定的管道外，还有可移动升降的加温管道，因此温度分布均匀，作物生长整齐一致，产品清洁、安全、卫生。可以完全摆脱自然气候的影响，一年四季全天候进行生产。双层充气膜温室夜间保温能力优于玻璃温室，中空玻璃或中空聚碳酸酯板材（阳光板）保温能力最优。

主要应用于科研和高附加值的园艺作物生产，如喜温果菜、切花、盆栽观赏植物、果树、园林设计用的观赏树木的栽培及育苗。

（4）日光温室

① 日光温室的概念

日光温室是东、西、北三面为围护墙体，前屋面为透明覆盖物的单坡面温室。设施简易，为我国独有技术，温室内的热量来源主要来自太阳辐射，夜间可用保温被覆盖，充分利用太阳光热资源，基本不加温或少量加温，在寒冷季节能越冬生产喜温果菜。

前屋面面向接受太阳光较多的位置，由支撑拱架和透光覆盖物组成，主要起采光作用，覆盖材料可采用玻璃和塑料。夜间可用保温覆盖物覆盖，加强保温。采光屋面的大小、角度、方位直接影响采光效果。

后屋面位于温室后部顶端，起保温、蓄热和支撑的作用。采用不透光的保温蓄热材料做成。

围护墙体包括后墙和山墙，后墙位于温室后部，山墙位于温室两侧，起保温、蓄热和支撑作用。一侧山墙外侧通常连接一个小房间作为出入温室的缓冲间，兼做工作室和贮藏间。另外还设有立柱、防寒土以及防寒沟。

日光温室保温好，投资低，节约能源，非常适合我国经济欠发达地区使用。我国从江苏北部到黑龙江都有分布，普遍应用于蔬菜、花卉和果树的生产。由于设施简陋，存在抗御自然灾害能力差，内部环境调控能力不强，夏季降温困难，无法周年利用，土地利用率低等问题。

② 日光温室的种类

A. 普通日光温室，是利用自然光照为热源进行生产的温室，没有加温设备。常见有一面坡日光温室、立窗式日光温室。

一面坡日光温室是鞍山、京、津等地最早应用的日光温室。采用玻璃窗或塑料薄膜覆盖作为采光面，跨度5.0～5.5m，中柱高2m，后墙高1.6m，长度不等。玻璃窗与地面的角度为25°～30°，长4m，直接与地面相接，另一头与屋檐相接。后屋面（后坡）宽2m，厚度20cm。每间隔3.0～3.3m设一中柱和柁。柁架上设2根檩，上铺秫秸捆，然后抹灰泥。温室前后挖防寒沟。

立窗式日光温室跨度5.5～6.0m，中柱前檐高2.0～2.3m。后墙高1.5～1.7m，厚度0.8～1.0m，为土墙或夹皮墙。长度不等。玻璃窗面长4.0～4.5m，角度为20°～25°，前檐竖一立窗，高约50～60cm。另一头与屋檐相接。后屋面（后坡）宽1.7～2.0m，屋顶厚度20cm以上。温室前后挖防寒沟。

普通日光温室主要利用太阳能提高室温，通过土墙及后屋面蓄热保温，通过覆盖物、风障保温。在北纬40°地区使用，当外界最低气温达−10℃以下时，室内白天温度可保持在20℃以上，夜间可保持在1~3℃或10℃左右，与防寒保温条件有很大关系。薄膜日光温室在严寒的冬季可较外界温度高10℃以上，室内温度可保持在0℃以上。

在北方（东北、华北、西北、青藏高原等地）广泛应用于冬春菜生产。冬季至初冬可进行果菜延后栽培，冬季栽培耐寒性的绿叶蔬菜，早春进行果菜的早熟栽培，为塑料大棚及露地栽培培育各种蔬菜幼苗。

B. 加温日光温室，在普通日光温室的基础上增加加温设备组成。由前屋面、后屋面、覆盖物、加温设备组成。加温型日光温室常见的屋面形式有单屋面加温日光温室、二折式日光温室、三折式日光温室。

主要代表类型有北京改良式温室。每间东西长3.0~3.3m，南北宽5~6m，面积15~20m²，每3~4间设一个加温火炉，称为一房。每栋温室由2~6房组成。前柱高1.0~1.2m，中柱高1.7~1.85m，后柱（或无后柱）高1.25~1.35m。屋顶宽1.7~2.2m，坡度10°，前屋面坡度：天窗15°~20°，地窗37°~45°。靠北墙处设加温火炉。炉灶用砖砌成，分为炉身、火道及烟囱等。以煤作燃料直接加温。

三折式日光温室趋向大型化，宽度8~9m，高度2.5~3.0m，采暖方式多种多样。屋面形式出现拱圆屋面加温日光温室和连栋屋面加温日光温室。

加温日光温室内光照及温度条件得到根本的改善。白天可利用太阳光提高温室温度，通过通风窗降温、排湿，夜间可通过炉火加温补温，并有草帘、保温被等防寒保温，不足之处是夜间湿度大，管理中要注意通风降湿、防病。

加温方式有热水加温、蒸汽加温、烟道加温、地热加温等。

日光温室的应用以春、秋、冬3季种植耐寒性蔬菜为主，可栽培2~3茬。越夏栽培1茬。

C. 节能型日光温室，以太阳辐射能为主要热源，具有优良的保温和蓄热构造的单屋面塑料节能温室。具有良好的采光屋面，能最大限度地透过阳光；保温和蓄热能力强，能最大限度地减少温室散热，温室效应强。单栋面积在0.5~1.0亩。

节能型日光温室在普通日光温室结构的基础上，墙体由北墙及东西山墙（土筑或砖砌）建成，围护墙体由同质或异质复合墙体支撑后屋面；前屋面用不同材质定型，如用竹竿、竹片、木杆、钢筋、钢管、水泥定型预制拱架等构成，上面覆盖薄膜，还可根据地区不同覆盖草帘、竹片、纸被、棉被、化纤保温毯（被），以加强防寒保温效果；后屋面由秫秸、草泥、麦秸泥、发泡泥或加气水泥板组成，有蓄热保温作用。

目前条件下日光温室的跨度以6~8m为宜，其中北纬42°地区不应超过7m。6m跨度的日光温室，高度以2.8~3.0m为宜，7m跨度的日光温室，高度以3.3~3.5m为宜，7m以上跨度的日光温室，高度应大于3.5m。

北纬32°~43°地区应保证20.5°~31.5°的前屋面角。温室后屋面与后墙水平线的夹角应大于当地冬至日中午时刻太阳高度角5°~8°。在北纬32°~43°地区，该角应在30°~40°。温室墙体有夹心保温层的石墙、砖墙，厚度一般为50cm；内墙为石头或砖墙，外培防寒土的墙体一般应为当地冻土层厚度再加50cm。后屋面厚度40~70cm。后屋面过长会造成春夏秋温室北部地面阴影过长，还会减小前屋面采光面积，使白天升温过慢。

节能型日光温室的结构特点强化了采光与保温性。提高了中脊高度，高 2.6～2.8m，甚至高达 3.0～3.5m，使前屋面角度加大；加大后屋面仰角，缩小后屋面投影，使冬至日前后阳光能直射后屋面和后墙；加大温室的跨度，由 5.5m 加大至 6～7m，容积增加；利用全钢焊接式或组装式日光温室，无立柱。使温室采光量增加，便于管理。采用异质复合墙体增强蓄热保温能力；选用高透光、高保温 EVA 复合材料，增强透光性和保温性。

第二代节能型日光温室的保温效果可达到 30℃。北纬 34°～43°地区冬天不加温能种植果菜类，使北方地区元旦、春节两大节日能充分供应各种新鲜蔬菜。

节能型日光温室的代表类型有如下几种：

a. 长后坡矮后墙半圆拱形日光温室

b. 短后坡高后墙半圆拱形日光温室

c. 鞍山 II 型日光温室

d. 宁夏带女儿墙半拱圆形日光温室

e. 琴弦式日光温室

f. 一斜一立式与拱形日光温室

g. 半地下式日光温室

h. 热镀锌薄膜钢管组装式节能日光温室

i. NJ-6（II）型节能连栋日光温室

j. CBW 系列节能型构件式日光温室

日光温室在园艺作物生产中常应用于园艺作物育苗、番茄栽培、黄瓜栽培、茄子栽培、葡萄栽培、花卉栽培、油桃栽培、彩椒栽培、菜用仙人掌栽培、甜瓜栽培、芦荟栽培、草莓栽培等。

## 实训项目

### 实训 6-1　设施园艺的类型、结构和应用调查

**（一）目的要求**

本实训采用实地调查的方法，加深学生对设施园艺类型的结构、类型和性能的感观认识，对所处地的设施园艺类型进行调查走访，熟悉各种类型设施园艺的材料、结构、规格、大小、空间利用情况以及它们的性能，掌握不同的设施园艺在不同气候条件下使用的方式和技巧，掌握不同植物种类在不同生长期上栽培运用的方法。加强学生对理论知识认知运用的能力。

**（二）场地与用具**

场地：科研院校实验基地、科学研究所实验基地、公园、植物园、生产基地的各种栽培温室、观赏温室、繁育温室、育苗场所等。

用具：纸、笔、相机、卷尺等。

**（三）内容与方法**

（1）熟悉和掌握当地气候特点，搜集相关资料，调查当地农业自然灾害发生情况和规律，以此作为确定当地设施类型的目标之一。

（2）熟悉和掌握当地园艺植物种植特点和周年供应的情况，以此作为确定当地设施类

型的目标之二。

（3）熟悉和掌握当地园艺植物出口外销的种类、数量和地区，以此作为确定当地设施类型的目标之三。

**（四）作业**

（1）完成设施类型调查表一份。

（2）完成 2000 字设施类型调查报告 1 份。

### 实训 6-2　园艺设施的设计、建造和施工

**（一）目的要求**

在实地调查的基础上，加强学生对园艺设施类型的结构、类型和性能的深刻认识，结合当地气候特点，建造适合当地使用的设施结构类型。

**（二）场地与用具**

场地：院校实验基地。

用具：水泥、砂浆、钢筋、钢管、锄头、铁铲等。

**（三）内容与方法**

（1）熟悉和掌握当地气候特点，搜集相关资料，调查当地农业自然灾害发生情况和规律，确定设施建造的目标；调查当地农民经济收入情况，政府经费扶持情况；实地勘察设施建造的地形、地势、水电、交通等情况。

（2）完成 2000 字设施建造调查报告一份。

（3）根据设施类型调查报告确定设施建造类型，绘制设施结构图，包括设施类型、规格大小；设施各部位分区图，建立设施详细施工图若干份。

（4）拟定设施建造实施方案，包括所需金额、人员配备、工具配备、材料选购等。

（5）完善施工方案，拟定实施步骤、工期和时间、方法。

（6）着手建造设施。

**（四）作业**

（1）温室的结构是怎样的？其性能表现有哪些？

（2）塑料棚的类型和结构有哪些？

（3）简易园艺设施有哪些类型？

（4）夏季设施的性能优势及不足有哪些？

## 第二节　覆盖材料的种类及性能

设施的围护结构是设施环境调节的重要因素，设施覆盖材料的特性决定着围护结构的性能。随着科学技术的不断发展，设施覆盖材料的种类发生了很大的变化，其功能也呈现多样化，如透光、遮光、保温、增温、降温，防台风暴雨，减少病虫草害，提高农产品品质等。应根据作物种类、设施类型、栽培方式和目的等选择相应的覆盖材料。

### 一、覆盖材料的类型

（1）透明覆盖材料，如玻璃、塑料板材、塑料薄膜等。是设施的重要围护结构，要求具有良好的透光性，较高的密闭性和保温性，必要时可以进行换气，具有较强的韧度和耐

候性，较低的成本等。

（2）保温覆盖材料，如草苫、草帘、保温被等。要求材质的隔热性能好，蓄热能力强，一般为不透光的材料，颜色较深，有机或无机复合材质较多。

（3）调光半透明覆盖材料，如遮阳网、反光膜、薄型无纺布。材质透光性不同，光质透过性也不同，可以根据植物生长的需要灵活采用。

## 二、设施覆盖材料的特性

### （一）透明覆盖材料的特性

#### 1. 光学特性

（1）园艺植物对光的需求

光在园艺设施中影响温室内的温度和湿度，影响温室作物的光合作用，影响植物的形态建成、植物的色素合成以及营养成分等。温室内的光照环境和露地不同，光照强度和光谱也发生变化。覆盖材料会降低太阳光进入温室的强度并改变其波谱组成。

太阳光包括：紫外线、可见光和红外线等，不同波长的光热辐射对植物及环境的作用不一样。最适合植物生长的波长范围为 $400 \sim 700nm$，又称 PAR。

紫外线（$290 \sim 390nm$）能量占 $1\% \sim 2\%$。紫外线能促进薄膜氧化，加速老化；对于多数植物，具有杀伤作用，可能导致植物气孔关闭，影响光合作用，增加病菌感染。$315 \sim 380nm$ 近紫外线参与花青素、VC、VD 的合成，抑制作物徒长；紫外线波长小于 $315nm$ 对作物有害；紫外线波长小于 $345nm$ 促进灰霉病孢子形成；紫外线波长小于 $370nm$ 诱发菌核病发生。$300 \sim 400nm$ 范围内的波长，有利植物的成形与花、果着色、VC 形成。

可见光（$390 \sim 760nm$）占太阳辐射能总量 $50\%$，主要对作物的光合作用有影响。$400 \sim 720nm$ 范围内的波长，对植物光合作用有利。植物对 $400 \sim 510nm$ 的蓝紫光吸收率高，光合作用强，有利植物形成。$510 \sim 610nm$ 的绿光，植物吸收率及光合作用效率较低。$610 \sim 720nm$ 的红橙光，植物吸收率高，光合作用强，一些条件下具有较强的光周期作用，提供辐射热量。$700 \sim 800nm$ 的远红光影响植物伸长，对光周期及种子形成有重要作用，并控制开花及果实颜色。

红外线（大于 $760nm$）能量占 $48\% \sim 49\%$。$760 \sim 3000nm$ 的波长有热效应，促进植物生长。$1000 \sim 3000nm$ 范围内的波长，提供太阳辐射热量。$3000 \sim 80000nm$ 范围内的波长，是常温物体的热辐射，是一种带有热能分子所产生的辐射线，一到晚上就很容易散失掉，尤其是散失温室内热量。

（2）设施园艺对覆盖材料光学特性要求

对可见光的透过率越高越好，可促进植物光合作用；根据需要选择对紫外线具有不同透过率的覆盖材料；对太阳的短波红外线透过率高，但对物体的长波辐射透过率低。

覆盖材料会降低太阳光进入温室的强度并改变其波谱组成。波长在 $350 \sim 3000nm$ 区域内（可见光和近红外线区域）透过率越高越好。波长在 $400 \sim 760nm$ 光合有效辐射有利作物光合作用。波长在 $760 \sim 3000nm$ 有热效应，使室内增温。波长小于 $350nm$ 的近紫外线区域和波长大于 $3000nm$ 的红外线区域，透过率越低越好，小于 $3000nm$ 的红外线波段，是各种物质热辐射失热的主要波段，透过率越高，保温性越差（表6-3）。

覆盖材料的透光率　　单位％　　　　　　　　　　　表 6-3

| 波长/μm | | 聚氯乙烯薄膜<br>（厚 0.1mm） | 聚乙烯薄膜<br>（厚 0.1mm） | 醋酸乙烯薄膜<br>（厚 0.1mm） | 玻璃<br>（厚 3mm） |
|---|---|---|---|---|---|
| 紫外线 | 0.28 | 0 | 55 | 76 | 0 |
| | 0.36 | 20 | 60 | 80 | 0 |
| | 0.32 | 25 | 63 | 81 | 46 |
| | 0.35 | 78 | 66 | 84 | 80 |
| | 0.45 | 86 | 71 | 82 | 84 |
| 可见光 | 0.55 | 87 | 77 | 85 | 88 |
| | 0.65 | 88 | 80 | 86 | 91 |
| 红外线 | 1 | 93 | 88 | 90 | 91 |
| | 1.5 | 94 | 91 | 1 | 90 |
| | 2 | 93 | 90 | 91 | 90 |
| | 5 | 72 | 85 | 85 | 20 |
| | 9 | 40 | 84 | 70 | 0 |

## 2. 热特性

覆盖材料的热透过性能一方面影响加温温室的能耗，另一方面则影响非加温温室的保温性能，从而影响夜间温度。覆盖材料保温性的差异取决于其热辐射透过率的不同。大于 3000nm 红外线波段的透过率越高，保温性越差。提高薄膜保温性，需在薄膜生产过程中添加红外线阻隔剂，有些特种薄膜可透过太阳可见光，但不能透过太阳红外线，可显著降低夏季设施内温度。实践当中除采用外覆盖材料外，还可通过增加多重覆盖，如二重幕（缀铝箔保温膜）这一技术来提高夜间温室的温度。遮阳降温覆盖材料一般用遮阳网，保温的无纺布也可用来遮阳降温。

## 3. 防雾滴特性

温室内的水汽冷凝到覆盖材料内表面形成水珠，对太阳光形成折射，导致透光率大大降低，同时改变光质。另外，水滴滴落到植物表面易造成病害高发，水珠比水膜对透光率的影响大。防雾膜和无滴膜加入表面活性剂——防雾滴剂，在膜的表面涂抹亲水材料使冷凝的水汽不能形成珠状，从而减少水珠对光透过性的影响。

## 4. 耐候性

耐候性指覆盖材料经年累月使用后表现不易老化的性能，关系到覆盖材料的使用寿命和环境污染的问题。普通农膜寿命数月到 1 年不等；新开发的塑料膜长达 3～5 年；有些半硬质膜和硬质膜甚至超过 15～20 年。覆盖材料的老化会大大降低透光率；尘埃、水珠和老化会严重降低透光率，最多可降低 50％～60％。

覆盖材料耐候性从强到弱依次为：

硬质材料：玻璃＞硬质板＞半硬质膜＞软质膜

软质膜：PVC＞EVA＞PE 膜

覆盖材料使用过程中也会出现污损的情况，普通 PVC 膜使用半年后，内外表面的灰尘会导致透光率降低到 70％左右。防尘膜在覆盖材料的表面涂抹防尘辅料或合成时添加防尘辅料，可以减少其影响。在薄膜生产工艺中加入光稳定剂、热稳定剂、抗氧化剂和紫外吸收剂可增加耐候性。

#### 5. 机械特性

机械特性是指覆盖材料的重量、硬度、韧性、弹性和抗冲击性等。覆盖材料必须能承受以下几种外力：风力、风沙、冰雹冲击力，积雪压力，安装时的拉伸力，还要考虑骨架的长期磨损。机械特性会影响到温室密封性，铺卷作业、开闭操作的难易程度，抗风、抗冰雹和抗积雪性能等。要求耐冲击、耐拉伸、耐磨损能力强。此外，对透明覆盖材料还有防尘性的要求，对塑料板材还有表面耐磨和阻燃等特性要求。

## 三、保温覆盖材料的特性

### （一）外保温覆盖材料

如草苫、草帘、纸被、保温被等。要求较高的保温性，传热系数不高于 $2.0w/m^2 \cdot k$；轻量化，便于操作，省工省力；防雨、防湿、经久耐用；表面洁净、光滑，防止污染和损坏到外覆盖的薄膜。

### （二）内保温材料

如薄型无纺布、遮阳网等。要求高保温性、防雾滴性、结实耐用防老化、易卷曲便于铺张收卷。

## 四、覆盖材料的种类和性能

### （一）玻璃

普通玻璃的可见光通过率为 90% 左右，对 300nm 以下的紫外线有阻隔作用，对 330～380nm 的近紫外光具有较强的透过率；对 2500nm 以内的近红外光具有较高的透过率，但对远红外线具有阻隔作用，可吸收几乎所有的红外线，夜间的长波辐射所引起的热损失很少。保温性好、使用寿命长（20 年以上）、耐候性好、防尘和耐药、亲水性、防腐蚀性好。密度大（$2.5g/cm^3$），对支架的坚固性要求高，建筑成本高。耐冲击性能差，容易破碎，不易卷曲。

有 3 种类型的玻璃：平板玻璃、钢化玻璃、特殊功能性玻璃。玻璃在所有覆盖材料中耐候性最强，透光性、防尘性和亲水性都很好，但密度重，抗冲击性能差。钢化玻璃抗冲击性能好，但易老化、造价高。特殊功能性玻璃保温性好、造价高，应用较少。如热射线吸收玻璃能吸收近红外线，提高温度；热射线反射玻璃能反射红外线，降低温度；两层玻璃间填充热吸收物质，降低温度；热敏和光敏玻璃，颜色会根据光线和温度变动而发生变化。

### （二）塑料棚膜

我国设施园艺生产中使用的透明覆盖材料，主要以塑料薄膜为主，基础母料主要是聚氯乙烯（PVC）和聚乙烯薄膜（PE）两大类，20 世纪 90 年代初又研制出乙烯-醋酸乙烯（EVA）多功能复合膜。

#### 1. 普通聚氯乙烯（PVC）、聚乙烯（PE）薄膜、乙烯-醋酸乙烯（EVA）多功能复合膜

PVC 膜是由 PVC 树脂添加增塑剂高温轧延而成。普通 PVC 膜过去普遍用于大棚生产，厚度 0.10～0.15mm，现仅用于中、小拱棚，厚度 0.03～0.05mm。

PE 膜是由低密度聚乙烯（LDPE）树脂或线型低密度聚乙烯（LLDPE）树脂制成，用于塑料大棚的厚度为 0.05～0.08mm；用于中、小拱棚覆盖的厚度为 0.03～0.05mm。与 PVC 膜相比，密度低、幅宽大、覆盖比较容易；质地柔软，受气温影响少，天冷不发

硬；耐酸碱、耐盐；成本低；吸尘少、无增塑剂释放，透光率下降速度慢。PE膜对紫外线的吸收率高于PVC膜，但容易光氧化而加速薄膜老化，使用寿命比PVC膜短。PE膜对红外线透过率偏高，保温性不如PVC膜。

EVA膜是以乙烯-醋酸乙烯共聚物为主原料添加紫外线吸收剂、保温剂和防雾滴助剂等制造而成的多层复合薄膜，厚度0.10～0.12mm，提高了韧性、抗冲击性、填料相溶性和热密封性能。质轻、使用寿命长（3～5年）。结晶性下降，薄膜有良好透光性，具有弱极性，与防雾滴剂有良好相容性，流滴持效期长，保温性好。EVA膜既克服了PE膜无滴持效期短和保温性差的缺点，又克服了PVC膜密度大、幅窄、易吸尘和耐候性差的缺点，是PVC膜和PE膜的理想换代产品。

3种薄膜的透光性表现为以下3方面：

（1）对不同波长辐射的透过率即分光透过率表现为：波长0～700nm之间3种薄膜的分光透过率，不大于300nm紫外线区域，透光率PE＞EVA＞PVC；400～700nm光合有效辐射区，透光率PVC≥EVA＞PE。

（2）透光率与入射角的关系表现为：随入射角增大，透光率下降，0～45°下降缓慢，45～60°下降明显，大于60°急剧下降。

（3）散光率即由水滴灰尘等原因引起的，透射光中散射光的比例和透光性的衰减，受入射角、骨架遮阴、结露等影响，实际生产条件下所测新膜透光率一般只有62%～70%。

强度和耐候性表现为：拉伸强度PVC＞EVA＞PE，伸长率EVA＞PE＞PVC，直角撕裂强度PVC＞PE＞EVA，冲击强度PVC＞EVA＞PE。

保温性表现为：PVC＞EVA＞PE，同样结构的温室，覆盖PVC膜和PE膜，白天温度PVC高于PE 3℃，夜间温度PVC高于PE1～2℃。

其他性能表现为PE膜与水分亲和性差，易形成水滴造成透光性下降；耐寒性强，脆化温度-70℃；比重轻，0.92g/m²；同样规格、同样重量的PE膜覆盖面积较PVC大29.1%。PVC膜脆化温度比PE低，在20～30℃表现明显热胀性，昼松夜紧；高温强光下易松弛，易受风害，比重大，1.30g/m²，易黏合、修补，但燃烧时有毒性气体放出。

**2. 功能性聚氯乙烯薄膜**

普通PVC、PE膜在使用过程中存在以下问题：寿命短，PE膜3～6个月，PVC膜6个月以上，有效使用寿命4～6个月；无流滴性，棚室湿度大，作物病害重；保温性差。因此开发了系列功能性薄膜。

（1）PVC长寿无滴膜

在PVC树脂中添加防老化助剂、防雾滴剂（聚多元醇酯类、胺类复合型防雾滴剂），寿命8～10个月，流滴性持续4～6个月，厚度0.12mm。

（2）PVC长寿无滴防尘膜

在PVC长寿无滴膜工艺基础上，增加一道表面涂敷防尘工艺，阻止增塑剂、防雾滴剂向外析出，减少表面静电，透光性、流滴持效期和防老化性能得到改善。

**3. 功能性聚乙烯膜**

（1）PE长寿无滴膜：在成膜工艺中加入防老化、防雾滴助剂。寿命12～18个月，流滴持效期150d以上，透光率提高10%～12%。

（2）PE多功能复合膜：采用3层共挤设备将不同功能的助剂（防老化剂、防雾滴剂、保温剂）分层加入成膜，厚度 0.08～0.12mm，使用寿命 1～1.5 年，防雾、流滴持效期 3～4 个月，保温性与 PVC 接近，覆盖后棚室中散射光增加，占 50％，使室内光照均匀，添加的紫外线阻隔剂可抑制灰霉、菌核病的发生。

（3）薄型多功能聚乙烯膜：生产工艺基本同 PE 多功能膜，厚度仅 0.05mm，散射光透过率比普遍 PE 膜高 10％，对远红外区透光率低，仅 36％，耐候性、机械性能明显优于普通 PE 膜。

**4. 调光调温薄膜**

（1）反光膜：在 PVC 膜或 PE 膜成膜过程中混入铝粉，以铝粉蒸气涂于 PVC 膜或 PE 膜表面，或将 0.03～0.04mm 的聚酯膜进行真空镀铝以增加光照和保温性。

（2）漫反射膜：在成膜工艺中（PE 或 PVC 等）加入性状特殊的结晶材料，使直射光变成散射光，使作物受光均匀，增加作物下层光强，提高群体光合速率；使中午光照度减弱，早晚光照度增强。可见光和近红外线区域透过率与 PVC 相近，中红外区域和远红外区域透过率分别比 PVC 降低 20％～30％ 和 18％，保温性升高，对紫外线有一定转换能力。

（3）转光膜：在各种功能性 PE 膜中添加荧光化合物和介质助剂而成，使太阳光中对植物光合效率低的光线转换成对植物光合效率高的光线（蓝光和红光），提高光合作用效率。例如将吸收的紫外光转换成蓝紫光或橙红光，将绿光转换成红光，紫外线转化成可见光。转光膜可提高农膜透光率和保温性，减少温差。作物产量高、品质好。

（4）紫光膜和蓝光膜：在成膜过程中加入紫色或蓝色染料，使蓝、紫光透光率增加，紫光膜适用叶菜类（韭菜、茴香等）生产；蓝光膜用于水稻育秧，防止烂秧。

（5）氟素膜（ETFE）：以乙烯-四氟乙烯树脂为原料制成。透光性高，透光衰减慢，对可见光的透过率显著强于其他农膜，数年后仍保持较高的光透过率，紫外线透过率高，而对红外线透过率低；耐老化，是目前使用寿命最长的农膜，厚度 0.16mm 膜寿命长达 20 年以上。强度高，韧性大，防尘，风沙雨雪容易滑落。阻燃性好。抗静电能力强，每隔 2 年需要进行防雾滴剂喷涂处理，价格昂贵，燃烧时产生有害气体，需要厂家回收进行专业处理。

（6）硬质聚酯膜（PET）：厚度 0.150～0.165mm，表面经过防老化剂处理，具有 4～10 年使用寿命；紫外线阻隔波段分为 380nm 以下、350nm 以下和 315nm 以下 3 种类型；红外线透过率低，保温性比 PVC 膜还好；防雾处理持效期长达 10 年；废弃物燃烧不会产生有害气体。

（7）其他调光调温薄膜

近紫外线调节膜：如阻隔 380nm 以下近紫外线透过的 PE 类农膜；提高 300nm 以上近紫外线透过的农膜。

红光（R）/远红光（FR）转换膜：通过在膜中添加红光（680nm）或远红光（760nm）的吸收物质来改变 R/FR 比值；R/FR 比值高可抑制茎秆伸长，比值小则促进茎秆伸长。红光（R）促进莴苣种子发芽，远红光（FR）抑制其发芽。

光敏膜：在农膜中添加某种物质（如银化合物）在光照下能变成黄色或橙色膜，减轻强光对植物的伤害。类似于变色太阳镜。

红外线反射材料：红外线占太阳总辐射能的近一半（46％），将其反射出去可有效缓解夏季设施内高温危害；例如在聚丙烯膜（FRA）中添加 $SnO_2$（氧化锡）等金属氧化物并夹在复层玻璃中，就可反射红外线。

近红外线吸收薄膜：在薄膜中添加近红外线吸收物质，可将太阳总辐射的透过率在普通农膜的基础上降低 25％，但可见光透过率也减少 15％。可使夏季温室地温降低 5℃。

**5. 自然降解塑料薄膜**

降解塑料是指一类其制品的各项性能可满足使用要求，在保存期内性能不变，而使用后在自然环境条件下能降解成对环境无害的物质的塑料。国际上规定可降解塑料在堆积 6 个月以后能降解 60％。根据分解的方式分类有光降解型塑料、生物降解型塑料、光—氧化生物全面降解性塑料、二氧化碳基生物降解塑料、热塑性淀粉树脂降解塑料。

光解塑料膜：是指在紫外线的影响下聚合物链有次序地进行分解的材料。在聚合物中加入光敏感基团或添加具有光敏感作用的化学助剂，可加速光氧化反应的过程，使之快速发生降解。

生物降解型塑料薄膜：指通过微生物产品合成、化学合成以及利用淀粉、乳酸酯等有机物制成，能在土壤微生物的作用下分解成二氧化碳和水的塑料薄膜。从生物降解过程看分为完全生物降解性和生物崩坏性塑料两大类。生物崩坏性塑料是在烯烃通用塑料中混入生物降解性物质，使材料丧失力学性能与形状，而通过堆肥产生与生物降解性能同样的效果，因这类塑料成本低，国内外已经采用这种方法。

**（三）硬塑料膜**

指厚度在 0.1～0.2mm 的硬质塑料片材。有不含可塑剂的硬质聚氯乙烯（PVC）膜和硬质聚酯膜 2 种。聚酯膜能透过 320nm 以上紫外线，硬质 PVC 膜对波长 380nm 以下光线不能透过。两者对红外线区域透过率极低（10％），耐候性聚酯膜＞PVC 膜，流滴性和保温性两种膜相当。

**（四）硬质塑料板材**

指厚度 0.2～0.8mm 以上的硬质塑料板材，俗称阳光板，多为瓦楞状波形板，以消除温度变化而引起的收缩及散光性。种类有玻璃纤维增强聚酯树脂（FRP）板、玻璃纤维增强聚丙烯树脂（FRA）板、聚丙烯酸树酯（MMA）板、聚碳酸酯（PC）板。

硬质塑料板不仅具有较长的使用寿命，而且对可见光也具有较好的透过性，一般可达90％以上。硬质塑料板材对紫外区域透过率比较，FRA＞MMA＞玻璃＞FRP，在可见光区域，透过率与玻璃相当（90％以上），对长波阻隔能力与玻璃相当，重量轻，耐冲击，耐雪压，有一定卷曲性能，可弯成曲面，耐候性、阻燃性和亲水性不如玻璃。

（1）玻璃纤维增强聚丙烯树脂（FRA）板。以玻璃纤维补强的聚丙烯树脂板，厚度0.7～1mm；具有较强的透光率（90％）和耐老化性，使用寿命长达 7～10 年。能透过紫外线。对长波辐射吸收性强、保温性好。玻璃纤维易分离引起白化，1～2 年后透光率急剧下降。

（2）聚丙烯树脂（MMA）板。分为平板/波浪板（0.7～1.7mm）或复层板（16mm）。单层透光率比 FRA 强，达 92％，且衰减缓慢；能透过紫外线。对 2500nm 以上的红外线几乎不透过，保温性强。耐候性强，寿命长达 15 年。价格高，抗冲击强度低，施工和冰雹时易破损，热伸缩性大。

（3）聚碳酸酯树脂（PC）板。PC 板是目前较先进且应用最广的阳光板，透光率 85％

～91％，且衰减缓慢（10年衰减2％），远红外线几乎不透过，保温性好；重量轻，强度高，抗冲击韧性强，抗冲击力是玻璃的40倍；耐低温、耐高温性好，－30～110℃之间几乎不变形，使用寿命长达10～15年，不易结露、阻燃性好，不能透过紫外线，防尘性较差，价格高，多用于高档花卉、育苗和展示上。

（4）玻璃纤维增强聚酯树脂（FRP）板。20世纪60年代开发的经玻璃纤维补强的聚酯板；随时间延长，玻璃纤维析出而黄化污脏，透光性严重下降；采用氟素敷层法可克服上述问题，强度高，热伸缩性极小，散射光效果佳，长期使用易白化，对紫外线透过性差。

（五）地膜

地膜覆盖能提高土温，保墒，促根系生长，改善土壤理化性状和养分供应，改善近地面光照，增加叶面积指数，促进光合作用，提高产量，改善品质，提高复种指数。透光性好，覆盖后使地温提高2～4℃，全国普遍应用（表6-4）。节水、保持土壤结构、防治土壤盐碱化性能较强。

各种地膜对可见光的反射率和透射率　　　　　　　表6-4

| 地膜种类 | 反射率/％ | 透射率/％ |
| --- | --- | --- |
| 透明地膜 | 17 | 70～81 |
| 绿色地膜 | — | 43～62 |
| 银灰色地膜 | 45～52 | 26 |
| 乳白色地膜 | 54～70 | 19 |
| 黑色地膜 | 5.5 | 45 |
| 白黑双面地膜 | 53～82 | — |
| 银黑双面地膜 | 45～52 | — |

生产上对地膜质量、规格要求强度高，纵、横拉伸力均衡，寿命长。使用后回收加工，一膜多用，在保证强度前提下薄型化，降低成本，厚度均匀，无断头、破口或扭曲，全部双剖单幅收卷，每卷重量10～15kg，不超过20kg。

地膜的种类可分为普通透明地膜、有色地膜及功能性特殊地膜、耐老化易清除地膜、降解地膜几大类。

普通透明地膜（白色透明膜）材质为聚乙烯（PE）膜，无添加剂和防老化剂，以厚0.015～0.02mm的普通PE透明膜为主。有3种类型，高压低密度聚乙烯（LDPE）地膜（高压膜）、低压高密度聚乙烯（HDPE）地膜（高密膜）和线性低密度聚乙烯地膜（LL-DPE）（线性膜）。是使用量最大、应用最广的地膜种类。常用于地面、近地面覆盖（矮拱棚）及温室、大棚内二道幕覆盖。每667m² 用量8～12kg。

有色地膜及功能性特殊地膜简称有色地膜，是以聚乙烯树脂为基础，加入一定比例的色素母料，经吹塑而成的有各种颜色的地膜，具有不同的特殊功能，专用于某种作物的栽培使用。

（1）黑色及半黑色地膜：厚度0.02±0.01（0.01～0.03）mm，宽度有多种，是在聚乙烯地膜的基础上增加碳素制成的。具有耐候性好、易回收、对环境污染少。但单位面积用量大，价格高。主要性能表现在透光率低（可见光透过率5％以下），能有效防除杂草（灭草率达100％）。降低地温，可作高温季节的防高温栽培；还可用作遮光栽培，生产韭黄等。有效防止土壤水分蒸发。半黑色地膜有一定透光性，提高地温的效果介于透明膜和黑色膜之间。

（2）防病虫长寿地膜：以聚乙烯为基础树脂，加一定量的红外线阻隔剂，降低阳光中红外线的透入，有效地减轻植物受菌核病的侵害。

（3）绿色地膜：以聚乙烯为基础树脂，加入一定量的绿色母料，经吹塑而成的绿色地膜。能透过绿色光，使植物失去光合作用的基础，从而抑制杂草的生长，适用于高附加值农作物。

（4）银灰色地膜：对紫外线的反射率高。可驱避蚜虫和白粉虱，抑制病毒病发生；抑制杂草生长；保持土壤湿度；增温效果介于透明膜和黑色膜之间。用于高温期间防蚜、防病、抗热栽培。

（5）复合专用地膜：使地膜的性能更加完善、配套，生产工艺复杂，成本高，应用面积不大。如：银黑双面膜，覆盖时银灰色朝上，黑色朝下，具有降低地温、除草、保湿、护根、驱避蚜虫、避病毒病等作用。黑白双面膜，覆盖时乳白色朝上，黑色朝下，具有增加近地面返射光、降低地温、保湿、除草、护根等作用。墨绿银灰地膜，具有除草、防虫的作用。配色地膜，由不同颜色、不同性能的地膜匹配在一起，有效调节作物根系的生育环境、防止高温或低温障碍的一种新型地膜。KO系避蚜地膜，在聚乙烯树脂中加入少许荧光粉，经吹塑而成，具有反光避蚜作用。

（6）除草膜：地膜内加入一定量的除草剂，从而起到杀灭杂草的作用。要注意除草剂对作物有严格的选择性，以防造成损失。花生、辣椒、棉花等都有专用除草地膜。

耐老化易清除地膜可多次利用，用后可基本全部清除。

降解地膜混入土壤后容易被分解，不会造成环境污染。如液体地膜以褐煤、风化煤或泥炭对造纸黑液、海藻废液、糖蜜废液、酿酒废液或淀粉废液进行改性，黑液作为腐殖酸的抽提剂，产生土壤所需的有机肥；木质素、纤维素和多糖在交联剂的作用下形成高分子，然后再与各种添加剂、硅肥、微量元素、农药和除草剂混合制取多功能可降解黑色液态地膜。用在干旱、寒冷、丘陵地区农作物早期地膜覆盖和荒地、沙地、盐碱地和滩涂整治以及工程道路护坡、固沙造林绿化和渠道防渗、树木防冻等领域。为治理沙尘暴提供了一种很好的手段。对实现循环经济和农业可持续发展、解决生物质综合利用、消除白色污染、高浓度有机废水污染和秸秆就地焚烧污染提供了技术支撑。

**（六）透气性覆盖材料**

**1. 无纺布**

无纺布能提高覆盖范围的温度2℃以上，具有防止轻霜冻的作用。同时增加相对湿度，减少水分蒸发，提高种子发芽率，防止种壳硬化。有利于提高覆盖物下二氧化碳浓度，尤其是土壤施用有机肥作底肥时，二氧化碳浓度提高，能增强植株光合作用强度。同时由于覆盖改变了光照条件，能影响植株的光合作用、开花和生长。此外能有效防止病虫害的发生。

有两种类型的无纺布，长纤维无纺布以聚酯为原料经熔融后喷丝于传送带上，丝与丝之间堆积成层，经热压黏合后干燥成型。质量轻、价格便宜、使用方便，直接的浮面覆盖使用较多，主要用于保温和防虫，但寿命相对较短。短纤维无纺布指细碎的纤维经胶黏剂或高温固定成型。它以聚乙烯为原料，具有较好的耐老化性和吸湿性。但价格高，主要用于湿度较高的场合。可用作遮阳和隔热材料使用，适合于做温室外覆盖物或温室大棚的二重幕使用。

无纺布有白色、黑色、黄色、绿色等，其中以白色为主，黑色的地面覆盖可以防止杂草。

**2. 遮阳网**

聚乙烯和聚丙烯塑料的编织物，强度和寿命较长。具有遮光、降温、防风、避雨、防冰雹、保湿抗旱、防虫、防鸟、保暖防霜的作用，能有效保护作物抵御南方的不良天气，在南方使用非常普遍。

遮阳网覆盖在伏天，生产可增产20％以上，遇到暴雨、干旱、冰雹天气则增产、抗灾效果更显著。遮阳网遮强光，降高温，遮光率为25％～75％，在炎夏覆盖地表可降低温度4～6℃，最大可降低12℃以上；地表浮面覆盖可降地温6～10℃。防暴雨、大风，防冰雹对植株造成的机械损伤，防雨水冲刷造成的土壤板结。能减缓风速，减少蒸发，保墒抗旱，采用浮面覆盖和封闭式大小棚覆盖，可使土壤水分蒸发量比露地减少60％以上；半封闭式覆盖秋播小白菜，生长期间浇水量可减少16.2％～22.2％。

**3. 防虫网**

以聚乙烯等为材料，添加耐老化、抗紫外线等助剂后经拉丝编织而成，具有抗拉强度大、耐老化和无毒无味等优点。

生产实践中防虫网的性能除了能防虫外，还可防病毒病，调节气温和地温。有一定保温作用，天气晴朗的情况下可提高网棚内的温度1～2℃。与此同时遮光保湿，遮光率25％左右。还可防暴雨、抗强风。但不足之处是在没有防雨设施的情况下，南方夏季高温多湿，易感染病害，对夏季栽培不利，宜结合其他措施综合配套利用。

**4. 有机材料**

利用枯枝烂叶、秸秆等材料进行覆盖。秸秆覆盖在我国南方地区夏季蔬菜生产中应用较多，用于保水、降温覆盖；冬季主要在浅播的小粒种子（如芹菜、韭菜、葱等）播种时，为防止播种后土壤干裂以及越冬蔬菜冻害时应用。

**5. 温室外覆盖保温材料**

温室良好的保温特性来源于提高白天的采光、蓄热能力和夜间外覆盖的隔热保温能力。常用外覆盖有草苫、纸被、保温被等。

草苫是由稻草、蒲草、谷草、蒲草加芦苇等编制而成。长度一般长1.5～2m，宽1.5～1.7m，厚4～6cm。保温效果好（增加室温10℃）、就地取材；编制费工；不耐用（3年）；卷放费时费力；对薄膜有损伤。

为了进一步增加日光温室的保温性能，可在草苫下边加盖纸被。纸被是由4层旧水泥袋纸或4～6层新的牛皮纸缝制成与草苫大小相仿的保温材料。可将室温提高6.8℃左右。纸被容易被雨水、雪水淋湿，寿命短，正逐渐被旧塑料薄膜所取代。

保温被是草苫的优良替代材料，由3～5层的不同材料组成，由外向内依次为防水布、无纺布、棉毯、镀铝转光膜等。价格适中、重量轻、保温效果好、防水、阻隔红外线、寿命长、适于电动卷被。

## 五、农用塑料废弃物的处理

农用塑料由于使用量大且不易降解，造成白色污染，欧、美、日等国家相继出台农用塑料废弃物的处理法规和制度，日本规定由制造厂商负责回收，处理方式包括再生、焚烧和掩埋。

农用塑料废弃物再生处理的方法一般分为以下几类：PVC 和 PE 塑料洗净后可制作水桶、拖鞋、鞋底、栅栏等；PVC 和 PE 塑料不洗净直接制作垃圾袋、排水沟建材；PE 燃烧后不会产生有害气体，也可制成固体燃料；PVC 和 PE 塑料热分解后（500℃）可回收燃料油。

## 实训项目

### 实训 6-3　设施的覆盖材料种类、性能和应用调查

**（一）目的要求**

使学生深入研究学习不同园艺设施类型性能形成的根本原因，熟悉不同覆盖材料的材质和性能特点、使用类型、栽培效果等，加强学生对理论知识认知运用的能力。

**（二）场地与用具**

场地：科研院校实验基地、科学研究所实验基地、公园、植物园、生产基地的各种栽培温室、观赏温室、繁育温室、育苗场所等。

用具：光照测定仪、温湿度测定仪、纸、笔、相机、卷尺等。

**（三）内容与方法**

（1）熟悉和了解当地光照、温度和湿度环境的特点，搜集相关资料，以此作为确定当地设施覆盖材料的目标之一。

（2）熟悉和掌握当地园艺植物种植种类、品种和周年供应的情况，以此作为确定当地设施类型的目标之二。

（3）集体组织到相关单位参观调研，完成设施覆盖材料性能调查表一份。

（4）利用光照环境测定仪、温湿度测定仪测定设施内、外当时当地光照、温度和湿度情况以及设施覆盖材料的种类。

（5）初步分析覆盖材料的表观特性及小环境形成的原因。

**（四）作业**

完成 2000 字设施覆盖性能类型调查报告一份。

### 实训 6-4　设施的覆盖材料光质变化

**（一）目的要求**

使学生深入学习和研究不同园艺设施类型小环境与覆盖材料的关系，掌握光质变化对植物生长与产量的影响，加深对光质的认识，从而加强学生对理论知识认知运用的能力。

**（二）场地与用具**

场地：科研院校实验基地、科学研究所实验基地、公园、植物园、生产基地的各种栽培温室、观赏温室、繁育温室、育苗场所等。

用具：光质测定仪、纸、笔等。

**（三）内容与方法**

（1）含玻璃、PVC 材料、EVA 材料或阳光板等不同覆盖材料的设施 3～4 大类。

（2）选择每一类设施每天测定 3 次，在相同时段重复以上实验 3 次。测定设施内外的光质数，并记录。

（3）列表分析，每一种设施每一个时段的光质数量，得出该覆盖材料光质变化规律。

**（四）作业**

（1）设施对覆盖材料有哪些要求？

（2）覆盖材料的种类和性能有哪些？

（3）完成设施光质变化分析报告一份。

# 第三节　设施的环境特点及其调控

园艺作物的生长发育是园艺作物与其周围环境条件互相作用的结果，园艺作物的栽培管理技术需要经常不断地调节控制两者之间的矛盾，使其达到平衡统一。农业生产技术的改进，主要沿着两个方向进行，首先创造出适合环境条件的作物品种及其栽培技术；同时创造出使作物本身特性得以充分发挥的环境，二者相互关联，相互依存，缺一不可。

设施的环境调控是以实现作物的增产、稳产为目标，使用最少的环境调节装置设备，把关系到作物生长的多种环境要素维持在适于作物生长发育的水平，是既省工节能又便于操作的一种环境控制方法。

## 一、光照环境及其调控

光环境对温室作物的生长发育产生光效应、热效应和形态效应，直接影响其光合作用。光周期反应和器官形态的建成，在设施园艺作物的生产中，尤其是对喜光园艺作物的优质高产栽培具有决定性的影响。

### （一）园艺植物对光环境的要求

**1. 园艺植物光照强度的要求**

在一定范围内，光照强度越强，光合作用就越强，则光合产物越多，产量越高。同时光照强度影响植物形态及解剖的变化，如叶的厚薄、叶肉的结构、节间的长短、叶片的大小、茎的粗细等均与光照强度有关。

根据不同园艺植物种类对光照强度要求的不同，一般可分为三大类：

（1）阳生植物：要求光照强度在 6～7klx 左右。

（2）阴生植物：要求光照强度在 2.5～4klx 左右。

（3）中生植物：要求光照强度在 4～5klx 左右。

**2. 园艺植物对光照时数的要求**

光周期是指昼夜周期中光照期和暗期长短的交替变化（指一天中白昼与黑夜的相对长度）。春夏季日照时间长，秋冬季日照时间短。纬度越高，四季越分明，夏季日照时间越长，冬季日照时间越短，反之则夏季日照时间越短，冬季日照时间越长。微弱的光照也能对植物产生反应，云、雾、雨、地势以及其他的一些因素对光周期没有影响。

光周期影响到一、二年生植物的花芽分化、开花结实习性以及分枝习性。如：诱导花芽分化等；大多数一年生植物的开花决定于每日日照时间的长短。影响到一些地下贮藏器官如块茎、块根、球茎、鳞茎等的形成；影响叶的生长、形状；叶的脱落和芽的休眠、色素的形成等；还影响到地上部与地下部的比例等。

根据植物对光周期反应的不同，一般把植物分为长光性植物、短光性植物、中光性植物、限光性植物 4 类。利用植物的光周期特性，在设施栽培中调控光照时数达到调节开花期的目的，此外贮藏器官的形成受光周期的诱导与调节，树木生长期长，对光照时数的要求主要是年积累量。

**3. 园艺植物对光质及光分布的要求**

太阳光具有明显生物效应，太阳辐射光谱中只有 5％ 左右的比例是对光合作用产生影响的。以波长 400～520nm 的蓝光以及 610～720nm 的红色光对光合作用贡献最大。红外线具有巨大的热效应，紫外线有明显杀菌作用。

红光有利于碳水化合物合成，加速长日照植物和延迟短日照植物的发育，加速提高植物的茎节发育，多余的能量转化成热能，使水分蒸发，有利于花青甙的形成。蓝光有利于蛋白质的合成，对植物的生长及幼芽的形成有较大影响，蓝光下易形成球茎；抑制植物的伸长而使植物形成矮壮的形态，支配细胞分化。紫外光利于花色素、维生素 C（VC）的形成。蓝紫光加速短日照植物和延迟长日照植物的发育。长光波（红、橙、黄光）栽培的植物，节间较长，茎较细；短光波（蓝紫光）栽培的作物，节间较短，茎较粗。

**（二）设施的光照环境特点**

**1. 光照度**

设施的光照度以点光源在某方向单位立体角内发出的光能量来计算。设施内的光照度一般均比自然光照强度要弱。一般塑料薄膜覆盖条件下透光率只有外界的 40％～60％；玻璃温室透光率为 60％～70％。

受覆盖材料和建筑结构、建筑材料的影响导致光照度弱，如覆盖材料本身对光线的吸收和反射；使用不清洁的覆盖材料；覆盖材料的老化、变色；水珠的吸收、反射等。设施建筑结构不当、建筑材料的阻挡等也会导致光照度变弱。

光照度弱对植物的影响也比较大，减弱植物光合作用的强度，造成光合产量下降。影响植物体内一系列的形态及解剖的变化，如：叶的厚薄、叶肉的结构、节间的长短、叶片的大小、茎的粗细等。

**2. 光照时数**

指设施内每天的受光时间。在露地，光照时数与季节和当地所处的地球纬度有关。在我国北方一年中的日照时数，季节间相差较大，而南方地区则相差较小。设施内受光时间主要受建筑结构、季节和保温覆盖时间长短的影响。冬至前后日照时间较短。塑料大棚和连栋温室因全面透光，光照时数与露地基本相同。单屋面温室光照时数一般比露地要短。覆盖的比不覆盖的光照时数要短。

设施内光照时数影响光合作用的时间，降低光合产量；影响温室和大棚内热量蓄积的时间；影响光周期的作用，使植物开花特性受影响。

**3. 光质**

设施内光质的特点与透明覆盖材料的性质有关。表现在可见光透过率低，紫外光透过率低，红外光长波辐射多的特点。

新的干净的塑料薄膜和普通玻璃透光率为 87％～91％，实际上温室或大棚内的透光率为 50％～80％。目前生产上使用的覆盖材料普遍紫外光透过率较低，而对红外光透过率也不高，一般情况下塑料好于玻璃。紫外光透过率比较：聚乙烯薄膜＞聚氯乙烯薄膜＞玻璃。红外光长波辐射是设施升温的首要因素，由于有覆盖材料的阻隔，温度很少透过到温室或大棚之外。红外光透光率比较：聚乙烯薄膜＞聚氯乙烯薄膜＞玻璃，反之，保温能力比较：玻璃＞聚氯乙烯薄膜＞聚乙烯薄膜。

辐射波长组成与室外有很大差异。当太阳短波辐射进入设施内并被作物和土壤等吸收后，又以长波的形式向外辐射时，多被覆盖的玻璃或薄膜所阻隔，很少透过覆盖物外去，从而使整个设施内的红外光长波辐射增多，这也是设施具有保温作用的重要原因。

设施内光质变化会减少糖分的含量和总体的营养水平，降低产品的品质。使切花保鲜期缩短；蔬菜、果树营养成分含量少，品质差，不利于食用和贮藏。

**4. 光分布**

由于设施内建材对光线的阻挡，存在严重的光分布不均匀现象，在空间和时间上存在差异。一天中中午光照最强，早晚相对较弱。在南北向上，中柱以南较强，中柱以北较弱。一天中总光照温室中部强于温室东西两端；设施的朝向、距屋面的远近、温室架材、天沟等都有影响；单屋面温室的后墙、后屋面（仰角）造成作物生长发育不一致，弱光区的产品品质差，商品合格率低。

**（三）影响园艺设施光环境的因素**

**1. 室外太阳辐射**

主要影响光线进入设施的角度，当入射角度等于90°时，设施进光量最大，与以下3个因素有关：

（1）太阳高度角。指太阳直射光线与地平面的夹角。当太阳高度角等于90°时，室外太阳辐射强度最强。一定范围内，太阳高度角越小，设施的透光率越差。一天当中不同时间、季节、地理位置、海拔高度等不同太阳高度角不同。太阳高度角是确定设施生产区划的重要依据之一。

（2）大气透明度。云量、雨量、雾、空气污染等是影响大气透明度的主要因素。

（3）建筑方位。南北方位不同则光照不同，理论上与当地的季候风方向垂直、避免遮阴。华北地区冬春季以西北风为多，北风占50%，风障方向以东西延长、正南北向，或南偏东5℃为好。与地面的角度，冬季保持70°～75°，夏季90°。实际上坡向、方向不同太阳高度角也不同。

**2. 设施的构造**

设施的构造主要影响透光率，如设施的结构、形状（屋面坡度、单栋或连栋）、宽度（跨度）、高度、长度，还有相邻温室或塑料棚间的间距影响温室的遮阳比，即在建造多栋温室或在高大建筑物北侧建造时，前面的物体对建造温室的遮阳影响。为了不让南面地物、地貌及前排温室对建造温室产生遮阳，应确定适当的无阴影距离。前排与后排温室之间的距离过小，会影响采光。

**3. 覆盖材料的透光特性**

太阳光透过覆盖材料的光量根据公式：吸收率（$a$）＋反射率（$r$）＋透射率（$d$）＝1，干净玻璃或塑料薄膜吸收率为10%，反射率小，透射率越大。灰尘、烟尘、老化、污染、水膜等会增加反射率和吸收率，使透射率减少。

**4. 作物群体结构及辐射特性**

作物群体结构是指作物在田间自然生长状态下，群体各器官的立体分布。群体结构影响作物体内部的透光率和光的分布，如种植密度、植株大小和高度、植株个体形态、栽培畦向等。在行距较小的情况下，南北向畦较东西向畦群体内部光分布均匀、作物生育好，产量高。

**(四) 设施的光照环境调节和控制**

**1. 设计布局**

选择好适宜的建筑场地及合理建筑方位。设计设施规模建筑时，要考虑设施合理搭配，间距适宜，有利于采光，防止遮阳。东西延长温室、大棚前后间距可以参考下面公式计算。

$$L = h \times \cot H_0$$

式中：$L$——东西延长温室、大棚前面设施最高点到地面投影处与后面设施间距

$h$——前面设施最高点高度

$H_0$——冬至时当地中午的太阳高度角

高纬度地区 $L$ 是 $h$ 的 2～2.5 倍。

**2. 改进设施结构，提高透光率**

设计合理的屋面坡度、合理的透明屋面形状，选择适宜的建筑材料。骨架材料应选择遮光量小、架材轻、承重能力强的轻型钢或铝合金钢材，透明覆盖材料以透光度高的塑料薄膜材质为好。

**3. 改进栽培管理措施**

(1) 保持透明屋面干净，每年更换新膜。

(2) 尽可能早揭晚盖。在保证室内温度的情况下，早揭晚盖草苫，尽量延长光照时间，遇阴天、下雪天，也要揭草苫子，争取见散射光。

(3) 合理密植，采用扩大行距，缩小株距的定植方式，改善行间的透光率。

(4) 加强植株管理，及时吊绳、整枝，改善植株的受光状态。

(5) 选用耐弱光品种。

(6) 改善温室下部或后部植株的光照条件，张挂反光幕，覆盖地膜，增加植株下层光照。

(7) 采用有色膜，在光照充足的情况下改善光质。

**4. 遮光**

(1) 减弱光照强度：用芦帘、遮阳纱、无纺布、竹帘、屋外喷水（玻璃流水）、玻璃面涂白等；将植物在阴处置放；种植遮阴树等。夏季中午前后，育苗移栽后，需要遮光。果菜类蔬菜嫁接育苗时，或者蔬菜软化栽培时，需要遮光，炎热夏季果菜类蔬菜也可以进行遮光栽培。

(2) 缩短日照长度：用黑布、黑纸、黑塑料膜等材料，在设施外部覆盖黑色塑料薄膜、外黑里红布帐的方法造成密不透光的环境。一般在下午日落前几个小时开始遮光。满足某些短日照植物的要求。

**5. 人工补光**

低强度补光：20～50lx。可达到增加日照长度的目的，用于调节开花期。

高强度补光：10～30klx（作物需要为 7～8klx）。可达到增加光照强度的目的。用于引种、育苗、育种等。

前者只要求几十勒克斯光照强度即可；而后者需要的光照强度较高，有时需要达上千勒克斯。人工补光的光源是电光源。目前人工补光的光源有白炽灯、卤灯、钨灯、高压水银灯、高压钠灯、氙灯、金属卤化物灯等。

白炽灯：红光、远红光多，可见光所占比例少。价格便宜，但发光效率低，光色较差，目前只能作为一种辅助光源。使用寿命大约1000h。

荧光灯：第二代电光源，价格便宜，发光效率高（约为白炽灯的4倍）。光谱主要集中在可见光区，蓝紫光16.1%，黄绿光39.3%，红橙光44.6%。可以改变荧光粉的成分，以获得所需的光谱。寿命长达3000h。主要缺点是功率小。

金属卤化物灯：光效高，光色好（主要集中在可见光区域），功率大（200～400W），是目前高强度人工补光的主要光源。缺点是成本较高。

高压气体放电灯：水银灯（汞灯），主要是蓝绿光，紫外光辐射高，发光效率高，光色差。低压灯主要用作紫外光源，高压灯用于照明及人工补光。

氙灯：分为长弧氙灯和短弧氙灯，2种氙灯辐射能量分布与日光较接近，故称"小太阳"。强度高，发光效率高，体积小，寿命长。

生物效应灯：连续光谱，紫外光、蓝紫光和远红外光低于自然光，远红外光低于自然光25%。绿、红、黄光比自然光高。

## 二、温度环境及其调控

影响园艺植物生长发育的环境条件中，以温度最为敏感。它影响着植物体内一切生理变化。露地栽培在安排播种期时，一般以温度作为首先考虑的因素，其次才考虑光照等其他因素。在温室大棚的环境中，温度对作物生育影响最显著，温度条件的好坏，往往关系到栽培的成败。

在自然界中，温度与光照的关系非常密切，阴天、雨雪天光照弱，温度低；冬季光照弱、太阳高度角小，温度低。

### （一）园艺植物对温度的要求

温度是园艺作物设施栽培的首要环境条件，任何作物的生长发育和维持生命活动都要求一定的温度范围，即"温度三基点"：最适温度、最高温度、最低温度。当温度低于最低温度或高于最高温度时，植物不能生长甚至死亡。一般与其原产地关系密切。作物的生长发育、呼吸作用、光合作用等生理过程的三基点温度均不相同。不同的作物种类对三基点的要求也不相同（表6-5、表6-6）。

几种果菜类蔬菜生育的适宜气温、地温及界限温度 表6-5

| 蔬菜种类 | 昼气温/℃ | | 夜气温/℃ | | 地温/℃ | | |
|---|---|---|---|---|---|---|---|
| | 最高界限 | 最适温 | 最适温 | 最低界限 | 最高界限 | 最适温 | 最低界限 |
| 番茄 | 35 | 20～25 | 8～13 | 5 | 25 | 15～18 | 13 |
| 茄子 | 35 | 23～28 | 13～18 | 10 | 25 | 18～20 | 13 |
| 青椒 | 35 | 25～30 | 15～20 | 12 | 25 | 18～20 | 13 |
| 黄瓜 | 35 | 23～28 | 10～15 | 8 | 25 | 18～20 | 13 |
| 西瓜 | 35 | 8～23 | 13～18 | 10 | 25 | 18～20 | 13 |
| 温室甜瓜 | 35 | 25～30 | 18～23 | 15 | 25 | 18～20 | 13 |
| 普通甜瓜 | 35 | 20～25 | 10～15 | 8 | 25 | 15～18 | 13 |
| 南瓜 | 35 | 20～25 | 10～15 | 8 | 25 | 15～18 | 13 |
| 草莓 | 30 | 18～23 | 10～15 | 3 | 25 | 15～18 | 13 |

| 蔬菜种类 | 气温/℃ | | |
|---|---|---|---|
| | 最高气温 | 最适温 | 最低界限 |
| 菠菜 | 25 | 15～20 | 8 |
| 萝卜 | 25 | 15～20 | 8 |
| 大白菜 | 23 | 13～18 | 5 |
| 芹菜 | 23 | 13～18 | 5 |
| 茼蒿 | 25 | 15～20 | 8 |
| 莴苣 | 25 | 15～20 | 8 |
| 甘蓝 | 20 | 7～17 | 2 |
| 花椰菜 | 22 | 10～20 | 2 |
| 韭菜 | 30 | 12～24 | 2～10 |

根据对温度适应不同，将蔬菜植物分为以下几种生态类型（表 6-7）：

（1）耐寒的多年生蔬菜植物：如金针菜、石刁柏（芦笋）、茭白等。能耐 0℃以下甚至到 -10℃的低温。

（2）耐寒的蔬菜植物：如菠菜、大葱、大蒜以及白菜类中的某些耐寒品种。能耐 -1～ -2℃的低温。短期内可以忍耐 -5～ -10℃。同化作用最旺盛的温度为 15～20℃。

（3）半耐寒的蔬菜植物：如胡萝卜、芹菜、莴苣、豌豆、蚕豆以及甘蓝类、白菜类。不能忍耐长期 -1～ -2℃的低温。同化作用以 17～20℃为最大。超过 20℃时，同化机能减弱。超过 30℃时，同化作用所积累的物质几乎全为呼吸所消耗。

（4）喜温的蔬菜植物：如黄瓜、番茄、茄子、辣椒、菜豆等。最适于的同化温度为 20～30℃。当温度超过 40℃，生长几乎停止。当温度在 10～15℃以下时，授粉不良，引起落花。

（5）耐热的蔬菜植物：如冬瓜、南瓜、丝瓜、西瓜、豇豆、刀豆等，在 40℃的高温下，仍能生长；30℃时同化作用最强。

各类蔬菜对温度的要求　　　　　　表 6-7

| 类别 | 生活温度/℃ | | | 露地栽培时月平均温度范围/℃ | | |
|---|---|---|---|---|---|---|
| | 最低 | 最适 | 最高 | 最低 | 最适 | 最高 |
| 耐寒蔬菜 | 5～7 | 15～20 | 20～25 | 5 | 10～18 | 24 |
| 半耐寒蔬菜 | 5～10 | 17～20 | 20～25 | 7 | 15～20 | 26 |
| 耐寒多年生蔬菜 | 5 | 18～25 | 25～30 | 5 | 12～24 | 26 |
| 喜温蔬菜 | 10 | 20～30 | 30～35 | 15 | 18～26 | 32 |
| 耐热蔬菜 | 10～15 | 25～30 | 35～40 | 18 | 20～30 | 35 |

地温影响根系和矿质营养的吸收，影响土壤微生物的活动，影响有机物的分解转化，在春季早熟栽培时，应注意地温不够也影响缓苗。一般最低地温要求 10～12℃以上，才能保证喜温植物正常生长。温室内地温变化趋势与气温变化相同，只是变化较缓慢。一般在冬天气温每变化 4℃，地温才相应变化 1℃。

**（二）园艺设施的温度特性**

**1. 温室效应**

是指在没有人工加温的条件下，园艺设施内获得与积累的太阳辐射能，使设施内的气温高于外界环境气温的一种能力。由于覆盖材料让太阳光的短波辐射透过并射进设施内，由设施内的土壤蓄热，同时以长波辐射方式散失热量，但是由于覆盖材料的阻挡阻止了设施内的长波辐射透过，从而产生了温室效应。

温室效应与设施的通风透气性有很大关系，园艺设施为半封闭空间，通风透气性较弱，使设施内外空气交换微弱，从而使蓄热不易散失。夏季设施内温度较高，通风不良，升温快。

太阳辐射能的强弱，决定温室效应的大小，晴天太阳辐射能比阴天大，升温亦快。夏季，设施内温度较高，通风不良，宜采取通风降温措施，防止高温对植物造成伤害。

设施的保温结构决定储热能力的大小，即保温比，是指温室设施内的土壤面积与覆盖及围护表面积之比（贮热面积与放热面积比例），最大值为1。保温比越小，蓄热能力越小，保温能力越小。土壤面积/覆盖及围护表面积$\leqslant$1，贮热面积/放热面积$\leqslant$1。一般情况下（有人工加温、帘幕等系统的设施除外），单栋温室的保温比为0.5～0.6，连栋温室的保温比为0.7～0.8。

**2. 日温差（温周期）**

是指设施内一天当中温度的周期性变化。在设施中，日温差的变化与日照时数、覆盖材料、加温、保温比密切相关。冬季设施内日温差过大的情况下，白天太阳辐射强，升温快；夜间如没有保温设施，温度过低。要采取防冻保温措施，防止温差过大对植物的伤害。

室内气温变化一般与太阳辐射的变化是同步的。在一天中呈现"低—高—低"的规律。设施内日温差的主要表现：

① 最高温度与最低温度出现的时间与露地相近，即最低温度出现在日出前，最高温度出现在午后。

② 不加温设施内的日温差比露地大得多。

③ 设施保温比越小，日温差越大。设施的面积越小，温差越大。

④ 覆盖材料不同，日温差不同，聚乙烯材料的日温差最大，玻璃材料的日温差最小，聚氯乙烯材料介于二者之间；相反，玻璃材料的保温能力最强，聚乙烯材料的保温能力最小，聚氯乙烯材料介于二者之间。

日温差：聚乙烯＞聚氯乙烯＞玻璃

保温能力：玻璃＞聚氯乙烯＞聚乙烯

**3. 温度逆转现象**

简称逆温，在有风的晴天夜间，温室大棚表面辐射散热很强，有时棚室内气温反而比外界气温还低，这种现象叫作逆温现象。一般棚内外温差为1～2℃。出现在凌晨，日出后棚室气温迅速升高，逆温消除。

各个季节都会出现逆温现象，以早春危害最大，因此早春防寒比较重要。据研究，逆温出现时，设施内的地温仍比外界高，作物不会立即发生冻害，但逆温时间长或温度过低就会出现冻害问题。

**4. 温度的分布不均匀**

在保温条件下，垂直方向和水平方向的园艺设施内的气温分布存在着严重的不均匀现象。设施内气温分布不均匀，无论垂直方向还是水平方向均存在温差。在保温条件下，垂直温差可达 4~6℃，水平温差较小。通常大棚白天上部温度高于下部，中部高于四周。日光温室夜间北侧的温度高于南侧；寒冷季节夜间外面无保温覆盖时，靠近透明覆盖物内表层处的温度往往比较低。设施周围的地温低于中部地温，地表的温度变化大于地中温度变化，随着土层深度的增加，地温的变化越来越小。

太阳入射量的变化，设施内空气环流，温室结构，加温、通风设备种类及安装等对温度分布均有影响。内外温差越大，温室内温度分布越不均匀；设施面积越小，温差越大。

### （三）园艺设施内的热量平衡

#### 1. 白天设施内的热量平衡

白天温室内的热量来源于太阳辐射能和人工加热能。热量支出有几个渠道：通过土壤、作物及覆盖物等反射散失；通过覆盖物贯流失热；通过设施内水分蒸发潜热失热；设施通风失热；通过土壤传导失热。

贯流放热也叫透射放热，是透过覆盖材料和结构材料放出的热量。是指透入设施内的太阳辐射能，转化为热能后，以对流、辐射方式把热量传导到与外界接触的围护结构（后墙、山墙、后屋面、前屋面）的内表面，从内表面传导到外表面，再以辐射和对流的方式散发到大气中去。贯流放热是园艺设施放热的最主要途径，占总散热量的 70%~80%（表 6-8）。

通风换气放热，设施内自然通风或强制通风，建筑材料的裂缝，覆盖物的破损，门、窗缝隙等，导致的室内热量流失。

土壤传导失热包括土壤上下层之间的传热和土壤横向传热。但无论是垂直方向还是在水平方向上传热，都比较复杂。

**各种材料的热贯流率**　　　　　表 6-8

| 种类 | 规格/mm | 热贯流率/(kJ/m² · h · ℃) | 种类 | 规格/mm | 热贯流率/(kJ/m² · h · ℃) |
|---|---|---|---|---|---|
| 钢筋混凝土 | 5 | 18.41 | 玻璃 | 2.5 | 20.92 |
| 钢筋混凝土 | 双层 | 14.64 | 玻璃 | 3~3.5 | 20.08 |
| 钢筋混凝土 | 10 | 15.9 | 聚氯乙烯 | 单层 | 23.01 |
| 砖墙（面抹灰） | 厚38 | 5.77 | 聚氯乙烯 | 双层 | 12.55 |
| 土墙 | 厚50 | 4.18 | 聚乙烯 | 单层 | 24.29 |
| 木条 | 厚8 | 3.77 | 草苫 | — | 12.55 |
| 钢管 | — | 7.84~53.97 | 合成树脂板 | FRP，FRA，MMA | 20.92 |

#### 2. 夜间设施内的热量平衡

夜间温室内的热量在不加温时，唯一的热源是土壤蓄热；加温时，热源来自土壤蓄热和采暖设备。热量支出的情况，不加温时，通过土壤传导失热、通风失热、贯流失热；加温时，加大温差，贯流失热加大。

### （四）设施内温度的调节与控制

依据设施内热收支平衡原理，设施内蓄热等于进入设施内的热量减去散失的热量。当进入的热量大于散失的热量时，室内蓄积热量而升温。当进入的热量小于散失的热量时，室内失热而降温。当进入的热量等于散失的热量时，室内热量收支达到平衡，此时温度不发生变化。

影响室内热收支的因素：进入室内的太阳总辐射和人工加温，散失的热量（辐射放热、换气放热和墙壁传导放热），温室内积蓄的热量，潜热交换以及蔬菜光合作用、呼吸作用的能量转换等。

**1. 保温调节**

（1）通过保温材料减少贯流放热和换气放热。加强多层覆盖、加盖草帘等覆盖保温，二层固定覆盖（双层充气薄膜）间距 10～20cm，室内覆盖活动保温幕（活动天幕，2 层足够），使用保温性能好的材料做墙体和后坡，或增加墙体和后坡的厚度。设计施工时要尽可能使门窗闭缝，尽可能减少园艺设施缝隙，及时修补破损的棚膜，在门外建造缓冲间，并随手关严房门。

（2）增大保温比，适当减低设施的高度，减少夜间散热面积，减少覆盖面积。如日光温室、连栋温室、矮小型温室等保温性比较好。

（3）减少土壤传热，增大设施内土壤蓄热量。设计合理的设施方位，以南偏东 5°～15°较适宜，选择南边的坡向；设计合理的屋面坡度；使用铝合金钢材，减少建材阴影；使用透光率高的覆盖材料如聚乙烯薄膜；全面地膜覆盖、膜下暗灌、滴灌，阻止或减少潜热损失，减少土壤蒸发量、作物蒸腾量，降低潜热损失；开挖防寒沟等。

**2. 加温调节**

靠保温调节不能维持作物生长温度时，需补充加温。现代温室加温成本占运营成本的 50%～60%。加温在设计上要求做到：加温设备的容量应经常保持室内的设定温度，设备和加温费要尽量少，保护设施内加温空间分布均匀，时间变化平稳，遮阴少，占地少，便于栽培作业。

（1）完全加温：用于周年生产的温室和大棚。加温方式有明火加温、气暖加温、电热加温、水暖加温、热风加温、辐射加温等，通过温室轨道加热、侧墙加热、单轨加热或作物层加热等。

（2）临时加温：看具体条件采取临时增温措施。加温方法有：酿热、电热、火热等。

**3. 降温调节**

（1）遮光降温，通过阻挡太阳光线的进入，减少升温来进行降温。如采用黑色遮阳网、墨绿色遮阳网、银灰色遮阳网、白色无纺布、喷涂白色遮光物等方法，外遮阳的降温效果比内遮阳好。

（2）屋面流水降温，减少进入设施内的热量，可降低室温 3～4℃。

（3）蒸发冷却，增大潜热消耗，利用水分蒸发带走温室的热量，如采用湿帘风机降温通风，喷雾降温，屋顶喷雾降温等。

（4）通风降温，采用自然通风或强制通风，加大通风换气进行降温。

**4. 变温管理**

依据温周期原理，夜间变温管理比恒夜温管理可提高果菜的产量和品质，并节省燃料。变温管理的方法是依据作物生理活动将一天分成若干时段，设计出各时段适宜的管理温度，以促进同化产物的制造、转运和合理分配，同时降低呼吸消耗。

将昼夜分为几个时段，白天为增光合作用的时间段，傍晚至前半夜为促进光合产物转运的时间段，后半夜为抑制呼吸消耗时间段，分别确定不同时间的适宜温度，实行分段变温管理。

变温管理的方法，一般以白天适温上限作为上午和中午增进光合作用时间段的适宜温度；白天适温下限作为下午的目标气温；傍晚 16：00～17：00 比夜间适温上限提高 1～2℃以促进转运；夜温为夜间下限温度；后半夜抑制呼吸消耗时间段的温度为尚能正常生育的最低界限温度。

果菜类蔬菜变温管理应注意气温与地温互补关系，以及光照与变温管理的关系，根据不同的种类设计三段变温或四段变温，如黄瓜四段变温管理，西瓜结果期三段变温管理等。

黄瓜四段变温管理：即每天日出后及早揭开草苫，以揭苫后温度不下降，也不迅速回升为宜。随着光照的逐渐增强，上午使温度保持在 25～30℃；中午以后，控制在 28～30℃，超过 33℃，开始由小到大放顶风；下午 3：00～4：00 时，当温度降至 23℃时关闭风口进行保温，使温度保持在 20～25℃，当室温降至 18℃时，开始盖草苫；前半夜使温度控制在 15～20℃，后半夜到揭苫前温度保持在 10～12℃左右，温度不能低于 10℃，否则容易遭受冻害。

西瓜结果期三段变温管理：上午光照充足，温度适当高些有利于养分的吸收和光合作用；午后到子夜主要进行光合产物的运输，适当降低温度，使光合作用产物尽快转运到果实及其他部位；后半夜西瓜要进行呼吸，保持较低的温度，可使呼吸消耗降到最低限度。

## 三、湿度环境及其调控

### （一）园艺作物对湿度的要求

#### 1. 园艺植物对土壤湿度的要求

凡根系强大的园艺植物，能从较大土壤体积中吸收水分的种类，抗旱力强；凡叶面积大，组织柔软，蒸腾作用旺盛的种类，抗旱力弱。还有一类水分消耗量较小，根系弱不能耐旱的种类。

可将园艺植物分为以下几类：

（1）旱生植物：适宜较为干燥且有雨水的地区，不耐水涝，抗旱性较强。

（2）湿生植物：适宜生长环境为河岸或地下水位较高的地方。

（3）中生植物：品种最多，对干旱、湿涝有较好的适应性。

（4）水生植物：适宜于浅水、挺水生长或深水中浮生的植物。

#### 2. 园艺植物对空气相对湿度的要求

可分如下 4 类：

（1）适于空气相对湿度 85%～95% 的种类：黄瓜、食用菌、各种绿叶菜类、水生蔬菜；兰科、天南星科、蕨类花卉。

（2）适于空气相对湿度 75%～85% 的种类：白菜类、甘蓝类、荠菜、马铃薯、根菜类（胡萝卜除外）、蚕豆、豌豆；扶桑、橡皮树、君子兰、鹤望兰等。

（3）适于空气相对湿度 55%～75% 的种类：茄果类、豆类（蚕豆、豌豆除外）。

（4）适于空气相对湿度 45%～55% 的种类：西瓜、甜瓜、南瓜以及葱蒜类；仙人掌类、大戟科、景天科、龙舌兰科等。

#### 3. 不同生育时期对水分的要求

不同生育时期对水分的要求一般呈现"小—大—小"的过程。

（1）种子萌发时期，对水分的要求充足，以利胚根伸出。需要吸收约为种子重量的50%～150%左右的水分。

（2）苗期，根系小，在土壤中分布浅，吸水量不多，抗旱力较弱。对土壤湿度要求严格。苗期水分管理不当，易出现沤根、徒长、僵苗等情况，不利于秧苗的成长。

（3）营养生长旺盛期，需要充足的水分，形成柔嫩多汁的器官，要大量浇水，土壤含水量达到80％～85％。水分不足，叶片及叶柄皱缩下垂，植株萎蔫。水分过多，根系生理代谢活动受阻，吸水能力降低，导致叶片发黄，植株徒长等症状。

（4）开花结果，要求较低的空气湿度和较高的土壤含水量。满足开花与传粉所需空气湿度，充足的水分有利于果实发育。开花时水分不宜过多，果实生长时需要较多的水分，种子成熟时要求适当干燥。

**4. 水分与生长相关**

水分可以影响营养生长和生殖生长的进程，还可以改变地下部与地上部以及营养器官和生殖器官之间的生长。

供水过多，土壤中空气量减少，抑制了根系生长，反而促进茎叶疯长，造成根茎菜"大秧小根茎"，瓜果豆类形成"大秧小果"，落花落果，花器发育不良等。

供水减少，引起植株萎蔫，光合作用原料不足，降低蒸腾作用，影响根系对营养元素的吸收，还会促进二年生蔬菜的"未熟抽薹"，抑制一年果菜类花芽分化和果实生长。适当的干旱，能促进花芽分化。

**（二）设施湿度的特点**

**1. 空气湿度的特点**

设施内由于土壤水分的蒸发，设施内作物生长强，代谢旺盛，作物叶面积指数高，植物体内水分的蒸腾量大，在密闭情况下，棚室内水蒸气很快达到饱和，空气相对湿度比露地栽培高得多。因而空气湿度的突出特点表现为高空气湿度。致使病虫危害增加；作物茎叶生长过旺，影响作物开花结实，影响产品产量和质量；抑制叶片蒸腾作用，影响叶片对气体的吸收。

高空气湿度的表现如下：

（1）空气湿度的日变化

受气象条件、加温及通风换气的影响，空气湿度的变化较大，容易引起土壤干燥，导致作物凋萎。阴天或灌水后，设施内空气湿度几乎都在90％以上；晴天白天通风换气时，作物容易发生暂时缺水；晴天傍晚关窗后至次日清晨开窗前维持高湿度，致使空气饱和差下降；日出后或加温后，温度上升，设施内空气相对湿度日变化可达20％～40％，与气温变化呈现相反趋势。一般高大设施空气湿度小，局部湿差大；矮小设施空气湿度大，局部湿差小。

（2）结露

是设施内冷凝水的出现与聚集，使作物的表面出现露水的现象。设施内空气湿度的垂直温差和水平温差，影响着空气湿度的分布，在冷的地方就会出现冷凝水。

表现在温室内较冷区域的植株表面结露，当局部区域温度低于露点温度就会发生，通常3～4℃的温差就会使较冷区域出现结露。其次在高秆作物植株顶端结露，在晴朗的夜晚，温室屋顶会散发出热量，导致高秆作物植株顶端温度下降，当低于露点温度时，植株顶端结露。在植物果实和花芽上产生的结露于日出前后出现，果实和芽上的温度提升滞后于棚室的温度提升，导致温室内空气中的水蒸气在这些部位凝结。

（3）濡湿（沾湿）现象

是指设施内作物多湿的现象。从屋面或保温幕落下的水滴、作物表面的结露、由于根压使作物体内的水分从叶片水孔排出"溢液"（吐水现象）、雾等4种原因可造成设施作物濡湿（沾湿）现象。一方面导致作物、室壁、床面等沾湿；另一方面空气相对湿度高、水蒸气饱和差小，或绝对湿度高。

**2. 土壤湿度的特点**

土壤湿度直接影响根系的生长和肥料的吸收。设施内的土壤湿度由灌水量、土壤毛细管上升水量、土壤蒸发量、作物蒸腾量的大小来决定。

### （三）设施湿度的调节与控制

**1. 空气湿度的调节与控制**

包括除湿和加湿两方面的调节和控制。

除湿防止作物沾湿和降低空气湿度。作物沾湿如能减少2～3h，即可抑制大部分病害。保持叶片表面不结露，可有效控制病害的发生和发展。

除湿的方法：

（1）通风换气。采用自然通风，调节风口大小、时间和位置，达到降低室内湿度的目的，但通风量不易掌握，降湿不均匀。强制通风，可控制风量大小。

（2）加温除湿，迅速降低设施内结露和沾湿，减少病害的发生。

（3）适当控制灌水量，进行覆盖地膜，畦间覆草，滴灌或地中灌溉，防止土壤水分蒸发产生的高空气湿度。

（4）强制除湿，采用除湿机、除湿型热交换通风装置、热泵除湿，能防止随通风而产生的室温下降。

（5）在设施内安放除湿剂，利用氯化钾、石灰、氯化钙等吸湿材料吸收水分，减少设施内的水蒸气。

大型园艺设施在进行周年生产时，到了高温季节也会遇到高温、干燥、空气湿度不够的问题，当栽培要求空气湿度高的作物，必须加湿以提高空气湿度。采用喷雾法加湿较好。也可通过土壤灌溉，使水蒸气增加来提高空气湿度。

**2. 土壤水分的调节**

水的热容量是土壤的2倍、空气的3000倍，灌水后土壤色泽变暗，温度降低，可增加净辐射；水蒸气潜热高，太阳能用于乱流交换的能量大大减少，致使白天灌水后地温、气温都有降低，晚上灌水后地温、气温升高。因而适当灌水可调节土壤湿度，改变土壤的热容量和保热性能。

灌水时要依据作物根系的吸水能力、作物对水分的需求量、土壤结构及施肥的多少等来进行，不可过多过少。

灌水的方法主要有滴灌、微喷灌和地中灌溉等。

地中灌溉：又称"毛管灌溉"。它是用细管的陶瓷为原料做成水管，埋在土表下15cm左右，当水通过时依靠陶瓷的毛管作用，将水源源不断地输入到土壤中，供作物生长利用。或者是用硬质塑料管，打上孔径1.2～1.4mm的小孔，孔距20cm，在管外套上网状聚乙烯管套，埋入土中供水。

## 四、土壤环境及其调控

### （一）园艺作物对土壤环境的要求

（1）土壤水肥充足，温室内土壤有机质含水量高达8%～10%。

（2）土壤性状，土层和耕层深厚，土层最好深达 1m 以上，耕层至少在 25cm 以上。地下水位适宜。耕层土壤质地沙黏适中，以壤质土最适宜。通透性适中，保水保肥力好，有机质含量和温度状况较稳定。

（3）pH 值：土壤 pH 值影响植物养分的有效性和生理代谢水平。要求土壤 pH 值适度，大多数园艺植物喜中性土壤。土壤中不含有过多的重金属及其他有毒物质。

（4）蔬菜对设施土壤环境比较敏感，要求更为严格。蔬菜对土壤盐分浓度（EC 值）比较敏感。蔬菜和一些花卉根系需氧量高。

### （二）园艺设施土壤环境特点及对作物生育的影响

#### 1. 园艺设施土壤环境特点

（1）土壤有机质含量高。设施内温、湿度高，生物活跃，加快了土壤养分转化和有机质的分解速度。

（2）肥料利用率高。土壤淋溶少，养分流失少。

（3）产生土壤盐害。由于设施内大量施肥，造成蔬菜不能吸收的盐类积累残留，同时，受土壤水分蒸发的影响，盐类随着水分向上移动积累在土壤表层。盐分随土壤蒸发积聚到土壤表层。

（4）连作障碍。栽培种类比较单一，往往连续种植产值高的作物，久而久之，土壤中养分失去平衡，某些营养元素严重亏缺，而某些营养元素因过剩，大量残留于土壤中，产生连作障碍。

（5）土壤酸化。氮肥施用过量引起。可直接危害作物，抑制铁、钙、镁等元素的吸收，抑制土壤中硝化细菌的活动，容易发生二氧化氮的危害。

#### 2. 土壤生物环境特点

（1）土传病虫害严重。由于设施内多年连作，作物根系分泌物或病株的残留，引起土壤中生物条件的变化，土壤病原菌增殖迅速，或者对某一种营养过分吸收造成缺乏，容易诱发蔬菜病害。

（2）连作造成的障碍。由于设施连作栽培十分常见，同时种植茬次多，土地休闲期短，使得土壤中有益微生物受到抵制，有害微生物累积，造成病虫害加剧，土壤理化性质不良，产生连作障碍，严重影响作物生长发育。土壤中盐类浓度过大，对蔬菜生育不利，一般表现为植株矮小，生育不良，叶色浓而有时表面覆盖一层蜡质，严重时从叶缘开始枯干或变褐色向内卷，根变褐以至枯死。

### （三）园艺设施土壤环境的调节与控制

（1）管理上增施有机肥，降低土壤盐分。施肥标准化，采用平衡施肥（配方施肥），减少土壤中盐分积累，是防止土壤次生盐渍化的有效途径。

（2）合理灌溉，采用地膜覆盖、秸秆覆盖等，降低土壤水分蒸发量，有利于防止土壤表层盐分积聚。

（3）栽培上实行轮换种植，增加复种指数；嫁接栽培或无土栽培能减少病害的发生。

（4）人工除盐，进行土壤更新、土壤改良，休闲期洗盐，生物除盐等，防止因土壤带来的盐渍化问题。

（5）土壤消毒，减少土壤中有害微生物的数量，减少病害发生的概率。消毒的方式有土壤药剂消毒（氯化苦、高锰酸钾等）、土壤蒸气消毒（溴甲烷、三氯硝基甲烷、乙烯二溴、氰土、二氯丁二烯）等。土壤耕翻，一年一次深翻晒土或冻土，利用太阳光或低温冻土进行物理消毒。

## 五、气体环境及其调控

### （一）园艺设施的气体环境对作物生育的影响

#### 1. 空气成分的影响

（1）有益气体

二氧化碳，参与光合作用。增加大气中二氧化碳的浓度，会增加光合作用的强度，可以增加产量。在温室或者塑料大棚里采用二氧化碳施肥，是蔬菜栽培的一项新技术。

氧气，参与植物的呼吸作用，但在土壤管理中，水涝或土壤板结会导致土壤缺氧气而影响根的呼吸，影响乙烯的生物合成。在生产上常与种子发芽、土壤管理以及中耕排水等联系起来。种子发芽需要氧气的供应；种子直播时，要求土壤不板结；土壤排水不良，土温低，氧缺乏，对种子发芽及根的生长都不利。

（2）有毒气体

有二氧化硫、三氧化硫、氯气、乙烯、（邻苯甲酸二异丁酯）、氨气、氟化氢等。有毒气体的危害程度一般是日间、光照强、温度高、湿度大时较严重。氨气与亚硝酸气主要由于一次性施化肥过多造成；二氧化硫主要来源于温室内炉火加温；乙烯和氯气主要来源于各种塑料制品。

在保护地中使用大量有机肥或无机肥常会产生氨气。当空间氨气浓度在 40mg/kg 时，1h 就可以产生伤害，主要症状为黄叶。尿素施后 3～4d 最易发生，所以施尿素后要盖土或灌水。白菜、芥菜、番茄、黄瓜等敏感，芋、玉米、花生等抗性强。适当使用一些生长抑制剂对提高植物的抗逆性有一定的作用（表 6-9）。

温室内主要有害气体种类及其毒害浓度　　　　　　　　　　　　表 6-9

| 有害气体 | 危害浓度/($\mu$L/L) |
|---|---|
| 氨气 | 5 |
| 亚硝酸气 | 2 |
| 二氧化硫 | 0.2 |
| 氯气 | 0.1 |
| 乙烯 | 0.1 |

#### 2. 空气流速的影响

空气流速的大小对植物的蒸腾作用、光合作用、叶面温度、二氧化碳吸收和热量传递等都有影响。一般情况下，叶表面空气流速 0.1～0.25m/s（二级风）有利于二氧化碳吸收；空气流速提高到 0.5m/s 时，将会影响叶片对二氧化碳吸收；空气流速达到 1m/s 或更大时，将会影响植物的生长；当空气流速达到 4.5m/s 或更大时，将使植物受到机械损伤。

随空气流速的提高，光合作用速率降低。在自然界的植物群体当中，由于二氧化碳参与光合作用会使群体中的二氧化碳的含量下降，因此需要及时通风透光以获得高产。

通风的程度有一个范围，风速过大，易引起干燥缺水及机械倒伏，一般以 0.2m（二级风）为宜。

## (二) 园艺设施气体环境特点

### 1. 设施气体环境特点

有两个显著的特点：一是与作物光合作用密切相关的二氧化碳浓度的变化规律与露地有明显差别，并常常造成二氧化碳严重亏缺现象，造成作物生育不良；二是由于肥料分解、燃烧加温用煤、石油及覆盖有毒塑料等可能产生氨气、二氧化硫、一氧化碳及氯气等有毒气体。

### 2. 设施二氧化碳的特点

设施内二氧化碳浓度的日变化，夜间二氧化碳浓度高，白天二氧化碳浓度低。在夜间密闭的温室中，作物和土壤微生物的呼吸作用、有机物分解发酵、煤炭燃烧等，二氧化碳浓度可提高到 $0.05\% \sim 0.07\%$；有机肥多的苗床，二氧化碳浓度可提高到 $0.1\%$；日出后，通风窗尚未打开之前，只要光照度达到 $3 \sim 5klx$，由于作物进行光合作用，二氧化碳浓度急剧下降，造成白天设施内二氧化碳浓度比外界还低。

设施的建筑结构和使用情况不同，设施的类型、面积空间大小、通风换气开窗状况、所栽培的作物种类、生育阶段、栽培床条件等不同，二氧化碳浓度日变化存在差异，栽培床施有机物时二氧化碳浓度较大，水培床二氧化碳浓度很低。设施内各部位的二氧化碳浓度分布亦存在不均匀现象。

### 3. 园艺设施二氧化碳的应用

(1) 人工增施二氧化碳的适宜浓度

二氧化碳的浓度过高，会使气孔开张度减小，降低叶片蒸腾强度，导致叶片萎蔫、黄化落叶。与作物种类、品种、光照度、天气、季节、作物生育时期有关，人工增施二氧化碳的浓度要适宜，应当与室温和光照强度适当地配合，强光下二氧化碳的饱和点提高，弱光下二氧化碳的饱和点降低。

理论上植物对二氧化碳的安全极限为 $8000mg/kg$，人体对二氧化碳的安全极限为 $5000mg/kg$（大气中二氧化碳的含量为 $300mg/kg$）。在实践中，二氧化碳的浓度不宜提高到饱和点以上。一般温室可以维持在 $1000 \sim 2000mg/kg$。一般来说，晴天二氧化碳的浓度在 $1300\mu L/L$ 以下，阴天在 $500 \sim 800\mu L/L$，雨天不施为宜。一般蔬菜作物二氧化碳饱和补偿点在 $1000 \sim 1600\mu L/L$，作物在二氧化碳饱和补偿点以下，光合作用随着二氧化碳浓度升高而升高。

(2) 人工增施二氧化碳的方法

① 二氧化碳施肥的时期

人工增施二氧化碳在作物生育初期施用效果好。果菜类应在植株进入开花结果期，二氧化碳吸收量增加时开始施用，一直到产品收获前几天停止施用。叶菜类应在植株幼苗定植后开始施用为宜。

② 二氧化碳施肥的时间

一般作物上午的光合产物约占全天的 3/4，下午约占 1/4。晴天在日出后 30min 开始，换气前 30min 停止施用。每天施用 $2 \sim 3h$；严寒季节或阴天时，设施不通风或通风量很小时，到中午就停止施用。在增施二氧化碳过程中，不可中途突然停止施用，以免引起植株早衰。

(3) 二氧化碳的主要来源

① 酒精酿造业的副产品，是二氧化碳的主要来源；

② 直接输入气态二氧化碳、液态二氧化碳、固态二氧化碳（干冰）；

③ 通过化学物质分解，强酸（HCl）＋碳酸盐（CaCO₃）→CO₂↑；

④ 通过空气分离，将空气在低温时液化分离出的二氧化碳再经低温压缩成液态二氧化碳；

⑤ 碳素或碳氢化合物，如煤、焦炭、煤油、液化石油气等，充分燃烧产生；

⑥ 有机物（厩肥等）分解发酵放出二氧化碳。

（4）二氧化碳施肥栽培管理的特点

① 二氧化碳施肥后植物的特点

在增施二氧化碳的条件下，叶片气孔数减少、气孔密度增加，气孔开张度缩小，叶片气孔水蒸气散失阻力大，全株蒸腾率下降，叶温上升。常使作物的叶片肥大，植株生长茂盛，促进植株老化。所以必须采取相应的措施。

② 栽培管理的要点

选用适于增施二氧化碳的品种：具有多抗性、早熟、高产、耐弱光、耐低温、植株生长势较弱、坐果率高的新品种，培育定植后生长势适中的优质幼苗。

适量施有机肥，定植时的基肥量应当减少20％～30％，定植初期控制灌水量。深中耕、滴灌，改善根际环境，使根系分布广，提高二氧化碳的施肥效果；在结果期进行叶面喷肥，以解决根系吸磷能力减弱或缺钙、缺锰等问题。

在增施二氧化碳期间，为提高光合效率，白天应提高室温3～5℃，不可过高，以免引起植株徒长。白天适温比一般的适温提高2～3℃；夜间适温比一般的适温低2～3℃。

**4. 通风换气**

是及时去除有毒气体的有效措施之一，通过自然通风和强制通风来完成。通风的程度有一个范围，风速过大，易引起干燥缺水及机械倒伏，风速过小不利有毒气体的排出。一般以0.2m/s（二级风）为宜。

| 实训项目 |

## 实训 6-5 设施的环境特点分析

**（一）目的要求**

通过调查研究让学生深刻认识不同园艺设施类型的性能特征，学习理论与实践相结合的研究方法，让园艺设施与当地气候变化和种植的作物相结合，掌握设施的调控理论与实践相适应的研究态度，加强学生对理论知识认知运用的能力。

**（二）场地与用具**

场地：科研院校实验基地、科学研究所实验基地、公园、植物园、生产基地的各种栽培温室、观赏温室、繁育温室、育苗场所等。

用具：纸、笔、气候观测仪、相机、卷尺等。

**（三）内容与方法**

（1）制定实验设计方案，设立3个处理，3次重复，采用方差分析法对数据进行处理。

（2）调查和测定春季3个设施类型的小气候观测数据，并对春季观测数据进行分析处理。

（3）调查和测定夏季3个设施类型的小气候观测数据，并对夏季观测数据进行分析处理。

（4）调查和测定秋季 3 个设施类型的小气候观测数据，并对秋季观测数据进行分析处理。

（5）调查和测定冬季 3 个设施类型的小气候观测数据，并对冬季观测数据进行分析处理。

（6）深入分析所有分析数据，得出每一个季节最适宜的设施类型和栽培作物组合。

**（四）作业**

利用气候观测仪对 3 种以上的常用设施的小气候观测结果进行分析，分别测定春、夏、秋、冬 4 个季节设施内外小气候状况，从数据上得出当前气候条件下当地最适宜的栽培设施类型和栽培作物，以及同一作物不同的生长时期最适宜的园艺设施类型。

### 实训 6-6　设施的环境调控

**（一）目的要求**

让学生掌握通过设施的调控设备为作物创造有利的生长环境，从而达到高产优质高效的生产目标。

**（二）场地与用具**

场地：科研院校实验基地、科学研究所实验基地、公园、植物园、生产基地的各种栽培温室、观赏温室、繁育温室、育苗场所等。

用具：气候观测仪、纸、笔、各种设施调控设备等。

**（三）内容与方法**

（1）准备相同的设施类型 2～3 个，配备有防虫网、遮阳网、透明覆盖薄膜、喷灌设备、地膜覆盖等，无人工加温或降温设备，利用气候观测仪评估设施在四季的性能特点。

（2）设施根据季节做好种植计划和栽培管理方式，分开播种；针对作物种类做好设施调控方案 2～3 个。

（3）根据种植计划做好作物生产，记录好各设施四季环境变化的数据，以及作物生长情况，最终产量。

（4）拟定设施作物最佳调控方案。

**（四）作业**

安排相同的设施类型 2～3 个，设施内分别种植相同的作物若干种，分别做 2～3 套调控方案，观察植物生长情况，分别计算作物的产量。

### 实训 6-7　设施的二氧化碳施肥技术

**（一）目的要求**

学习和掌握二氧化碳施肥的关键技术。加强学生对理论知识认知运用的能力。

**（二）场地、材料与用具**

场地：科研院校实验基地、科学研究所实验基地、公园、植物园、生产基地的各种栽培温室、观赏温室、繁育温室、育苗场所等，要求设施环境密闭，有一定调控能力。有机肥、化肥、农药、二氧化碳施肥机等。

用具：二氧化碳施肥机、喷头、喷管等。

**（三）内容与方法**

（1）准备相同的设施类型 4 个，做好种植方案。

（2）实施作物种植。

（3）实验方案设计以二氧化碳施肥不同的量作为不同处理，4 个设施分别使用 4 种二氧化碳施肥量。做好观察和记录。

（4）通过最终的观察记录确定不同作物二氧化碳施肥最佳施肥量。

**（四）作业**

（1）设施的环境有哪些特点？

（2）设施的环境如何调控？

（3）设施如何进行二氧化碳施肥？

# 第四节 设施节水灌溉

根据《节水灌溉工程技术规范》GB/T 50363—2006 对节水灌溉的定义是：根据作物需水规律和当地供水条件，高效利用降水和灌溉水，以取得农业最佳经济效益、社会效益和环境效益的综合措施。采取最有效的技术措施，以最低限度的用水量获得最大的产量或收益，最大限度地提高单位灌溉水量的农作物产量和产值的灌溉措施，使有限的灌溉水量创造最佳的生产效益和经济效益。

采用节水技术进行生产的农业称为节水农业，其根本目的是在有限的水资源条件下，实现区域农业生产最大化，本质是提高农业生产用水的经济产出。

## 一、节水灌溉的内涵及其范畴

### （一）节水灌溉的内涵

节水灌溉是指根据作物的需水规律以及当地的农业气象等条件，在有限的水资源条件下，采取先进的水利工程技术、适宜的农艺技术和用水管理等综合技术措施，充分提高灌溉水的利用率和水分生产率，用尽可能少的水的投入，获得农业的最佳经济效益、社会效益和生态效益而采取的多种措施的总称。

节水灌溉技术不是一种单一技术，而是由工程节水技术、农艺节水技术和管理节水技术组成的一种技术体系，从根本上最大限度减少输水、配水、灌水及作物耗水过程中的损失，最大限度提高单位耗水量的作物产量和产值。

灌溉水从水源到被田间作物利用要经过几个环节，每个环节都存在水量无效消耗。凡是在这些环节中能够减少水量损失、提高灌溉水使用效率和经济效益的各种技术措施，都属于节水灌溉的范畴。

### （二）节水灌溉的特征

#### 1. 节水灌溉的系统特征

在农业生产系统中，水是农业生产的重要资源和环境要素，但不是唯一要素。节水灌溉是一项农业和水利技术精密结合，土、水、肥、作物等资源综合开发的系统工程。水的循环过程非常复杂，与整个 SPAC 系统紧密联系。农业用水是否节约和高效不仅受水循环本身的影响，也受到整个系统中土壤、养分、农业生物等条件的综合影响。因此，节水灌溉是一项复杂的系统工程。

**2. 节水灌溉的效益特征**

节约和高效用水的基本环节有 3 个：一是减少降水、渠系输水、田间灌溉过程中的深层渗漏和地表径流损失；二是减少田间和输水过程中水的蒸发蒸腾量；三是提高灌溉水和降水的水分利用效率。减少田间和输水过程损失，提高了有限水资源的利用率，是资源型节水；而降低作物耗水系数是节约了奢侈性水分消耗，提高了水资源的利用效率和效益，是效益型节水。因此，真正意义上的节水是节水增效的农业，具有显著的效益特征。

**3. 节水技术的综合特征**

节水技术与土壤、肥料、作物品种、耕作、栽培、植保、农业设施等各项措施是密切联系和不可分割的。

## 二、节水灌溉的理论体系及内容

### （一）节水灌溉的理论体系

节水灌溉理论研究通过供水和其他环境变量的优化提高水的利用效率，提高灌溉取水量中的可回收水量，在农业或其他方面再利用，减少不可回收的水量才能真正做到节水灌溉。

节水灌溉理论可以分为两类：节水硬科学和节水软科学。节水硬科学是指从水源引水到田间灌水的全部技术及设施，包括水利枢纽、输配水系统、地面灌溉方法和灌水技术等。节水软科学则是指作物节水灌溉的理论、水管理等。

### （二）节水灌溉的内容

节水灌溉理论研究的基本任务，一是要研究技术上先进、经济上合理的各种工程措施、途径和方法，减少灌溉水的无益损耗。二是要研究灌溉系统中各种工程设施的控制、调度和运用方法，在时空上合理分配水资源，并在田间推行科学的灌溉制度和灌水方法。

主要研究内容包括：SPAC 系统水分传输理论；水分胁迫对作物生理活动及产量的影响；不同田间水分条件下作物蒸腾量的变化规律、影响因素、分析计算及预报理论模型等；作物水分生产函数及其变化规律；节水灌溉条件下水肥综合运移规律及调控机理；节水灌溉农业综合技术；农业水资源的优化配置；实时灌溉预报与决策系统；节水灌溉环境评价理论与方法；节水灌溉新方法与新技术；节水灌溉工程规划、设计、施工等；节水灌溉设备的研制与设计理论；劣质水资源化与利用技术；节水灌溉试验原理与方法。

## 三、节水灌溉的技术体系

### （一）工程技术类节水

**1. 水资源的合理开发利用技术**

农业水资源的合理开发利用，是指采用必要的工程，对水进行调控和有计划的分配。

主要内容包括：雨水集蓄利用技术、坑塘截流调控地下水、深沟河网蓄水、不同水源的联合利用技术，机井测试改造技术，灌溉回收水利用技术和劣质水改造利用技术。

**2. 渠系输水工程节水**

主要包括渠道防渗技术和管道输水。渠道防渗技术是指为减少渠道渗漏损失而采取的各种工程技术措施，是目前应用最广的节水技术之一。防渗处理后，渠系水利用系数可以从 0.24 提高到 0.55 左右，提高了渠系水利用系数，减少了输水损失。低压管道输水灌溉（简称管灌）工程是以低压管道代替明渠输水灌溉的一种工程形式，可以大大减少输水过程中的渗漏和蒸发损失，使输水效率达 95% 以上。

**3. 田间灌水工程节水**

包括改进的地面灌水技术、喷灌、滴灌、膜上灌或膜下灌、水稻"浅、薄、湿、晒"节水灌溉、激光整平土地等。

**（二）管理类节水技术**

包括实施节水灌溉制度、土壤墒情检测预报技术、灌区配水及量水技术、现代化灌溉管理技术等。

**（三）政策类节水**

包括建立节水灌溉技术服务体系、改进水管理体系、水价与水费计收标准及方法、制定可持续发展节水奖惩政策等。

# 四、设施园艺节水灌溉

## （一）设施园艺与节水灌溉

设施园艺是指在采用各种材料建成的，具有可对水、肥、气、热、光等环境因素控制的空间里，进行园艺作物栽培的生产方式。这种生产方式突破了传统农业的生产方法，使得人为控制作物生长环境的能力更大，同时也促使农业种植结构发生变化，为市场提供大量花卉和反季节蔬菜，具有相当明显的经济效益和社会效益。

设施园艺由于土壤耕层不能直接利用天然降水，而要依靠人为灌溉来补充水分，在大型的保护设施内实现周年生产的栽培制度下，传统的灌溉方式，不仅浪费宝贵的水资源，而且会使设施内环境恶化，导致病虫害发生和作物品质产量的下降。

因此，研究设施园艺节水灌溉理论与技术，在设施园艺中选择适宜灌溉技术，探求作物需水规律与科学的灌溉制度，研究保护设施内水热运移规律，对于提高设施农业科技含量，发展节水农业，实现两高一优农业尤为重要。

大棚春番茄在膜下多孔管喷灌和微喷灌、沟灌 3 种灌溉方式下种植，前两者有明显的节水、增产效果，节水率达 40%～60%，增产幅度达 7%～8%。日光温室滴灌比畦灌温室内空气相对湿度降低 10%～15%，冬季地温提高 3～8℃，灌溉水节约 60%，黄瓜增产 30%，可促进根系发育，提高地温，减少病害发生，上市早，品质高。

## （二）设施园艺灌溉的特点与要求

设施园艺内是相对封闭的生产环境，天然降雨不能利用，作物水分完全依靠人工灌溉来解决。与农田节水灌溉技术既有相同点，又有区别。

**1. 设施园艺灌溉的特点**

（1）作物种植的空间发生了巨大变化，作物种植空间封闭，不受风的影响；土地平整，不必考虑地形的坡度影响；灌水对温湿度影响大。

（2）设施栽培多采用无土栽培，灌溉的土壤发生了重大变化，由天然土壤变成了人工配制的基质或水；同时更好地实现了灌溉施肥一体化。

（3）作物种植的方式发生了显著变化，作物种植的高度可随意变化，灌溉需要动力加入。

（4）作业管理的精度发生了很大变化，由大田的粗放管理变成单株精细管理，对每一株植物所需水分有较为细致的要求。

**2. 设施园艺灌溉的要求**

（1）要求完全的管道化，能有效节水，省空间和地力，使用方便、适用性强。

（2）要求节水、灌溉与施肥一体化。肥料有效性高，节省肥料；施肥均匀，养分均衡；养分供应充分、迅速；减少污染。

（3）要求与温度、湿度环境控制紧密结合。

（4）要求与室内作物栽培方式高度统一。

## 五、节水灌溉技术

### （一）渠道防渗和低压管道输水灌溉方法

渠道防渗是减少渠道输水渗漏损失的工程措施，是农田灌溉用水损失的主要方面。传统的土渠输水渠系统水利用系数一般为 0.4～0.5，差的仅 0.3 左右，大部分水都渗漏和蒸发损失掉了。采用渠道防渗技术后，一般可使渠系统水利用系数提高到 0.6～0.85，比原来的土渠提高 50%～70%，不仅能节约灌溉用水，而且能降低地下水位，防止土壤次生盐碱化；防止渠道的冲淤和坍塌，加快流速提高输水能力，减小渠道断面和建筑物尺寸；节省占地，减少工程费用和维修管理费用等；有利于农业生产争抢农时，是当前我国节水灌溉的主要措施之一。

渠道防渗方法可分两类。

（1）改变原渠床土壤渗透性能，可采用物理机械法和化学法。前者是通过减少土壤空隙达到减少渗漏的目的，可用压实、清淤、抹光等；后者是掺入化学材料以增强渠床土壤的不透水性。

（2）设置防渗层，即进行渠道衬砌，可用混凝土和钢筋混凝土、塑料薄膜、砌石、砌砖、沥青、三合土、水泥土和黏土等各种不同材料衬砌渠床。采用防渗措施，渠道渗漏损失可以减少 50%～90%。混凝土衬砌是一种较普遍的渠道防渗形式，防渗防冲效果好、耐久，但投资较大。

低压管道输水灌溉是利用管道将水直接送到田间灌溉，以减少水在明渠输送过程中的渗漏和蒸发损失。常用混凝土管、塑料硬（软）管等管材。其管道系统压力一般不超过 0.02MPa，管道最远端的出水口压力控制在 0.002～0.003MPa。管道输水与渠道输水相比，具有输水迅速、节水、省地、增产等优点，水的利用系数可提高到 0.95；节电 20%～30%；省地 2%～3%；增产幅度 10%。

### （二）喷灌灌水方法

喷灌是利用一套专门的设备将灌溉水加压或利用地形高差自压，并通过管道输送压力将水运至喷头，喷射到空中分散成细小的水滴，像天然降雨一样降落到地面，随后主要借毛细管力和重力作用渗入土壤灌溉作物的灌水方法。

喷灌节水效果显著，水的利用率可达 90%。一般情况下，喷灌与地面灌溉相比，$1m^3$ 水可以当 $2m^3$ 水用。田间减少了农渠、毛渠、田间灌水沟及畦埂的占地面积，增加了 15%～20%的播种面积；作物增产幅度大，一般可达 20%～40%。避免由于过量灌溉造成的土壤次生盐碱化，改善了田间小气候和农业生态环境。

喷灌受风的影响大，一般在 3 级风（4.5m/s）以上，部分水滴在空中被吹走，灌溉均匀度大大降低，就不宜进行喷灌。空气相对湿度过低时，水滴未落到地面之前在空中的蒸发损失可以达到 10%。存在设备投资较高、影响田间机耕作业、能耗高的缺点。

**1. 喷灌系统的组成**

喷灌系统的组成包括水源、水泵、动力、管道系统、喷头和田间工程系统。

（1）水源。一般的河流、渠道、塘库、井泉等都可作为喷灌水源。水源提供的水量、流量、水质必须满足喷灌系统的要求。

（2）水泵。大多数情况下，水源的高程不足以提供喷灌必要的水头，必须利用水泵将灌溉水汲取加压。喷灌常用的水泵有离心泵、自吸离心泵、长轴井泵、深井潜水泵等。

（3）动力。用电方便的地区，一般用电动机带动水泵。也有使用柴油机、汽油机带动的。还可用手扶拖拉机或拖拉机上的动力机带动水泵。动力机的功率与水泵配套相适应。

（4）管道系统。管道系统的作用是将有压的灌溉水输送、分配到田间。喷灌管道系统一般包括干管和支管及其相应的连接、控制部件，如弯头、接头、三通、闸阀等。

（5）喷头。喷头是喷灌系统的专业部件，一般用竖管与支管连接。作用是将灌溉水喷射到空中，形成细小的水滴。

（6）田间工程系统。有些喷灌系统，需要利用渠道将灌溉水从水源引到田间，以节省管道长度，就必须修建田间渠道及相应的建造物。

**2. 喷灌系统的类型**

喷灌系统按获得压力的方式分为机压喷灌系统和自压式喷灌系统。按系统设备组成可分为管道式喷灌系统和机组式喷灌系统。按喷灌特征可分为定喷式喷灌系统和行喷式喷灌系统。按系统中主要组成部分是否移动和移动的程度分为固定式喷灌系统、移动式喷灌系统和半固定式喷灌系统。

（1）固定式喷灌系统

喷灌系统的各组成部分除喷头外，在整个灌溉季节，甚至常年都是固定不动的。水泵和动力机组成固定的泵站，干管和支管埋入地下，进行轮灌，或在非灌溉季节卸下进行保养。这种喷灌系统称为固定式喷灌系统。

固定式喷灌系统的优点是使用操作方便，易于管理和养护，生产效率高，运行费用低，工程占地少。缺点是工程投资大，设备利用率低，同时固定在一定位置，一般在灌水频繁、经济价值高的蔬菜及经济作物上采用固定式喷灌系统。田间的竖管对机耕有一定的妨碍。

（2）移动式喷灌系统

在田间仅有固定的水源（塘、井或渠道），而动力、管道及喷头都是移动的。这样在一个灌溉季节里，一套设备可以在不同地块上轮流使用，提高设备的利用率，降低了单位面积设备的投资。将移动部分安装在一起，甚至省去干管、支管，构成一个整体称为喷灌机。这种形式的喷灌系统使用灵活，但管理劳动强度大，路渠占地多。

（3）半固定式喷灌系统

半固定式喷灌系统的动力、水泵和干管是固定的，在干管上装有许多给水栓，支管和喷头是移动的。支管在一个位置上与给水栓连接进行喷洒，喷洒完毕，可移动至下一个位置与下一个给水栓连接。比固定式喷灌系统设备利用率高，投资也较省，操作起来比移动式喷灌系统劳动强度低些，生产率也高些。

### 3. 支管移动方式

喷灌系统支管移动的方式有人工移动支管和机械移动支管。人工移动支管操作比较可靠，但工作条件差，劳动强度大。机械移动支管使用方便灵活，形式很多，主要有以下5种：

（1）滚动式喷灌系统

滚动式喷灌系统，其支管在直径为1~2m的许多大轮子上，以支管本身为轮轴，轮距一般为6~12m。在一个位置喷完后，由人工利用专门的杠杆或小发动机，使支管滚移至下一个位置继续喷灌。它适用于矮秆作物及较平的地块。

（2）端拖式喷灌系统

端拖式喷灌系统，其支管布置在田块中间，支管上装有小轮或滑橇，在一个位置喷好后，由拖拉机或绞车纵向牵引越过干管到一个新的位置，支管可以是软管，也可以是有柔性接头的刚性管道，一般支管的长度不超过50m。

（3）绞盘式喷灌系统

绞盘式喷灌系统，由田间固定干管的给水栓供水，支管是软管缠绕在绞盘上，绞盘架设在绞盘车上，与喷洒车连接组成绞盘式喷灌机。喷灌时绞盘车转动，边喷边收管，收卷完毕，喷头停喷，然后转入下一地段作业。

（4）时针式喷灌系统

时针式喷灌系统又称中心支轴式喷灌系统。在喷灌田块的中心有供水系统（给水栓或水井与泵站），其支管支撑在可以自动行走的小车及塔架上，工作时支管像时针一样绕中心点旋转。常用的支管长度为400~500m，根据轮灌的需要，转一周要2~10d，可控制800~1000亩，支管离地面2~3m。

这种系统的优点是机械化自动化程度高，可以无人操作，连续工作，生产效率高；并且支管上可以装很多喷头，喷洒范围相互重叠提高了灌水均匀度，受风的影响小，也可适用于起伏地形。但其最大的缺点是灌溉面积是圆形的，不能充分利用耕地面积。为此，也有在支管末端再安装自动喷角装置，喷洒地角。

（5）平移式喷灌系统

平移式喷灌系统的支管和时针式系统一样，也是支承在可以自动行走的小车上，但它是平行作物行移动，由垂直于支管的干管上的给水栓通过软管供水，或由主机上的供水加压设备从渠道吸水。当行走一定距离（等于给水栓间距）后就要改由下一个给水栓供水，这样喷灌面积是矩形的，便于与耕作相配合，并可充分利用耕地面积。

### 4. 喷灌设备

喷灌设备包括喷头、管道及其附件、动力设备、水泵、组装的喷灌机等。

（1）喷头

喷头的作用是把有压水流喷射到空中，散成细小的水滴并均匀地散落在所控制的灌溉面积上。喷头结构形式及其制造质量的好坏，直接影响到喷灌质量。按其工作压力及控制范围的大小，可分为低压喷头（或称近射程喷头）、中压喷头（或称中射程喷头）和高压喷头（或称远射程喷头）。

各类喷头工作压力和射程范围大致如表6-10。

**喷头按工作压力与射程分类表**　　　　表 6-10

| 项目 | 低压喷头 | 中压喷头 | 高压喷头 |
| --- | --- | --- | --- |
| | 近射程喷头 | 中射程喷头 | 远射程喷头 |
| 工作压力/(kg/cm²) | 1~3 | 3~5 | >5 |
| 流量/(m³/h) | 2~15 | 15~40 | >40 |
| 射程/m | 5~20 | 20~45 | >45 |

按喷头结构形式与水流形状分类可以分为旋转式、固定式和孔管式 3 种。

（2）管道

按其使用条件分为固定管道和移动管道两类。常用的固定管道有：铸铁管、钢管、预应力和自应力钢筋混凝土管、塑料管、石棉水泥管道等，管径一般为 50~300mm 左右。移动式管道多用于半固定式喷灌系统，人工移动管道有软管、半软管和硬管 3 种。软管用完后可以卷起来移动后收藏，体积小，运输方便，一般每节长 10~50m，各节之间用快速接头连接；半软管在水放空后，可以卷成盘状，但盘的直径较大（1~4m），多用于绞盘式喷灌机。硬管每节长 6~9m，需要较多的快速接头连接。

（3）快速接头

快速接头能快速连接各节移动管道，节省时间、加速喷灌进程、减轻劳动强度，在半固定式和移动式喷灌系统中常用，有的固定式喷灌系统在喷头和竖管之间也用快速接头连接。快速接头的材料有镀锌扁钢、铝合金、工程塑料等，为了减少制造、运输、使用麻烦，常在工厂中就把快速接头的承口和插口固定在移动管道的两端构成快速接头管，快速接头可用于软管也可用于硬管，但是现在多用于硬管。

（4）管道附件

主要指控制件和连接件。控制件根据喷灌的需要来控制管道系统中水的流量和压力，如阀门、水锤消除器、流量调节器、压力调节器等。连接件是根据需要将管道连接成一定形状的管网，也称为管件，如弯头、三通、四通、异径管、堵头等。

（5）喷灌的动力设备

动力设备在喷灌中占有很重要的地位。可用于喷灌的动力设备很多，如柴油机、电动机、汽油机、煤气机、水轮机、水压缸及其他液力机等。其中最常用的是高速柴油机和交流电动机。

（6）喷灌用泵

水泵的作用是给灌溉水增压，使系统获得工作压力。目前生产上使用的水泵，大体上可分为 3 类，即叶片泵、容积泵和其他类型泵。在农田排灌中使用最广泛、数量最多的是叶片泵。

**（三）微灌灌水方法**

微灌，即是按作物需水要求，通过有压管道系统与安装在末级管道上的特制灌水器，将水和作物生长所需的养分过滤并输送、分配到田间，以较小的流量均匀、准确地直接输送到作物根部附近的土壤表面或土层中的灌水方法，使作物主要根系活动区的土壤经常保持适宜的水分和营养状况，灌溉水损失小于 10%。

微灌有很强的适应性，不论何种作物和土壤都可微灌，特别是地形条件比较复杂的地区都可以采用。适用于果园、蔬菜、花卉、大棚作物等经济价值高的作物；干旱缺水但有一定水源条件的地区；没有地面灌溉条件或很难实现地面灌溉的地区。

**1. 微灌的特点**

（1）灌水流量小，灌水周期短，一次灌水延续时间长；一般滴头的流量为 1.5~12L/h，微喷头的流量为 50~200L/h。灌水时间间隔，对于蔬菜 1~3d，对果树作物 7~15d。

（2）局部湿润土壤，把水与养分直接输送到作物根部的土壤中去。微灌只湿润作物根部附近的部分土壤，不破坏土壤结构，湿润区土壤水、热、气、养分状况良好。减少土壤表面蒸发，节约用水。

（3）工作压力低，可精确控制水量；滴头的工作水头 7~10m；微喷头工作水头 10~15m。

（4）可以结合微灌施肥（或施农药），实施水肥一体化工作。

**2. 微灌的类型**

按灌水的出流方式不同，可以将微灌分为滴灌、地表下滴灌、微喷灌和涌泉灌 4 种类型。

（1）滴灌

滴灌是通过安装在毛管上的滴头、孔口或滴灌带等灌水器将水一滴一滴、均匀而又慢地滴入作物根区附近的土壤中的灌水形式。使滴头下面的土壤处于饱和状态，其他部位的土壤处于非饱和状态，土壤水分主要借助毛管张力的作用渗入和扩散，水的利用率可达 95%。根据滴灌固定方式的不同可以分为相对固定式滴灌、全固定式滴灌、全移动式滴灌 3 种类型。

（2）地表下滴灌

地表下滴灌是将毛管和灌水器埋入地表下 20~30cm，灌溉水从灌水器渗入湿润土壤。这种灌水方式可以减缓毛管和灌水器的老化，防止毛管损坏或丢失，同时便于田间作业。但是一旦灌水器堵塞时，不便查找和清洗。

（3）微喷灌

利用折射式、辐射式或旋转式微型喷头喷洒作物和地面或直接喷洒在树冠下的地面上的一种灌水形式。微喷不仅可以补充土壤水分，还可提高空气湿度，调节田间小气候。

（4）涌泉灌

通过安装在毛管上的涌水器形成的小股水流，以涌泉方式局部湿润土壤的一种灌水形式。流量比滴灌和微喷大，一般超出了土壤的渗吸强度，为防止地面径流须在涌水器附近挖一小灌水坑暂时储水。适于果园和植树造林的灌溉。

**3. 微灌系统的组成**

微灌系统通常由水源、首部控制枢纽、输配水管网和灌水器 4 部分组成。

（1）水源。河流、湖泊、沟渠、井泉等都可以作为微灌系统的水源。污物过多的水不宜作微灌水源，否则将使水质净化设备过于复杂，甚至引起微灌系统的堵塞。一般选择水质较好，含沙、含碱量低的井水与渠水作为水源。对于不同类型的水源常常需要修建必要的水源工程，如蓄水池，引水渠等。

（2）首部控制枢纽。微灌工程的首部通常由水泵及动力机、控制阀门、水质净化装置、施肥装置、测量和保护设备等组成。它是全系统的控制调度中心。

（3）输配水管网。微灌系统的输配水管网一般分干、支、毛 3 级管道。一般干、支、管埋入地下，也有将毛管埋入地下的，以延长毛管的寿命。

（4）灌水器。安装在毛管上或通过连接小管与毛管连接。微灌主要用于果园及经济作物，多数系统的各个组成部分都是固定的，即支、毛管和灌水器都固定在一个位置，称为固定式微灌系统。某些地区在大田作物，如花生、小麦采用微灌，为节省毛管的数量，在灌水期间，毛管和灌水器在一个位置灌完后移动到另一个位置进行灌水。这种系统称为移动式微灌系统。

**4. 微灌系统的设备**

（1）灌水器

灌水器的作用是把末级管道中的压力水流均匀而又稳定地分配到田间。灌水器质量的好坏直接影响到微灌系统工作的可靠性和灌水质量。微灌系统也可根据形成压力水的条件分为机压系统和自压系统。

灌水器的种类很多，通过流道或孔口将毛管中的压力水流变成滴状或细流状的装置称为滴头。有管间式滴头、微管滴头、孔口式滴头、螺旋流道式压力补偿滴头、双腔毛管、折射式微喷头、射流旋转式微喷头等。

（2）管道及附件

我国微灌管材为高压聚乙烯管，规格有内径 10、12、15、20、25、32、40、50、65、80mm。一般内径 10~15mm 用作毛管。内径大的可用作支管、干管，支、干管也可用其他管材代替。管件（附件）是用于连接组装管网的部件，管件主要有接头、弯头、三通、堵头等。管材连接件和控制件主要有弯头、三通、阀门、压力表、流量表等。

（3）过滤器

由于灌水器的流道（或孔口）的直径很小（一般只有 0.5~1.5mm），如果灌溉水中含有固体污物，就可能引起堵塞。必须对灌溉水进行净化处理，最常用的方法是在首部安装过滤器。主要有：网过滤器、沙过滤器、旋流式水沙分离器。

（4）施肥（农药）装置

向微灌系统注入可溶性肥料或农药的设备称为施肥（农药）装置。常用的施肥装置有压差式施肥罐、文丘里注入器、注入泵等。

**（四）渗灌灌水方法**

渗灌法是利用修筑在地下的专门设施（管道或鼠洞等）将灌溉水引入田间耕作层，借毛细管作用自下而上湿润土壤、灌溉作物的灌水方法。

痕量灌溉技术，是以土壤的毛细管为基础力，依照植物的需求，缓慢、适量地为植物根系进行供水的一项技术，是世界上最省水的灌溉技术，从根本上解决了管道堵塞的问题，该技术与植物需水特点完全匹配，即植物需要多少水就供给多少水。痕灌比滴灌节水 40%~60%，还能避免灌溉过量造成的养分流失、次生盐渍化、土壤板结等弊病。它是中国科学家自主发明的新一代灌溉技术，应用于设施农业、规模农业中，与水溶肥等新型肥料技术融合。痕灌技术打破了农作物"被动式补水"的传统灌溉模式，改由农作物自主吸水、按需吸水。

"痕灌"是受化学上微量元素与痕量元素概念启发而取名，主要指能在超微流量上向作物长久供水，痕灌单位时间的出水量可达到滴灌的百分之一到千分之一。

痕灌设备核心部件是控水头。它是由痕灌膜和毛细管束组成的独特的双层膜结构，可以控制灌溉水以极其微小的速度，适量、不间断地直接作用于作物根系附近。当土壤环境干燥时，水被土壤中的毛细孔隙自动抽出，迫使蓄水池中的灌溉水通过滤膜流入毛细管中，往复循环。这套技术只湿润作物根系周围土壤，使土壤含水量处于相对稳定状态，减少了水分地表蒸发和地下深层渗漏，提高了水分利用率。

痕量灌溉技术的核心节水部件是痕灌控水头，由具有良好导水性能的毛细管束和具有过滤功能的痕灌膜组成，控水头埋在作物根系附近，毛细管束一端与充满水的管道相连，另一端与土壤的毛细管相连，感知土壤水势的变化。作物吸水导致根系周围的水势降低，即发出需水信号，控水头内的水不断以毛细管水的形式流向根系周围，直至作物停止吸水；控水头内的痕灌膜可防止毛细管束因杂质而堵塞，保证系统长期稳定工作。多年田间试验表明，痕灌比滴灌节水 50% 左右，即使在滴灌无法使用的地区也可推广应用。

痕量灌溉应用前景广阔。痕灌节水技术能耗更少，节水更多。尤其是能够突破常规节水灌溉很少涉及的荒漠化治理、矿山修复、城市绿化等领域的发展，能为解决粮食安全、生态保护和水资源危机作出贡献。

## 实训项目

### 实训 6-8　大田水肥一体化灌溉系统的组成及设备安装调试

**（一）目的要求**

通过了解大田水肥一体化系统的组成和设备并练习安装调试，使学生熟悉水肥一体化系统的组成结构和配件的使用方法和技巧，掌握水肥配制比例和营养液管理方法，加强学生对理论知识认知运用的能力。

**（二）场地与用具**

场地：科研院校实验基地、科学研究所实验基地、公园、植物园、生产基地的各种栽培温室、观赏温室、繁育温室、育苗场所等。

用具：主管、支管、滴灌管，水泵，连接件，施肥系统，肥料。

**（三）内容与方法**

（1）测量大田的地形高差，丈量面积大小。

（2）通过测量数据做出设计方案，包括管道排布、管件数量、贮液池大小、水泵动力、喷头类型和数量。

（3）依据设计方案进行贮液池的建造，要求熟悉工程施工的操作程序。

（4）针对种植作物种类做好营养液配制方案和管理方案。

（5）熟悉施肥机的部件结构，掌握安装、调试的方法以及使用和维护的方法。

（6）根据设计方案和施肥机的使用方法完成系统安装和调试。

（7）运行使用，检验系统安装是否完善，是否需要改进。

**（四）作业**

大田面积大约为 $667m^2$，按测量、设计、贮液池的建造、营养液配制和管理、施肥机的使用和维护、系统安装等，学生分成 6 个小组分别完成这 6 项工作。

### 实训 6-9　设施内微灌系统的组成及设备安装调试

**（一）目的要求**

通过对设施内微灌系统的组成及设备安装调试学习，使学生熟悉微灌系统的组成结构和配件的使用方法和技巧，加强学生对理论知识认知运用的能力。

**（二）场地与用具**

场地：科研院校实验基地、科学研究所实验基地、公园、植物园、生产基地的各种栽培温室、观赏温室、繁育温室、育苗场所等。

用具：主管、支管、滴灌管，水泵，连接件等。

**（三）内容与方法**

（1）测量设施的地形高差，丈量面积大小。

（2）通过测量数据做出设计方案，包括管道排布、管件数量、水泵动力、喷头类型和数量。

（3）根据设计方案完成系统安装和调试。

（4）运行使用，检验系统安装是否完善，是否需要改进。

**（四）作业**

（1）设施内喷灌系统的组成及设备。

（2）设施内微灌系统的组成及设备。

（3）大田水肥一体化的建设和管理。

# 第五节　无土栽培

## 一、无土栽培的概念与分类

**（一）无土栽培的概念**

指不用天然土壤而用营养液或固体基质加营养液等栽培作物，由营养液直接向植物提供生长发育所必需的营养元素，定时定量供给营养液来栽培作物的一种方法。统称为"无土栽培"，又称营养液栽培、溶液栽培、水培、水耕、养液栽培等。

无土栽培为植物的栽培提供更好的生长条件，避开了植物土壤栽培的不利因素，大大拓宽了植物种植的范围和空间，节省了原料的使用。实际生活中，无土栽培应用范围有一定的局限性，它受到地理位置、经济环境和技术水平等诸多因素的限制。无土栽培常用于经济较为发达地区提早、延后或反季节栽培厚皮甜瓜、小西瓜的多茬种植；或种植产量和质量难以提高的高档蔬菜，如七彩甜椒、小青瓜（迷你青瓜）等；也能应用在沙漠、荒滩、礁石等不适宜农业耕作的地方，在土地受到污染、侵蚀或其他原因而产生严重退化，而又要在原来的土地上进行农业耕作的地方，以及在开发太空事业中应用；还能作为中小学校的教具和高等院校、科研院所的研究工具，在家庭中应用于庭院、阳台或天台种花、种菜。

无土栽培隔绝了外界病原菌和害虫对作物的侵染，不存在土壤和水源的污染问题；为作物的根系创造了极为优越的生长环境，能充分发挥其生长潜能，取得高产；大大降低了成本，省水、省肥、省农药；充分利用土地资源，不受空间、时间、地域的限制；实行机械化或自动化操作，省工、省力。

但是最初的一次性设备投资大，用电多，肥料费用高，对技术要求高，管理人员需要一定的知识水平。管理不当，易造成某些病害的大范围传播。

**（二）无土栽培的分类**

按照使用的基质的类型不同，可分为水培、气培、沙培、砾培、蛭石培、岩棉培等；

按其消耗能源多少和对生态环境影响的情况，可分为有机生态型和无机耗能型；按照是否使用基质，可分为基质栽培、半基质栽培和无基质栽培。

**1. 基质栽培**

即有固体基质栽培的类型，植物根系生长在以各种天然的或人工合成的材料中，利用这些基质来固定植株并保持、供应营养、空气的方法。这种方法能方便地协调水、气的矛盾，便于就地取材，投资较少。但在生产过程中基质的清洗、消毒再利用的工序烦琐，费工费时，后续生产资料消耗较多，成本较高。

① 依使用基质类型不同，可分为：沙培、岩棉培、石砾培、泥炭培、锯木屑培、蛭石培等。

② 依基质放置的容器不同，可分为槽式基质培、袋式基质培、管道式基质培。

③ 依基质的性质不同，可分为有机基质培和无机基质培。

**2. 半基质栽培**

在栽培槽上部使用少量无机基质，以利于固定根系，下部全部是营养液，根系下部可伸入营养液中吸收水分和养分。如散粒半基质栽培、岩棉栽培等。

**3. 无基质栽培**

没有固体基质的栽培类型，根系生长的环境中没有使用固体基质来固定根系，根系生长在营养液或含有营养的潮湿空气中。一般是除了育苗时采用基质外，定植后不用基质。包括：水培和气雾培。

## 二、无土栽培的原理

### （一）无土栽培的生理基础

作物需要的养分包含氧气、二氧化碳、水和无机养分。

氧气（$O_2$）是根、叶进行呼吸作用所必需的，在土壤中缺氧易导致根系发育不良、烂根等现象，甚至根系窒息，整株死亡。植物无土栽培的根际环境要比土壤栽培的易于控制。

二氧化碳（$CO_2$）是作物进行光合作用必需的营养物质，在人工控制良好的栽培条件下，提高二氧化碳浓度能增加光合速率。在无土栽培条件下，由于水分及矿物质营养的充分供给，温度、光照等条件适宜，增施二氧化碳提高产量的潜力是较大的。

水（$H_2O$）是植物建造机体、吸收营养及体内进行一些生理活动所必需的。无土栽培条件下，水分能够根据植物所需得到充分及时的供应。

无机养分包括 C、H、O、N、P、S、K、Ca、Mg、Fe、Cl、B、Mn、Mo、Zn、Cu，是植物必需的营养元素，其中大量元素是 N、P、S、K、Ca、Mg，微量元素有 Fe、Cl、B、Mn、Mo、Zn。它们各自在植物体中的吸收形态如表 6-11。

园艺作物的必要无机养分吸收形态

表 6-11

| 序号 | 元素 | 原子量 | 吸收形态 |
| --- | --- | --- | --- |
| 1 | N | 14.008 | $NO_3^-$ |
| 2 | P | 30.98 | $PO_4^{3-}$ |
| 3 | K | 30.069 | $K^+$ |
| 4 | Ca | 40.08 | $Ca^{2+}$ |
| 5 | Mg | 24.32 | $Mg^{2+}$ |

| 序号 | 元素 | 原子量 | 吸收形态 |
|------|------|--------|----------|
| 6 | S | 32.066 | $SO_4^{2-}$ |
| 7 | Cl | 35.457 | $Cl^-$ |
| 8 | Na | 22.997 | $Na^+$ |
| 9 | B | 10.8 | $BO_3^{3-}$ |
| 10 | Mo | 95.9 | $MO^{3-}$ |
| 11 | Fe | 55.85 | $Fe^{3-}$ |
| 12 | Mn | 54.93 | $Mn^{2+}$ |
| 13 | Zn | 65.38 | $Zn^{2+}$ |
| 14 | Cu | 65.54 | $Cu^{2+}$ |
| 15 | Co | 58.94 | $Co^{2+}$ |
| 16 | Al | 26.98 | $Al^{3+}$ |

**（二）无土栽培的营养液**

营养液是把含有作物生长发育所必需的营养元素的肥料，溶解于水中配制而成的溶液，是无机耗能型无土栽培的重要条件，营养液的配制与施用是无土栽培的关键技术。

**1. 营养液浓度的表示法**

（1）摩尔浓度表示法：指 1L 溶液中所含溶质的摩尔数。单位是 mol/L（M）；mmol/L（mM）。

（2）千分比浓度：是用盐分重量与千升水的比表示的配方。营养液的总浓度不得超过 4‰。大多数的植物，它们需要的浓度在 2‰ 左右比较合适。

（3）电导度（EC）：表示营养液的总浓度，是指单位距离的溶液导电能力的大小。单位是西门子/厘米（s/cm）、毫西门子/厘米（ms/cm）。毫西门子/厘米（ms/cm）简称：毫西（ms）。

开放式无土栽培系统中，电导度一般控制在 2～3；封闭式无土栽培系统中，绝大多数作物电导度不应低于 2.0。一般弱光条件下适宜于较高的 EC 值。在一定范围内，营养液的电导率随着浓度的提高而增加。

测定电导度的仪器称为电导仪，利用电导率值可估算营养液中总盐分浓度：

总盐分浓度（g/L）＝1.0(近似值)×EC(ms/cm)

（4）渗透压（Pa）：表示溶液的总浓度，是指水从浓度低的溶液经过半透性膜而进入浓度高的溶液时所产生的压力。溶解的物质越多，分子运动产生的压力越大。浓度越高，渗透压越大。

$$渗透压(Pa,atm)＝0.36×EC(ms/cm)＝0.36×EC(g/L)$$

（5）营养液的酸碱度（pH 值）：即营养液中氢离子的浓度。大多数植物的根系在 pH5.5～6.5 的弱酸性范围内生长最好。$H^+$ 浓度过高，会腐蚀循环泵及系统中的金属元件，使植株过量吸收某些元素而导致发黄和坏死。$H^+$ 浓度过低，导致铁、锰、铜、锌等微量元素沉淀，使农作物不能吸收。通常在营养液循环和非循环系统中，每天（或配制时）都要测定和调整 pH 值。

**2. 营养液配方**

营养液配方是根据作物能在营养液中正常生长发育、有较高产量的情况下，对植株进行营养分析，了解各种大量元素和微量元素的吸收量，并利用不同元素的总离子浓度及离子间的不同比率而研制的。同时又通过作物栽培的结果，再对营养液的组成进行修正和完善。

营养液配方须具备以下条件：①含有植物生长必需的 13 种元素和少量的特殊元素。一般是用含有某种元素的无机盐类配制而成。②必须使用易溶解的盐类。常用的配方如表 6-12～表 6-15：

日本园艺配方均衡营养液　　　　　　　　表 6-12

| 肥料名称 | 用量/（mg/L） |
| --- | --- |
| 四水硝酸钙 | 950 |
| 硝酸钾 | 810 |
| 七水硫酸镁 | 500 |
| 磷酸二氢铵 | 155 |
| EDTA 铁钠盐 | 15～25 |
| 硼酸 | 3 |
| 硫酸锰 | 2 |
| 硫酸锌 | 0.22 |
| 硫酸铜 | 0.05 |
| 钼酸钠或钼酸铵 | 0.02 |

茄子营养液配方（日本山崎）　　　　　　表 6-13

| 肥料名称 | 用量/（mg/L） |
| --- | --- |
| 四水硝酸钙 | 354 |
| 硝酸钾 | 708 |
| 磷酸二氢铵 | 115 |
| 七水硫酸镁 | 246 |

番茄、辣椒营养液配方（山东农业大学）　　表 6-14

| 肥料名称 | 用量/（mg/L） |
| --- | --- |
| 四水硝酸钙 | 910 |
| 硝酸钾 | 238 |
| 磷酸二氢钾 | 185 |
| 七水硫酸镁 | 500 |

叶菜营养液配方（华南农业大学）　　　　表 6-15

| 肥料名称 | 用量/（mg/L） |
| --- | --- |
| 四水硝酸钙 | 472 |
| 硝酸钾 | 202 |
| 硝酸铵 | 80 |
| 磷酸二氢钾 | 100 |
| 硫酸钾 | 174 |
| 七水硫酸镁 | 246 |

### 3. 营养液组成浓度

合适的无土栽培营养液配方应当提供满意的总离子浓度，维持营养液的平衡，表现出适当的渗透压和提供可接受范围内的 pH 反应。目前不能说有哪一个是适合的最佳配方，很难配出一种通用的营养液。尽管植物在其生命过程中要吸收大量元素和微量元素，但除硫、铁以外，一般对植物没有危险（表 6-16）。

营养液中可接受的营养元素浓度

表 6-16

| 元素 | 营养液中的浓度/(mg/L) | | 元素 | 营养液中的浓度/(mg/L) | |
| --- | --- | --- | --- | --- | --- |
| | 范围 | 平均 | | 范围 | 平均 |
| 氮 | 150~1000 | 300 | 铁 | 2~10 | 5 |
| 钙 | 300~500 | 400 | 锰 | 0.5~5.0 | 2 |
| 钾 | 100~400 | 250 | 硼 | 0.5~5.0 | 1 |
| 硫 | 200~1000 | 400 | 锌 | 0.5~1.0 | 0.75 |
| 镁 | 50~100 | 75 | 铜 | 0.1~0.5 | 0.25 |
| 磷 | 50~100 | 80 | 钼 | 0.001~0.002 | 0.0015 |

### 4. 营养液的制备与调整

（1）营养液配制的原则

无土栽培所用的水在使用前要进行分析，对钙、镁、铁、碳酸根、硫酸根和氯等离子进行测定。根据水中各种离子的含量，对营养液进行调整。不能含有过多的重金属离子和有害有机物，否则会影响作物的品质。对重金属及其他有害物质的要求如下：

汞<0.001mg/L，砷<0.5mg/L，铬<0.1mg/L，铅<0.1mg/L，镉<0.005mg/L，铜<3.0mg/L，苯<2.5mg/L，酚<1.0mg/L。

无土栽培的优质水多为饮用水、深井水、天然泉水和雨水。EC 值在 0.2ms/cm 以下，pH5.5~6.0。允许用水包括部分硬水，钙含量在 90~100ppm 以上，电导率在 0.5ms/cm 以下。不允许用水多为含盐量高的水质，水源缺乏必须使用时，必须分析水中各种离子的含量，调整配方和 pH 值，个别元素含量过高则应慎重使用。

其次需要考虑元素的种类和浓度。营养液的总浓度不宜超过 4‰。对大多数植物来说，养分浓度宜在 2‰左右。营养液中的大量元素较多，一般对植物没有危险；某种大量元素的过分缺乏，植物就要受到伤害或者死亡。硫和铁较多对植物有危险。微量元素需要量少，在营养液中的浓度非常低，不必过于重视总离子浓度，无须考虑对其他元素的影响。营养液中过多的微量元素，对作物有危害；应经常注意营养液中各元素间的平衡。在大量元素的混合物中（N、P、K、Ca、Mg、S、Fe），即使比例有误，植物也能生活一段时间。存在于水中的可溶性盐容易聚集在一起，营养液使用一段时间后应更换，一般一个月更换一次。

最后需要考虑的是化合物间能否起反应，容易与其他化合物起化学作用的盐类，在浓溶液时不宜混合在一起，稀释后可以混合。硝酸钙最易和其他化合物起化合作用，在配制营养液时，硝酸钙要单独溶解在一个容器里，稀释后才能和其他盐类混合。如：硝酸钙和硫酸盐混合在一起容易产生硫酸钙沉淀，硝酸钙的浓溶液和磷酸盐混在一起，也容易产生磷酸钙沉淀。

（2）营养液的制备

一般先配制浓溶液（母液），然后再进行稀释。母液浓度与植物能直接吸收的稀营养液浓度的比例为1∶100或1∶200。为防止母液产生沉淀，母液需要3个溶液罐。

A罐：以钙为中心，凡不与钙作用而产生沉淀的化合物均可放置在一起溶解，一般包括硝酸钙、硝酸钾等盐类，宜先浓缩100～200倍，稀释后再使用。

B罐：以磷酸盐为中心，凡不与磷酸根产生沉淀的化合物都可溶在一起，一般包括磷酸氢氨、硫酸镁等，宜先浓缩100～200倍，稀释后再使用。

C罐：由铁和微量元素合在一起。由于用量少，浓缩倍数宜为1000～3000倍。

（3）营养液的配制方法和顺序

母液的配制方法，应首先选择适当的配方，计算所需溶质和水的量；然后进行称量，称量精确到正负0.1以内，要稳、准、快，分别放在干净的器皿中；其次将称好的各种盐类，混合均匀，放入比例适合的水中。配好的营养液必须测试和调整pH值。调整好的营养液，在使用前，先静置一些时候，然后在种植床上循环5～10min，再测试一次，使之在5.5～6.5之间。

栽培液的配制顺序是，首先在贮液池中加入所需营养液水量的1/2。如欲配制1t营养液，在营养液槽中先加入500L水；然后加母液，按浓度（浓缩200倍）加入5L A液和5L B液，把水量补足到900L，接着加入1L混合后的微肥。最后把水量补足到1000L。配好后需用pH计测出pH值，用电导仪测EC值，看是否与预配的值相符。

### 5. 营养液的管理

（1）pH值的调整

可用试纸测定法、酸度计电位法、手持便携式pH测定仪法进行检测，调整的方法以酸或碱中和。pH高时，呈碱性，用酸中和。可使用浓硫酸、盐酸、硝酸、磷酸，常用磷酸或硝酸，加入的量为每1000kg溶液加酸8～10mL。pH低时，呈酸性，用碱中和。常用来调整的碱为10％氢氧化钾溶液。

（2）浓度的调整

一般可参照两种浓度标准线：如果原来的营养液（贮液池）的浓度水平较高，以营养液的养分总浓度下降到原来标准浓度的1/2作为追肥标准，即当养分浓度下降到这个水平时，追加养分（贮液罐）使营养液的浓度增加1/2，以恢复到标准浓度。如果原来标准浓度水平属于中等，可将标准液养分浓度作为适宜的浓度，上下波动幅度掌握在这个中心点的20％～30％范围内。追肥时期的确定，理论上按作物养分吸收曲线来考虑，实际应用时，一般是靠经验，按作物生育期的生育速度，以适当的比例分期追肥。应具体掌握以下几种方法：电导率仪测定法、离子测定法、蒸发减量测定法。

蒸发减量测定法。一般栽培条件下，作物的吸肥量约等于水分消耗总量等体积的标准营养液中所含肥料的一半。当营养液减少到原有液量的70％，就加水到原有的液量，再加入补水量所需肥料的50％～70％，即可使液量及其浓度恢复到原有水平。

（3）铁源的补给

无机铁盐常因营养液的pH升高而形成难溶性的化合物而失效，使植物吸收不到铁出现缺素症，主要表现为幼嫩的叶子失去绿色。可采用氯化铁、硫酸亚铁、柠檬酸铁、铁螯合物等。以无机铁盐为铁源的情况，营养液要经常保持pH不超过6.5；以柠檬酸铁、铁螯合物为铁源的情况，营养液pH7～8，也不会出现缺绿症；最好使用柠檬酸铁、铁螯合物作为铁源，但这样成本较大；已出现缺铁症状时，可每升营养液加入1mL螯合铁贮备液，每隔 2～3d 加一次，直到失绿症消失为止。

（4）营养液的补充和更换

营养液在被植物利用后，必须注意经常加入消耗掉的水分，定期加入减少了的元素。贮液池中一般一个月更换一次营养液。植物生长中分泌物的积累，根系脱落细胞的增多，微生物区系的变化，都会导致营养液的品质变劣，需每隔一定时期更换一次营养液。

（5）三看两测管理法

缺少检测手段的种植者可采用以下的几种办法进行管理：一看营养液是否混浊及漂浮物的含量；二看栽培作物的生长状况，生长点发育是否正常，叶片的颜色是否健康；三看栽培作物新根发育生长状况和根系的颜色；每日检测营养液的 pH 值 2 次；每 2 日测 1 次营养液的电导度（EC 值）。

### （三）无土栽培的肥源

#### 1. 常用的肥料和试剂

硝酸钙：也常使用结晶水硝酸钙，提供可溶性钙和硝态氮。

硝酸钾：强氧化剂，中性化合物，N、K 比为 1∶3。

硝酸铵：其中铵态氮与硝态氮各占一半。

硫酸铵：含 N（铵态氮）21.20％，S 24.20％。国产商品硫酸铵含 N 20.6％～21％。

硫酸钾：在水中呈中性，是良好的无土栽培钾肥来源。

硫酸镁：是良好的无土栽培镁肥来源。

硫酸铜：是铜元素的重要来源。

硫酸锰：是重要的锰肥来源。

硫酸锌：是锌元素的重要来源，也可用氯化锌。

磷酸二氢铵：也叫磷酸一铵，易溶于水。

磷酸氢二铵：也叫磷酸二铵，易溶于水。

磷酸二氢钾：也叫磷酸一钾，易溶于水，是一种优质的磷钾混合肥料。

氯化钾：易溶于水。一般还含有氯化钠，氯化钠含量甚少时可作为钾的来源。

过磷酸钙：在基质栽培中与基质混合，常作为缓释肥料。配制营养液时尽量不用。

三倍过磷酸钙：大部分磷可以溶解，但溶解度较低，使用时可滤去不溶的部分。如混在无土基质中使用，成为缓释肥料，效果则更好。

磷酸：在无土栽培中，用作调节营养液的氢离子浓度（pH 值），同时也增加营养液中磷的浓度。

硫酸亚铁：某些工业上的副产品，来源广泛，价格便宜，可作为营养液中铁的来源。

氯化铁：是营养液中铁的主要来源，当溶液中有较多的氯离子时，或氯化钠的浓度高时，则应避免用氯化铁。

硼酸：可作为硼的主要来源。

硼砂：是硼的主要来源。

过钼酸铵：是钼的主要来源。

钼酸铵：是钼的主要来源。

钼酸钠：有时作为无土栽培配制营养液的钼来源。

硫酸钙（石膏）：溶解度低，一般 1000g 水中只能溶解 2～3g。

尿素：在高温时容易挥发，易溶于水，在低温季节硝化分解较慢，无土栽培中应用较少，在叶菜栽培中可少量使用。

**2. 络合物**

络合物是一大类化合物，常为分子（或离子）与分子（或离子）经一定方式加合而成的产物，又称螯合物。这种化合物中的有机分子称为螯合剂。与螯合剂结合的金属离子比较稳定，全部失去了它作为离子的性能，不易发生化学反应而变成沉淀物，但能为植物所吸收。

络合物在无土栽培中使用好处较多，加入营养液中的螯合物不易为其他多价阳离子转换；易溶于水且具有抗水解能力；不易与其他离子反应而产生沉淀；补偿缺素症时不损伤植物。因而络合物常用于无土栽培中铁源的补给。

常见的螯合剂主要有以下几种：EDTA（乙二胺四乙酸）、DTPA（二乙基三胺五乙酸）、CDTA、EDDHA（乙二胺二邻苯基乙酸钠）、HEEDTA、草酸亚铁等。

**3. 有机肥料**

常用于有机生态型无土栽培，常用的种类如下：

（1）生物肥料。包括共生固氮菌，如豆科根瘤菌；蓝绿藻（固氮，热带、亚热带水稻田常见藻类植物）；磷细菌、解磷细菌；菌根（增加植物磷素的供应，促进根菌固氮）。

（2）绿肥。

（3）有机残渣废料。如人、牲畜粪尿，秸秆，农副产品加工的下脚料，油饼、农村工业废渣、城市垃圾、污水、污泥和沼气液等经发酵后加工而成的有机肥料。

**（四）无土栽培的基质**

固体基质的作用表现在具有支撑作用、保水作用、透气作用、缓冲作用等。在基质栽培中，作物的根系完全生长在基质内。基质具有固定作物根系的作用，以及提供根系吸收所需的营养物质，协调水分、养分和氧气平衡供应的作用。无土栽培人为地创造一个作物根系生长良好的环境和营养条件，从而更有效地促进作物的生长发育，提高栽培效果。与作物根系接触的基质的选择是一个十分关键的因素，直接影响到作物生长的优劣及无土栽培生产的效益。

**1. 固体基质的性质**

（1）基质的物理性质

粒径：粒径大小要适宜；

容重：$0.1 \sim 0.8 \mathrm{g/cm^3}$ 较适宜。

总孔隙度：54%～96%均可，60%～90%较好。

基质的水气比（大小孔隙比）：1：（1.5～4）较好。

（2）基质的化学性质

基质的化学组成需要考虑基质中的营养物质和有毒物质，同时也要考虑基质的化学稳定性，以无机矿物组成的基质稳定性较好，分解程度较低的有机残体稳定性较差。

（3）酸碱度

泥炭及有机残体呈酸性（4.0～5.8）；沙、石砾（不含石灰质的）呈中性；珍珠岩和岩棉微碱性（pH7.5左右），pH偏高均需中和。

（4）缓冲能力：具有缓和酸碱性变化的能力。阳离子代换量越大，缓冲能力越强；有机基质强于无机基质。

**2. 固体基质的分类**

（1）根据基质的来源，分为天然基质（沙、石砾、泥炭等）和人工合成基质（泡沫塑料、多孔陶粒等）。

（2）根据基质的组成，分为无机基质（沙、石砾、岩棉、蛭石、珍珠岩等）和有机基质（泥炭、蔗渣、谷壳、树皮等）。

（3）根据基质的性质，分为惰性基质（不具阳离子代换量的石砾、沙、岩棉等）和活性基质（具阳离子代换量，含有养分）。

**3. 常用基质的特性**

（1）沙：是无土栽培使用最早的一种基质材料。它资源丰富，取材方便，价格便宜，易于排水和通气，栽培效果较好。但沙密度大，运输和更换基质不方便，用工量大；导热快，保水能力差，水气矛盾较大。沙粒不能是石灰岩质的，使用石灰质的沙粒，会影响营养液的酸碱度，即 pH 升高，造成部分养分失效。生产中选用石英河沙为宜，颗粒大小为直径 $0.5 \sim 3mm$ 较好。密度大（$1.5 \sim 1.8g/cm^3$），不具阳离子代换量，中性。

（2）蛭石：是由云母类矿物加热膨胀而形成的多孔海绵状物质。具有良好的透气性、保水性，保肥能力较强。一般呈中性或微碱性，使用前需加入少量酸调整。因经过高温加热，使用新蛭石不必消毒，不易发生病虫害，是无土栽培较理想的基质材料。

（3）珍珠岩：由硅质火山岩在高温下膨胀而形成的质轻膨松材料，排水、透气性好，一般为中性，化学性质比较稳定。无土栽培中珍珠岩可以单独作基质使用，但多与其他基质混合使用，效果较佳，如珍珠岩与等量泥炭混合使用。

（4）泥炭：又称草炭。泥炭质地细腻，一般通透性稍差，保水能力强，呈酸性，富含有机质，并含有丰富的营养物质。西欧许多国家一直认为泥炭是园艺作物最好的基质材料。泥炭可以单独作为无土基质，也经常与其他基质混合使用，以发挥各自优势，弥补不足，栽培效果更好。

（5）岩棉：是由辉绿石、石灰石、焦炭在高温下熔化，然后喷成的细纤维，冷却后压制成板块。透气性好，吸水能力强。栽培初期为微碱性，pH7～8，经过一段时间，反应呈中性。在欧美的无土栽培中面积最大，但岩棉价格昂贵，生产成本高，在国内尚难以推广。另外，岩棉在自然界不能自行降解，极易造成环境污染。

（6）炭化稻壳：无土栽培用的炭化稻壳是将稻壳加热炭化而成。由于炭化稻壳含大量的碳酸钾，使其 pH 达 9.0，应经过水洗或用酸调整才能使用。其通透性好，保水能力强，带菌少，其中含有作物生长需要的多种营养成分，特别是含钾丰富，是无土栽培的良好基质。

（7）锯木屑：资源丰富，来源广泛，价格便宜，使用方便；保水能力强，通透性好，不带致病菌，栽培效果良好，若与其他基质混合更能提高栽培效果。使用锯木屑应注意树种选择：侧柏等木质中含有特殊成分，不适宜作基质；松树锯木屑含松节油，应经过 3 个月的发酵，待松节油减少后才能使用，其他杂木锯木屑可使用。

（8）甘蔗渣：具有良好的保水能力和通透性，但碳氮比高，在使用时要额外增加氮，以供植物和微生物活动的需要。充分腐熟的甘蔗渣具有良好的理化特性，可作为无土栽培基质。

（9）炉渣：煤燃烧后的残渣。含有效磷、碱解氮，以及多种微量元素，如铁、锰、锌、铜、钼等。但未经水洗的炉渣 pH 较高，用前应经过水洗。因炉渣大小不一，使用前一定要过筛，选择适合于无土栽培的颗粒。一般炉渣不宜单独作基质使用，应与其他基质混合，在混合基质中用量不宜超过体积的 60%。

（10）棉籽壳（菇渣）：是食用菌生产后的残料，经过消毒杀菌后，可以作无土栽培基质。

### 4. 基质的应用

（1）基质的选用原则

要考虑使用的适应性和经济性。适应性是指所选用的基质必须适合作物的生长。而经济性是指无土栽培生产者应根据基质材料来源的难易、价格高低等选择适合本地区需要的无土栽培基质，以发挥当地的资源优势，降低栽培成本，提高经济效益。

（2）基质的混合

混合基质具有更优良的理化性状，可降低基质容差、增加孔隙度、增加水和空气的含量，利于提高作物栽培效果，因而往往按照不同的比例混合使用基质。比较好的基质，应适用于各种作物，而不只适用于某一作物。基质的混合，一般以 2～3 种混合为宜。常见的有如下几种配合比例：泥炭：蛭石=1:1，泥炭：锯木屑=1:1，泥炭：蛭石：锯木屑=1:1:1，炉渣：泥炭=6:4 等，这些混合基质在我国无土栽培生产上都获得了较好的应用效果。国外常用的基质混合比例有：泥炭：珍珠岩：沙=2:2:2，泥炭：珍珠岩=1:1，泥炭：沙=1:1，泥炭：沙=1:3，泥炭：沙=3:1，木屑：炉渣=1:1。

（3）基质的消毒

无土栽培基质在栽培作物后都会聚积病菌和虫卵，易使下一茬作物发生更严重的病虫害，因此在每一茬作物收获后，都要进行基质消毒，然后再作利用。为了降低生产成本，这些基质也可以再种一茬作物。基质消毒最常用的方法有蒸汽消毒、化学药剂消毒和太阳能消毒。

蒸汽消毒：凡是用蒸汽给温室加温，配有蒸汽锅炉的，都可以采用这种方法。若基质数量少，可将基质装入消毒箱内进行蒸汽消毒；若是生产面积大，可将基质堆成 20～30cm 高的条形，盖上防水高温布，然后通入蒸汽，在 70～90℃条件下，消毒 1h 即可杀死致病菌。

太阳能消毒：太阳能消毒是近年来温室栽培中应用较普遍、便宜、安全、简单实用的基质消毒法。在夏季高温季节，在温室或塑料大棚中，把基质堆成 20～30cm 厚的条形，用水淋湿基质，使其含水量超过 80%，然后盖上塑料薄膜，密闭温室或大棚，暴晒 10～15d，消毒效果良好。

甲醛消毒：能有效杀灭基质中大多数昆虫、根结线虫、杂草籽和部分真菌。将基质铺成高 20～30cm、宽 1m 的条状，用洒水壶将 100～150 倍的药剂喷洒在基质中，随即用塑料薄膜覆盖密封 5～7d，使用前晾晒 7～10d 即可。

溴甲烷：能有效杀灭基质中大多数昆虫、根结线虫、杂草籽和部分真菌。将基质堆起，用塑料管将药剂灌注入基质中，每立方米基质用药 100～200g，随即用塑料薄膜覆盖密封 5～7d，使用前晾晒 7～10d 即可。

氯化苦：能有效杀灭根结线虫、昆虫和一些杂草籽以及具有抗性的真菌。氯化苦熏蒸时的适温为 15～20℃。在基质消毒前，先把基质堆放成 20～40cm 厚，用注射器每隔 30～40cm 向基质内 10～20cm 深度注入氯化苦 5～10mL，然后在该层基质上堆同样厚度的第二层基质，注药，共堆 2～3 层，最后覆盖塑料薄膜密封，熏蒸 7～10d，使用前晾晒 7～8d 即可。

**（五）无土栽培的根际氧与温度**

**1. 营养液的氧气**

无土栽培时，应设法增加营养液的氧气含量。在营养液循环栽培系统中，根系呼吸作用所需的氧气主要来自营养液中溶解的氧。水培时，如处理不当，易导致缺氧，影响根系和地上部分的正常生长发育。

根系吸收氧气的能力对环境条件很敏感，夏天气温高，营养液温度超过30℃，植物根系所需要的氧由于微生物数量增加和营养液溶氧量减少常常得不到满足。无土栽培时，应设法增加营养液的氧气含量。

营养液中溶解氧的多少与温度和大气压力有关。温度越高、大气压力越小，营养液的溶解氧含量越低；反之，温度越低、大气压力越大，其溶解氧的含量越高。营养液溶解氧的补充取决于植物种类、生育时期以及每株植物平均占有的营养液量。一般地，甜瓜、辣椒、黄瓜、番茄、茄子等瓜菜或茄果类作物的耗氧量较大；而蕹菜、生菜、菜心、白菜等叶菜类的耗氧量较小。应根据具体情况来确定补充营养液溶解氧含量的时间间隔。

通过空气自然扩散进入营养液的溶解氧的数量很少。在 20℃时，依靠自然扩散进入 5～15cm 液深范围营养液中的溶解氧只相当于饱和溶解氧含量的 2% 左右，远远达不到作物生长的要求。需要利用机械和物理的方法，通过扩散作用将氧加入到营养液中，来增加营养液与空气的接触机会，增加氧在营养液中的扩散能力，从而提高营养液中氧气的含量。

主要有以下几种增氧措施：

（1）改善栽培设施，采用滴雾法、露根法、湿气根法、基质无土栽培等方法增大营养液与空气的接触面积，必要时可降低营养液的浓度增加溶氧量。操作过程中注意选择适合的基质种类，尤其要避免基质积水。

（2）控制水培系统中的氧气消耗量，通过降低营养液温度、减少光照等方法减少微生物的数量。

（3）人工增氧，用压缩空气泵将空气直接以小气泡的形式向营养液中扩散，主要用于进行科学研究的小盆钵水培上；或将化学增氧剂加入营养液中增氧，通过过氧化氢（$H_2O_2$）缓慢释放氧气的装置增氧，效果不错，但价格昂贵，现主要用于家用的小型装置中。

（4）自然扩散增氧，通过搅动营养液、营养液喷雾或将营养液循环流动来进行增氧，搅拌极易伤根，会对植物的正常生长产生不良的影响；循环流动通过水泵将贮液池中的营养液抽到种植槽中，然后让其在种植槽内流动，最后流回贮液池中形成不断的循环，如流液法、落差法等，大规模生产最常用。与无土栽培设施的设计、水泵循环的时间、营养液液层的深度等因素有关。目前华南地区的深液流水培系统多采用间歇流动供氧法，一般是流动 15min，停机 30～45min。必要的情况下需要更新营养液。

## 2. 营养液的温度和光照

液温影响作物的养分吸收和营养液中氧的含量。液温过低影响根的生理活性，抑制根系对磷、硝态氮和钾的吸收，但对钙和镁的吸收影响不大。液温过高，硝态氮吸收旺盛，而钙的吸收受抑制。因此，番茄易发生脐腐病。无土栽培营养液不宜放在高温条件下。温度的波动会引起病原菌的滋生和生理障碍的产生，降低营养液中氧气的溶解度。

如需提高液温，可在贮液池内部加温管，基质栽培可在栽培床下设电热线；反之，降低温度，用地下水或将贮液池修在地下，设在不受日光直射处，使营养液加快循环，栽培床上铺设遮阳网，也可降低液温。

无土栽培营养液不宜阳光直射，应保持黑暗条件。阳光直射会使溶液中的铁产生沉淀，使营养液表面产生藻类，与栽培作物竞争养分和氧气。应综合考虑营养液的光、温状况，光照应与温度的高低相配合。

## 三、无土栽培的设置形式及结构特点

无土栽培的装置是营养液正常工作依托的载体和植物正常生长的场所。植物根系部分水和气的协调配合是保证植物正常生长的重要因素，装置的设置需同时满足植物根系对水和气的需要。其设置结构由营养液贮液池、栽培装置、供液系统、排液系统或循环式供液系统等部分组成，通常封闭式无土栽培采用营养液循环式供液系统，开放式无土栽培排出的营养液无需重新回收再利用，一般将其直接排放到外界，需采用独立的供液系统和排液系统。

### （一）水培

水培的装置多采用封闭式无土栽培形式，营养液循环利用，也可设置开放式的无土栽培形式。设置形式多样，常见的形式有营养液膜系统栽培（NFT）、深液流循环栽培技术（DFT）、动态浮根栽培技术（DRF）、浮板毛管水培技术（FCH）、鲁SC水培法、气雾培几种形式。

### 1. 营养液膜系统栽培（NFT）

简称NFT水培系统，属封闭式无土栽培形式。其原理是营养液在泵的驱动下从贮液池流出，经过栽培床，形成厚0.05～0.1cm（或1～2cm）厚的流动的营养液膜，作物的根部置于床底面吸收营养，根系的上部裸露便于直接吸收氧气，最后营养液又回到贮液池，形成循环式供液体系。主要栽培番茄、黄瓜、甜瓜、草莓以及部分叶菜。

栽培床多用塑料薄膜或硬质材料做成，装置简易，价格便宜，用户可自行设计安装使用。但是根系环境的缓冲作用小，根际周围的温度受外界影响很大；对地平要求严格，如果地面不平，坡降不一，栽培床底面营养液流动供应不均匀，造成植株间的生长不一致，影响产量。供液系统需要不断循环，消耗能源较大；在高温和作物生长盛期，植株叶面蒸腾量大、耗液多、供应不及时易造成植株暂时萎蔫。

基本结构包括栽培床（槽）、供液循环系统和贮液池。

栽培床（槽）是直接承受植物根系生长和营养液缓慢在其上流动的装置，育好的苗将成行在栽培槽内定植，用薄膜、硬质材料、聚氯乙烯板材、木板及其他材料做成，放在不同的床架上。为床式、槽式或管状结构，有一定坡度，一般坡降为1∶80～1∶100。栽培床底面宽度果菜20～30cm，叶菜100～120cm，长度最长不超过30m。

供液循环系统由水泵和供液管道（塑料管道）组成。用水泵把营养液从贮液池通过管道引到栽培槽上端，营养液沿栽培床流经作物根盘底部，再通过管道流回贮液池。通常设置主管、支管、栽培管等。

贮液池一般建在地下。用砖、水泥砌成，内侧表面涂树脂或沥青以防止腐蚀。容量设计一般按每平方米栽培床10L的容积计算。根据供液作物的种类和株数设计，一般果菜每株1~2L，叶菜只需果菜的1/4。

**2. 深液流循环栽培技术（DFT）**

简称DFT水培系统，属封闭式无土栽培形式。是在营养液膜技术的基础上，采用较深层的营养液（6~8cm），植物的根系大部分都浸在营养液中。由于水膜厚度较大，水气矛盾较突出，需加强氧气的供应量，可通过水泵使槽内的营养液循环产生液流，有效地向根系供氧；也可安装多种暴气装置来增加营养液层中的溶氧量；或者通过营养液面的升降或浮板装置来增加对根际环境中氧气的供应。

DFT水培系统有效地克服了NFT水培系统的不足，床中营养液多，温度、养分变化平稳，解决了停电期间NFT系统不能正常运转的困难，也能增加营养液中的溶氧量；与营养液膜法相比，其根际环境的缓冲性大，受外界环境的影响小，高温季节易进行人为控制。其养分利用率高，可达90%~95%。缺点是栽培槽、贮液槽的容量大，水泵工作耗电量大，成本高；长时间循环供液，易助长病虫害的传染和蔓延。

基本结构包括栽培床（槽）、供液循环系统和贮液池。栽培床长5~10m，宽0.6m，高0.1m，由水泥板、木板、泡沫塑料板等制成；槽上盖2cm厚的泡沫塑料板，在泡沫塑料板上再覆盖一层黑色膜，槽内铺设塑料膜以防止营养液渗漏。贮液槽中营养液由水泵连续或间歇抽吸到栽培床，过量的营养液从栽培床的另一侧溢出挡流板返回到贮液槽中。通过循环使营养液产生流动，增加根系氧气的供应，同时使营养液发生暴气而提高氧溶量。

**3. 动态浮根栽培技术（DRF）**

简称DRF水培系统。其装置运行时，栽培床内根系随着营养液的液位变化而上下波动。一般灌满8cm的液层后，由栽培床内的自动排液器将营养液排出去，使水位降至4cm的深度。上部根系暴露在空气中可用于吸氧，下部根系浸在营养液中，不断吸收水分和养料。克服了深液流系统易出现根系缺氧问题，不怕夏季高温使营养液温度上升、氧的溶解度低等问题。

基本结构除包括栽培床（槽）、供液循环系统和贮液池外，还增加了空气混入器和控制系统。栽培床用泡沫塑料板压制成型，长180cm，宽90cm，深8cm（叶菜用），中间有2cm凸起，以使栽培床更加牢固。上面盖上90cm×60cm×3cm的泡沫板，板上隔一定距离挖一个直径2.5cm的定植孔，以便定植叶菜。营养液池每$667m^2$水培床可设4~6$m^3$地下营养液池，配一个750W高速水泵。空气混入器安装在营养液流进栽培床的入口处，约可增加30%的空气混入。控制系统排液器安装在排水口处，4~8cm高度；自动调节营养液的水位，与定时器联合工作，在上午10时至下午4时之间，每隔1h抽液1次，每次15min。其余时间每2~3h循环一次，每次15min。

**4. 浮板毛管水培技术（FCH）**

简称FCH水培系统。营养液深度为3~6cm；液面漂浮放置聚苯乙烯泡沫板作为浮板，漂浮在营养液的表面；浮板上覆盖一层亲水性无纺布作为湿毡，两侧延伸入营养液内，通过毛细管作用，使浮板始终保持湿润。植物一部分根系在湿毡上生长，吸收空气中的氧气；一部分根系浸在营养液中吸收水分和养分。

主要特点是在供液口安装空气混合器，种植槽内设置浮板湿毡培养湿气根。营养液供给稳定，不怕短期停电，营养液深度可保持3～6cm，短期停电不会影响植株的正常生长。根际环境稳定，槽内空间受外界环境变化的影响较小。设备投资少，运行省能耗。管理方便、实用、适应性广。这种设施使吸氧和供液矛盾得到协调，设施造价便宜，相当于营养液膜系统1/3的价钱，适合于经济实力不强的地区应用。

基本结构除包括栽培床（槽）、供液循环系统和贮液池外，还增加了控制系统。

种植槽安装在地面上，由定型聚苯乙烯泡沫槽连接而成，安装在地面同一水平线上。一般槽长15～30m。每个槽长100cm、宽40cm、高10cm。槽内铺一层0.3～0.4mm厚的聚乙烯黑白双色复合薄膜或2层0.015mm厚的黑色薄膜。定植板采用聚苯乙烯泡沫塑料板，覆盖在聚苯乙烯泡沫槽上，厚1.25cm、宽14cm（或厚2.5cm、宽40cm），定植板上有2排定植孔与育苗杯外形一致，间距为40cm×20cm，孔径为2.3cm。秧苗栽培在有孔的定植钵中，悬挂在栽培床定植板的孔内，把浮板和湿毡夹在中间。根系从育苗孔中伸出时，一部分根伸到浮板上，产生气生根毛吸收氧气，一部分伸入水中吸收营养。排液系统进水管顶端安装空气混合器，营养液的深度通过排液口的垫板来调节。一般在幼苗刚定植时，栽培床营养液深度为6cm，育苗钵下半部浸在营养液中，以后随着植株生长，逐渐下降到3cm左右。控制系统辅助营养液的管理工作，由定时、控温、自动加水和营养液的EC、pH的检测和调控设备等组成。

### 5. 鲁SC水培法

属封闭式无土栽培形式。栽培槽中填入10cm厚的基质，又用营养液循环灌溉作物。为半基质淹灌自动循环系统。因此也称为"半基质培"或"基质水培法"。鲁SC水培法有10cm厚的基质，可以比较稳定地供给水分和养分，因此栽培效果良好，可以种植瓜果菜类，但一次性投资成本稍高些。

基本结构包括栽培槽体、营养液贮液池、供排管道系统和供液时间控制器等。栽培槽用薄铁板式玻璃钢制成三角形。上宽与高均为20cm，长为2～2.6m；槽内最低部留有10cm空间供营养液流动。上部加一层垫篦及棕皮，槽内填10cm厚的蛭石。两端各留10cm空档，一端设进液口，另一端设U形排液管。每天定时供液3～4次。

### 6. 气雾培

属封闭式无土栽培形式。其原理是将作物根系悬在栽培床内部空间，周围密封，利用喷雾装置将营养液雾化，直接喷到植物根系，使根系在黑暗条件下接受雾化的营养液。保持根系环境和适宜温度，根系在充满营养液的气雾环境里生长，解决了根系从溶液中吸收营养与氧气供应的矛盾；易于自动化管理和立体栽培，提高了温室的空间利用率。此法在结球莴苣的立体栽培上获得成功。

超声气雾培是其代表类型之一。将营养液在超声换能器的作用下，形成颗粒极小漂浮于空间的营养元素细雾，供给根系的生长需要，同时营养液经过超声处理后，实现了超声灭菌的作用，控制了部分叶部病害的发生。根系的一部分生长在浅层的营养液内，克服了超声细雾供液量不足的缺点。植株根系发达，带根毛的气生根增多，茎、叶生长速度加快，初试结果叶菜类比NFT增产20%～30%。

装置的主要特点是栽培床宽1m，高10cm，长5～6m，内铺塑料薄膜，一端放超声气雾机。在定时器的控制下每3～5min，供营养液的雾10min。

### （二）基质栽培

就是把基质装入容器内（槽、箱、筒、袋、钵），定时定量供应营养液的栽培形式。基质的作用是支持作物根系及提供作物一定的营养元素。基质栽培在封闭式系统中投资较高，营养液管理较为复杂，在我国目前的条件下，基质栽培的排液系统以开放式为宜，供水方式以滴灌较为普遍。

基质栽培的方式以槽培、袋培、岩棉培、沙培以及立体垂直栽培等较常见。

**1. 槽培**

是将基质装入一定容积的栽培槽中种植作物。栽培槽是固定基质的装置，根据使用的材料不同有水泥槽、木板槽、砖槽、竹板槽等；一般长 20～30m，宽 48cm，深 15～20cm。槽的坡降最小应为 0.4%；槽底做成弧形或"V"字形，以防积水。为防止营养液向外泄漏，下方应垫 1～2 层塑料薄膜；槽内装填基质厚 5～10cm，上覆一层蛭石，以减少水分蒸发和防止基质过热。供液系统为开放式供液法，采用喷洒式和滴灌式。营养液由水泵自贮液池中抽出，也可用贮液池与根际部位的落差自动供液，通过干管、支管及滴灌软管滴灌或喷头喷洒作物根际附近。营养液不回收。在栽培槽另一端，需安装一个回液池。

**2. 袋培**

是用定型的聚乙烯树脂袋（筒状的聚乙烯树脂塑料袋）作包装材料，装入固体基质，做成袋状的栽培床。常用的固体基质有蛭石、珍珠岩、稻壳、熏炭和泥炭等，南方可选用椰糠或甘蔗渣等。塑料袋宜选用黑色耐老化不透光筒状薄膜袋，厚度 0.15～0.2mm，直径 30～35cm。在袋的底部和两侧各开 0.5～1.0cm 的孔洞 2～3 个，排出积存营养液，防止沤根。

袋培基质本身具有很好的通气性和保水保肥能力，基质有较大的缓冲能力，根际环境（温度）受外界的影响较小。装置较简单，只需一定大小的塑料袋和适宜的固体基质和供液装置，无须循环。可就地取材，大大降低成本。栽培床彼此分开，营养不循环，即使发生土壤传播的病害，也可以及时清除发病株，防止病害蔓延。

栽培袋的大小根据作物种类而定，不同地区有一定差异，种植的形式也多种多样。开口筒式袋培，是将塑料袋子剪成 35cm 长，制成筒状开口栽培袋，内装基质 10～15L，可栽植 1 株番茄或黄瓜；枕头式袋培，是将塑料袋子剪制成 70cm 长的长方形的枕头袋，内装 20～30L 基质，平置地面，开 2 个洞可栽植 2 株作物。长条状袋培或沟状袋培设置原理及方法同以上 2 种方式，由于长度较前 2 种长许多，需要注意地形平整光滑才有利于积液的排出。供液装置中营养液分别由滴头管供给，每株苗设 1 个营养液滴头，营养液不循环。采用水泵或水位差式自流灌水系统。

栽培袋采用规范化的黑白双面或乳白色聚乙烯塑料薄膜栽培袋，下部要留切口，以排除废液，防止盐量的积累。基质使用前混合一些肥料较好，每 1m³ 基质加入硝酸钾 1000g，硫酸锰 14.2g，过磷酸钙 600g，硫酸锌 14.2g，石灰粉（或白云石粉）3000g，钼酸钠 2.4g，硫酸铜 14.2g，螯合铁 23.4g，硼砂 9.4g，硫酸亚铁 42.5g。使用氨态氮（尿素），可大大降低成本；当基质中含有一定比例的草炭时，营养液中的微量元素可以不加；供液要及时均匀，一天应供应营养液 1 次，高温季节和作物生长盛期一天可以供液 2 次。同时要经常检查，防止滴头堵塞造成供液不匀。经常检查与调整营养液和栽培袋中基质的 pH，并注意观察和防治缺素症。

### 3. 岩棉培

在岩棉块上直播或移栽小苗。如果是用岩棉进行播种育秧的话，一般将岩棉块切为大小7.5cm见方，外侧四周包裹黑色或黑白双面薄膜，以保水，防水分散失。如果是用岩棉进行秧苗定植，则岩棉板的规格为长70cm，宽15～30cm，厚度7～10cm。将岩棉板装入塑料袋内，置于地面或放在栽培架上，岩棉板应向一侧倾斜，端部开2～3个孔以排除多余营养液；栽培袋上开2个直径为8cm的定植孔。供液系统采用滴灌，其装置包括营养液罐、上水管、阀门、过滤器、毛管及滴头等。贮液罐高于地表1m处，依其重力落差可自动向滴管中供液。大面积生产中应设置营养液浓度、酸碱度（pH值）自动检测及调控装置。

### 4. 沙培

沙培是以沙为基质，是适合于沙漠地区的一种开放式基质无土栽培系统。采用袋培或槽培，配备适宜的供液管及滴灌装置。对用后渗出的营养液要经常检测，总盐量超过3000mg/L（0.3%或4.16ms/cm）的沙要用清水洗沙。可用于番茄、黄瓜等果菜类栽培。

### 5. 立体垂直栽培

将无土栽培装置进行立体设计，除充分利用空间之外，节省了设施土地利用面积，同时也达到了一定的景观效果。常采用的方式是水管管道立体栽培或长袋状立体栽培，最好使用重量轻的基质，营养液供液系统开放式或封闭式均可实施，易实现生产管理自动化。以生产结球生菜、草莓及多种叶菜较多。其生产形式有吊袋式、吊槽式、三层槽式等。

## 四、有机生态型无土栽培

是指不用天然土壤而使用基质，不用营养液灌溉植物根系而使用有机固态肥作为植物的营养，直接用清水灌溉作物的一种无土栽培方式。

有机生态型无土栽培在一般无土栽培的基础上，用有机固态肥取代传统的营养液，操作管理简单方便，大幅度降低无土栽培设施系统的一次性投资，大量节省生产费用，对环境无污染，产品质优可达"绿色食品"标准。

栽培基质可采用有机材料，如草炭、玉米秸、向日葵秆、椰子壳、蔗渣、酒糟、锯末、刨花、树皮等有机基质，也可使用无机基质，如蛭石、炉渣、沙子、珍珠岩等。二者混合使用效果更佳。有机基质与无机基质的混合比例为8：2～2：8。混配后的基质容重约为$0.30～0.65g/cm^3$，每立方米基质可供净栽培面积$6～9m^2$用（栽培基质厚度为11～16cm）。每立方米基质内含有全氮（N）0.6～1.8kg、全磷（$P_2O_5$）0.4～0.6kg、全钾（$K_2O$）0.8～1.6kg。有机生态型栽培基质的更新年限因栽培作物不同，一般约为3～5年。

常用基质配方有：
① 4份草炭，6份炉渣；
② 5份沙，5份椰子壳；
③ 5份葵花秆，2份炉渣，3份锯末；
④ 7份草炭，3份珍珠岩。

## 实训项目

### 实训6-10　无土栽培装置的设计和安装

#### （一）目的要求

通过无土栽培装置的设计和安装加强学生对无土栽培系统设置的理解和认识，提高对设计软件的运用能力，以及对理论知识认知运用的能力。

**（二）材料与用具**

材料：PVC管，弯通，胶水等零配件。

用具：打孔机，CAD设计软件，电脑等。

**（三）内容与方法**

（1）学生先动手完成设计方案，要求外形美观大方，色彩和结构符合美学原理要求，同时尝试分析装置的承重能力，材料多寡与栽培量多少是否成正相关关系，空间利用情况，是否符合作物对栽培条件的要求。着手CAD软件绘制无土栽培装置的平面图，并用其他软件绘制立体效果图。

（2）完成设计报告一份，将以上内容转变成说明文字，对装置类型、优势、使用方法、栽培数量、成本核算等也要做说明。为经费申请提供纸质说明。

（3）在经费允许范围内由学生自己组织购买材料并加工。

（4）加工材料，组织安装调试。老师和同学一块进行点评分析，提出更优化的设计方案。

**（四）作业**

设计无土栽培装置的平面图、立体图。

## 实训6-11　无土栽培营养液的配制和管理

**（一）目的要求**

让学生掌握营养液的使用方法，熟悉营养液配制的方法和程序，熟悉营养液的管理方法。

**（二）材料与用具**

材料：化学试剂若干，广口瓶。

用具：水浴锅，玻璃棒，容量瓶，烧杯，滤纸等。

**（三）内容与方法**

（1）选择合适的配方，常用日本园艺配方进行配制。

（2）计算，200L工作液所需溶质的量，A、B、C 3个母液分别溶解的试剂种类，配制成A、B、C 3个母液需要多少水分。

（3）取用于溶解试剂的无菌水、溶质称量。

（4）将溶质分别按量溶于水，再按顺序倒入A、B、C容量瓶中，搅匀完成A、B、C 3个母液的配制。

（5）计算10L的工作液所需母液量，吸取一定量的母液，将其配制成工作液，测定EC值和pH值，合适之后用于无土栽培生产。

（6）观察生产过程中营养液变化情况并及时补充母液。

**（四）作业**

（1）无土栽培营养液的组成依据？

（2）如何进行营养液的配制和管理？

（3）无土栽培的类型有哪些？

（4）无土栽培的设置形式及结构特点。

## 第六节　设施育苗技术

### 一、设施育苗概述

设施育苗是指利用设施内良好的环境条件进行育苗的一种方式。

培育壮苗是早熟、丰产的前提。秧苗植株健壮，生活力旺盛，适应力强及生长发育适度有利于秧苗定植到大田时尽快恢复生长，为后期生长奠定基础。秧苗生长在设施内，有效地解决了育苗时常见的问题，如烂种或出苗不齐、"戴帽"出土、沤根、徒长苗、老化苗等问题，使秧苗达到生长健壮、提早成熟、增加早期产量、提高经济效益的目的。设施内良好的育苗环境条件，可有效防止自然灾害的威胁，提高秧苗素质，有利于防治病虫害。

判断秧苗是否健壮，从形态上判断，要求根系正常，白根，无锈根（黄色至黄褐色），须根多，密集。茎节短，节间长度与株高匀称，茎粗壮，有韧性，抗风性好。叶柄粗短，叶片宽、舒展，无卷缩、病斑。植株开展度与株高比例适当，约1：1.3。从生理上判断，新陈代谢要正常，生理活性高，细胞液浓度高，含水量少，吸收力强。

育苗时间的确定取决于秧苗定植到大田的时间，为争取农时，在定植时间确定后应在设施内提前培育，等外界环境条件适宜时秧苗健壮即可定植到大田内。与植物种类、植物苗龄、育苗设施的环境等因素有关，草本植物需要的时间较短，木本植物需要的时间较长。一般茄果类蔬菜定植前70d左右育苗；瓜类蔬菜定植前35d左右育苗。芹菜定植前60d左右育苗，花椰菜、甘蓝定植前40d左右育苗。

### 二、育苗的设施

常用育苗设施有温室、大棚、防雨棚、遮阳网等。

玻璃温室采用浮法平板琉璃做覆盖，透光性好，强度高，经久耐用，设备完善，大规模的育苗工厂常选用玻璃温室。适于喜强光和低湿环境的花灌木及蔬菜、花卉草本植物等的育苗。塑料温室采用PVC、PC、PE等材料作为屋面覆盖材料，采光性好，光线入射率高，经济适用。但密闭性较差，适于喜温、喜湿的草本及花灌木育苗。无论何种温室，需结合防虫网的使用，才能有效防止热带地区虫、鸟的危害，从而预防病害的发生。

大棚结构简单、拆建方便、一次性投资较少、土地利用程度高，但环境调控能力有限，在经济不发达地区普遍采用。

防雨棚和遮阳网装置是热带地区普遍采用的育苗形式，常用于阴生植物的栽培和育苗。使棚内温度夏日中午下降8~12℃。通风、降温、防虫效果好。

浮面覆盖灵活方便，能防霜、防风、防鸟，是育苗时临时应对突发不良天气和虫害的有效方式。

工厂化育苗需要有播种室、催芽室和绿化室，三者的功能各异，分工明确。播种室按照播种流程分别进行基质混拌、穴盘填料、精量播种、覆盖、浇水等作业；催芽室则将经过播种的穴盘放入，在精准控制的环境条件下进行催芽，使种子尽快发芽出土；出土后的穴盘需进入绿化室进行绿化成苗，也是育苗管理比较烦琐的一个环节，期间需进行分苗、按大小分级管理、追肥、浇水等工作，直到秧苗大小符合出圃的标准，即可装盘销售。

### 三、设施育苗的环境调控

苗期植物的生长特点与大田生长期有所不同，幼苗生长迅速，代谢旺盛，由光合作用所产生的营养物质除了呼吸上的消耗以外，几乎全部为新生的根、茎、叶所需要。对环境的抗性也弱，育苗时需要加强保护和管理，注意环境控制。

#### （一）光照及其调控

种子发芽时期需要黑暗或弱光环境，出苗时光照过弱易形成高脚苗，光照过强易形成老化苗，对秧苗的生长均不利，适度的紫外光照射，能促进其秧苗健壮。在设施环境内，发芽期采用遮阳网或浮面覆盖，出苗期以后可逐渐揭除覆盖，使之循序渐进地接受自然光照可促进秧苗生长健壮。

#### （二）温度及其调控

不同植物苗期需要的温度条件不同，不同的气候条件下对设施的使用亦不同，应根据不同的季节采用不同的调温设施，高温季节需要遮阳降温，低温季则需要升温或保温，使之维持稳定的温度条件。一般情况下，喜温植物的苗期温度为 $20\sim30℃$，耐热植物的苗期温度为 $25\sim30℃$，喜冷凉植物的苗期温度为 $15\sim25℃$，发芽期取温度的上限较合适。

冬季和阴雨天气温室内的昼夜温差较大，夜间需加强保温，促进发芽和生长，可采用日光加温或加热设备进行。常用的加温设备有电热加温、地热加温、热水管道加温或热风加温等。高温天气光照强，温度高，白天需进行遮光降温处理。降温方法可采用遮阳网、苇帘遮光、开天窗通风、屋顶洒水等方法。

#### （三）湿度及其调控

设施内沾湿和结露是造成高空气湿度的主要原因，亦是植物发病的主要原因。土壤水分控制不好，浇水过多不仅造成高空气湿度，而且秧苗烂根烂种烂苗现象严重。多数植物苗期需控制 $80\%\sim90\%$ 的空气湿度和 $65\%\sim70\%$ 的土壤湿度。

苗床覆盖稻草或稻壳等材料以及加强通风换气可减少空气湿度，浇水以见干见湿为原则，少浇勤浇。

#### （四）土壤及其调控

苗期生长量虽然不大，但生长速度很快。对土壤水分及养分吸收的绝对量虽然不多，但要求严格。可采用土壤育苗，也可用无土育苗。

土壤育苗需配制营养土，要求有机质丰富，土壤质地松黏适中，营养成分完全，使用完全腐熟的有机肥作营养，如堆肥、厩肥等，适量配合化肥使用，使土壤呈微酸性或中性，没有病虫害，水、肥、气、热性能良好，有利于根系的吸收。

无土育苗需配制基质，几种基质按一定的比例混配后进行育苗。基质可根据情况，就地取材，合理使用。现多采用椰糠、炭化稻壳、炉渣与珍珠岩混用等进行无土育苗，也可用岩棉进行蔬菜和花卉育苗，还有针对不同植物使用的专用营养砖育苗，效果更好。

为减少秧苗移栽时出现缓苗现象，促进秧苗尽快恢复生长，育苗时宜采用护根措施，如营养钵、纸杯、营养土块、岩棉块等，也有用丝瓜络育苗或海绵块水培育苗，工厂化育苗常用穴盘育苗。

#### （五）气体及其调控

植物所需的气体中以二氧化碳和氧气的需要量最大，在设施当中应加强通风换气，增加气体的交换量，减少有毒气体的危害，使之有利于秧苗生长。

## 四、穴盘无土育苗

小规模播种育苗可因地制宜在温室或大棚内采用护根育苗即可，大规模工厂化育苗需在调控设备完善的温室内采用穴盘进行无土育苗。

### （一）穴盘无土育苗的设施

**1. 播种室**

种子播种的场所，包括基质混合、装盘、播种、覆盖、浇水等一系列程序均在播种室完成，采用精量播种生产线可一次完成从基质混合到装盘等的一系列工作，之后进入催芽室进行催芽。播种时要求精量播种，保证种子出芽齐全的同时降低种子成本。

**2. 催芽室**

是专供种子催芽出苗使用的场所，是一种自动控温控湿的育苗设施。利用催芽室催芽出苗量大、节省资源、出苗迅速整齐，是工厂化育苗的必需设备。

在温室内的小型催芽室可采用空气加温线加温，控温仪控温。控温仪的感温探头应放在催芽室内具有代表性的位置。空气加温的功率密度与催芽室外接空气温度有关。上海市农业机械化研究所提出的参数可供参考（表6-17）。

空气加温线的功率密度         表6-17

| 外界温度/℃ | 室内要求温度/℃ | 功率密度/（W/m²） |
|---|---|---|
| 0 | 15 | 27 |
| 0 | 20 | 55 |
| 0 | 25 | 74 |
| 0 | 30 | 111 |

**3. 绿化室**

是供秧苗绿化生长的场所，催芽室出芽后的种子即可搬运到绿化室中绿化成苗。在绿化室中完成分苗、间苗、匀苗等工作，使秧苗按大小分级，根据秧苗生长的不同阶段需要进行分级管理。

### （二）穴盘无土育苗的设备

**1. 穴盘精量播种设备**

穴盘精量播种设备是工厂化育苗的核心设备，它包括以 $40\sim300$ 盘/h 的播种速度完成拌料、育苗基质装盘、刮平、打洞、精量播种、覆盖、喷淋全过程的生产流水线，大大节省劳动力、降低成本、提高效益。还包括种子精选、种子包衣、种子丸粒化和各种蔬菜种子的自动化播种技术。

**2. 双臂行走式喷水车**

每个喷水管道臂长5m，安排在育苗温室中间，用轨道移动喷灌车，可自动来回喷水和喷营养液。

种苗工厂化生产必须有高精度的喷灌设备，要求供水量和喷淋时间可以调节，并能兼顾营养液的补充和喷施农药；对于灌溉控制系统，最理想的是能根据水分张力或者基质含水量、温度变化控制调节灌水时间和灌水量。应根据种苗的生长速度、生长量、叶片大小以及环境的温、湿度状况决定育苗过程中的灌溉时间和灌溉量。

**3. 育苗环境自动控制系统**

是指育苗过程中的温度、湿度、光照等的环境控制系统。

加温系统，育苗温室内的温度控制要求冬季白天温度晴天达 25℃，夜间温度能保持在 14～16℃。育苗床架内埋设电加热线可以保证秧苗根部温度在 10～30℃ 范围内任意调控，以便满足在同一温室内培育不同园艺作物秧苗的需要。电热温床可有效地提高地温及近地表气温。在工厂化育苗的成苗温室内，可将电加温线铺设在床架上。在增温值不超过 10℃ 的条件下可按照 $100W/m^2$ 的功率设计。如果温室内温度过低，应在电热线下铺设隔热层，在床架上再加设小拱棚，强化夜间保温。这样，不仅能保证育苗所需的温度，还可节约用电。

保温系统，温室内设有遮阳保温帘，四周有侧卷帘，入冬前四周加装薄膜保温。

降温排湿系统，育苗温室上部可设置外遮阳网，在夏季有效阻挡部分直射光的照射，在基本满足秧苗光合作用的前提下，通过遮光降低温室内部的温度。温室两侧设置湿帘风机，高温季节育苗时可显著降低温室内的温度。通过天窗和侧窗的开启或关闭，也能实现对温湿度的有效调节。

补光系统，苗床上部配置光通量 1.6 万 lx、光谱波长为 550～600nm 的高压钠灯，在自然光照不足时，开启补光系统可增加光照强度，满足各种园艺作物幼苗健壮生长的需求。

控制系统，工厂化育苗的控制系统对环境的温度、光照、空气湿度、水分、营养液灌溉实行有效的监控和调节。由传感器、计算机、电源、监视器和控制软件组成，对加温、保温、降温、加湿、排湿、补光和微灌溉系统实施准确而有效的控制。

**4. 运苗车与育苗床架**

运苗车包括穴盘转移车和成苗转移车。穴盘转移车将播种完毕的穴盘运往催芽室，车的高度与宽度根据穴盘的尺寸、催芽室的空间和育苗的数量来决定。成苗转移车采用多层结构，根据商品苗的高度确定放置架的高度，车体可设计成分体组合式，以利于不同园艺作物种苗的搬运和装卸。

育苗床架可选用固定床架和育苗框组合结构或移动式育苗床架。应根据温室的宽度和长度设计育苗床架，育苗床上铺设电加温线、珍珠岩填料或无纺布，以保证育苗时根部的温度，每行育苗床的电加温线由独立的组合式控温仪控制；移动式苗床设计只需留一条走道，通过苗床的滚轴任意移动苗床，可扩大苗床的面积，使育苗温室的空间利用率由 60% 提高到 80% 以上。育苗车间育苗架的设置以经济有效地利用空间，提高单位面积的秧苗产出率，便于机械化操作为目标，选材以坚固、耐用、低耗为原则。

## 五、设施育苗技术

### （一）播种育苗技术

播种育苗是以种子作为繁殖材料进行育苗的方法，又称为实生繁殖。播种育苗繁殖系数大，根系发达，寿命较长，抗性强，变异性小。

**1. 种子处理技术**

种子处理的目的是通过处理可以达到精选种子，促进种子发芽出土，消毒的作用，促进壮苗早熟增产。种子处理的方法有物理处理和化学处理两种。

（1）种子物理处理

① 机械破皮。对一些种皮发芽比较困难的种子需机械破皮。浸种前用刀刻伤种皮或把种皮磨破，使其透气透水，促进发芽。

② 浸种。是保证种子在有利于吸水的温度条件下，在短时间内吸足从种子萌动到出苗所需的全部水量的主要措施。根据水温和浸泡时间的不同分为三大类：

一般浸种的水温为 20~25℃，水量是种子体积的 3~5 倍，吸涨浸泡时间与植物种类有关，芹菜、胡萝卜、菠菜 24h；莴苣 8h；白菜、萝卜 4h；豆类 2h。一般浸种适用于喜冷凉蔬菜、种皮较薄、夏季播种的植物种类。方法是准备好种子和器具后用清水漂去瘪籽，然后用湿润的纱布包裹起来，进行吸水浸泡，需间隔一段时间用清水漂洗，脱去浮水。一定时间后就可以直播或者催芽。

温汤浸种可以达到灭菌卵、软化种皮利于吸涨和透气的目的。用 55℃水温和种子体积的 3~5 倍的水量浸泡 10min，需不断搅拌，使种子受热均匀，待温度下降到室温时进行吸涨浸泡，方法与一般浸种相同。适用于种皮较薄的喜温蔬菜或耐热蔬菜，如番茄、南瓜，8~12h；茄子、青椒、甜瓜、西瓜、丝瓜、冬瓜、苦瓜，24h；黄瓜，6~8h。

热水烫种的目的是强化灭菌效果和软化种皮效果。用 75℃水温和种子体积的 3~5 倍水量热水烫种 3~5min，要防止烫伤种子，时间不宜过长，需要及时散热和使受热均匀，不断翻动直到降温至 55℃，以后的工序同温汤浸种。适用于种皮较厚的喜温蔬菜或耐热蔬菜及难吸水种子。

③ 催芽。是保证种子在吸足水分后，促使种子中的养分迅速分解运转，供给幼胚生长的重要措施。将吸水膨胀的种子，置于适宜的温度、湿度、氧气条件下，促使种子迅速发芽，达到萌发迅速和整齐的目的。

适宜温度根据不同的植物种类生态习性不同而异，喜温蔬菜 28~30℃，喜冷凉蔬菜 20~25℃，耐热蔬菜 30~35℃。为保证有充足的氧气，催芽期间需采用湿润的纱布包裹种子，间隔一段时间用清水漂洗，脱去浮水，冲洗种皮表面的黏液，使种皮的透气性增强，有利于发芽。饱和空气湿度环境对发芽有利，用湿纱布或湿毛巾包裹种子，拧去浮水，每天 2 次漂洗补水。

部分种类发芽对光照有要求，大部分种子发芽需黑暗或弱光照条件。需光型的种子有胡萝卜、芹菜、莴苣、茼蒿等；中光型的种子有豆类、菠菜、甜菜等；嫌光型的种子有韭菜、葱、洋葱、茄子、番茄、辣椒、南瓜等。

催芽的设备常用电灯光、恒温箱、温室或催芽室等，也可将种子放在炉火附近、炕头、电热毯上进行，或者将含水量 60% 的煤灰与种子按（2~3）：1 的比例进行催芽，效果也不错。催芽过程中要防止缺水，造成籽干和芽干。多水易造成沤籽和胚芽过长，以水没过种子小于 0.5cm 为宜。经过变温处理后的种子抗性、整齐度较好，但温度过高过低易损伤种子。50%~70% 的种子出芽即可播种。

④ 胚芽锻炼。将种子置于较低的温度条件下处理能增强种子耐寒能力，使大小芽出芽整齐，等待天晴播种。可进行低温炼芽或冰冻炼芽。胚芽锻炼时包种子的布要保持湿润；把种子包从低温拿到高温处，要待布包解冻后才可打开；种子不可用手触摸；种皮上的黏物一定要在浸种、催芽时洗净；湿度不足时，可湿润外层包布。

低温炼芽是把开始萌动的种子放在 2~5℃左右的低温中 1~2d，然后置于适温下催芽。冰冻炼芽是将种子在破嘴时在 0℃以下的低温给予 1~2d 以上锻炼，由于温度较低，需进行变温处理。

催芽过程中往往因种子成熟度不一致和在袋内温度及氧分布不匀，造成萌芽不整齐。

在其中穿插一段高低温交替催芽的措施，已露出种皮的大芽受低温抑制较大，大芽等待小芽，达到大小芽出芽整齐的目的。变温处理时高低温交替催芽以 16～20h 为一个周期，高温为催芽所用温度；低温为 −1～−2℃，持续时间为 8～10h。一般需经过 1～2 次变温措施。

⑤ 干热处理。在高寒地区，蔬菜种子特别是喜温菜种子不易达到完全成熟，经过暖晒处理，有助于促进后熟作用，以利于发芽。暖晒过程中应注意时间不宜过长，一般 1～2h 间隔一次，温度以 50～60℃为宜。干燥种子在 50～60℃下经 4～5h 的干热处理，能促进发芽。

⑥ 层积处理。为了解除种子的休眠，促进发芽整齐，有些种子需要层积处理。在层积处理期间种子中的抑制物质 ABA（脱落酸）含量下降，而 GA（赤霉素）和 CTK（细胞分裂素）的含量增加。将种子埋在湿沙中置于 1～10℃温度中，经 1～3 个月的低温处理就能有效地解除休眠。

⑦ 射线诱变处理。利用物理、化学等因素，诱发物体产生突变，从中选择，培育成动植物和微生物的新品种。

（2）种子化学处理

种子药剂消毒可采用药粉拌种或药水浸种。

药粉拌种，一般取种子量的 0.3%的杀虫剂和杀菌剂，浸种后使药粉与种子充分拌匀即可，也可与干种子混合拌匀。常用的杀菌剂有 70%的敌克松、50%的福美锌、50%的二氯萘醌、50%的退菌特等；杀虫剂有 90%的敌百虫粉等。

药水浸种要严格掌握药液浓度和消毒时间。消毒前一般先把种子放在清水中浸泡 5～6h，然后浸入药水中按规定时间消毒，捞出后立即用清水清洗种子。常用的药剂与方法如下：

① 福尔马林（40%的甲醛）：先用 100 倍水溶液浸种子 15～20min，然后捞出，用清水冲洗。

② 以 1%硫酸铜水溶液浸种子 5min 后捞出，用清水冲洗。

③ 以 1%高锰酸钾水溶液、10%磷酸钠水溶液、2%氢氧化钠水溶液等种子消毒剂浸种子 5min 后捞出，用清水冲洗。

打破休眠处理的药剂可采用过氧化氢、氢氧化钠、硫酸、赤霉素、丙酮等。

渗调处理是一种补充种子微量元素的处理方法，采用高分子渗调剂聚二乙醇等拌种。

对于种壳坚硬或种皮有蜡质的种子采用化学试剂破皮比较方便，可浸入浓硫酸（95%）或氢氧化钠（10%）的溶液中，经短时间处理，使种皮变薄，蜡质消除，透性增加，利于萌发。用 10%磷酸三钠或 2%氢氧化钠水溶液，浸种 15min 后捞出，用清水冲洗效果也很好。

**2. 播种技术**

（1）营养土的配制

培养土是供给秧苗苗期或盆花植株所需水分、养分的基础物质。苗期秧苗根系生长势弱，但生长速度快，单位面积吸肥量较多，对养分的要求较高。培养土要求有机质丰富，松黏适中，以改善土壤结构，增加肥效；营养成分完全，呈微酸性或中性；没有病虫害；土壤水、肥、气、热性能良好，利于根系的吸收。

主要材料（土壤）有园土、塘泥、充分腐熟的厩肥或沤制的粪草堆肥、草炭土或森林腐殖土。部分土壤土质需要改良和过筛，筛除粗大的土壤颗粒以保证沙黏适中，黏质土含量较多者可掺沙子或锯木屑使土质疏松，土质十分轻松者，可掺黏土使其有团聚力。配料有腐熟的鸡粪、兔粪、蚕粪、草木灰、石灰、过磷酸钙、尿素、硫酸铵等。

播种床土的配制比例为6：4，即：园土6份，或园土和塘泥各3份，腐熟有机肥或草炭土或森林腐殖土4份；分苗（假植）床土的配制比例为7：3，即：园土7份，腐熟有机肥3份；盆土的配制比例为7：3或8：2。还需要添加其他肥料，床土中每1m³，可配腐熟鸡粪25kg，硫酸铵0.5～1kg，尿素0.25kg，草木灰15kg，硫酸钾0.25kg，石灰0.5～1kg，在堆肥中已补给的不再添加。

播种床厚度为8～10cm，分苗床厚度为12～20cm。种植前最好消毒土壤，采用药土消毒、熏蒸消毒或药液消毒处理。

腐殖质（有机肥）的堆置方法，先铺16cm厚草（要经过水充分浸透），上铺畜粪16cm（充分湿透）。如此分层堆置到堆高1～1.5m，堆宽1.2～1.5m，堆长随意。然后用塑料薄膜盖住粪堆，白天令阳光透射加温，夜晚盖以草栅保暖。7～8d左右，当堆肥中温度达到最高点（78℃左右）时，进行翻堆。翻堆时可补充水分、化肥、草木灰、石灰等。每立方米拌硫酸铵0.5～1kg，硫酸钾0.25kg，草木灰15kg，石灰1kg，过磷酸钙1kg。当温度再度升到最高点时进行第二次翻堆。7～8d后，当粪草达到基本腐熟时，便可用来调制培养土。最好经过半年以上的堆置，让粪草继续分解成为铁锈色粉末再用。注意氮肥与草木灰、石灰等要隔层散布。

（2）苗床播种

单位面积播种量＝（单位面积定植株数/每克种子粒数×发芽率×净度）×安全系数（1.2～2）

播种时期根据生产计划、当地的气候条件、育苗技术等情况来确定，条件合适可以周年播种，一般有春播和秋播2个季节。

春播播种到出苗时间短，减少管理栽培过程；气温适宜，空气湿度大，利于种子发芽，出芽整齐，出苗后温度逐渐升高，避免冻害。北方地区为4—5月，中原地区为3—4月，华南地区为2月下旬至3月初，根据市场的需要适当提早或延后播种。

秋播减免了种子的贮藏和催芽处理，减缓了春季作业繁忙、劳动力紧张的矛盾。北方地区为9月上中旬；南方地区为9月中下旬，10月上旬。

播种前打足底水，水渗后撒一层药土，再播种（撒播、点播、条播），然后盖一层药土，覆一层细潮土，覆土厚度为种子厚度3倍左右。播完后可用遮阳网或稻草覆盖以保证种子顺利出苗。

（3）苗期管理

出苗期喜温蔬菜苗床温度控制在25～30℃，喜凉蔬菜20～25℃。当幼芽大部分出土时，撒掉地膜，苗床均匀撒盖一层营养土，保湿并防止子叶"戴帽"出土。

小苗期通风降温，延长光照时间，前期尽量不浇水。发生猝倒病应及时将病苗挖去，以药土填穴。及时分苗，要防止苗挤苗，扩大幼苗营养、光照面积，促使幼苗加快生长。适时分苗从2片真叶开始，分苗宜控制在3～4片真叶以内。密度与产量关系密切，一般辣椒分苗苗距7～8cm，茄子8～9cm。分苗前一天应浇水，有利于挖苗和苗带土。挖苗后用手轻轻挖掉根部大部分土，然后将其放在盆里或篮里，以利排苗。取苗勿伤嫩茎，对子叶应小心保护，浇足定根水。分苗后以保温、保湿为主，利于恢复根系和缓苗；适当遮阴；缓苗后通风降温防止徒长。后期适当进行囤苗，控制茎叶生长，促进根系下扎。

成苗期加大温差育苗，喜温蔬菜日温 25～30℃，夜温 15～20℃；喜凉蔬菜日温 20～22℃，夜温 12～15℃。根据天气调节温度，晴天温度可高些，阴天温度可低些。成苗期适宜地温为 15～18℃。定植前 7～10d 进行低温锻炼，降低苗床温度。水分管理使土壤见干见湿，浇水宜选择晴天的上午进行。

（4）育苗时常见问题及原因

育苗时易出现烂种或出苗不齐、"戴帽"出土、沤根、徒长苗、老化苗等问题，产生的原因与环境调节有关系，尤其是水分和营养管理要规范和及时，过多过少都易引起劣苗的产生。

## 实训项目

### 实训 6-12    设施穴盘工厂化育苗

**（一）目的要求**

让学生掌握播种育苗的设施环境调节控制技术；掌握设施环境条件下秧苗管理技术，设施设备的使用、维护和管理技术；掌握穴盘播种育苗的操作环节和具体流程，为工厂化苗木生产奠定扎实的基本功；提高学生对理论知识认知运用的能力。

**（二）材料、场地与用具**

材料与场地：椰糠、草炭、珍珠岩、蛭石等；有完善调控设备的温室、催芽室、育苗室等；无土栽培营养液。

用具：施肥机、浇水车、精量播种生产线、计算机自动控制系统。

**（三）内容与方法**

（1）通过到设施园艺相关工厂调查，熟悉和掌握穴盘育苗的操作环节和具体流程，完成穴盘育苗流程表。

（2）设施环境条件下秧苗管理，与环境调节控制技术同时进行。在设施环境条件下通过设施调控技术，掌握工厂化育苗过程中从播种到形成商品苗的一系列管理工作。完成"穴盘育苗管理表"。

（3）设施设备的使用、维护和管理。

① 催芽室环境调控设备的使用和维护。

② 施肥机的使用和维护。

③ 双臂行走式喷水车的使用和维护。

④ 精量播种生产线的使用和维护。

⑤ 种子包衣机械的使用和维护。

**（四）作业**

如何提高设施穴盘工厂化育苗的发芽率？

## 第七节    设施蔬菜栽培技术

### 一、设施蔬菜栽培概述

蔬菜是副食品中占主导地位的作物。我国是一个人口大国，对蔬菜的需求量大，随着人民生活水平的提高，对蔬菜的要求由数量型逐渐转变成了质量型。同时由于蔬菜作物的生长发育特点和自然条件的影响，使得蔬菜生产具有一定的季节性，出现了蔬菜供应的淡旺季现象。各地每当淡季时蔬菜供不应求，且品种单调；而旺季时蔬菜供应大于需求。蔬菜的周年供应问题与人民生活需求的矛盾成了蔬菜生产首要解决的"菜篮子"问题，农业科学技术的进步和设施园艺的发展为丰富城乡"菜蓝子"作出了巨大的贡献。

目前我国设施园艺以蔬菜设施栽培为主，占设施栽培总面积95％以上，而蔬菜设施面积占蔬菜总用地面积的1/6，设施类型主要为塑料拱棚和日光温室，居世界第一位。大中城市郊区，蔬菜设施栽培面积已超过当地菜田总面积10％以上，某些地区已接近30％，与发达国家的差距明显缩小。

设施栽培分布的地域不断扩大，20世纪80年代主要在"三北"地区（东北、华北和西北）发展，现在南方设施栽培迅速扩展，发展势头已超过北方，尤其在东南沿海经济发达地区发展更为迅速。

## 二、设施蔬菜栽培的类型

### （一）育苗栽培

俗话说"苗好三成收"。育苗是一项劳动强度大、费时、技术性强的工作。采用集中育苗方便管理，秧苗生长健壮，增产且能提早上市。同时便于运输，省力、省时、省工。设施育苗可更好地保护幼苗顺利度过不良的气候环境，形成健壮的秧苗，如在冬季进行增温育苗，夏季降温育苗，秋冬季、早春利用温室、大棚培育各种蔬菜幼苗，夏季利用阴障、阴棚等培育秋菜幼苗等。

### （二）越冬栽培

保护蔬菜植物顺利度过冬季的低温期，常用于耐寒性蔬菜越冬。利用风障、塑料棚等于冬前栽培耐寒性蔬菜，在保护设备下越冬，早春提早收获。如风障栽培菠菜、韭菜、小葱等，大棚越冬菠菜、油菜、芫荽，中小棚越冬芹菜、韭菜等。

### （三）早熟栽培

以获得早熟的产品为目的，利用保护设施进行防寒保温或越夏遮阴栽培，使秧苗提早定植。一般可提早15～20d。

### （四）延后栽培

以延长蔬菜的供应期为目的。夏季播种，秋季在保护设施内栽培耐热的果菜类、叶菜类等蔬菜，早霜出现后，仍可继续生长。一般可延后15～20d。

### （五）炎夏栽培

在炎热的夏季高温、多雨季节，利用阴障、阴棚、大棚遮阴及防雨棚等设施进行遮阳、降温、防雨栽培蔬菜。

### （六）促成栽培（反季节栽培）

一般指在当地最寒冷的冬季栽培喜温果菜，或者在炎热的夏季栽培喜冷凉的作物。可采用温室（日光温室或加温温室）、阴棚或冷室栽培。

### （七）软化栽培

用棚、室、窖等设施，将蔬菜植物放在遮光的条件下生长，形成幼嫩的产品器官的栽培方式。如青韭、韭黄、青蒜、蒜黄、黄葱（羊角葱）、豌豆苗、萝卜芽、苜蓿芽、菊苣、香椿芽等芽菜的生产。

### （八）假植栽培（贮藏）

秋、冬期间利用保护设施，把在露地已长成或半长成的蔬菜（苗木）连根掘起，密集囤栽在阳畦或小棚中，使其继续生长的生产方式。假植后于冬、春淡季供应新鲜蔬菜。如生产油菜、芹菜、莴笋、甘蓝、小萝卜、花椰菜等。

### （九）无土栽培

利用温室、大棚进行蔬菜无土栽培，使无土栽培生产设备利用最大化，有利于节省能源和装备，蔬菜产品的质量有了保证，避免了病虫草害的大量发生，使蔬菜产品质量达到无公害或绿色的标准。

### （十）越冬贮藏或采种

为种株进行越冬贮藏或采种。

## 三、蔬菜栽培的设施和栽培系统

### （一）蔬菜栽培的设施类型

**1. 蔬菜栽培的设施**

温室的类型有玻璃连栋温室、塑料连栋温室、PC 板连栋温室、双层膜连栋温室、日光温室等种类。温室更好地适应了蔬菜生产规模化的要求，高产出才会有高效益，温度的稳定性高，采光量足，避免了不良气候条件以及病虫草害对蔬菜的危害，尤其是在无土栽培条件下产品质量高，对蔬菜的周年供应起到了很大的作用。

塑料大棚通常没有加温设备，温度稳定性不如温室，受季节的影响较大，冬季极易出现的低温、夏季棚内高温都会对蔬菜造成伤害。一天当中也会有较大的温度差异，应根据不同类型塑料大棚的保温性能，选择与之相适应的蔬菜种类，同时要加强管理，做到勤于揭膜和保温覆盖，天晴宜早揭晚盖，天凉宜晚揭早盖。

蔬菜大多不耐低温，一般地温 5℃以上才能正常生长。部分耐寒的多年生宿根蔬菜能耐 0℃以下甚至到−10℃的低温，菠菜、大葱、大蒜以及白菜类中的某些耐寒品种能耐−1～−2℃的低温，同化作用最旺盛的温度为 15～20℃。胡萝卜、芹菜、莴苣、豌豆、蚕豆以及甘蓝类、白菜类中的某些品种不能忍耐长期−1～−2℃的低温，同化作用以 17～20℃ 为最大。黄瓜、番茄、茄子、辣椒、菜豆等最适于的同化温度为 20～30℃。冬瓜、南瓜、丝瓜、西瓜、豇豆、刀豆等生长在一年中温度最高的季节，在 40℃的高温下，仍能生长，30℃时同化作用最强。

温床有多种类型。电热温床是安装有电热线的加温苗床，温度调控能力好，可周年进行蔬菜生产，常用于冬季早熟栽培、蔬菜育苗或蔬菜促成栽培，管理方便灵活，但费电，不适宜大面积使用。酿热温床可供秧苗短期度过低温期使用，一般能维持温度 1～2 个月，需架设拱棚或在温室内设置。

阴棚是在拱架上覆盖遮阳网的设施，有全覆盖或半覆盖的类型，还有永久性阴棚和临时性阴棚之分，永久性阴棚适用于栽培软化蔬菜、食用菌等需要弱光照栽培的植物；临时性阴棚可用于育苗移栽促进秧苗缓苗、防风防雨等栽培。

**2. 设施蔬菜可持续栽培系统**

（1）基质栽培系统：主要形式有盆栽、槽栽和袋栽，栽培基质以有机基质为主。

（2）水培系统：主要有营养液膜栽培系统、深液流栽培系统、营养液土耕栽培系统、隔离床栽培系统。

（3）土壤栽培系统：设施内土壤有机质含量高，肥料利用率高，但是土壤施肥量大，养分残留量高，盐分随土壤蒸发积聚到土壤表层，造成土壤盐渍化，同时栽培种类比较单一，易产生连作障碍。氮肥施用过量会引起土壤酸化，直接危害作物。因此设施内土壤栽培宜采用轮作的种植制度，作好区划和茬口安排，有效预防设施病虫草害和连作障碍的发生，保证蔬菜周年供应。

为避免土传病害的发生和连作障碍的产生，土壤栽培与基质栽培结合也能较好发挥设施的作用。栽培槽分为开放式、半隔离式和隔离式3种类型。开放式：栽培基质与土壤不隔离，槽间可铺盖地膜，适用于普通土壤和连作障碍较轻的土壤。半隔离式：栽培槽两侧用塑料薄膜与土壤隔离，底部栽培基质与土壤接触，适用于连作障碍较重的土壤，可在15％的盐渍化土壤中正常生产。隔离式：亦称有机基质型无土栽培，栽培槽用塑料薄膜与土壤完全隔离，适用于根结线虫非常严重的土壤。隔离式栽培对水分管理要求严格，容易出现旱涝不均现象，且果类蔬菜生长期不要超过120d，否则容易早衰，适用一年两季栽培。

## 四、黄瓜设施栽培

黄瓜是葫芦科黄瓜属一年生蔓生或攀缘草本植物。黄瓜喜温暖，不耐寒冷，为主要的温室产品之一。中国各地普遍栽培，广泛种植于温带和热带地区。原产于印度西北部至喜马拉雅山麓的热带潮湿森林地带，长期处于有机质丰富的土壤和潮湿多雨的环境中，形成了根系浅、叶片大、喜温喜湿和耐弱光的特性。

### （一）黄瓜生物学特性

**1. 形态特征**

（1）根：主要根群集中分布在20cm土层内，耐旱能力差，吸收养分能力差，根系木栓化较早，断根后再生能力差，最好采用营养钵育苗。幼苗胚轴和茎基部有发生不定根的能力。

（2）茎：茎蔓性，环境条件适宜时茎蔓可伸长达10cm，五棱、中空，有刚毛，叶腋有卷须。早熟品种茎较短，中晚熟品种茎较长。

（3）叶：单叶，互生，表皮有刚毛，叶柄长10～16cm；叶片宽卵状心形，膜质，长、宽均7～20cm，有3～5个角或浅裂，裂片三角形，有齿。叶腋着生卷须和侧枝。

（4）花：雌雄同株异花，叶腋着生雌花或雄花或两性花，雄花常数朵在叶腋簇生；雌花单生或稀簇生，子房纺锤形，粗糙，有小刺状突起。

（5）果实：果实呈油绿色或翠绿色，表面有柔软的小刺。果实长圆形或圆柱形，长10～30cm，老熟时黄绿色，表面粗糙，有具刺尖的瘤状突起，极稀近于平滑。花果期一般在夏季。

（6）种子：种子小，狭卵形，白色，无边缘，两端近急尖，长约5～10mm。

**2. 生育周期**

（1）发芽期：种子萌动开始到2片子叶充分展开，第一片真叶露尖，约5～7d。维持较高的温湿度能使种子迅速发芽出土，出土后适当控制温度，防止幼苗徒长。

（2）幼苗期：4～5片真叶展开，约30d，是进行营养器官的生长和花芽分化的时期。通过温度和肥水管理增加光合积累，控制徒长，促进花芽分化

（3）开花坐果期：现蕾到根瓜形成，约20～25d，茎蔓明显伸长，花芽继续形成，结

合浇水追肥，促进营养生长与生殖生长均衡发展。盛果期在根瓜采收后至果实大量收获的时期，约 30d，供给充足的水肥，防止早衰。盛果期以后至拉秧为衰老期，约 10～15d。

### 3. 对环境条件的要求

（1）温度：喜温，不耐寒冷。植株生育的极限温度为 10～30℃，适温 20～25℃。最适宜的昼夜温差 10～15℃。不同生育期对温度的要求不同。对低温的忍耐力较弱，对高温的忍耐力较强，低温炼苗可承受 3℃ 的低温。

（2）光照：光补偿点 1klx，饱和点 55～60klx，光照充足条件下产量高。多数品种在 8～11h 的短日照条件下，生长良好。华北型品种对日照的长短要求不严格，已成为日照中性植物，其光饱和点为 55klx，光补偿点为 1.5klx。

（3）水分：根浅、叶面积大、蒸腾量大，干燥环境下易失水萎蔫。要求适宜空气湿度 70%～90%，土壤湿度为 60%～90%。幼苗期水分不宜过多，土壤湿度 60%～70%，结果期必须供给充足的水分，土壤湿度 80%～90%。

（4）土壤：黄瓜喜湿而不耐涝、喜肥而不耐肥，宜选择富含有机质的肥沃土壤。要求土壤 pH 为 5.5～7.2，以 pH 为 6.5 最好。

（5）二氧化碳浓度：在设施栽培条件下，通风量小浓度会下降，不利于光合产物积累，提高 2～3 倍浓度可显著提高产量，但长期施用，植株极易早衰。

### 4. 花芽分化与性型决定

幼苗第一真叶展开时顶芽已分化 7～8 个叶原基，在其第 3～4 个叶腋处开始分化花芽，数日即分化成雌花或雄花。初期为两性花。植株的雌性化程度与侧枝分枝特性依品种、品系而有差异，并受温度、光照长短的影响。4～5 片真叶时，喷 100～150μL/L 乙烯利能促进雌花节位降低和增加雌花比例。

性别分化的环境条件：

（1）温度：降低夜温，利于体内营养物质积累，可以降低雌花节位，增加雌花比例。

（2）光照：第 1～5 片真叶展开时期，8h 以内的光照，利于增加雌花的比例。

（3）湿度：空气湿度和土壤含水量高时，利于雌花的形成。

（4）土壤养分：氮肥和磷肥分期施用较一次施用有利于雌花的形成。

### （二）品种和类型

### 1. 类型

根据品种的分布区域及其生态学性状分下列类型：

（1）南亚型黄瓜：分布于南亚各地。茎叶粗大，易分枝，果实大，单果重 1～5kg，果短圆筒或长圆筒，果皮色浅，瘤稀，刺黑或白色。皮厚，味淡。喜湿热，严格要求短日照。

（2）华南型黄瓜：分布在中国长江以南及日本各地。茎叶较繁茂，耐湿、热，为短日照植物，果实较小，瘤稀，多黑刺。嫩果绿、绿白、黄白色，味淡；熟果黄褐色，有网纹。

（3）华北型黄瓜：分布于中国黄河流域以北及朝鲜、日本等地。植株生长势中等，喜土壤湿润、天气晴朗的自然条件，对日照长短的反应不敏感。嫩果棍棒状，绿色，瘤密，多白刺。熟果黄白色，无网纹。

（4）欧美型露地黄瓜：分布于欧洲及北美洲各地。茎叶繁茂，果实圆筒形，中等大小，瘤稀，白刺，味清淡，熟果浅黄或黄褐色，有东欧、北欧、北美等品种群。

（5）小型黄瓜：分布于亚洲及欧美各地。植株较矮小，分枝性强，多花多果。代表品种有扬州长乳黄瓜等。

**2. 适栽品种**

目前海南主要以华北型密刺黄瓜为主，主栽品种为津优系列的津优1号、津绿18号、博美4号、博美5号和津春系列的津春4号，其中津优1号以实生苗为主，津春4号以嫁接苗为主。

（1）津绿18号

品种来源于天津市绿丰园艺新技术开发有限公司选育的新一代杂交品种。该品种植株生长旺盛，叶片中等。主蔓结瓜为主，早熟性好，瓜码密，产量高。抗病性强，高抗白粉病、枯萎病、霜霉病。商品性好，瓜条顺直，瓜色深绿有光泽，长35cm左右，刺瘤明显。果肉淡绿色，品质优，不易形成畸形瓜。适宜在海南省各市县种植。

（2）津优1号

品种来源于天津科润黄瓜研究所采用自交系451和Q12-2配制而成的一代杂种。植株长势强，以主蔓结瓜为主，第一雌花着生在第4节左右，瓜条长棒形，长约36cm，单瓜质量约200g。瓜把约为瓜长的1/7，瓜皮深绿色，瘤明显，密生白刺，果肉脆甜无苦味。从播种到采收约50d，平均产量为90000kg/hm²左右。抗霜霉病、白粉病和枯萎病。适宜海南省各地区种植。

（3）津优12号

品种来源于天津科润黄瓜研究所育成的一代杂交种，母本为Q12，父本为F51。品种叶片中等、深绿色，植株生长势中等。主蔓结瓜为主，侧枝也具结瓜能力。主蔓第一雌花着生在第4节左右，春季雌花节率50%左右。瓜条顺直，长棒状，长35cm左右，单瓜质量200g左右。商品性好，瓜色深绿，有光泽，瘤显著，密生白刺，果肉绿白色、质脆、味甜，VC含量84.6mg/kg，可溶性糖含量1.89%，品质优，不易形成畸形瓜。

津优12号耐低温能力较强，可在低温10℃条件下正常发育。抗病，对枯萎病、霜霉病、白粉病和黄瓜花叶病毒病的抗性强。丰产性好，春季大棚早熟栽培，产量可达90000kg/hm²左右，秋季大棚栽培，产量75000kg/hm²左右。适宜海南省各地种植。

（4）新夏青4号

新夏青4号黄瓜是利用多抗性的雌性系82大-1与优良自交系穗-6杂交、选育而成的黄瓜新品种。该品种抗多种病害，耐热耐涝性强，产量高，适合华南地区高温多雨的夏秋季栽培。植株生长势强，主侧蔓结瓜。第一雌花着生节位5～6节，雌花多，瓜条美观，圆筒形，单瓜重250g，瓜长23cm、横径4～5cm，肉厚1～2cm，刺白色、稀少，皮色深绿少蜡粉，品质佳，肉质脆嫩，风味微甜。早熟，从播种至初收31d。耐热性较强，适应性广，适于华南地区夏秋种植。

（5）早青二号

广东省农科院蔬菜所育成的华南型黄瓜一代杂种，生长势强，主蔓结瓜，雌花多。瓜圆筒形，皮色深绿，瓜长21cm，适合销往港澳地区，耐低温，抗枯萎病、疫病和炭疽病，耐霜霉病和白粉病。播种至初收53d。适宜海南秋冬季栽培。

（6）粤秀一号

广东省农科院蔬菜所最新育成的华北型黄瓜一代杂种，主蔓结瓜，雌株率达65%，瓜棒形，长 33cm，早熟，耐低温，较抗枯萎病、炭疽病，耐疫病和霜霉病。适宜海南秋冬季栽培。

### （三）栽培技术

#### 1. 栽培季节和茬口安排

海南地区每年一般在农历十月（公历 11 月）期间播种，农历十一月中旬（公历 12 月中旬）开始陆续上市，至 6 月均可露地或设施种植。土壤于定植前 1 个月开始进行整地事宜，深翻晒伐，施肥。

#### 2. 棚室清理和消毒

采用大棚设施栽培可减少病虫害发生和有效预防不良天气对植物生长的影响。相对于夏季生产，冬季除受到低温的影响外，还受到阴雨干扰。大棚的结构最好结合防虫网和遮阳网灵活使用。

黄瓜播种和定植前 15～20d 对大棚进行全面清理，除去残株落叶。之后高温闷棚，严格保持大棚的密闭性，经过 10d 左右的热处理可大大减少发病的机会。密闭大棚数日后采用硫黄熏蒸，选晴天进行，每立方米空间用硫黄 4g，锯末 8g，于晚上 7 时，每隔 2m 距离堆放锯末，摊平后撒一层硫黄粉，倒入少量酒精，逐个点燃，24h 后放风排烟。土壤消毒采用棉隆，可有效杀灭土壤中各种线虫、病菌、地下害虫及杂草种子，从而达到清洁土壤、疏松活化土壤的效果。

#### 3. 育苗方式

（1）播种育苗

培育壮苗的标准是苗龄 30～40d，有 2～4 片真叶，株高 10～13cm。茎粗节短，叶厚有光泽，绿色，根系粗壮发达、洁白，全株完整无损。

育苗方式采用基质穴盘育苗、基质营养钵育苗或岩棉育苗等护根无土育苗，穴盘以 50 孔或 72 孔为宜，营养钵规格可采用 8cm×10cm。基质用椰糠与草炭按 3∶1 的比例混匀，播后覆盖珍珠岩保湿。播前种子经 55℃温水浸种处理后，于 25～30℃催芽室进行催芽。待 75％以上种子出芽即可将穴盘放在绿化室培育成苗。

（2）嫁接育苗

嫁接育苗能增强秧苗抗逆性，提高产量，是防止土壤传播病害，克服设施土壤连作障碍的有效措施。如选用南瓜作砧木，品种有黑籽南瓜、白籽南瓜、黄籽南瓜及褐籽南瓜，其中黑籽南瓜抗性好，而白籽南瓜、黄籽南瓜及褐籽南瓜商品性较好，在市场上也很受欢迎。嫁接方法采用靠接法或双根嫁接法。

#### 4. 苗期管理

（1）自根苗

一次成苗，无需移植。从播种至子叶出土，需要维持较高的温度，白天保持 25～30℃，夜间 20℃左右。幼苗出土后适当降温，白天 25℃左右，夜间 16℃左右。苗期经常保持床土湿润，出苗后用 1/2 剂量日本园艺配方营养液淋浇补充营养，增强光照。定植前需低温炼苗。

（2）嫁接苗

嫁接后，苗床应立即遮阳保湿。前 3d，湿度保持在 90％左右，温度保持白天 24～26℃，夜间 18～20℃。3d 后，湿度保持在 80％左右，温度保持白天 22～28℃，夜间 13～

15℃。4d 后逐渐增加光照。靠接法在栽植 10d 后，将黄瓜根切断，断根后 3～4d 即可定植，定植前低温炼苗。

**5. 栽培管理**

（1）定植

秧苗 2～3 片叶时定植最佳。定植之前将棚室和基质消毒好，定植密度可根据品种特性和栽培方式而定，一般每 667m² 定植 2500～3000 株。

（2）缓苗期管理

缓苗期应注意密闭保温促进缓苗。气温保持在 17～32℃；地温维持 15～18℃以上。当出现清晨叶缘吐水，根部发生大量白根，心叶颜色变浅，即秧苗开始成活和生长。

（3）发棵期管理

缓苗后至根瓜坐住前以"促根""控秧"为主。并进行吊蔓和整枝，去除侧枝、多余的雄花、卷须、畸形瓜以及病叶、枯叶等。

（4）结瓜期管理

环境温度保持 20～30℃，低于 15℃或高于 30℃不利于黄瓜生长。棚室温度高于 30℃的高温季节进行遮阳覆盖、地面覆盖银色地膜、铺设冷水管道降低根系温度，同时采用强制通风、顶部微喷、湿帘等方法降低空气温度。温度管理采用 4 段变温管理，晴天"四段变温"管理日进程为 25～32℃、30～20℃、18～16℃、12～10℃。结瓜初期晴天温度保持 23～26℃，阴天尽量保温。连阴天过长，应注意保温防寒，必要时进行管道加温。及时揭盖草苫，在保温的前提下，尽量早揭晚盖，谷雨节前后撤苫。

水分管理，初瓜期结瓜量小，需水量小，采用膜下暗灌，只浇小沟。选晴天上午浇水，忌下午和阴天浇水。盛瓜期需水量大，宽窄沟全浇。棚室内湿度应维持在 70%～80%。

养分管理，根外追肥。大小垄地膜覆盖栽培需深翻土壤，每 667m² 增施腐熟有机肥 8～10t，磷酸二铵 50kg，钾肥 20kg 或者腐熟细碎饼肥 300～500kg。有机肥 2/3 撒施，其余 1/3 与其他肥料沟施。施入基肥与深翻结合。

光照调节。黄瓜喜光，设施栽培应注意温度与光照配合，可通过及时揭开内保温覆盖物、延长光照时数等方法增强光照，光照度过高时应进行遮阳覆盖。结瓜期保证充足的光照，是日光温室成败的基本条件，也是产量效益高低的关键。室内北侧张挂聚酯镀铝反光幕，晴天中午在距反光幕前 2m 以内的水平地面，光强增加 50%以上，晴天气温增加 2℃；阴天增加 10%～40%，温度增加 1℃。进入中后期，及时撤掉，防止日灼。

植株管理。黄瓜吊蔓栽培适宜主蔓结瓜，为了减少营养消耗，在整个生长过程中应及时打去所有分杈和卷须，嫁接苗砧木萌发的侧枝要及时摘除。进入结瓜中后期，植株生长点接近棚顶时，要及时落蔓。落蔓应选择在晴天午后进行，落蔓前要去除老叶、病叶，将吊绳顺势落于地面，使茎蔓沿同一方向盘绕于垄的两侧，一般每次落蔓长的 1/3～1/4，保持有叶茎节距地面 15cm 左右，功能叶 15～20 片。黄瓜一般为全雌性，每节有雌花，有的会一节 2 个以上的雌花，留瓜不当会导致果实畸形、植株早衰。第 5 节以下的幼果要及时摘除，早期植株生长旺盛，可以按照 1 节 1 瓜或 5 节 4 瓜的方式留瓜，雌花过多或出现花打顶时要疏去部分雌花，对已分化的雌花和幼瓜要及时去掉，随着植株长势逐渐衰弱，适当减少留瓜数量，可按照 4 节 3 瓜或 5 节 3 瓜的比例留瓜，以保证优质和高产。

（5）采收

正常情况下，一般雌花开放后 6～10d，瓜长 10～18cm，横径 2.5cm 即可达到商品采收期。冬季或早春，气温低、光照较弱，约需 15d 左右才能采瓜。摘瓜宜在早晨以利增重和鲜嫩喜人。初瓜期，特别是根瓜，宜早采摘，防止坠秧。盛瓜期宜在浇水之前采瓜，以利操作。夏季采收宜在上午 8 点前进行，下午采收瓜果温度过高，不利于贮运。

（6）病虫害防治

常见的生理病害有低温寒害或冻害、高温强光伤害、肥害、药害、缺素症、化瓜、畸形瓜等。应及时分析原因，对症解决。

常见的病害有霜霉病、细菌性角斑病、细菌性缘枯病、灰霉病、黑星病、枯萎病、炭疽病、白粉病、疫病、菌核等 20 多种。

虫害主要有蚜虫、温室白粉虱、茶黄螨等，应及时除治。

应建立以栽培技术为主，配合及时化学控制的综合防治措施，以霜霉病和角斑病为防治中心。选择抗病性强的品种，播种前进行种子处理，完善土壤处理措施，及时清理田间病残株及病叶，及时调整植株，改善株间光照条件，及时控制棚内湿度以减少病害发生的机会，另外设施内光照和温度的配合要协调。

## 五、辣椒设施栽培

辣椒又名番椒、辣茄，为茄科辣椒属一年生草本植物。辣椒除富含维生素 C、维生素 A 以外，还含有辣椒素（$C_{16}H_{27}NO_3$），有芬芳的辛辣味，具有促进食欲、帮助消化及医药的作用，是人们日常生活中不可缺少的蔬菜种类和调味品。辣椒起源于中南美洲热带地区，明朝末年传入中国。现代中国已经成为一个辣椒大国，种植面积和产量居世界第一，一般单产 2000～3000kg/亩，高产的可达 4000～5000kg/亩以上。

### （一）辣椒的生态习性

#### 1. 植物学特征

主根可深入土层 40～50cm，移栽的辣椒主根不发达，根群多分布在 30cm 耕层内，根系再生能力强，可进行育苗移栽。距根端 1mm 处有 1.2cm 长的根毛区，密度大，吸收力强，是植株的吸收器官，栽培上常进行假植分苗，使其不断长出新根，并多长根毛。

茎直立，高 30～150cm。有较明显的节间，一般主茎长到 5～15 片叶时自封顶，由顶芽分化为花芽，其下的侧芽抽出分枝。分枝顶芽又自封顶，如此类推，形成双杈分枝或三杈分枝，每一分叉处着生单花或丛生花。

子叶为 2 片扁长的对生叶，真叶为单叶，互生，卵圆形、披针形或椭圆形全缘，叶面光滑，有光泽。大果品种叶片较大、微圆短，小果品种叶片较小、微长。

花冠白或绿色，花小，朝下开（朝天椒除外），花药成熟后开裂散出花粉，落在临近的柱头上进行授粉。4～5d 后花瓣萎蔫脱落。雌雄同花常异花授粉植物（异交率 10%，尤其是甜椒），虫媒花，采种时应注意隔离。

果实向上生长或向下生长，有扁柿形、长灯笼形、长羊角形、长锥形、短锥形、长指形、短指形、樱桃形等多种形状。果顶有尖、钝、钝尖等。果重 5～6g 甚至 200～300g。坐果后达到商品成熟度约需 25～30d，生物学成熟约 50～60d。

种子短肾形，扁平，浅黄色，有光泽，具粗糙网纹，皮较厚，千粒重 6～7g，发芽年限为 4 年。种子的胎座是辣味含量最高的部位。

**2. 辣椒对环境条件的要求**

种子发芽的适宜温度为 20~30℃，低于 15℃ 或高于 35℃ 时都不能发芽。植株生长的适温为 20~30℃，开花结果初期稍低，盛花盛果期稍高，夜间适宜温度为 15~20℃。

辣椒对光照强度的要求不高，在茄果类蔬菜中属于较适宜弱光的作物，辣椒的光补偿点为 1.5klx，光饱合点为 3klx。光照过强，抑制辣椒的生长，易引起日灼病；光照过弱，易徒长，导致落花落果。辣椒对日照长短的要求也不太严格，延长棚内光照时间，有利果实生长发育，提高产量。

辣椒的需水量不大，对土壤水分要求比较严格，既不耐旱又不耐涝，生产中应经常保持土壤湿润，见干见湿。空气湿度保持在 60%~80%。

**3. 生长发育周期**

包括发芽期、幼苗期、初花期、结果期 4 个时期。发芽期从种子萌动到露出真叶，需 20~25d 时间；幼苗期从露出真叶到门椒现大蕾，约需 60~90d 时间；初花期从门椒现大蕾至门椒坐果，约需 20~30d；结果期从门椒坐住至拉秧，需要 90~120d。

**（二）辣椒的分类**

**1. 根据辣椒的辣味程度分为以下几类：**

（1）带辣味的辣椒：又称尖椒，果实多呈牛角形或羊角形。西南、西北及湖南江西等地多喜爱食用；

（2）不带辣味的辣椒：又称甜椒、菜椒或柿子椒，果实多呈灯笼形或柿子形。东北、华北、华南以及各大城市多喜食；

（3）微辣型的辣椒：近年来正在各大城市推广，如中椒 6 号等；

（4）特辣型的辣椒：如黄帝椒、米椒、朝天椒等。

**2. 根据辣椒果实的特征，分为 5 个变种。**

（1）樱桃椒类（var. *cerasiforme*）：株型中等或矮小，分枝性强，叶片较小。果实向上或斜生，圆形或扁圆形，小如樱桃。果色有黄、红、紫等色。果肉薄、种子多、辣味强。云南、贵州等地有大面积栽培。

（2）圆锥椒类（var. *conoides*）：株型中等或矮小。叶中等大小，卵圆。果实呈圆锥、短圆柱形，果实向上或下垂，果肉较薄，辣味中等，主供鲜食青果。如南京早椒、成都二斧头等。

（3）簇生椒类（var. *fasciculatum*）：株型中等或高大。分枝性不强，叶片较大。果实长形向上，3~8 个簇生。果深红，肉薄，辣味强，油分高。晚熟、耐热、抗病毒能力强。但产量较低，主供调味用。如四川七星椒等。

（4）长角椒类（var. *longum*）：株型矮小至高大，分枝性强。叶片较小或中等。果实下垂长角形，微弯曲似牛角、羊角、线形，果长 7~30cm，辣味强或中等，供干制、盐渍和制酱。如陕西的大角椒、四川的二金条、长沙的牛角椒、杭州的羊角椒等。

（5）甜椒类（var. *grossum*）：株型中等或矮小，冷凉地区栽培则较高大。分枝性弱，叶片较大，长卵圆或椭圆形，果实大，圆球形、扁圆形、短圆锥。果表具纵沟，果肉极厚，含水分多，单果重可达 200g 以上。一般耐热和抗病力较差。单株着果少。冷凉地区栽培产量高、炎热地区产量低。老熟果实多数呈红色，少数黄色。辣味淡或无，味甜。

### （三）辣椒设施栽培技术

**1. 选择适宜品种**

（1）早熟栽培的品种：宜选较耐寒、对低温适应性较强、坐果节位低、早熟丰产的辣椒品种。如湘研1号、洛椒1号、赣椒1号、湘研9号等。

（2）春夏露地栽培：宜选择植株生长势较强，抗病、丰产、优质、耐热的辣椒品种，如苏椒3号、农大40号、皖椒1号等。

（3）秋延后栽培：要选用苗期抗热性、抗病性、耐涝性及后期耐寒性较强的品种，如皖椒1号、洛椒4号等。

**2. 栽培季节和茬次安排**

露地栽培华南地区一般12—1月育苗，2—3月定植。长江中下游地区一般11—12月育苗，3—4月定植。北方地区一般2—4月育苗，4—5月定植。设施栽培采用简易设施、塑料大棚和日光温室以及温室等种植，可提前20～30d定植。

**3. 培育壮苗**

（1）育苗基质处理。用一半椰糠一半草炭混合，加20％的砻糠灰及3％的过磷酸钙和5％发酵后的菜籽饼充分混匀，再施2％左右的福尔马林进行土壤消毒。基质配置好后，装入72孔的穴盘中备用。

（2）浸种催芽。浸种之前先行种子消毒，用55～60℃温开水处理种子，也可用40％福尔马林100倍液浸种15～20min，捞出后用塑料袋密闭2～3h，再用清水洗净。

消毒过的种子用30℃温水浸泡5～6h。将种子捞出用洁净湿纱布包好，置于25～30℃的条件下催芽4～5d，多数种子露白即可播种。

电热线育苗一般在12月下旬至翌年1月上旬播种，温床育苗在11月份播种，冷床育苗播期为10月下旬至11月上旬。电热线育苗苗龄以90d为宜，温、冷床苗龄在140～150d左右。

（3）壮苗管理

幼苗出土前，保持穴盘温度25～28℃，齐苗后温度可降至在20～25℃之间。幼苗出现2～3片真叶时，进行一次分苗，白天温度保持在23～28℃，夜间可降到15～18℃。控制浇水，防止徒长，可用园式配方营养液半量施肥，每日一次，每次30min。定植前10d，开始逐渐加大放风量炼苗。

**4. 定植与合理密植**

辣椒忌连作，要选择前茬是叶菜类或葱蒜类的菜园地。冬季深翻冻垡，开春后整地做畦，施足基肥。一般每亩施菜饼100kg，土杂肥5000kg，人畜粪1500kg，过磷酸钙50kg，尿素25kg，氯化钾15～20kg。早熟栽培要在定植前7～10d扣好塑料大棚和小拱棚，以提高土壤温度。当定植畦10cm深、地温保持10～12℃时方可定植，长江中下游地区定植期一般在2月下旬。

**5. 田间管理工作**

（1）温度的管理：定植后1周内不通风，以保温为主，辣椒的生长适温为20～25℃；夜间温度不能低于10℃，气温上升，苗期揭膜通风换气时间在上午9：00-10：00，下午15：00-16：00时后要关门盖膜。

（2）水分的管理：辣椒较耐旱不耐涝，开花结果期如遇干旱，要适时灌溉，保持土壤湿润。

（3）追肥：要做到轻施提苗肥，稳施花蕾肥，重施花果肥。定植成活后，每 $667m^2$ 用人粪尿 1000kg，或尿素 $5\sim6$kg，并结合中耕灌水。开花期适当增施磷、钾肥，促进多分枝结果，每亩施尿素 $15\sim20$kg、普钙 10kg 加 10kg 硫酸钾。结果期氮、磷、钾肥配合，每 $667m^2$ 施人粪尿 2000kg、普钙 $15\sim20$kg、硫酸钾 15kg、饼肥 $20\sim25$kg 或 30kg 复合肥加 2kg 硫酸锌，打塘施，施后盖土浇水，注意距植株根脚 $8\sim10$cm。

**6. 病虫害防治**

（1）辣椒的病害主要有病毒病、疫病、炭疽病、白粉病、青枯病、根腐病等，药剂用植病灵、病毒 A、83 增抗剂、杀毒矾、克露、代森锰锌、炭疽福美、米鲜胺、粉绣灵、粉锈清、硫悬浮剂、农用链霉素、新植霉素、根腐灵、辣椒腐落灵等防治，每隔 $7\sim10$d 喷药一次，连防 $2\sim3$ 次。

（2）辣椒的虫害主要有蚜虫、棉铃虫、烟青虫、斜纹夜蛾等，药剂用莫比朗、吡虫啉、功夫、氯氰菊酯、阿维菌素、除虫菊酯、印楝素等喷雾防治，$7\sim10$d 一次，连喷 $2\sim3$ 次。

（3）辣椒的"三落"："三落"即落花、落果、落叶，是一种生理现象。在叶柄、花柄或果柄的基部组织形成一离层，与着生组织自然分离脱落。

主要是由于营养不良造成花器发育不良或缺陷，氮素不足或过多都会影响营养体的生长及营养分配。导致"三落"的外因很多，如开花期干旱、多雨；温度过高（35℃以上）或过低（15℃以下）；日照不足；肥料使用不当；病虫害、有害气体或某些化学药剂的影响等。

春季辣椒早期落花主要原因多为低温、干旱、干风；结果期落花落果，除营养条件外，高温干旱、病毒病、水涝等也是主要原因。进入高温多雨季节后，尤其是暴雨后突然晴天，气温急剧上升，更易导致落花、落果，甚至大量落叶，造成严重减产。

预防辣椒"三落"最有效的措施是控制环境条件，尤其注意如低温、高湿、弱光、缺水、缺肥、通风不良等。其次是合理使用植物生长调节剂，使用浓度为 50mg/L 的 NAA 溶液喷苗、喷花；2，4-D $15\sim20$mg/L，开花时涂抹花器；使用浓度为 $25\sim30$mg/L 的番茄灵在开花时涂抹花器；$25\sim30$mg/L 防落素在花期喷花等。栽培上需选用抗病、抗逆性强的品种；合理密植，适当进行植株调整；加强肥水管理，合理配合 N、P、K 的施用量，N、P、K 配合比例为 1∶0.5∶1。开花结果期可叶面喷施速效性 P、K 肥和专用保果灵等。加强水分管理，防止土壤过湿或过干。及时防治病虫害，如疮痂病引起落叶，可喷施农用链霉素防治。

**7. 整枝与采收**

（1）整枝

牛角椒类，行单杆整枝仅保留分叉，打去分叉以下侧枝可促进上部枝叶的生长和开花结果，提高单株产量；甜椒类品种多采用双杆整枝法，形成二叉分枝，保留分叉及第一侧枝，以下侧枝全部去掉，少数用三秆整枝，保留分叉及第一、第二侧枝。

双秆整枝或三秆整枝，每株选留 $2\sim3$ 条主枝；门椒花蕾及早疏去；单株同时结果不超过 6 个，整个生长期每株结果 20 个；后期吊绳防倒伏，进入结果期后，辣椒的结果枝容易下弯，应及时用绳吊好，每枝一条绳，将枝条均匀引向上方。

（2）采收

辣椒是一种多次采收的果菜类蔬菜。作鲜菜食用时宜采收青椒，约在花谢 15～20d 果皮转翠青色时为采收标准，一般每隔 2～3d 采收一次，并要遵循少采勤采，采少留多的原则。

温室或大棚冬春茬和春茬辣椒栽培多以青椒为产品供应市场。通常应及时早采门椒和对椒，其他部位的果实待充分长大，果肉变厚变硬后采收。采收时不应用力过猛，以免折断果枝。留在果实上的果柄至少 1cm。以上午揭开草苫后采收的果实品质最好。

## 实训项目

### 实训 6-13　设施蔬菜栽培的类型调查和应用

**（一）目的要求**

让学生对蔬菜设施类型的结构、类型和性能有所认识，提升学生对设施运用的能力。加强学生对理论知识认知运用的能力。

**（二）场地与用具**

场地：科研院校实验基地、科学研究所实验基地、公园、植物园、生产基地的各种栽培温室、观赏温室、繁育温室、育苗场所等。

用具：纸、笔、相机、卷尺等。

**（三）内容与方法**

（1）熟悉和掌握当地气候特点，搜集相关资料，调查当地农业自然灾害发生情况和规律，以此作为确定当地设施类型的目标之一。

（2）熟悉和掌握当地蔬菜种植特点和周年供应的情况，以此作为确定当地设施类型的目标之二。

（3）熟悉和掌握当地蔬菜出口外销的种类、数量和地区，以此作为确定当地设施类型的目标之三。

**（四）作业**

完成 2000 字蔬菜设施类型调查报告 1 份。

### 实训 6-14　黄瓜设施栽培

**（一）目的要求**

学习黄瓜的设施栽培技术，加深学生对黄瓜生态习性的认识，掌握黄瓜设施栽培的环境调控技术和栽培管理技术，掌握黄瓜病虫害防治技术，熟悉黄瓜周年供应与设施栽培条件下栽培季节的确定，提升学生对设施运用的能力，加强学生对理论知识认知运用的能力。

**（二）场地与用具等**

场地：科研院校实验基地、科学研究所实验基地、公园、植物园、生产基地的各种栽培温室、观赏温室、繁育温室、育苗场所等。

用具等：黄瓜种子、基质、农具、吊绳、有机肥、化肥等。

**（三）内容与方法**

（1）检查设施设备是否完善，做好透明覆盖物的清洗和修补，确定是否可以使用，并确定适宜的栽培时期。设施土地需做好整地、消毒、施肥等工作，等待种植。

（2）准备播种用的基质和容器，种子播前做好浸种和催芽，75％种子出芽即可播种。

（3）待秧苗二叶一心时需及时移栽到设施大田中，加强田间管理，及时绑蔓和追肥，促进雌花形成和产量提高。

（4）果实形成后要及时采收，以免品质下降。计算单株产量和单位面积产量。

**（四）作业**

如何提高黄瓜设施栽培的品质？

### 实训6-15　辣椒设施栽培

**（一）目的要求**

加深学生对辣椒生态习性的认识，掌握辣椒设施栽培的环境调控技术和栽培管理技术，熟悉辣椒周年供应与设施栽培条件下栽培季节的确定，提升学生对设施运用的能力，加强学生对理论知识认知运用的能力。

**（二）场地与用具等**

场地：科研院校实验基地、科学研究所实验基地、公园、植物园、生产基地的各种栽培温室、观赏温室、繁育温室、育苗场所等。

用具等：辣椒种子、基质、农具、吊绳、有机肥、化肥等。

**（三）内容与方法**

（1）检查设施设备是否完善，做好透明覆盖物的清洗和修补，确定是否可以使用，并确定适宜的栽培时期。设施土地需做好整地、消毒、施肥等工作，等待种植。

（2）准备播种用的基质和容器，种子播前做好浸种和催芽，75％种子出芽即可播种。

（3）待秧苗四叶一心时需及时移栽到设施大田中，加强田间管理，及时整枝、绑蔓和追肥，促进产量提高。

（4）果实形成后要及时采收，以免品质下降。计算单株产量和单位面积产量。

**（四）作业**

如何提高辣椒设施栽培的品质？

## 第八节　设施果树栽培技术

### 一、设施果树栽培概述

设施果树栽培，是指利用温室、塑料大棚或其他设施，改变或控制果树生长发育的环境因子（包括光照、温度、水分、二氧化碳等），达到某种特定果树生产目标（促早、抑后、改善品质等）的特殊栽培技术。和露地栽培相比，由于设施栽培改变了果树生长的温度、湿度、光照、二氧化碳等环境因子，导致果树的生长发育过程发生变化，进而使果树在设施栽培过程中采用的技术和露地栽培有所不同，例如果树品种选择、栽培模式、整形修剪、树体调控、环境调控、肥水管理、病虫害防治等技术与露地栽培有很大差异。

设施果树栽培已有100余年历史，其中以日本发展最快，自动化控制与栽培技术最先进，设施果树栽培的面积以每年10％的速度增长，呈现出设施大型化、控制自动化、栽培标准化、模式多样化等趋势。我国的果树设施生产技术起步于20世纪80年代，设施果树栽培面积达 10 万 hm²，占全国果树总面积的 0.19％，主要分布在山东、辽宁、北京、河北等省市自治区，以草莓、葡萄、桃、油桃为主，杏、李、樱桃为辅。其中以草莓面积最大，占设施栽培总面积 85％左右，葡萄、桃次之，其他树种如梨、无花果、猕猴桃、石榴等也有少量栽培。设施类型以日光温室为主，塑料大棚为辅。生产模式以促早栽培为主，延迟栽培为辅。

## 二、设施果树栽培的类型

根据当前国内外设施果树栽培的发展现状和设施栽培的目的，我们把设施果树栽培分为以下几类。

### （一）促成栽培

是通过设施栽培实现果品提早上市目的的栽培模式，保证了早春、初夏果品淡季鲜果的供应，是我国设施果树栽培的主流。通过促成栽培，葡萄、桃、杏、樱桃、李等均可提早 1～2 个月上市。一般是在果树满足了需冷量之后再采用大棚、温室等设施进行升温，促其早开花、早结果。为了提早使果树满足低温需冷量的要求，采用反保温措施，如葡萄推迟到 11 月中旬，桃、油桃推迟到 10 月底至 12 月初扣棚。部分盆栽果树在落叶前提早把它们移植到冷库中，待满足果树对低温的要求后升温，可使果实成熟期更加提前。又分为冬促成早熟栽培和春促成早熟栽培。主要技术特点是利用设施和其他技术手段，打破果树休眠，使其提前生长，果实提早成熟、提早上市。

### （二）延迟栽培

主要是通过设施栽培和其他技术措施，以延长成熟期、延迟采收、提高果实品质为目的，使果树延迟生长、果实延迟成熟、延迟上市，既能生产出高品质果品，又可省去或降低鲜果贮藏费用，实际上起到延长鲜果货架期和降低贮藏成本的作用，并获得较高市场差价。也分为秋延迟晚熟栽培和冬延迟晚熟栽培。目前这一栽培方式在草莓、葡萄、桃上已试验成功。

### （三）避雨栽培

使用聚乙烯薄膜等材料覆盖在大棚顶部，起到避雨、防病、防水土流失等作用，减少裂果，降低病害发生程度，消除雨水对果树外力的冲击；花期避雨栽培，减少落花，提高坐果率；棚内环境条件容易控制，可适当提早果实成熟。在雨水较多的地区，对樱桃、桃、葡萄等容易出现裂果的品种，通过设施和覆盖防止裂果，提高品质和商品价值。在南方多雨地区是主要的栽培方式，在葡萄栽培上应用更为广泛。

### （四）异地栽培

通过控制各种环境因子，创造出适合果树生长发育的环境条件，使果树不受地理经纬度和果树自然分布的限制，在原本不适于果树生长的地区进行栽培。如我国通过设施栽培已成功地将亚热带果树柑橘、佛手和热带水果菠萝、木瓜在北方引种栽培。

## 三、果树栽培的设施

### （一）简易设施

#### 1. 防雨棚栽培

仅在大棚的顶端覆盖天棚，可避雨、降温、防病，改善品质，增加产量，防止土壤水分流失。覆盖物包括聚乙烯薄膜、各种遮阳网以及能挡住紫外线、改善光质、防治某些病虫害的特殊膜。

**2. 浮面覆盖**

以通气、透光、轻巧的材料直接覆盖在植株上，达到防寒、防霜、防风、防鸟的目的。覆盖材料如聚乙烯醇、聚乙烯纤维、聚丙烯、聚酯为材料的不织布、维尼纶寒冷纱、聚酯寒冷纱、孔网等。

**3. 地膜覆盖**

地膜覆盖后对于改善果树的光照条件，增强光合作用；提高土壤温度；蓄水保墒，防止土壤板结，减少土壤侵蚀，保存土壤养分；抑制杂草生长等方面有较好的作用。

普通无色透明膜，在生产上应用最普遍，透光率高，增温效果好，保水性好。黑色膜具有杀草的功能，地面保温效果好，用于夏、秋季节地面覆盖。绿色膜可抑制膜下杂草生长。绿色膜价格较高，耐久性差，用在价值较高的草莓、葡萄等果树及杂草多的地块。银色反光膜具有隔热和反射阳光的作用，在夏季可降低地温，也有驱蚜抑草的作用，在果实着色前覆盖，可增加树冠内部光照强度，使果实着色好，成熟度高，糖分增加，提高果实品质。耐老化膜，强度大，耐老化，便于回收，减少土壤污染，可多次利用。

果树地膜覆盖栽培要注意几个问题：

（1）整地。整地要做到土地平整，保证耕层土壤细碎、疏松，表里一致。如果耕层土壤有大土块，则水分上升受阻，影响根系生长。地面不平会使覆盖不严，滋生杂草，消耗地力。覆膜前应施用除草剂消灭杂草。

（2）施肥。覆盖地膜的结果树，施肥量增加20％。果树宜全层施肥，施肥深度不小于50cm，以优质农家肥为主，增施磷肥、钾肥，以肥料总量的1/2～2/3作基肥施用。

（3）覆盖地膜。要求地膜与地面紧密接触，松紧适中，地膜展平，无褶皱，无斜纹，膜边缘入土深度不少于5cm，并且尽量垂直压入沟内，四周边角要压紧，以防薄膜被风刮走。

（4）残膜清除和回收利用。废旧薄膜的清理回收是一项极为重要的工作。塑料薄膜是高分子化合物，长期残留积累会造成环境污染，破坏土壤结构，使地力衰退。

**（二）塑料大棚**

塑料大棚是利用竹木、硬塑料、水泥、钢筋、钢管等做骨架材料，上面覆盖塑料薄膜建造而成，是较大空间的活动型保护地设施。塑料薄膜重量轻，对红光和紫外线的透光率高，白天增温快，夜间保温性好，造价低，可装拆，使用方便。

选择聚乙烯、聚氯乙烯和醋酸乙烯薄膜等透光率高的薄膜。确定合理的大棚走向及棚面造型，高纬度地区可采用东西延伸的方向，结合抗风力、生产树种、保温性、方便生产管理等因素综合考虑。尽量选用刚性强的材料，合理密植，采用科学的整形修剪方式，控制树体形态。及时揭盖棚膜，以确保棚内光照充足。

大棚内常出现温差大甚至逆温的现象，应采取相应的保温设施。提前做好扣棚贮存热量，棚内覆盖地膜，提高深层土壤温度，张挂保温幕，大棚四周挖防寒沟等措施。

通风排湿和保温往往相互矛盾，栽培中以保温为主，结合覆盖地膜有效减少棚内湿度。合理灌溉，选择正确的浇水时间和浇水量，一般在晴天上午浇水。适时中耕切断毛细管，阻止水分蒸发，同时可以改善土壤通透性，消灭杂草，减少叶面蒸腾，促进果树生长。

**（三）现代温室**

现代化温室主要指大型的、由若干单栋温室组装而成的连栋式温室，典型的现代化温室结构形式有 Venlo 型温室、里歇尔（Richel）温室、卷膜式全开放型塑料温室、屋顶全开启型温室、双层活动屋面温室、胖龙—连栋温室、华北型连栋塑料温室等。配套有自然通风系统、加热系统、幕帘系统、降温系统、补光系统、补气系统、灌溉和施肥系统、计算机自动控制系统，其环境基本不受自然气候影响，可通过计算机进行自动化调控。

### （四）设施节能技术的应用

（1）设置保温幕帘；棚内设置 1～2 层保温幕帘，达到保温节能。

（2）采用变温管理，提高自动化控制水平。

（3）利用天然气候资源及地形，合理栽植密度，因地制宜配置树种与品种。

（4）利用太阳能集存太阳辐射热量。

（5）地热水及地下水的开发。

（6）复合环境控制技术。

（7）热泵的开发研究：高效的潜热和贮热新技术。热泵通过其冷媒的气化与液化而实现对环境的制冷、加热和除湿，其节能效果远远优于迄今所知的所有节能设备。

## 四、设施果树品种选择的原则

（1）目标定向以鲜食为主，选择附加值高的品种。

（2）选择早中熟品种、需冷量低、易实施促成栽培、自然休眠期短的品种。

（3）选择花芽形成快、促花容易、易花早果、坐果率高、较易丰产的品种。

（4）选择树体紧凑矮化、树冠易于控制、适应性强的品种。

（5）同一棚室，应选择同一品种。

## 五、设施内环境条件与果树发育

### （一）光照

设施内光照不足，果树光合积累少，导致向果实等部位输送的同化营养不足，容易造成枝叶生长不充实、成花数量少、生理落果增加、果实着色不良、含糖量低。应根据不同树种品种、产地、生长发育时期和栽培目的等来进行被覆材料的覆盖和解除工作。

### （二）温度

设施内良好的温度条件，对于调节果树的温周期有促进作用。

（1）促进成熟，缩短被迫休眠期，促进萌芽期提前，使成熟期提前。缩短了从萌芽期到盛花期之间的果枝抽生期（混合花芽）或花蕾发育期；缩短了盛花期到成熟时的果实发育期。喷施化学物质可使生长抑制物质分解，如 20％石灰氮上清液、苯六甲酸 2 倍液、10％硝酸铵，一般在自然休眠结束但还未萌芽时施用效果最好。

（2）落叶果树在冬季须通过自然休眠，即达到一定的需冷量后，才能正常萌芽、开花和结实。不同树种的需冷量不同，树种的需冷量是一定的，进入休眠早，解除休眠的时间也早。通常在冬季到来之前，遮光使果树提前进入休眠，从而提前降低设施内的温度，能够满足果树对低温（0～7.2℃）的需求。

（3）推迟发芽：采取控制温度在生物学零度以下，但不使果树冻结，推迟萌芽期和开花期；还可利用二次结果来推迟其产果期（6 月采收后摘除已展开叶片的枝梢，可促进枝条基部的芽萌发新梢，并结二次果，在年底采收上市）。

（4）常绿果树在枝梢停止生长后才能从营养生长向生殖生长转化，花芽分化完成后，设施加温使树体恢复生长才能开花。枝梢停长需 20℃ 以下的较低温度，就意味着相对休眠期的到来。如提前降低设施内温度或培养早秋梢，都可使枝梢提前停止生长，从而提前花芽分化。

（5）萌芽后的设施温度可影响到新梢的发育状态。一般气温在 25～30℃，昼夜温差 10～20℃ 之间对新梢的生长最为有利。温度过低，影响萌芽的进程，温度过高，影响坐果。花期温度关系到果树的花器官发育、花粉发芽、授粉受精、早期生理落果等，不同种类其适宜的花期温度存在差别。一般昼温 15～28℃，夜温 5～18℃。

（6）不同果实发育适宜温度不同：枇杷 15～20℃；柑橘 20～25℃；桃、梨、樱桃等落叶果树介于两者之间，为 20℃ 左右。昼夜温差对果实发育也有很大影响，昼夜温差过大或夜温过高，都会使果实发育异常。一般花期晚的树种如葡萄、柑橘、柿等果树，幼果期昼温应保持在 23～25℃，夜温在 15～18℃；而花期早的果树如桃、梨、樱桃等，以昼温在 20℃，夜温在 10℃ 左右为宜。

（7）应使果实处于着色的适宜温度，高温环境不利于花青素和类胡萝卜素的生成。加大昼夜温差，有利糖分积累，促进着色。防止枝梢旺长，改善树体光照，促进着色。设施栽培果实成熟期往往因为温度、光照导致着色较为困难。

（8）果实的风味，合适的温度条件下有利于果实糖分的积累及提高糖酸比例。通常在 20℃ 左右，果实的含糖量最高。影响口味的因素还有水分、枝叶量等。

**（三）湿度**

因受覆盖物阻断，有时空气湿度会下降，发芽期芽体水分过分蒸发会引起芽的生理伤害（可对枝梢喷水解决）；在开花结实期的空气湿度过高，会造成授粉受精不良、病虫害严重（这时应保持土壤表面干燥，地面覆盖减少水分蒸发，降低湿度）；花果时期湿度稍低的条件下，使用农药、生长调节剂，效果也较好。

不同树种果实发育的水分代谢机理不同，需水时期不同，在果实迅速生长期适度控水，可以提高果实含糖量及耐藏能力：如温州蜜柑在果实横径 3.0～3.5cm 控水；一般在果实成熟前 1 个月控水，以提高含糖量和果实的品质。

**（四）土壤**

土壤管理以清耕休闲为主；施肥以基肥为主，控制氮肥施用量；灌水根据不同果树的物候期进行。

由于设施内积温通常较高，生长时间长，故设施内果树的营养生长较露地生长更旺。控制树体生长的途径包括修剪、施用生长延缓剂、控制根系的分布范围。根域限制栽培是控制果树生长高度的重要措施，不仅方便操作，更能降低设施成本。

根域限制栽培是指将根系的分布限制在一定范围内的一种栽培方式。根域限制的范围根据设施的高度和树体大小而定。一般木本果树根系限制范围为深 30cm，生长面积 60cm²（根域幅度小）、100～120cm²（根域幅度中等）、200cm²（根域幅度大）。根系限制材料可用透水的无纺布，具有不占空间、价格低廉等许多优点。

## 六、草莓设施栽培

### （一）概述

草莓又叫红莓、洋莓、地莓等，属蔷薇科草莓属多年生草本植物，生长周期短，果实成熟早。长江中下游地区露地栽培于 9—10 月种植，次年 4—5 月上市；设施栽培于元旦、春节前后进入成熟期；利用花芽已形成的冷冻种苗，定植后 30d 开花结果，60d 成熟，一年可栽培几茬。当年产量 1300～3000kg，高可达 4000kg 以上。

对土壤要求不严格，适应性强，山地、林地、丘陵、平原均可生长。适于做幼龄果园的间作和菜园、水稻田的轮作物。可鲜食或加工，食用部分为浆果，具有润肺、生津、利痰、健脾、解酒、补血、化血脂的保健功能。

我国从 20 世纪 80 年代中后期开始发展草莓的设施栽培，形成了日光温室，大、中、小棚等多种设施栽培形式，草莓鲜果供应期可从 11 月开始到翌年 6 月，成为许多地区高效农业的主导产业。

### （二）草莓的生态习性

#### 1. 植物学特征

根浅生，80％的根系分布于 0～20cm 的土层中，当外界气温 2～5℃以上时，出现生长高峰。大量生长是在果实采收后匍匐茎发生时至初冬时。

新茎每年仅生长 0.5～2cm，密集轮生叶片和腋芽，下部能产生不定根和分蘖，3～4 片叶时出现花序。新茎叶片枯死脱落后变成根状茎，连续结果 2～3 年以上便要更新植株。匍匐茎由新茎的腋芽萌发而成，是草莓的营养繁殖器官，其顶芽多能当年形成花芽，建园时尽可能选用这种壮苗。

基生叶为三出复叶，螺旋排列于新茎上。顶芽长出叶片后向上延伸新茎，日照缩短形成顶花芽。第二年萌发前先抽生新茎，再抽出花序。

花多为两性花，白色，二歧聚伞花序，由不同级序花组成，第一级序花先开，坐果大，第四级序以上花则坐果小。雌蕊离生，螺旋状排列在花托上，200～400 个，能自花结实。

果实为浆果，不同级序由对应的不同级序花发育而成，草莓果实大小一般以第一级序果为准。

种子密生于花托上的雌蕊，受精后形成一个个瘦果，即为草莓的种子。根据种子嵌于浆果表面的深度分 3 种类型：与果面平、凸出果面（较耐贮运）、凹入果面（不耐贮运）。

#### 2. 环境条件

（1）温度：草莓对温度适应性较强，总体上要求比较凉爽温和的气候环境。最适生长温度 15～23℃，营养物质转运适温 16～24℃。开花适宜温度为 13.8～20.6℃，果实膨大适温是 18～25℃，昼夜温差大有利果实发育和糖分积累。

（2）光照：喜光低矮植物。比较耐阴，光饱和点为 20～30klx。8～12h 的短日照有利于花芽分化。匍匐茎发生要求长日照条件和较高温度。

（3）水分：浅根系须根作物，植株小，叶面积大，蒸发量大，吸水保肥能力差，不耐涝。要求土壤地下水位不高于 80～100cm。生长期间要求土壤相对含水量 70％左右，花芽分化期 60％，结果成熟期 80％。对空气湿度要求在 80％以下为好。

（4）土壤和营养：在疏松、肥沃、通水、通气良好的土壤中容易获得优质高产。适宜的土壤 pH 为 5.5～7.0，要求土壤有机质含量丰富，除氮、磷、钾肥外，草莓也要求适量施用钙、镁和硼肥。一般施液肥浓度不宜超过 3％。

#### 3. 生长发育周期

单季性品种春天开花，只结一次果，在低温短日照条件下诱导花芽分化。花芽分化适温为 5～17℃，暖地品种在 15～26℃较高温度下，配合短日照（13h 以下）、低氮水平，也能顺利花芽分化。

四季性品种四季均能形成花芽，长日照条件下形成的花芽优良，每年至少结 2 次果。高温、长日照、高氮条件下促进花芽分化的进程，从开花到成熟，需要 6℃以上有效积温 300～450℃。

中间性品种日照缩短时不会休眠，从早春到晚秋连续开花结果，低温来临时停止生长。实生苗 3 个月龄即能开花，四季性和单季性的实生苗不能开花。

晚秋初冬气温更低、日照更短的条件下，植株进入冬眠。需要在 5℃以下保持一定时间。长日照、高温、赤霉素处理可打破休眠，在 25℃左右、13～14h 长光照下，匍匐茎旺盛生长。不同品种需经历不同的低温时数才能打破休眠。

### （三）设施栽培主要品种

#### 1. 丰香

日本品种。生长势强，株型较开张，休眠程度浅，打破休眠在 5℃以下低温只需 50～70h。坐果率高，低温下畸形果较少，平均单果重 16g 左右。果型为短圆锥形，果面鲜红色，富有光泽，果肉淡红色，较耐贮运。风味甜酸适度，汁多肉细，富有香气，品质极优，是目前设施栽培应用最广的优良品种。

#### 2. 章姬

日本品种。生长势旺盛，株型较直立，休眠程度浅，花芽分化对低温要求不太严格，花芽分化比丰香略早。果实呈长圆锥形，平均单果重 20g 左右，果形端正整齐，畸形果少。果面绯红色，富有光泽，果肉柔软多汁，肉细，风味甜多酸少，果实完熟时品质极佳，为设施栽培的新型优良品种。

#### 3. 拉克拉

西班牙品种。植株直立，花序平于叶面，在 5～17℃气温条件下 1～2 周即可完成休眠，是目前休眠期较浅的草莓品种之一。一级花序平均单果重 33g，最大单果重 75g。果实长楔形或长圆锥形，颜色鲜红，果面光滑，有光泽。果肉粉红色，质地细腻，果味浓甜，果肉硬，极耐运输。在我国北方寒冷地区，一般情况下可在 1 月采收果实，延续结果 2～3 个月。

#### 4. 其他品种

全国不同地区使用的设施栽培品种还有女峰、鬼怒甘、丽红、宝交早生、春旭、申旭 1 号、申旭 2 号、静宝、明宝、红宝石、长虹、安娜、大将军、皇冠等。

### （四）草莓设施栽培要点

#### 1. 促成栽培

也称草莓特早熟栽培，是以早熟、优质、高产为目标，在冬季低温季节促进花芽分化，利用设施加强增温保温，人工创造适合草莓生长发育、开花结果的环境条件，使草莓鲜果能提早到 11 月中下旬成熟上市，并持续采收到翌年 5 月。在南方地区以大棚栽培为主，北方地区以日光温室为主。

（1）品种选择。要求品种花芽分化容易，植株能在 9 月中旬完成花芽分化；休眠浅，植株不经低温处理，可正常生长发育，在较低温度下花序能连续抽生和结果，花、果实耐低温性能好；果实大小整齐度好，开花至结果期短，风味甜浓微酸，早期产量和总产量均高。目前主栽品种有丰香、明宝、章姬、女峰等。

（2）整地。选择光照良好、地势平坦、土质疏松、有机质含量丰富、排灌方便的壤土或沙质壤土，pH5.5～7.0，土壤盐分积累不能太高。在整地时对设施土壤进行太阳能消毒或药剂熏蒸消毒，以杀灭地下害虫和土壤传播病害。基肥以有机肥为主，每亩（约 $667m^2$）施入腐熟的有机肥 2～2.5t，过磷酸钙 40kg、氮磷钾复合肥 30～40kg。采用高垄双行种植，垄面要平，每垄连沟占地宽 1m，高 30～40cm 为宜。

（3）定植。以 50％草莓植株达到花芽分化期为定植适期，一般 9 月中旬左右，最迟不晚于 10 月上旬，选苗重 25g 以上、根系发达、新茎粗 0.5cm 以上的壮苗定植。为了使花序伸向垄的两侧，在定植时应将草莓根茎基部弯曲的凸面朝向垄外侧，这样可使果实受光充足，空气流通，减少病虫害，增加着色度，提高品质，同时便于采收。采用双行三角形（品字形）定植，行距 25～28cm，株距 15～18cm，定植 6000～8000 株/亩。定植深度以叶鞘基部与土面相平为宜，定植后随即浇定根水。

（4）覆盖地膜。10 月下旬可以覆盖，选用黑色地膜或黑白双色两面膜、银黑双面膜、墨绿银灰双面膜，安装好膜下滴灌或滴箭滴灌、土壤渗灌、涌泉灌等灌溉装置。铺膜后立即破膜提苗，使其舒展生长。

（5）打破休眠。促进花序花芽分化。首要工作是要先做好温度管理，采用扣膜盖棚的措施调控。盖棚时期为第一侧花序进入花芽分化、而植株尚未进入休眠之前，盖棚过早，植株生育旺盛，侧花序不能正常花芽分化，坐果数减少，产量降低；扣棚过晚，植株易进入休眠状态，生育缓慢，导致晚熟低产。盖棚后的 7～10d 内白天应尽量保持 30℃以上较高温度，以防止植株进入休眠。增加大棚内的湿度，避免在高温下出现生理障碍。植株现蕾后，温度逐步下降至 25℃，当外界气温降到 0℃以下时，应在大棚内覆盖中棚或小棚。开花期白天温度保持在 23～25℃，果实转白后温度保持在 20～22℃，收获期保持 18～20℃。草莓现蕾后的整个开花结果期应保持较低湿度，否则不利于开花授粉，也易使果实发生灰霉病导致烂果。

使用赤霉素可打破植株休眠，处理植株后可促进果柄伸长，促进地上部的生长发育。在高温时，赤霉素处理效果较好，一般在盖棚保温开始后 3～5d 内进行。用手持式喷雾器，在植株上面 10cm 处，对准生长点喷雾，按休眠深浅采用 5～10μL/L 的浓度。

通过加强和延长日照并结合大棚保温，抑制草莓进入休眠状态，促进植株生长发育，提早进入果实生长。

（6）肥水管理。保温开始后，应在现蕾前灌水，提高土壤水分，保持大棚内的湿度，避免高温造成的叶片伤害。追肥可结合灌水进行，共施追肥 6～8 次。一般在铺地膜前施肥 1 次，以后在果实膨大期、采收初期各施 1 次，果实收获高峰过后的发叶期施 1 次，早春果实膨大期再施 2～3 次。采用二氧化碳施肥可以增加设施内二氧化碳浓度，提高光合速率，达到提高产量和品质的目的。

（7）植株整理。定植后的管理，应促进叶面积大量增加和根系迅速扩大，以在低温前使植株生长良好，达到早熟高产。及时做好植株调整，保留 5～6 片健壮叶。及时摘除新发生的侧枝、匍匐茎以及基部的老叶，否则会影响开花结果，且易成为病菌滋生场所。摘除基部叶片和侧芽的适宜时期是始花期，每个植株应保留 6～7 片叶。

（8）辅助授粉。大棚内温度低、湿度大，易造成植株授粉不良，着果不好，形成畸形果。为防止畸形果发生，最好采用蜜蜂辅助授粉技术，蜜蜂在开花前 5～6d 放入大棚，持续到 3 月下旬。放蜂量以每 330m² 左右放置 1 只蜂箱为宜。

**2. 半促成栽培**

植株在秋冬季节自然低温条件下进入休眠之后，通过满足植株低温需求并结合其他方法打破休眠，同时采用保温、增温的方法，使植株提早恢复生长，提早开花结果，使果实在 2—4 月成熟上市。果实主要供应春节过后的市场，在品种要求上应以品质优、果型大、耐贮运为主要标准。通常采用小拱棚、中棚、大棚以及日光温室栽培。

半促成栽培是对经过花芽分化并已进入休眠的植株，通过一定的技术措施使植株提前结束休眠并保持旺盛生长状态，达到提早开花，提早结果的目的。与促成栽培相比，果实上市时间较晚，但由于花芽分化充分，产量相对较高，品质也较好。而且设施简单，管理方便，成本低，费工少，也是一种广泛采用的设施栽培方式。

半促成栽培的关键在于提前打破休眠，根据打破休眠的原理和技术不同，有普通半促成栽培、植株冷藏半促成栽培、电照半促成栽培等。

在我国以普通半促成栽培应用最广，其技术要点为：

（1）选择品种。宜选择休眠浅或中等的品种，如丰香、女峰、鬼怒甘、宝交早生、达赛莱克等。

（2）培育壮苗。要求秧苗具有 4～5 片叶、根茎粗 1～1.5cm、苗重 20～30g。

（3）适时定植。应在植株完成花芽分化后尽早定植，一般可在 10 月中旬，寒冷地区可提早到 9 月下旬至 10 月上旬。

（4）扣棚保温。目的是通过提高温度打破植株休眠，促进植株生长。扣棚时间应根据当地气候条件和品种特性而定，宜在植株已感受足够低温但休眠又没完全解除之前进行。休眠浅的品种可早些，休眠深的品种应晚些，一般在 12 月上旬至翌年 1 月上旬进行。其他管理与促成栽培相同。

**3. 植株冷藏抑制栽培**

在植株已结束自然休眠、但仍处于强迫休眠的阶段，采用低温冷藏的方法继续保持其休眠状态，根据预期收获时间，将植株从冷库取出定植，给予正常生长发育条件使之开花结果，这种栽培方式为冷藏抑制栽培。

为了满足 7—10 月草莓鲜果供应，利用草莓植株及花芽耐低温能力强的特点，将已经完成花芽分化的草莓植株在 −2～−3℃ 下冷藏，促使植株进入强制休眠，根据计划收获的日期解除冷藏，提供其生长发育及开花结果所要求的条件使之开花结果。

（1）育苗技术

可采用繁苗田直接育苗，也可采用假植育苗，要求有发育良好的根系、充足的营养积累、较迟的花芽分化和较多的花芽数目，入库前要求苗根茎粗在 1cm 以上，重量 30～40g。宜选择 8 月下旬至 9 月上旬新发的子株苗进行培育，假植也应在 8 月下旬进行。9 月中下旬至 10 月上中旬增加肥水，适当增施速效氮肥，有利于培育壮苗并可推迟花芽分化，在 11 月下旬应控制氮肥，多施磷肥，提高植株耐低温能力。

（2）入库冷藏

入库时间一般在 12 月上旬至翌年 2 月上旬，在入库前 1d 挖苗，挖苗时尽量少伤根，轻轻抖掉泥土，如土太黏要用清水冲洗后晾干，留 2～3 片展开时装箱。可用木箱、纸箱或塑料箱，内衬塑料薄膜或报纸，根部在内侧排放紧实，每箱400～1000株，装满封口放入冷库贮藏。入库后的前2～3d贮藏温度控制在−3～−4℃，以迅速降低植株温度，以后稳定在−1～−2℃。

（3）出库定植

出库定植的临界气温平均为22.4℃，地温为25.4℃，根据预期收获果实的时期，可在7～9月进行。一般7—8月出库，30d后可采收；9月上旬出库，40～45d后采收；9月下旬出库，60d左右采收。生产上一般在8月下旬至9月上中旬出库定植。出库后可在遮阳条件下驯化2～3h，然后在流动清水中浸根3h，在下午高温过后采用宽畦多行定植。

（4）植株管理

待植株成活后并有新叶展开时，要及时摘除老叶和贮藏过程中受冷害的叶片，高温强光条件下应用遮阳网遮阳，肥水管理应促进根系生长并达到地上地下平衡。低温季节注意保温，一般在10月下旬应盖棚保温。

（5）二次结果

冷藏抑制栽培的特点是可以第二次结果，即冷藏前形成的花芽第一次果采收后，植株继续进行花芽分化，还可结第二次果。第一次果采收后，及时摘除老叶、枯叶、花梗及匍匐茎。将棚室薄膜打开，使植株感受30d左右自然低温，再进行保温。最好间除掉一些植株，保留的植株每株只留2个健壮芽，其他管理同促成栽培。

**4. 草莓无土栽培**

草莓系矮生植物，定植、抹芽、打老叶、采收等作业都要弯腰，费工费时，极为劳累，同时长期进行设施土壤栽培，容易发生土壤连作障碍。设置高架种植槽进行无土栽培，不仅可解决上述问题，还可实现高产、优质、清洁生产。

（1）栽培方式

草莓可利用营养液膜、深液流水培、槽式基质培、袋式基质栽培以及柱式立体基质栽培。由于草莓的植株展开度较小，也适宜进行多层架式立体栽培。

（2）营养液配方

草莓使用山崎草莓专用配方，该配方的pH较稳定。草莓的耐肥能力较弱，营养液浓度过高会导致根系衰老加快，一般在开花前采用较低的浓度，开花后逐渐增加营养液浓度，以防止植株早衰。花前控制浓度为0.4～0.8ms/cm，花期在1.2～1.8ms/cm，结果期在1.8～2.4ms/cm。最适的pH范围为5.5～6.5，在pH5.0～7.5范围内均可生长正常。

（3）供液方式

深液流水培。采用间歇供液方法，在开花前期每小时循环10min，开花后供液时间增至15～20min/h；营养液膜栽培，在定植至根垫形成之前，以0.2～0.5L/min的流量连续供液，根垫形成后采用1～1.5L/min的流量，每小时间歇供液15～20min。基质栽培，供液可参照营养液膜栽培，但要控制基质含水量在70％～80％左右。其他管理按草莓设施栽培的一般技术要求进行。

**5. 采收和运输**

一般从定植当年的11月至翌年5月均可采收鲜果上市。生产上以草莓果皮红色由浅变深，着色范围由小变大，作为确定采收标准，根据需要贮运的时间，可分别在果面着色达 70％（5—6 月）、80％（3—4 月）、90％（11 月至翌年 2 月）时采收。草莓采收应尽可能在上午或傍晚温度较低时进行，最好在早晨气温刚升高时结合揭开内层覆盖进行，此时气温较低，果实不易碰破，果梗也脆而易断。

盛装果实的容器要浅，底要平，采收时为防挤压，可选用高度 10cm 左右、宽度和长度在 30～50cm 的长方形食品周转箱，装果后各箱可叠放。采收后应按不同品种、大小、颜色对果实进行分级包装。

贮藏草莓采收后，可进行快速预冷，降温最好采用机械制冷进行。然后在温度 0℃、相对湿度 90％～95％条件下贮藏，也可进行气调贮藏，气体条件为 1％氧气和 10％～20％二氧化碳。

## 实训项目

### 实训 6-16　设施果树栽培的类型调查及应用

**（一）目的要求**

让学生掌握设施果树栽培类型的结构、类型和性能，提升学生对设施运用的能力。

**（二）场地与用具**

场地：科研院校实验基地、科学研究所实验基地、公园、植物园、生产基地的各种栽培温室、观赏温室、繁育温室、育苗场所等。

用具：纸、笔、相机、卷尺等。

**（三）内容与方法**

（1）调查研究阶段，熟悉和掌握当地气候特点，搜集相关资料，调查当地农业自然灾害发生情况和规律，以此作为确定当地设施类型的目标之一。

（2）调查研究阶段，熟悉和掌握当地果树种植特点和周年供应的情况，以此作为确定当地设施类型的目标之二。

（3）调查研究阶段，熟悉和掌握当地果树出口外销的种类、数量和地区，以此作为确定当地设施类型的目标之三。

（4）集体组织到相关单位参观调研，完成设施类型调查表一份。

**（四）作业**

完成 2000 字果树设施类型调查报告一份。

### 实训 6-17　草莓设施栽培

**（一）目的要求**

让学生掌握草莓设施栽培的环境调控技术和栽培管理技术，熟悉草莓周年供应与设施栽培条件下栽培季节的确定，提升学生对设施运用的能力，加强学生对理论知识认知运用的能力。

**（二）场地、材料与用具**

场地：科研院校实验基地、科学研究所实验基地、公园、植物园、生产基地的各种栽培温室、观赏温室、繁育温室、育苗场所等。

材料与用具：草莓种子、基质、农具、吊绳、有机肥、化肥等。

### （三）内容与方法

（1）检查设施设备是否完善，做好透明覆盖物的清洗和修补，确定是否可以使用，并确定适宜的栽培时期。设施土地需做好整地、消毒、施肥等工作，等待种植。

（2）草莓在繁育苗圃进行花期控制，促进草莓提前或延后栽培，以便按期上市。

（3）待季节合适，上市时期确定后，及时将秧苗移栽到设施大田中，加强田间管理，促进产量提高。

（4）产品形成后要及时采收，以免品质下降。计算单株产量和单位面积产量。

### （四）作业

草莓设施栽培的类型和技术要点。

## 第九节　设施花卉栽培技术

### 一、设施花卉栽培概述

设施花卉栽培，是指为了满足人们崇尚自然、追求美的精神需求，以四季供应提高市场竞争能力为目标，在园艺设施保护的条件下生产出高品质的花卉产品而采取的栽培方式。

20世纪70年代以后，随着国际经济的发展，花卉业作为一种新型的产业得到了迅速的发展。发达国家设施花卉栽培比例较大，荷兰设施花卉栽培面积占总面积的73.4%，是世界上最大的花卉生产国，占世界花卉出口额的80%，德国占进口额的80%。荷兰的农业劳动力为29万人，占社会劳动力的4.9%，从事温室园艺作物生产的企业1.6万个，平均每年出口鲜花35亿株，盆栽植物3.7亿盆。温室结构标准化、环境调节自动化、栽培管理机械化、栽培技术科学化、生产专业化已成为国际花卉生产的主流。我国花卉产业在20世纪80年代以后得到迅速发展，花卉栽培设施从原来的防雨棚、遮阳棚、普通塑料大棚、日光温室，发展到加温温室和全自动智能控制温室。

设施花卉栽培提高了花卉对不良环境条件的抵抗能力，使花卉的花期提前或推后，为在不适宜花卉生长的季节或地区进行花卉栽培创造了条件，实现了花卉的周年供应。有利于加快花卉种苗的繁殖速度，提早定植，提高成苗率，培育壮苗。在高水平的设施栽培条件下，产品的数量和质量得到保证，花卉的品质得到了提高。设施栽培实行大规模集约化生产，提高了劳动效率，提高了单位面积的产量和产值。

### 二、设施花卉栽培的设施和设备

花卉栽培设施主要指风障、冷床、温床、阴棚、温室等。除常用的园艺设施外还应准备保温被、内遮阳、外遮阳、水帘、灯光等设备以备不时之需。

#### （一）花卉栽培的设施

#### 1. 温室的类型和结构

有连栋玻璃温室、连栋塑料温室、连栋PC板温室等种类。玻璃温室，内设有加温、滴灌等设备，保温性能好，造价较高。双层充气薄膜温室，以双层塑料薄膜作为保温材料，保温效果较好。全天气智能温室，通过人工智能系统，调控内部的光照、温湿度、二氧化碳浓度等，造价非常昂贵。日光温室，保温性能好，可配置加温设备。

依花卉的生产目的分类，有生产栽培温室、繁殖温室、促成或抑制栽培温室、人工气候室等。

依温度分类，有高温温室，温度控制范围 15～30℃；中温温室，温度控制范围 10～18℃；低温温室，温度控制范围 5～15℃。

专类植物温室，依栽培花卉的种类分兰科花卉温室、棕榈科植物温室、蕨类植物温室、仙人掌科和其他多浆植物温室、食虫植物温室等。

**2. 塑料大棚**

塑料大棚通常没有加温设备，温度稳定性不如温室，应根据不同类型塑料大棚的保温性能，选择与之相适应的花卉种类。

能耐 0℃ 左右的花卉：一叶兰、南洋杉、苏铁、梅花、蜡梅、山茶、月季、海棠等，可在简易塑料大棚中越冬；

能耐 5℃ 左右低温的花卉：橡皮树、鹅掌柴、瑞香、仙客来、西洋杜鹃、龟背竹、绿萝、散尾葵、白兰、茉莉、珠兰、含笑、佛手、发财树、棕竹等，可在保温性能较好的大棚中越冬。

**3. 冷室**

供原产于暖温带或亚热带北缘的花卉防寒越冬，单玻璃屋面形式，无加温设备，最低温度 0℃ 以上。

**4. 温床**

有多种类型。电热温床是安装有电热线的加温苗床，温度调控能力好，可周年进行育苗生产，生长季节可于露天做全光喷雾的繁殖温床。酿热温床可供秧苗短期度过低温期使用，温度调节能力受酿热物的影响。其他类型的苗床需配合有加温设备的设施使用才能升温。

**5. 地窖**

北方地区常用于不能露地越冬的宿根、球根、水生及木本花卉等的保护越冬。最低温度高于 0℃，温度较稳定，便于长期保存种球以及保护种球越冬。

**6. 阴棚**

在拱架上覆遮阳网的设施，有全覆盖或半覆盖的类型，还有永久性阴棚和临时性阴棚之分，永久性阴棚适用于兰花、杜鹃等喜弱光照的植物；临时性阴棚可用于露地繁殖床、切花栽培等需要短期覆盖的植物。

**7. 冷库**

又称为冷藏库，属于制冷设施的一种。一般通过保持 0～5℃，用于球根花卉切花生产时种球的贮藏；催延花期、延缓开花；切花采后贮藏等。

**（二）温室的附属设备和建筑**

**1. 室内通路**

观赏温室内的通路应适当加宽，一般应为 1.8～2m，路面可用水泥、方砖或花纹卵石铺设。生产温室内的通路则不宜太宽，以免占地过多，一般为 0.8～1.2m，多用土路，永久性温室的路面可适当铺装。

**2. 水池**

为了在温室内贮存灌溉用水并增加室内湿度，可在种植台下建造水池，深一般不超过

50cm。在观赏温室内，水池可修建成观赏性的，带有湖石和小型喷泉，栽培一些水生植物，放养金鱼，更能点缀景色。

**3. 种植槽**

在观赏温室用的较多。将高大的植物直接种植于温室内的，应修建种植槽，上沿高出地面 10～30cm，深度为 1～2m，这样可限制营养面积和植物根的伸展，以控制其高度。

**4. 台架**

为了经济地利用空间，温室内应设置台架摆设盆花，结构可为木制、钢筋混凝土或铝合金。观赏温室的台架为固定式，生产温室的台架多为活动式。靠窗边可设单层台架，与窗台等高，约 60～80cm；靠后墙可设 2～3 层阶梯式台架，每层相隔 20～30cm；中部多采用单层吊装式台架，既利用了空间，又不妨碍前后左右花卉的光照。

**5. 繁殖床**

为在温室内进行扦插、播种和育苗等繁殖工作而修建的，采用水泥结构，并配有自动控温、自动间歇喷雾的装置。

**6. 照明设备**

在温室内安装照明设备时，所有的供电线路必须用暗线，灯罩为封闭式的，灯头和开关要选用防水性能好的材料，以防因室内潮湿而漏电。

**（三）栽培容器及工具**

**1. 栽培容器**

（1）素烧泥盆

又称瓦盆，由黏土烧制而成，有红色和灰色 2 种，底部中央留有排水孔。这种盆虽质地粗糙，但排水透气性好，价格低廉，是花卉生产中常用的容器。素烧泥盆通常为圆形，其规格大小不一，一般口径与高相等。盆的大小为 7～40cm。

（2）陶瓷盆

这种盆是在素陶盆外加一层彩釉，质地细腻，外形美观，但透气性差，对栽培花卉不利，一般多作套盆或短期观赏使用。陶瓷盆除圆形外，还有方形、五棱形、六角形等式样。

（3）木盆或木桶

素烧盆过大时容易破碎，因此当需要用口径在 40cm 以上的容器时，常采用木盆或木桶。外形仍以圆形为主，两侧设有把手，上大下小，盆底有短脚，以免腐烂。材料宜选用坚硬又耐腐的红松、槲、栗、杉木、柏木等，外面刷以油漆，内侧涂以环烷酸铜防腐。木盆或木桶多用于大型建筑物前、广场和展览会的装饰，栽培植物如苏铁、南洋杉、棕榈、橡皮树等。

（4）紫砂盆

形式多样，造型美观，透气性稍差，多用来养护室内名贵盆花及栽植树桩盆景之用。

（5）塑料盆

质轻而坚固耐用，形状各异，色彩多样，装饰性极强，是国外大规模花卉生产常用的容器。但其排水、透气性不良，应注意培养土的物理性质，使之疏通透气。在育苗阶段，常用小型软质塑料盆，底部及四周留有大孔，使植物的根可以穿出，倒盆时不必倒出，直接置于大盆中即可，利于花卉的机械化生产。另外，也有不同规格的育苗塑料盆，整齐，运输方便，非常适于花卉的商品生产。

（6）纸盒

供培养不耐移植的花卉的幼苗之用，如香豌豆、香矢车菊等在露地定植前，在温室内纸盒中进行育苗。在国外，这种育苗纸盒已商品化，有不同的规格，在一个大盆上有数十个小格，适用于各种花卉幼苗的生产。

**2. 花卉栽培机具**

国外大型现代化花卉生产常用的农机具有播种机、球根种植机、上盆机、加宽株行距装置、运输盘、传送装置、收球机、球根清洗机、球根分检称重装置、切花去叶去茎机、切花分级机、切花包装机、盆花包装机、温室计算机控制系统、花卉冷藏运输车及花卉专用运输机械等。

## 三、设施花卉栽培的主要种类

可进行设施栽培的花卉种类包括一二年生、宿根、球根、木本等花卉，按其观赏用途及对环境条件的要求分为切花花卉、盆栽花卉、室内花卉和花坛花卉四大类。

### （一）切花花卉

**1. 切花类**

一二年生草花：金鱼草、勿忘我、情人草等。

宿根花卉：菊花、非洲菊、香石竹、洋桔梗、花烛、鹤望兰、一枝黄花、满天星（宿根霞草）等。

球根花卉：唐菖蒲、百合、郁金香、马蹄莲、彩色马蹄莲、小苍兰等。

水生花卉：睡莲、荷花等。

木本花卉：月季、一品红、山茶、八仙花、茉莉、桂花、梅花等。

兰科植物：蝴蝶兰、石斛兰等。

**2. 切叶类**

草本：天门冬、富贵竹、文竹、肾蕨、广东万年青、菖蒲、蜈蚣草、彩叶草、雁来红、石刁柏等。

木本：散尾葵、鱼尾葵、巴西铁、星点木、龟背竹、八角金盘、变叶木、棕竹、苏铁、棕榈、广玉兰、常春藤、小檗等。

**3. 切枝类**

枝条：南天竹、松枝、银芽柳等。

果枝：五指茄、佛手、金橘、火棘、金银木、海棠果、山楂等。

### （二）盆栽花卉

半耐寒：金盏花、紫罗兰、桂竹香等。

不耐寒花卉（温室花卉）：一品红、蝴蝶兰、大花蕙兰、花烛、仙客来、大岩桐、球根秋海棠、非洲凤仙（新几内亚凤仙）、天竺葵、马蹄莲等。

## 四、花卉的花期调控技术

### （一）花期调控的原理

**1. 内因**

生理条件要达到花前成熟，即成花诱导必须具备花前成熟的营养生长条件，植物必须达到一定大小、年龄或发育阶段，有一定的营养积累之后才能接受成花诱导，感应光周期反应和春化作用后才可能进行花芽分化和开花。

**2. 外因**

设施的光照、温度、水分、土壤、生物条件等环境条件的变化对开花都有影响，应多因素综合考虑，多手段综合运用，采用综合处理效果更理想，如温度加光照处理；栽培管理措施与催花或抑制处理的配合等，灵活进行促成或抑制栽培。

光照与温度要协调一致，组合起来处理才会有较好的效果。如秋菊要求短日照条件下分化花芽，但必须 15℃ 以上的温度。报春花短日照处理可促花芽分化，但只在 16～21℃ 才有效；温度降至 10℃，长、短日照条件下均可分化花芽；但温度升至 30℃，则长、短日照条件下均不分化花芽。

**（二）花期调控的作用**

（1）人工调节花期，采用促成栽培或抑制栽培，使自然花期提早或延迟，在需要开花的时间或季节形成产品。

（2）精确栽培，增加土地利用率。

（3）根据市场和需求提供产品，提高市场占有率，提高经济效益。

**（三）花期调控的途径**

**1. 温度调节**

温度调节对于开花的作用是打破休眠，提高休眠胚或生长点活性，并萌发生长；在低温下完成春化作用，使花芽开始分化和发育。不同花卉花芽分化、花芽发育、花茎的伸长所需适温不同，温度处理也因种类不同而有差别。采取相应的温度处理，可提前打破休眠，形成花芽，加速花芽发育，提早开花。反之则延迟开花。可用于打破休眠、春化作用、花芽分化、花芽生长和花茎伸长的控制等方面。

温度处理需要注意几个关键条件，处理温度以 20℃ 以上为高温，11～19℃ 为中温，10℃ 以下为低温。处理时间根据市场所需开花的时间来确定。处理时期根据不同植物的生态习性和开花时期可在植物处于休眠期或生长期进行处理。

（1）加温处理

目的是促进花芽分化发育提早开花或延长开花期。促进耐寒性花卉开花，解除耐寒性花卉的低温休眠，在花卉经过花芽分化或低温春化诱导后进入休眠期时，采用高温处理即可开花；或为了延长夏花的花期，防止夏花进入低温不开花。

加温处理可促进二年生春季开花花卉提前开花，如金盏菊、三色堇；促进多年生木本花卉提前开花，如牡丹、月季、迎春、山茶、杜鹃、碧桃、榆叶梅、梅花等；延长茉莉、栀子、白兰、米兰、美人蕉、金鱼草、麦秆菊等夏花的花期。

木本花卉、二年生春季开花花卉高温处理的时期通常在休眠期进行，在经过低温季节花芽分化过程后，升高温度可使多年生木本花卉和二年生春季开花花卉提早开花。高温处理的时间因品种和类型的不同而异。

若需牡丹在广州春节开花，要选对温度敏感适于催花的品种，于春节前 65～70d 起苗，晾晒 2～3d，前 53～55d 上盆，利用广州温暖的气候条件，按牡丹各生长发育期形态与积温对照表，采取喷水、塑料薄膜覆盖、遮阳、通风、加温等各种控温措施，并辅以修剪、激素处理，即可于春节开花。

梅花花芽分化在 6—8 月，经过冬季休眠期，早春温度回升后开花，如需在元旦开花，可于元旦前 50d 左右，供给 0~5℃低温，逐渐升高温度至 8~10℃，经常喷水，即可于元旦开花。二年生春季开花的金盏菊、三色堇等花卉，在经过第一年冬季低温春化作用的诱导后，当环境温度升高则可在冬季开花，如在不加温大棚越冬，入春后棚内温度升高较快，可于 3—4 月开花。

为延长夏花的花期，高温处理的时期则在生长期进行。在夏季高温开花的花卉，入秋温度下降即停止开花，若在温室保持 25~28℃，则花期可延长至国庆节或更长。

（2）低温处理

是为了满足耐寒性花卉花芽分化的条件，使耐寒性花卉顺利通过春化阶段；延长耐寒性花卉休眠期或减缓生长以延迟开花；或延长喜冷凉的花卉的花期，防止进入高温休眠使其连续开花；或打破休眠，促使部分在夏季高温期休眠的花卉开花。

生长季低温处理促进宿根花卉花芽分化，紫罗兰、报春花、菊花等原产温带的宿根花卉，冬季低温到来前及短日照下形成莲座状，经过低温处理后，在较高温度下可以抽薹开花。二年生草花在一定营养生长的基础上进行低温春化，促进花芽分化。冬季低温休眠、春夏开花的花木类，需先经自然低温打破休眠，后移进温室促进开花。低温防止喜温花卉夏眠，延长花期。

梅花、碧桃、迎春等植物于 1—2 月开花，有冬季低温期休眠、春季高温期开花的习性，如需延长休眠期延迟开花，则在春季气温回升前，将花卉移至温度为 1~4℃的冷室，使其继续处于休眠状态，并留通气口，只用灯光照射，需开花时移出冷室，先避风、遮阳，经常喷水；几天后移至阳光下，即可正常开花。若需"五一"节开花，先将植株放于冷室抑制花芽的发育，"五一"节前 30d 左右开始缓慢升温，即可在"五一"开花。

二年生草花如三色堇、金盏菊、雏菊开花，需将幼苗或萌发的种子放于 0~5℃处理，使其通过春化阶段后在高温下顺利开花。

为延长仙客来、吊钟海棠、天竺葵等植物的花期，防止进入夏眠，夏季利用设施降温至 28℃以下，可使开花不断。

秋植球根花卉在夏季休眠期花芽分化，在经过花芽分化期后采取低温诱导的方式，使秋植球根花卉提前解除休眠，提早开花。

**2. 光照处理**

人为控制长日照植物和短日照植物的日照长度可调节花卉植物的开花。

（1）长日照处理

促成长日照植物的开花和延迟短日照植物的开花。每天光照时数为 12~15h，能促进长日照植物开花，延迟短日照植物开花。

落日后用白炽灯、日光灯、低压钠灯补光，使用 100W 白炽灯，光强 100lx 即有充分的光照效果，如使用加有锡箔的反光罩，有效照明范围 15.6m²。采用彻夜照明法，明期延长法，暗期中断法（间隙照明法、交互照明法），补光期间间断暗期，在夜里给予短时间光照。

荷花、唐菖蒲等长日照的花卉，在短日照季节补充光照即可开花。若需要荷花春节开花，于春节前 100d 将荷花栽入盆内，水温 25~30℃，2 个月后，增加光照时数至 14~16h，便能于春节开花。

抑制菊花开花，可进行长日照处理，菊花自然花期为秋末冬初，将花期推迟到 12 月至 2 月，品种选择采用 9 月下旬花芽开始分化的晚花品种，光源设置为每 5m² 设 1 只 60W 的荧光灯。补光时间从日落开始继续加光 4～5h，或夜间光间断处理（夜里 30min 的照光，如高强度荧光灯，几分钟即可）。加光处理过程可延长到 10 月中下旬，保持夜温在 12℃以上，这时花芽开始分化，12 月至次年 2 月间即可见花。

（2）短日照处理

用于短日照植物的促成栽培和长日照植物的抑制栽培。每天给予 8～9h 光照，能促进短日照植物开花，延迟长日照花卉开花。如叶子花、秋菊、一品红等短日照的花卉，经过短日照处理后能在长日照条件下开花。

采用遮光处理，在日出之后或日落之前用黑布或黑色遮阳网对植物进行覆盖，创造短日照的条件。一般在傍晚约 4：00—5：00 开始处理，翌日上午 7：00—8：00 结束。春季或早夏进行遮光处理，要注意适当降低温度。

若需国庆节开花，则秋菊中早花品种需要提前 50～60d，一品红单瓣品种提前需要 45～55d，重瓣品种需要提前 55～65d，蟹爪兰、叶子花需要提前 45d 进行遮光处理，每天给予 8～9h 光照，其他时间严格遮光保持黑暗，处理不可间断。

菊花提前开花需采用短日照处理。选择对处理敏感、遮光后花色鲜艳、枝条粗壮、生长充实、处理后不变软的早花、中花品种。遮光时期的确定从预定开花期前推 50d 遮光，到花蕾显色止。遮光时间从午后 5 时开始遮光到次晨 7 时见光，夜间可将遮光物四周下部掀开通风。遮光的暗室要用黑布罩或黑塑料罩。顶端成熟的叶片要完全黑暗，基部不必要求过严。夏天处理要注意降温和通风。

（3）昼夜颠倒处理

对于一些晚上开花的花卉采用昼夜颠倒处理可使其在白天开花。自然界中昙花于晚上 8：00—12：00 开花，为使其白天开花，花蕾长 6～8cm 时，花前 1 周，白天完全遮光，放入暗室，夜间 100W/m² 光照，4～6d 即可在白天开花。

（4）改变光强延长开花时间

花开后为了延长花期，将花移入光线较弱的环境下，可延长花期，如菊花、水仙、瓜叶菊等。

**3. 农艺措施**

（1）调节播种期

充分利用温室、大棚等园艺设施的环境调节功能，合理安排花卉植物的播种期、扦插期、嫁接期或栽植期。一串红"五一"供花，8 月下旬播种，10 月上旬假植到温室，11 月中下旬上盆，3 月 10 日最后摘心即可，株幅可达 35～50cm。

（2）合理整形修剪

摘心可延迟花期，一串红于国庆前 25～30d 摘心，可于国庆开花；摘叶促进开花，榆叶梅于 9 月 8—10 日摘叶，9 月底 10 月上旬开花。早菊的晚花品种于 7 月 1—5 日修剪，早菊的早花品种于 7 月 15—20 日修剪，可于国庆开花。

月季用花前 2 个月进行修剪可调节花期，因温度、品种不同。国庆用花，可于 8 月中旬后据不同品种发芽特性陆续修剪。以第二段枝即第一批花后续发的枝为基准，从下部 1/3 处剪。短枝品种晚几天剪，因为其发芽快、长势旺。

紫薇"十一"开花，可于 8 月上旬将新梢短截，剪去全部花枝及 1/3 的梢端枝叶。

（3）肥水管理

氮肥促进营养生长，磷、钾肥促进花芽分化。增施磷肥，控制氮肥，促进花芽分化。高山积雪、仙客来等开花期长的花卉，于开花末期增施氮肥，可延长花期；在植株进行一定营养生长之后，增施磷、钾肥，有促进开花的作用。

控水使植物落叶休眠，然后在适当时候给水解除休眠。玉兰、丁香用此法可于国庆开花。

**4. 药剂处理**

可解除休眠，加速生长发育，促进开花和延迟开花。主要用于打破球根花卉及木本花卉的休眠，促进萌芽和生长，提前开花。常用 GA 类，如 GA3，还有：NAA、2，4-D、IAA、IBA、ABA、乙烯利、丁酰肼、CCC、PP333、乙醚、乙炔、秋水仙素、马来酰肼（MH）等。

用 GA3 处理杜鹃，可以代替低温打破休眠。从 9 月下旬用 $10\sim500\text{mg/L}$ 的 GA 处理紫罗兰 $2\sim3$ 次，可促进开花。用 0.3% 矮壮素施盆栽茶花，可促进花芽形成。乙烯利常用于凤梨催花（熟）等。

# 五、设施花卉栽培的关键技术

## （一）土壤管理

（1）根据种植的花卉种类，选择 pH 及质地适宜的土壤和种植地，必要时进行土壤改良和调整。

（2）土壤处理，对连续种植的连作地要进行土壤深翻、土壤消毒、土壤淋洗、增施基肥等。

（3）盆栽花卉的培养土配制

一般以壤土、河沙、腐殖质、有机肥按不同比例混合配制而成，应具有良好的理化性质、通气性和保水、排水功能。

一般盆花用土，适用于天竺葵、吊钟海棠、菊花及棕榈科植物。

需腐殖质较多的花卉用土，适用于秋海棠、报春花、蕨类植物等。

木本花卉用土，适用于杜鹃、瑞香等。

## （二）上盆、换盆、调转花盆位置

（1）上盆，用碎瓦片或窗纱盖于盆孔，以免盆土流失；先加碎石子、砖块以及适量培养土，然后将苗的土球放入并填充培养土。

（2）换盆，在入温室前或出温室后的休眠期进行。由小盆到大盆，直接将土球栽入；不扩大花盆时，将土球四周过多的须根剪除一部分，相应地疏除地上部分的一些枝叶，以保持地上地下平衡，形成优美株形。宿根或丛生木本植物，同时进行分株。

（3）转盆，目的防止因趋光性造成偏冠，防止根从盆孔伸出长入土中。在生长季节草花每周转一次盆；木本花卉 10d 一次。

（4）调盆，目的是防止因温室不同位置的环境条件不均匀使生长不均匀。

## （三）越冬、越夏管理

**1. 越冬管理**

（1）防冷风。不论是采用哪一种大棚类型，对搁放于大棚内或种植于大棚中的植株，都要防止冷风吹袭，通风透气只能在气温较高的晴天中午前后进行，并且应避开冷风。

（2）浇水。不宜过多，或改浇水为喷水，并要求水温与棚室温度基本一致，以保持盆土或苗床湿润为好，过湿易导致烂根。

（3）施肥。一般在棚室内越冬期间，要停止一切形式的施肥，以免造成肥害伤根。

（4）保温。日光大棚在特别寒冷的天气，应于塑料薄膜外加挂草帘，待温度回升后再行撤去。

（5）加温。有加温设备的连栋大棚，在特别寒冷的天气，应注意凌晨气温最低时不能中断加温，否则易造成冻害。

**2. 越夏管理**

一般可于气温达 15℃以后揭去薄膜。对喜光的种类，可给予全光照；对喜阴的种类，应加盖遮阳网以防阳光过烈灼伤叶片。

夏季是花卉的生长旺盛季节，应根据不同花卉种类的习性进行管理：喜湿的浇透水，喜干的保持盆土湿润，并加强叶面喷水，借以增湿降温。

对大部分花卉种类，除气温达 35℃以上外，均可每半月浇施一次薄肥水；对处于花芽分化阶段的茶花、梅花、蜡梅、含笑、海棠等，应适当追施 2～3 次低浓度的磷钾肥；对夏季处于休眠或半休眠状态的花卉种类，如仙人掌类、吊钟海棠、君子兰、仙客来、马蹄莲等，则应停止施肥，为其创造一个凉爽湿润的环境。

# 六、蝴蝶兰盆花生产

蝴蝶兰（*Phalaenopsis amabilis*），别名：蝶兰，属兰科蝴蝶兰属多年生常绿附生草本观赏植物，是单茎性附生兰，有"兰中皇后"之美誉。原产于南太平洋、亚洲热带和亚热带地区。是盆栽观赏、美化家庭、净化空气的名贵花卉。全世界原生种约有 70 多种，但原生种大多花小不艳，商品栽培的蝴蝶兰多是人工杂交选育品种。经杂交选育的品种有 530 种左右，以开黄花的较为名贵，名称为"天皇"的黄花品种，堪称蝴蝶兰中的"超级巨星"。

## （一）生态习性

### 1. 形态特征

具气生根，簇生，自叶腋处和茎上长出，粗大肉质，属于气生兰范畴。白色粗大的气根露在叶片周围，有的攀附在花盆的外壁，极富天然野趣。

茎缩短，花茎伸长。叶互生，两行排列，带形至矩圆形，肥厚、肉质，呈硬革质，表面具光泽。常 3～4 枚或更多，品种不同，正反两面的颜色不同，长 10～20cm，宽 3～6cm，具短而宽的鞘。

花序总状，花茎一至数枚，拱形，花大，因花形似蝶得名。侧生于茎基部，长达 50cm，花梗由叶腋中抽出，稍弯曲，花瓣 3 片，最上的一片称旗瓣，两侧的称翼瓣，下方的称唇瓣，唇瓣先端 3 裂，花萼 3 片，上部的称上萼片，两侧的称侧萼片，外形与花瓣相似，花梗由叶腋中抽出，稍弯曲，长短不一，开花数朵至数百朵，花色繁多，有白、红、紫、黄等，花姿优美，颜色华丽，可开花一个月以上。

蒴果呈长条形或卵形，内含 10 万～30 万粒种子，用试管内无菌播种的方法才能获得一定数量的小苗。

### 2. 环境条件

（1）光照

忌烈日直射，喜半阴的光照条件。烈日直射会大面积灼伤叶片，导致叶片烧伤产生烧痕，不利于观赏；叶片与根部需要提供足够光线才会发育良好，过阴的光照环境，会导致生长缓慢，不利于养分存储和开花。

属长日照观赏植物。随着花苗的生长，要求的光照度不断增加。瓶苗阶段 5~7klx，小苗 7~10klx，中苗 10~15klx，大苗 15~20klx，成花 20~40klx。

夏季在阳光直接照射下，光照强度可达 6~10klx，没有太阳的室外 0.1~1klx，夏天明朗的室内 100~550lx。

（2）温度

喜暖怕寒，生长适温 18~28℃，白天 25~28℃，夜间 18~22℃；低于 15℃ 即进入休眠，低于 10℃ 容易死亡。不同品种对温度的敏感度不同，一般白花红心蝴蝶兰温度敏感度高于红花，而红花兰又高于白花。

营养生长阶段生长适温为 26~27℃，开花阶段生长适温为 19~21℃。营养生长阶段低于 25℃ 容易产生冻伤。营养生长向生殖生长阶段转化时期对温度比较敏感，即抽花箭时期，存在一个关键的温度临界点，一般需持续 20~30d，要求日温保持在 20~25℃，夜温保持在 18~22℃，直至抽出花箭。

（3）湿度

大多数的蝴蝶兰产于潮湿的亚洲，喜湿怕旱，生长环境对湿度要求较高。最适宜的相对湿度范围为 60%~80%，过湿易产生病害。尤其是种苗生长阶段湿度需要从日间 70% 逐步过渡到夜间 90%，这一阶段，湿度越高种苗生长速度越快，也是病菌容易侵蚀种苗的时期。成花生长阶段理想的湿度从日间 60% 逐步过渡到夜间 80%，超过这一湿度范围，会导致灰霉菌对成花的侵害，影响成品花的品质。

（4）通风

喜欢空气高湿且通风的环境。要求温室内空气流动，空气的流动降低了病菌附着在蝴蝶兰上的概率，保证成花品质。温室内如果没有空气流动，水汽容易凝结在花朵和叶片上，不利于蝴蝶兰的生长。同时空气的流动有利于调节温室内二氧化碳的浓度，使之分布均匀，减小温室内不同区域蝴蝶兰生长品质的差异。

（5）土壤

蝴蝶兰的根系需疏松透气的土壤环境，质料疏松则根生长强健。常用的基质有苔藓、蕨根、树皮、木炭、陶粒。

**（二）蝴蝶兰的繁殖**

蝴蝶兰属单轴型兰花，一生只产生一条主茎和一个生长点，种苗繁殖主要采用组织培养、无菌播种繁殖和花梗催芽繁殖法等方法。组织培养和无菌播种用于大规模生产繁殖；分株繁殖通常用于少量繁殖或家庭繁殖。

**1. 播种繁殖法**

播种繁殖法是以蝴蝶兰种子播种而得到的具根茎叶完整的植株的繁殖方法。播种繁殖法培育形成的苗又称为实生苗。蝴蝶兰无菌播种的采果适宜时期是授粉后 110~130d。播种后 150~180d 便可培养出瓶小苗，出瓶小苗经 1 年以上栽培便可开花成为商品花。

**2. 花梗催芽繁殖法**

以蝴蝶兰的各种组织或器官繁殖（种子以外）而得到的具根茎叶完整的植株的繁殖方法称为分株繁殖法，通过分株繁殖法形成的苗称为分生苗。分株法操作简单，但相对成苗率较低。花梗催芽繁殖法是分株繁殖法的一种类型。

蝴蝶兰养到一定大小的时候，在花梗上会长出小株，将其切下另栽即为花梗催芽繁殖法。通过以花梗腋芽为外植体的无性繁殖方法，建立了无性繁殖系。其具体做法如下：当花凋落后，留14个节间，多余的花梗用剪刀剪去，然后将花梗上部13节的节间包片用利刃切除，用蘸有吲哚丁酸或生根粉的药棉均匀涂抹在裸露的节间，将处理过的兰株置于半阴处，温度保持在25～28℃。2～3周后即可见芽体出叶，3个月左右可长成3～4叶带根的小植株，即可切下上盆栽植。

**3. 组培快繁**

将出芽的类原球茎继代培养于 [1/2MS＋60mg/L 香蕉＋2g/L 活性炭] 温度（25±2)℃，光照 16h/d，光强 2000lx。当蝴蝶兰组培苗长到 3～4 叶、6cm 高、2～3 条根时，炼苗 7～10d 后从容器中取出进行水培移栽，培养条件为白天 26℃，晚上 20℃，湿度75％，光强 11000lx。

**（三）养护管理**

**1. 光度**

刚购买瓶苗的光照缓慢上升到 5000lx，出瓶后由 3000～5000lx，进入正常管理的5000～7000lx，Φ8.4cm 的中苗要求光强 10000～30000lx，Φ10.6cm 的大苗要求 15000～18000lx，促花时光强要求 7000～8000lx，花芽萌发至花梗 10～15cm 时，光照由 10000lx缓慢上升至 14000lx，各时期管理缓慢过渡。根据不同苗期光的需求，结合天气状况，通过内外遮光网的收缩来控制光强。

**2. 温度**

蝴蝶兰大、中、小白天温度要求基本相同，以不超过 30℃ 为宜，夜间中小苗要求23℃，大苗要求 20℃。促花时白天要求 20～24℃，夜间 17～20℃，第一朵花后白天 25～28℃，夜温 20～22℃。温度低时用加温机加热，温度高时可用风机—水帘降温。

**3. 湿度**

营养生长阶段湿度要求 90％以上最佳，促花处理阶段湿度要求 70％～80％，开花后湿度要求 50％即可。用水帘通风及地面喷湿等措施可调控湿度。

**4. 灌溉**

蝴蝶兰的气根具有很强的吸收能力，能吸收氧气、养分、水分等，水分过多会造成窒息死根，因此蝴蝶兰浇水应在见干时用细水灌淋，操作时尽量不让水滞留在叶片凹处或生长点上，以防引起霉变或感染，灌到软盆底孔有水溢出即可。

蝴蝶兰对水质的要求很重要，特别是水的总硬度和含铁量 2 个指标，总硬度应低于50mg/L，铁含量应低于 0.1mg/L。可将自来水放置 1～2d 后使用。浇水时注意干湿交替，植株干了再浇，切忌保持湿润状态。水温与苗生长环境温度保持一致，夏天上午越早浇水越好，冬天上午 10 点后浇水最宜。浇水前后及浇水时要检查兰株干湿。正常浇水后，仍有部分兰株干枯缺水，叶片软垂现象时，必须设法提高空气湿度，切不可天天猛灌水。

**实训项目**

## 实训 6-18　设施花卉的催花方案的制定

**（一）目的要求**

让学生掌握在有设施保护的条件下完成花卉的催花技术，提升学生对设施运用的能力。

（二）场地、材料与用具

场地：科研院校实验基地、科学研究所实验基地、公园、植物园、生产基地的各种栽培温室、观赏温室、繁育温室、育苗场所等。

材料与用具：花卉种苗、基质、农具、吊绳、有机肥、化肥等。

（三）内容与方法

（1）确定花卉催花的种类，栽培上市销售时期，以及栽培管理方案；设施土地整理消毒；设施灯光设备是否完备，遮光系统是否完善，增温降温设备检查。

（2）基质准备好，将花卉上盆、移栽，然后放到设施中准备催花处理。

（3）根据不同花卉种类和上市要求进行催花。根据原理，增加光照可促进长日照花卉植物开花，延迟短日照植物开花。反之，减少光照可促进短日照花卉植物开花，延迟长日照植物开花。

（4）将经过催花过程的花卉进行移栽和管理，培育成商品花卉。

（5）上市销售。

（四）作业

设施花卉的催花技术。

## 实训 6-19　蝴蝶兰工厂化生产和管理

（一）目的要求

通过实践操作让学生掌握蝴蝶兰工厂化生产具体流程、蝴蝶兰工厂化生产的设施环境调节控制技术、设施环境条件下蝴蝶兰工厂化生产管理技术，提高学生对理论知识认知运用的能力。

（二）场地与用具

场地：科研院校实验基地、科学研究所实验基地、公园、植物园、生产基地的各种栽培温室、观赏温室、繁育温室、育苗场所等。

用具：施肥机、浇水车、精量播种生产线、计算机自动控制系统。

（三）内容与方法

（1）炼苗。瓶苗出瓶前先打开瓶盖，在温室内炼苗2周，使其适应出瓶环境，增加成活率。

（2）小苗管理。出瓶苗植于4cm塑料盆中，经3个月，叶幅达10cm左右，根系健壮时，可换到6cm盆中。

（3）中苗管理。经过4个月左右，叶幅达20cm，且根系健壮，即可换到8cm盆中。

（4）大苗管理。经过9个月左右，即可依需要外销或换成12cm盆后入催花房催花。

（5）催花。成熟株经过低温（25～18℃）处理以后，即可花芽分化，再经3～4个月，花开2～3朵时可移出催花房。

（6）成品。盆花移出催花房后，加以整形固定花梗，放置在仓储区待售。

（四）作业

蝴蝶兰工厂化生产流程有哪些环节？如何管理？

**参考文献**

［1］汪志辉，贺忠群．设施园艺学［M］．北京：中国水利水电出版社，2013．

［2］张福墁．设施园艺学［M］．北京：中国农业大学出版社，2010．

[3] 李式军, 郭世荣. 设施园艺学 [M]. 北京：中国农业出版社, 2002.

[4] 陈青云. 农业设施学 [M]. 北京：中国农业大学出版社, 2001.

[5] 张庆霞, 金伊洙. 设施园艺 [M]. 北京：化学工业出版社, 2009.

[6] 邹志荣. 园艺设施学 [M]. 北京：中国农业大学出版社, 2002.

[7] 陈杏禹. 李立申. 园艺设施 [M]. 北京：化学工业出版社, 2011.

[8] 陈国元. 园艺设施 [M]. 苏州：苏州大学出版社, 2009.

[9] 胡晓辉. 园艺设施设计与建造 [M]. 北京：科学出版社, 2017.

[10] 韩世栋, 黄晓梅, 徐小芳. 设施园艺 [M]. 北京：中国农业大学出版社, 2011.

[11] 韩世栋, 周桂芳. 设施蔬菜园艺工 [M]. 北京：中国农业大学出版社, 2016.

[12] 韩世栋. 现代设施园艺 [M]. 北京：中国农业大学出版社, 2014.

[13] 胡繁荣. 设施园艺 [M]. 上海：上海交通大学出版社, 2008.

[14] 人力资源和社会保障部教材办公室, 新疆生产建设兵团人力资源和社会保障局、农业局. 设施园艺：果树种植 [M]. 北京：中国劳动社会保障出版社, 2015.

[15] 张志轩. 设施园艺 [M]. 重庆：重庆大学出版社, 2013.

[16] 张彦萍. 设施园艺 [M]. 北京：中国农业出版社, 2010.

[17] 张志斌, 葛红, 王耀林. 设施园艺工程技术 [M]. 郑州：河南科学技术出版社, 2000.

[18] 郭世荣. 设施蔬菜生产技术 [M]. 北京：化学工业出版社, 2013.

[19] 马利允, 王开云. 设施蔬菜栽培技术 [M]. 北京：中国农业科学技术出版社, 2014.

[20] 宋士清, 王久兴. 设施蔬菜栽培 [M]. 北京：科学出版社, 2016.

[21] 隋好林, 王淑芬. 设施蔬菜栽培水肥一体化技术 [M]. 北京：金盾出版社, 2015.

[22] 郭大龙. 设施果树栽培 [M]. 北京：科学出版社, 2018.

[23] 陈海江. 设施果树栽培 [M]. 北京：金盾出版社, 2010.

[24] 雷世俊, 赵兰英. 果树设施栽培 [M]. 济南：山东科学技术出版社, 2015.

[25] 王晓娅, 邓志力, 郑艾琴. 果树设施栽培技术 [M]. 银川：宁夏人民出版社, 2009.

[26] 农业部农民科技教育培训中心, 中央农业广播电视学校. 设施果树栽培技术 [M]. 北京：中国农业大学出版社, 2009.

[27] 张占军. 果树设施栽培学 [M]. 咸阳：西北农林科技大学出版社, 2009.

[28] 赵春生, 石磊. 草莓设施栽培 [M]. 北京：中国林业出版社, 1998.

[29] 裴孝伯. 有机蔬菜无土栽培技术大全 [M]. 北京：化学工业出版社, 2010.

[30] 孙红梅, 李天来. 设施花卉栽培技术 [M]. 郑州：中原农民出版社, 2015.

[31] 王建书, 卢彦琪. 花卉设施栽培 [M]. 北京：中国社会出版社, 2009.

[32] 王金政, 张安宁, 樊圣华. 山东省果树设施栽培生产现状与展望 [J]. 中国果树, 1999 (3)：46.

[33] 李星, 刘海河, 张彦萍, 等. 一种新型装配式节能日光温室的设计和建造 [J]. 农业工程技术 (温室园艺), 2018, 38 (13)：75-77.

[34] 张晖, 孙婷婷, 潘庆刚, 等. 大型智能玻璃温室内中高端花卉品种种植要点及效益分析 [J]. 农业工程技术 (温室园艺), 2018, 38 (13)：36-42.

[35] 李宪利, 高东升, 夏宁. 果树设施栽培的原理与技术研究 [J]. 山东农业大学学报, 1996, 27 (2)：227-232.

[36] 王跃进, 杨晓盆. 日本设施果树生产现状 [J]. 中国果树, 2001 (4)：55-56.

[37] 连青龙. 中国花卉产业的发展现状、趋势和战略 [J]. 农业工程技术 (温室园艺), 2018, 38 (13)：28-35.

[38] 申海林, 温景辉, 邹利人, 等. 我国果树设施栽培研究进展 [J]. 吉林农业科学, 2007, 32 (2)：50-54.

［39］ 程堂仁，王佳，张启翔，等. 中国设施花卉产业形势分析与创新发展 ［J］. 农业工程技术（温室园艺），2018，38（13）：21-27.

［40］ 汪晓云，韩冬华，李晓红. 基质无土栽培常见生育障碍的诊断和防治 ［J］. 温室园艺，2003（6）：17-18.

［41］ 汪晓云，陆桦，王海鹏，等. 优化作物生长环境的设施配置及其调控技术 ［J］. 温室园艺，2005（5）：32-34.

# 第七章　热带园艺产品贮藏与加工技术

## 第一节　热带园艺产品贮藏技术

### 一、热带园艺产品贮藏技术概述

园艺产品贮藏方式很多，但各种贮藏方式根本上都在于提供一定的贮藏环境和相应的措施，以抑制微生物的活动和延缓园艺产品的衰老，最大限度地保持其本身的耐贮性和抗病性，达到延长贮藏寿命的目的。故而，各类贮藏方式所具备有利条件的程度和水平的高低，决定了它们贮藏效果的差异。

### 二、热带园艺产品贮藏方法

园艺产品在贮藏中，需要调节和控制的环境因素为温度、湿度和气体成分。从这三方面看，又以温度为最主要的控制因素，因此，园艺产品贮藏方式的分类也以温度控制方式为主要依据。依靠天然的温差来调节贮藏温度的，称为常温贮藏；用人工方法维持贮藏低温的，称为低温贮藏；在调节温度的基础上，再加上气体成分的调节与控制，则称为气调贮藏。

#### （一）常温贮藏

常温贮藏是根据外界环境温度的变化来调节或维持一定的贮藏温度，贮藏场所的贮温总是随着季节的更替和外界温度的变化而变化，故在使用上受地区条件和气候变化的限制。常温贮藏根据其结构设施分为简易贮藏和通风库贮藏。

简易贮藏主要包括堆藏、沟藏、窖藏、冻藏和假植贮藏。它们大多来自民间经验的不断积累和总结，贮藏场所形式多样，设施简单，具有利用当地气候条件、因地制宜的特点。由于这类贮藏方式主要利用自然温度来维持所需的贮藏温度，在使用上受到一定程度的限制。海南位于热带亚热带地区，全年高温，显然常温贮藏在推广上是不适宜的。

通风库贮藏是在棚窖的基础上演变而成的，它是具有隔热结构的建筑，利用库内外温度的差异和昼夜温度的变化，以通风换气的方式来保持库内比较稳定而适宜的贮藏温度的一种贮藏场所。建造时设置了更完善的通风系统和绝热结构，降温和保温效果都得到提高，操作更方便，但通风库贮藏是依靠自然温度来调节库内的温度，仍属于常温贮藏，所以在使用上仍有一定限制。

#### （二）低温贮藏

低温贮藏是人为调节和控制适宜的贮藏环境，使之不受外界环境条件限制的一种贮藏方法，它对保持果蔬品质和延长贮藏寿命有显著效果。具体可从下面几方面得出此结论。

（1）低温对呼吸作用和其他代谢过程的抑制：在一定范围内，随着温度的升高，果蔬的呼吸强度增大，温度降低则呼吸强度减小。在不冻结的低温范围内，果蔬的呼吸作用受到显著的抑制，与呼吸相偶联的各种营养成分的消耗过程变得缓慢，因此低温是保持果蔬品质的适宜条件。

（2）低温对水分蒸发的抑制：贮藏过程中果蔬蒸腾是一种物理过程，其强度与温度高低呈正相关。大多数新鲜果蔬，当其水分损耗超过重量的5％时，就会出现萎蔫，新鲜度下降。低温对蒸腾作用的抑制，起到保持果蔬新鲜度的作用。

（3）低温对成熟和软化过程的抑制：果蔬的成熟和衰老是一系列的生理生化过程，这一过程在低温的影响下变得比较缓慢。一些肉质性果蔬，在贮藏中其质地逐渐软化，是品质降低的一个方面，冷藏则可以大大延缓果蔬的软化过程。一些呼吸跃变型果实，在成熟过程中有较多的乙烯释放出来，乙烯可以刺激果实自身的成熟过程，但在低温条件下，果蔬的乙烯产生受到明显的抑制。

（4）低温对发芽生长的抑制：具有休眠特性的果蔬，如马铃薯、洋葱等，在通过休眠阶段以后就会发芽生长，导致其品质和耐贮性下降。在冷藏的情况下，通过低温的强制休眠作用可以延长休眠阶段，抑制发芽生长，从而有利于长期保藏。

低温冷藏虽然可以广泛地用来延长果蔬的贮藏寿命，但用于一些对低温敏感的果蔬则易导致冷害的发生，尤其原产热带和亚热带的果蔬特别突出。所以，在低温冷藏技术的实际应用中，确定适宜的冷藏条件是至关重要的，这往往要根据果蔬的种类、成熟度、贮藏特性以及贮藏期长短等多方面的情况来综合考虑。

低温贮藏获得所需低温的贮藏方法，按冷源的不同，可分为冰藏和机械冷藏。

冰藏是利用冰的融化吸收周围的热量，从而降低和维持产品低温的贮藏方法。冰的融化热为334.46kJ/kg，所以，冰的融化可吸收大量的热能，从而使环境温度下降。贮藏库的温度可根据加冰量的多少及冷藏库的总热量平衡进行计算。在贮藏量等条件一定的情况下，以加冰的多少来控制温度。在使用天然冰时，一般只能得到2～3℃的贮藏环境温度，如果希望维持贮藏库更低的温度，可以在冰中加入食盐、氯化钙等。冰藏法在北方地区天然冰源丰富的地区使用比较普遍，在热带亚热带地区主要用于短期的降温，如荔枝的短期保藏。

机械冷藏法是目前世界上应用最广泛的园艺产品贮藏方式，也是我国新鲜园艺产品的主要贮藏方法。它是在有良好的隔热性能的库房中，安装机械制冷设备，通过机械制冷系统的作用，控制库内的温度和湿度，从而维持适宜的贮藏环境，达到长期贮存产品的目的。

根据制冷要求不同，机械冷藏库分为高温库（0～10℃左右）和低温库（低于－18℃）两类，园艺产品机械冷藏是采用高温库。

**（三）气调贮藏**

气调贮藏即调节气体成分贮藏，就是在适宜的低温条件下减少贮藏环境空气中的氧气并增加二氧化碳的贮藏方法，是目前国际上园艺产品保鲜的最先进和最有潜力的现代化贮藏手段。

**1. 基本原理**

气调贮藏是在一定的封闭体系内，通过各种调节方式得到不同于正常大气组成的调节气体，以此来抑制食品本身引起食品劣变的生理生化过程或抑制作用于食品的微生物活动过程。

气调主要以调节空气中的氧气和二氧化碳为主，因为引起食品品质下降的食品自身生理生化过程和微生物作用过程，多数与氧和二氧化碳有关。另一方面，许多食品的变质过程要释放二氧化碳，二氧化碳对许多引起食品变质的微生物有直接抑制作用。

气调贮藏技术的核心是使空气组分中的二氧化碳浓度上升，氧气的浓度下降，配合适当的低温条件，来延长食品的寿命。

**2. 分类**

（1）自然降氧

自然呼吸降氧法（普通气调冷藏，即 MA 贮藏）指的是最初在气调系统中建立起预定的调节气体浓度，在随后的贮存期间不再受到人为调整，是靠果蔬自身的呼吸作用来降低氧的含量和增加二氧化碳的浓度。

特点：操作简单、成本低、容易推广。特别适用于库房气密性好，贮藏的果、蔬为一次整进整出的情况。但是对气体成分的控制不精细（稍作改进也只是在最初贮藏时加入一些干冰，以使二氧化碳浓度快速上升）；降氧速度慢（降氧一般需 20d，中途不能打开库门进货或出货。此外，由于呼吸强度、贮藏环境的温度均高，故前期气调效果较差，如不注意消毒防腐，难以避免微生物对果蔬的危害）；贮存一段时间后，需补充新鲜空气，以冲淡二氧化碳和补充氧气；果蔬在贮藏过程中产生的乙烯等气体易在库内积累。

（2）快速降氧

快速降氧法（也称 CA 贮藏）即利用人工调节的方式，在短时间内将大气中的氧和二氧化碳的含量调节到适宜果蔬贮藏比例的降氧方法。又叫"人工降氧法"。

降氧方式：

① 机械冲洗式气调冷藏：把库外气体通过冲洗式氮气发生器，加入助燃剂使空气中氧气燃烧来减少氧气，从而产生一定成分的人工气体（氧气为 2%～3%，二氧化碳气为 1%～2%）送入冷藏库内，把库内原有的气体冲出来，直到库内氧气达到所要求的含量为止，过多的二氧化碳气体可用二氧化碳洗涤器除去。该法对库房气密性要求不高，但运转费用较大，故一般不采用。

② 机械循环式气调冷藏：把库内气体借助助燃剂在氧气发生器燃烧后加以逆循环再送入冷藏库内，以造成低氧和高二氧化碳环境（氧气为 1%～3%，二氧化碳为 3%～5%）。该法较冲洗式经济，降氧速度快，库房也不需高气密，中途还可以打开库门存取食品，然后又能迅速建立所需的气体组成，所以这种方法应用较广泛。

优点：降氧速度快，贮藏效果好，对不耐贮藏的果蔬更加显著；可及时排除库内乙烯，推迟果蔬的后熟作用。库房气密性要求不高，减少了建筑费用。

（3）混合除氧

混合除氧法（又称半自然降氧法）主要包括以下两种。

充氮气自然除氧法：即自然降氧法与快速降氧法相结合的一种方法。

用快速降氧法把氧含量从 21%降到 10%较容易，而从 10%降到 5%则耗费较大，成本较高。因此，先采用充氮气快速降氧法，使氧迅速降至 10%左右，然后再依靠果蔬的自身呼吸作用使氧的含量进一步下降，二氧化碳含量逐渐增多，直到达到规定的空气组成范围后，再根据气体成分的变化进行调节控制。

充二氧化碳自然降氧法：是在果、蔬进塑料薄膜帐密封后，充入一定量的二氧化碳，再依靠果、蔬本身的呼吸及添加硝石灰，使氧和二氧化碳同步下降。这样，利用充入二氧化碳来抵消贮藏初期高氧的不利条件，因而效果明显，优于自然降氧法而接近快速降氧法。

优点：储藏初期氧气下降速度快，控制了果蔬的呼吸作用，所以比自然降氧法优越；而在中后期靠果蔬的呼吸作用自然降氧，比快速降氧法成本低。

（4）减压降氧

即采用降低气压来使氧的浓度降低，同时室内空气各组分的分压都相应下降的降氧方法。又称为低压气调冷藏法或真空冷藏法，是气调冷藏的进一步发展。

原理：采用降低气压来使氧的浓度降低，从而控制果、蔬组织自身气体的交换及贮藏环境内的气体成分，有效地抑制果、蔬的成熟衰老过程，以延长贮藏期，达到保鲜的目的。

一般的果蔬冷藏法，出于冷藏成本的考虑，没有经常换气，使库内有害气体慢慢积蓄，造成果蔬品质降低。在低压下，换气成本低，相对湿度高，可以促进气体的交换。另外，减压使容器或贮藏库内空气的含量降低，相应地获得了气调贮藏的低氧条件。同时，也减少了果蔬组织内部的乙烯的生物合成及含量，起到延缓成熟的作用。

特点：

① 储藏时间长：气调贮藏综合了低温和环境气体成分调节两方面的技术，推迟了成熟衰老，使得果蔬储藏期得以较大程度地延长。

② 保鲜效果好：气调贮藏应用于新鲜园艺产品贮藏时能延缓产品的成熟衰老，抑制乙烯生成，防止病害的发生，使经气调贮藏的水果色泽亮，果柄青绿，果实丰满，果味纯正，汁多肉脆。与其他储藏方法比，气调贮藏引起的水果品质下降要少得多。

③ 减少储藏损失，产生良好的社会和经济效益。

④ 货架期长：经气调储藏后的水果由于长期处于低氧和较高二氧化碳的作用下，在解除气调状态后，仍有一段很长时间的"滞后效应"。

⑤ "绿色"储藏：在果蔬气调储藏过程中，由于低温，低氧和较高的二氧化碳的相互作用，基本可以抑制病菌的发生，储藏过程中基本不用化学药物进行防腐处理。其储藏环境中，气体成分与空气相似，不会使果蔬产生对人体有害的物质。在储藏环境中，采用密封循环制冷系统调节温度。使用饮用水提高相对湿度，不会对果蔬菜产生任何污染，完全符合食品卫生要求。

### 实训项目

## 实训 7-1　果蔬呼吸强度测定（静置法）

**（一）目的要求**

通过实训教学，让学生掌握静置法测定果蔬呼吸强度的原理和方法。

**（二）材料及用具**

苹果、梨、柑橘、番茄、黄瓜、青菜等。

0.4N 氢氧化钠、0.3N 草酸、饱和氯化钡溶液、酚酞指示剂、凡士林。

干燥器、滴定管架、铁夹、25mL 滴定管、150mL 三角瓶、500mL 烧杯、$\phi$8cm 培养皿、小漏斗、10mL 移液量管、洗耳球、100mL 容量瓶、万用试纸、天平。

## （三）内容与方法

（1）用移液管吸取 0.4N 的氢氧化钠 20mL 放入培养皿中，将培养皿放进呼吸室，放置隔板，放入 0.5kg 左右果蔬，封盖，测定 1h 左右（要记录测量具体时间，放置到快要下课为止）取出培养皿把碱液移入三角瓶中（冲洗 3～5 次），加饱和氯化钙 5mL 和酚酞指示剂 2 滴，用 0.3N 草酸滴定，用同样方法做空白滴定。

（2）结果与计算

计算公式：

$$呼吸强度(CO_2 mg/kg \cdot h) = \frac{(V_1 - V_2) \cdot N \cdot 44}{W \cdot t}$$

$N = H_2C_2O_4$ 摩尔浓度

$W =$ 样品重量（kg）

$t =$ 测定时间（h）

$44 = CO_2$ 摩尔质量

## （四）作业

填写表 7-1

实验结果 表 7-1

| 样品名称 | 样品重/kg | 测定时间/h | 0.4NNaOH/mL | 0.2NH₂C₂O₄用量/mL | | 滴定差/mL ($V_1 - V_2$) | $CO_2$/ (mg/kg · h) | 测定温度/℃ |
| | | | | 空白（$V_1$） | 定测（$V_2$） | | | |
| --- | --- | --- | --- | --- | --- | --- | --- | --- |
| | | | | | | | | 室温 |

# 第二节　热带园艺产品加工技术

## 一、热带园艺产品加工技术概述

园艺产品的加工技术主要有制汁、酿造、罐制、腌制、干制，最少处理加工及副产品的综合利用。

## 二、热带园艺产品加工方法

### （一）制汁

制汁就是将新鲜果蔬经挑选、清洗、压榨或浸提等预处理制成汁液，进行调配后装入包装容器中，再经过密封杀菌，能得以长期保藏的一种加工技术；产品有澄清果汁和浑浊果汁。

### （二）酿造

酿造包括果酒和果醋的酿造。果酒是利用酵母菌将果汁或果浆中可发酵性糖类经酒精发酵作用成酒精，再在陈酿澄清过程中经过酯化、氧化、沉淀等作用，制成酒液清晰、色泽鲜美、醇和芳香的制品。而果醋主要以残次的果皮、果屑、果心等为原料，经酒精发酵和醋酸发酵最后生成醋酸。很多果醋因具有特殊的保健功效而被作为保健饮品。

### （三）罐制

罐制就是将果蔬原料经预处理后密封在容器或包装中，通过杀菌工艺杀灭大部分微生物的营养细胞，在维持密闭和真空的条件下，得以在室温下长期保存的加工技术。

罐头加工的主要工艺流程是：原料选择→预处理→装罐→排气、密封→杀菌、冷却→保温检验→包装。

原料选择：果蔬原料应当具有良好的营养价值、感官品质、新鲜度，无病虫害，无机械伤，还应供应期长，可食部分比例高，这些都是利用果蔬原料加工一般食品的通用要求。对加工罐头食品而言，不同品种的原料应当具有其良好的罐头加工适应性。

预处理：果蔬原料装罐前的预处理工艺包括原料的分选、洗涤、去皮、修整、热烫与漂洗等。

装罐：装罐方法分为人工装罐和机械装罐2种。人工装罐多用于肉禽类、水产、果蔬等块状物料。因原料差异较大，装罐时需进行挑选，合理搭配，并按要求进行排列装罐。机械装罐一般用于颗粒状、糜状、流体或半流体等产品的装罐，如午餐肉、各种果酱、果汁等。该法具有装罐速度快、均匀、卫生的特点。

排气：排气有助于防止需氧菌和酵母菌的生长繁殖，有利于食品色、香、味及营养成分的保存，排废气方法主要有热力排气、真空排气和喷蒸汽排气。

密封：不同容器，要采用不同的方法进行密封。金属罐的密封是指罐身的翻边和罐盖的圆边在封口机中进行卷封，使罐身和罐盖相互卷合形成紧密重叠的二重卷边的过程。卷封式玻璃瓶采用卷边密封法密封，它依靠封罐机的压头、托底板、滚轮的作用完成操作。旋转式玻璃瓶上有3～6条螺纹线，瓶盖上有相应数量的盖爪，密封时将盖爪和螺纹线始端对准、拧紧即可。

杀菌：罐头杀菌的方法有很多，如加热杀菌、火焰杀菌、辐射杀菌和高压杀菌等，应用最多的仍是加热杀菌。常用杀菌方式有间歇式静止高压杀菌、间歇式静止常压杀菌、连续式常压杀菌等。

冷却：小型罐头用巴氏杀菌时，可直接用常压冷却。但直径在102mm以上的罐头在116℃以上的温度杀菌时，以及直径小于102mm的罐头在121℃以上的温度杀菌时，则需要用反压冷却的方法来冷却。

**（四）腌制**

腌制包括糖腌和盐腌。糖腌加工主要依靠食糖产生的高渗透压抑制微生物的活动。食糖本身对微生物无毒，且低浓度还有利于微生物生长和繁殖，但超过55％的食糖溶液具有强大的渗透压，使微生物的细胞原生质脱水失去活力。产品有蜜饯类和果酱类。采用保持原料组织形态的糖渍法的食品原料虽经洗涤、去皮、去核、去芯、切分、烫漂、浸硫或熏硫以及盐腌和保脆等预处理，但在加工中仍在一定程度上保持着原料的组织结构和形态。果脯、蜜饯和凉果类产品的加工属于这类糖渍法。而果酱类则是破碎原料组织形态的糖渍法。

蔬菜盐腌是利用食盐的高渗透、微生物的发酵及蛋白质的分解等一系列的生物化学作用，达到抑制有害微生物的活动。其产品根据腌制工艺和食盐用量、产品风味等差异，分为发酵性腌制品和非发酵性腌制品两大类。食品腌制时常用的腌制剂是食盐。为了保证盐腌工艺的过程顺利进行和腌制品的质量，腌制时，食品原料应符合盐腌工艺的要求，加工所用水须达到国家饮用水标准，食盐则要求氯化钠含量高，其他无机盐类和杂质含量少，符合食用盐国家标准规定，并按照各类腌制食品的要求确定用盐量或盐水的浓度。食品在腌制后既提高了它的保藏性，也改善了质构、色泽和风味。

### （五）干制

干燥（Drying）是在自然条件或人工控制条件下促使食品中水分蒸发的工艺过程。干燥包括自然干燥，如晒干、风干等和人工干燥，如热空气干燥、真空干燥、冷冻干燥等。脱水（Dehydration）是为保证食品品质变化最小，在人工控制条件下促使食品水分蒸发的工艺过程。脱水食品不仅应达到耐久贮藏的要求，而且要求复水后基本上能恢复原状。食品干藏是脱水干制品在它的水分降低到足以防止腐败变质的水平后，始终保持低水分进行长期贮藏的过程。

干燥是食品保藏最久远的方法之一。最经济、最简单方便的形式无疑是自然干燥。人类很早就利用自然干燥来处理谷类、果蔬和鱼、肉制品，达到延长储藏期的目的。我国不少土特产如红枣、柿饼、葡萄干、香蕈、金针菜、玉兰片（笋干）、萝卜干和梅菜等是晒干制成，而风干肉、火腿和广式香肠则经风干或阴干后再保存。即使在经济发达国家，自然干燥仍是常用的干燥方法。在世界上许多地方，现在仍然沿用日光干燥法，但该法有一些明显的缺点，例如：日光干燥依赖于某些无法严格控制的因素；干燥缓慢，不适用于许多优质产品；干燥产品的含水量偏高（一般都大于 15％），使许多食品的贮藏稳定性受到影响；需要相当大的干燥场地，约为人工脱水所需场地的 20 倍；露置的食品易受灰尘、虫、鼠和鸟类的侵害；在干燥过程中，果蔬组织因发酵和呼吸作用，糖类有所损失，颜色也在变化。

1780 年，有人用热水处理蔬菜，再风（晒）干或将蔬菜放在烘房的架子上进行人工干燥。人工干燥在室内进行，不再受气候条件限制，干燥时间缩短，易于控制，产品质量显著提高，成为主要的干燥方法。1878 年德国人研制第一台辐射热干燥器，4 年后真空干燥器也诞生了。到 20 世纪初，热风脱水蔬菜已大量工业化生产。最早采用的人工控制加热的干燥方法是烘、焙、炒，以后发展了热风隧道式干燥器以及气流式、流化床式和喷雾式干燥。虽然人工控制干燥具有快速、卫生和质量便于控制的优点，但是其能耗和干燥成本较大。

人工干制在室内进行，不再受气候条件限制，操作易于控制，干制时间显著缩短，相应的产品质量上升，成品率有所提高。食品干燥不但有利于食品的保藏，而且方便运输，降低运输成本，在加工中可提高设备的生产能力以及提高废渣和副产品的利用价值。

食品干燥是一个复杂的物理化学变化过程。干燥的目的不仅要将食品中的水分降低到一定水平，达到干藏的水分要求，又要求食品品质变化最小，有时还要改善食品质量。食品干燥过程涉及热和物质的传递，需控制最佳条件以获得最低能耗与最佳质量；干燥过程常是多相反应，综合化学、物理化学、生物化学、流变学过程的结果。因此研究干燥物料的特性，科学地选择干燥方法和设备，控制最适干燥条件，是食品干燥面临的主要问题。

经干燥的食品，其水分活性较低，有利于在室温条件下长期保藏，以延长食品的市场供给，平衡产销高峰。干制食品重量减轻、容积缩小，各种脱水干制品的容积均低于罐藏或冷藏食品的容积，容积缩小和重量减轻可以显著地节省包装、储藏和运输费用，并且便于携带，有利于商品流通，干制食品是救急、救灾和战备常用的重要物资。

食品干燥主要应用于果蔬、粮谷类及肉禽等物料的脱水干制，粉（颗粒）状食品生产，如糖、咖啡、奶粉、淀粉、调味粉、速溶茶等，是方便食品生产的最重要方式。干燥也应用于谷类及其制品加工以及某些食品加工过程以改善加工品质，如大豆、花生米经过适当干燥脱水，有利于脱壳（去外衣），便于后加工，提高产品品质。

## 实训项目

### 实训 7-2　菠萝汁饮料制造实验

**（一）目的要求**

了解菠萝的挑选、去皮、榨汁方法，掌握菠萝汁饮料的生产工艺及控制饮料成品质量的措施。

**（二）材料与用具**

原料：菠萝。

试剂：抗坏血酸、蔗糖、柠檬酸、酸性 CMC-Na、黄原胶、琼脂、1％柠檬黄、1％日落黄、菠萝香精、柠檬香精。

仪器：电子天平、榨汁机、胶体磨、均质机、杀菌机、封盖机、筛网（100 目、200 目）、不锈钢锅、1000mL 量杯、500mL 烧杯、不锈钢勺、玻棒、温度计、酸性精密 pH 试纸等。

**（三）工艺流程**

菠萝原料→清洗→挑选→去皮→破碎→打浆→榨汁→过滤→调配→均质→脱气→瞬时杀菌→灌装→密封→冷却→检验→成品饮料

　　　　　　　　　　　　↑

　　　　杀菌←沥水←清洗←饮料瓶、盖

**（四）内容与方法**

**1. 菠萝原料**

热带水果菠萝是一种很好的水果，果实鲜嫩、味美、适口，有诱人清香味。菠萝含有较丰富的糖类、酸类、酶类和多种维生素，不仅营养丰富，药用价值也较高。新鲜菠萝本身含有活性菠萝蛋白酶，是能消化溶解肉类蛋白质的酵素，有帮助消化和吸收的功能。适当常吃菠萝对肾炎、高血压、支气管炎等均有防治作用。菠萝的营养成分因季节不同略有差异。夏季果的糖和氨基酸含量较高，而酸含量、VC 和灰分含量较冬季果为高。冬季低温和连续阴天容易使菠萝从果芯周围产生褐色斑点，但从外观却完全不能判断，在全果榨汁时应注意。在夏季菠萝过熟和碰伤时容易产生酒精发酵，应认真挑选，同时加工时注意及时杀菌，以维持菠萝汁的新鲜风味。榨汁的菠萝要求新鲜，九成熟，糖酸比适宜，色泽好，风味佳，无腐烂病虫害及发酵现象。

**2. 洗果与挑选**

用洗果机或浸渍槽将附着于菠萝果皮表面的泥沙、杂质及昆虫等洗净。洗果机一般包括浸洗和喷淋两部分。必要时喷淋含氯 10～15mg/kg 的药液杀菌，再次洗净，使果皮残留氯浓度低于 2mg/kg 送往下一工序。挑选的目的是挑出伤果、腐烂果和过熟果，切除伤痕或腐块。

**3. 去皮捅芯**

用菠萝联合加工机削去外皮，切除两端，并捅除果芯。菠萝去皮捅芯机内藏果皮肉回收装置，即刮肉机，果皮刮肉机一次或两次刮肉后，可以卫生地进行回收，分别作菠萝罐头和制取菠萝汁的原料。亦可用手工去皮、去芯。

### 4. 破碎、榨汁

用锤碎机或打浆机粗碎，以便于榨汁，将破碎的菠萝片或块于榨汁机中榨汁，收集汁液，弃去果渣。汁液中含浆量约6%，菠萝汁由于空气混入而容易变质，破碎榨汁后应迅速处理。

### 5. 过滤

将榨好的菠萝汁分别用100目、200目筛网过滤，滤掉粗大的果肉微粒，以提高菠萝饮料的稳定性。

### 6. 调配

每小组按配制3kg成品饮料计算，分别加入下列配料，并搅拌均匀。琼脂和酸性CMC须提前1~2h用适量65~75℃温水搅拌使其充分溶解。

菠萝原汁20%，蔗糖8.5%，柠檬酸0.14%，琼脂0.06%，酸性CMC0.10%，黄原胶0.04%，抗坏血酸0.02%，柠檬香精0.01%，菠萝香精0.02%，柠檬黄0.04%，日落黄0.04%。加入以上配料后，用纯净水补至3kg，搅拌均匀，调配好的料液pH3.0左右；

调配顺序：糖的溶解与过滤→加果蔬汁→调整糖酸比→加稳定剂、增稠剂→加色素→加香精→搅拌、均质。

### 7. 均质

均质是浑浊型果汁的关键工序之一，均质的目的在于使含有大小不一的果肉颗粒的悬浮液均质化，使果汁保持一定的浑浊度，获得不易分离和分层的果汁饮料。均质能促进果胶的渗出，使果胶和果汁亲和，均匀而稳定地分散于果汁中；能进一步破碎悬浮的固形物，使粒子大小分布均匀；还能减少增稠剂和稳定剂的用量。果汁饮料均质应选用较高的压力，一般在30~40MPa均质2次，使果肉微粒粒径小于$2\mu m$，减少分层现象。均质时汁液温度40~50℃。若无均质机可用胶体磨代替。

### 8. 脱气

在配料过程中混入的大量空气会使菠萝汁的营养成分氧化损失，也会使果汁色泽变化，故须用真空脱气机脱除汁中的空气，防止或减轻果肉汁中的天然色素、VC、香气成分和其他物质的氧化，防止饮料品质降低。可用真空喷雾式脱气机或薄膜式脱气机，脱气效果均较理想；脱气时脱气罐内真空度一般为0.08~0.09MPa；饮料温度热脱气为50~70℃，常温脱气为25~30℃，脱气时间10~60s。

### 9. 杀菌与灌装

菠萝汁很容易发生细菌污染和发酵变质，需要进行高温瞬时杀菌，菠萝汁杀菌温度为93~95℃，保温30~40s，然后在90℃左右温度下热罐装，密封后冷却至室温。也可以先将菠萝汁加热到60℃左右进行低温罐装，密封后进行二次杀菌，杀菌温度95~100℃，保温15min，然后分段冷却至室温，这样可减少菠萝芳香物质的挥发，有利于保持菠萝的原有风味。

### 10. 检验与品评

将冷却后的产品于37℃恒温箱中保温1周，对其理化指标和微生物指标进行测定，若无变质和败坏现象，则该产品的货架期可达1年。对产品进行感官品评，从色、香、味、形等几方面对产品进行评判。

## （五）作业

（1）菠萝汁饮料常出现白色沉淀，这是什么物质？如何预防该沉淀的产生？

（2）菠萝汁饮料的风味和稳定性与原汁含量有什么关系？

**参考文献**

［1］　罗云波，蔡同一. 园艺产品贮藏加工学（贮藏篇）［M］. 北京：中国农业大学出版社，2007.

［2］　罗云波，蔡同一. 园艺产品贮藏加工学（加工篇）［M］. 北京：中国农业大学出版社，2007.

［3］　程占斌. 果蔬加工技术［M］. 北京：化学工业出版社，2008.

［4］　赵丽芹. 园艺产品贮藏加工学［M］. 北京：中国轻工业出版社，2005.

［5］　华景清. 园艺产品贮藏与加工［M］. 苏州：苏州大学出版社，2009.

# 第八章 热带园艺植物病虫害防治

## 第一节 热带园艺植物病害症状识别

### 一、植物病害概念

植物在生长发育和贮藏运输过程中，由于遭受到其他生物的侵染或不适宜的环境条件的影响，其正常生长和发育受到干扰和破坏，从生理机能到组织结构上发生了一系列的变化，以致在外部形态上出现异常表现，最后导致产量降低，品质变劣，观赏价值、药用价值降低或丧失，甚至局部或全株死亡，这种现象称为植物病害。

植物发生病害，必须经过生理、组织或形态上不断变化或持续发展的过程，风、雹、昆虫以及高等动物等对植物造成的机械损伤，没有发生从生理到形态上逐渐变化的过程，不能称为病害。但机械损伤会削弱树势，而且伤口的存在往往成为病原物侵入植物的门户，会诱发病害的严重发生。

韭菜在弱光下栽培成为幼嫩的韭黄，菰草感染黑粉菌后幼茎形成肉质肥嫩的茭白，花叶状郁金香是郁金香感染花叶病毒后成为的一种观赏植物。这些例子是由于植物本身的正常生理机制受到干扰而造成了异常后果，从生物学观点理解是植物病害，但由于其经济价值提高了，从经济学观点理解则不认为是植物病害。

### 二、植物病害的症状及类别

#### （一）症状的概念

植物发生病害后，植株内外出现不正常的表现称为植物病害的症状。植物病害的症状由两类不同性质的特征——病状和病征组成。

#### （二）病状类型

病状是寄主植物感病后，植物本身表现出来的不正常表现。其特征比较稳定且具有特异性，常见病状大致可归纳为变色、坏死、腐烂、萎蔫、畸形5大类型（表8-1、图8-1）。

植物病害常见病状类型    表8-1

| 病状类型 | 表现形式 | | 发生原因及特点 |
|---|---|---|---|
| 变色 | 植物感病后局部或全株失去正常的颜色称为变色。植物细胞色素发生变化而引起的表观变色，细胞并未死亡。包括均匀变色和不均匀变色 | 褪绿 | 叶绿素减少使整个植株或叶片均匀褪色呈浅绿 |
| | | 黄化 | 叶绿素减少，叶黄素增多，叶片变黄 |
| | | 白化 | 整株或叶片不能形成叶绿素和其他色素，表现为白色，多是遗传性的 |
| | | 红叶/紫叶 | 花青素积累过多而表现红或紫红色 |

| 病状类型 | 表现形式 | | 发生原因及特点 |
|---|---|---|---|
| 变色 | | 花叶 | 叶片局部褪绿，使之呈黄绿色或黄白色相间的花叶状，轮廓清晰，形状不规则 |
| | | 斑驳 | 变色同花叶，但变色斑较大，轮廓不清晰；发生在花朵上称碎色，发生在果实上称花脸 |
| | | 明脉 | 叶片主脉、支脉呈褪绿半透明状，叶肉呈绿色 |
| | | 沿脉变色 | 沿叶脉两侧一定宽度色泽变浅、变深或变黄色 |
| | | 条纹、线纹、条点 | 多为单子叶植物的脉间花叶；与叶脉平行呈长条形变色称条纹，短条形变色称线纹，虚线状变色称条点 |
| | | 环斑、环纹 | 在植物表面形成单环或同心环状变色称环斑，不形成全环状变色称环纹 |
| 坏死 | 寄主植物因受害细胞、组织死亡，但仍保持原有细胞和组织的外形轮廓。一般颜色变褐或后期变灰白色，病斑形状有多种。主要是由于病原物杀死或毒害植物，或是寄主植物的保护性局部自杀造成的 | 病斑（斑点） | 根据颜色分为褐斑、灰斑、黑斑、白斑、紫斑等；根据形状分为角斑、圆斑、梭形斑、条斑、不规则斑等；根据大小分为大斑和小斑；根据表面花纹分为轮纹斑、环斑和网斑等 |
| | | 蚀纹 | 表皮组织出现类似环斑、环纹或不规则线纹状坏死纹 |
| | | 穿孔 | 叶片的局部组织坏死后脱落 |
| | | 叶枯 | 叶片较大面积枯死、变褐 |
| | | 叶烧 | 叶尖和叶缘大面积枯死、变褐 |
| | | 疮痂 | 病斑上增生木栓化层使表面粗糙或病斑死后因生长不平衡而发生龟裂 |
| | | 溃疡 | 木本植物的枝干或叶片皮层坏死，病部凹陷，周围木栓化组织增生呈火山口状隆起 |
| | | 梢枯 | 木本植物茎的顶部坏死，多发生在枝条上 |
| | | 猝倒、立枯 | 幼苗的茎基部或根部组织坏死而使幼苗枯死，死苗倒下者为猝倒，死苗直立者为立枯 |
| 腐烂 | 植物患病组织较大面积地分解和破坏，细胞死亡；多汁而幼嫩的植物组织受害后易发生腐烂 | 干腐 | 细胞解体缓慢，腐烂组织中的水分能及时蒸发而消失则形成干腐 |
| | | 湿腐 | 组织解体较快，水分未能及时蒸发则形成湿腐 |
| | | 软腐 | 中胶层受到破坏，组织的细胞离析后又发生细胞的消解 |
| 萎蔫 | 植物根、茎维管束组织受害或因水分供应不足而发生的枝、叶凋萎现象；萎蔫可以是局部的也可以是全株性的 | 生理性萎蔫 | 植物因失水量大于吸水量而引起的枝、叶萎垂，吸水量增加时可恢复 |
| | | 青枯 | 萎蔫期间迅速失水死亡，但植株仍保持绿色 |
| | | 枯萎 | 植物因根、茎维管束组织受害而凋萎，发展较慢，轻者萎蔫，重者枯死 |
| | | 黄萎 | 植物因根、茎维管束组织受害而凋萎，叶片变黄，重者枯死 |

| 病状类型 | 表现形式 | | | 发生原因及特点 |
|---|---|---|---|---|
| 畸形 | 指植物受害部位的细胞分裂和生长发生促进性或抑制性的病变，局部或全株表现畸形 | 增生 | 徒长 | 植株生长较正常的植株生长高大 |
| | | | 发根 | 根系分支明显增多，形如发状 |
| | | | 根结 | 线虫侵染造成的根部结节 |
| | | | 丛枝 | 枝条不正常地增多，形成成簇枝条，俗称疯枝 |
| | | | 瘿瘤 | 发病组织局部细胞增生，形成不定型的畸形肿大 |
| | | 减生 | 矮缩 | 植株不成比例变小、变矮，主要是节间缩短 |
| | | | 矮化 | 植株各个器官的生长成比例地受到抑制，病株比健株矮小得多 |
| | | 变态 | 卷叶 | 叶片两侧沿主脉平行方向向上或向下卷曲 |
| | | | 缩叶 | 叶片沿主脉垂直方向向上或向下卷曲 |
| | | | 皱缩 | 叶脉生长受抑制，叶肉仍然正常生长，使叶片凹凸不平 |
| | | | 蕨叶 | 叶片发育不均衡，细长、狭小，形似蕨类植物叶型 |
| | | | 花变叶 | 花的各部分变形、变色，花瓣变为绿色，出现叶脉等 |
| | | | 缩果 | 果面凹凸不平 |
| | | | 袋果 | 果实变长成袋状，膨大中空，果肉肥厚呈海绵状 |

变色：花叶

坏死：溃疡

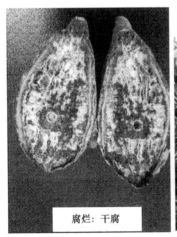

腐烂：干腐

萎蔫：枯萎

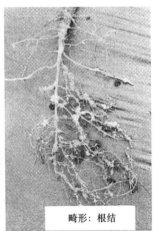

畸形：根结

图 8-1　常见病状

## （三）病征类型

病征是由生长在植物病部的病原物群体或器官构成。常见病征主要有以下 6 种类型（表 8-2、图 8-2）。

**植物病害常见病征类型**      表 8-2

| 病征类型 | 表现形式 | 特点 | 病原 |
|---|---|---|---|
| 霉状物 | 霜霉 | 多生于病叶背面，由气孔伸出的白色至紫灰色霉状物，较稀疏 | 霜霉菌 |
| | 绵霉 | 于病部产生的大量白色、疏松、棉絮状霉状物 | 水霉、腐霉、疫霉菌、根霉菌等 |
| | 霉层 | 除霜霉和绵霉外，产生在任何病部的霉状物，按色泽不同分别称为灰霉、青霉、绿霉、黑霉、赤霉等 | 青霉、灰霉病菌等 |
| 粉状物 | 锈粉 | 初期在病部表皮下形成的黄色、褐色或棕色隆起病斑，破裂后散出的铁锈状粉末 | 锈菌 |
| | 白锈 | 在病部表皮下形成的白色疱状斑（多在叶片背面），破裂后散出的灰白色粉末状物 | 白锈病菌 |
| | 白粉 | 植物表面长出灰白色绒状霉层后产生大量白色粉末状物 | 白粉菌 |
| | 黑粉 | 病部形成菌瘿（肿瘤），瘿内产生的大量黑色粉末状物 | 黑粉菌 |
| 点状物 | 黑色或褐色小点 | 病部产生的形状、大小、色泽和排列方式各不相同的小颗粒状物，突破或不突破表皮，大多暗褐色至黑色，针尖至米粒大小 | 为菌物的子囊壳、分生孢子器、分生孢子盘等 |
| 核状物（颗粒状物）和线状物 | 菌核、菌索 | 菌物菌丝体变态形成的一种特殊结构，在植物体表或茎秆内髓腔中产生的形似鼠粪、菜籽或植物根系状物，多数黑褐色 | 紫纹羽病菌、菌核病菌等 |
| 伞状物和马蹄状物 | 伞状、马蹄状物 | 植物发病的根或枝干上长出的伞状或马蹄状结构，常有多种颜色 | 木腐病菌 |
| 脓状物 | 菌脓、菌膜或菌胶粒 | 细菌性病害在病部溢出的含有细菌菌体的脓状黏液，一般呈露珠状，或散布为菌液层，白色或黄色，气候干燥时形成菌膜或菌胶粒 | 细菌病菌 |

植物病害的病状和病征是症状统一体的两个方面，二者相互联系，又有区别。有的病害只有病状没有可见的病征，如全部非侵染性病害、病毒病害。也有些病害病状非常明显，而病征不明显，如变色病状、畸形病状和大部分病害发生的早期。也有些病害病征非常明显，病状却不明显，如白粉类病征、霉污类病征，早期难以看到寄主的特征性变化。

## 三、植物病害症状的变化及在病害诊断中的应用

（1）植物病害的病状和病征是进行病害类别识别、病害种类诊断的重要依据。对于植物的常见病和多发病，一般可以依据特征性的病状和病征进行识别，指导生产防治。但是对于非常见病则由于症状的多变特点，需要分析，对照文献资料或者结合病原检查进行诊断，而对于新病害，则要结合病原鉴定和侵染性测定进行诊断。

图 8-2　常见病征

（2）植物病害症状的变化主要表现在异病同症、同病异症、症状潜隐等几个方面。

（3）一种植物在特定条件下发生一种病害以后就出现一种症状，称为典型症状。如斑点、腐烂、萎蔫或癌肿等。但大多数病害的症状并非固定不变或只有一种症状，可以在不同的阶段或不同抗性的品种上或者在不同的环境条件下出现不同类型的症状，例如烟草花叶病毒侵染多种植物后都表现为典型的花叶症状，但它在心叶烟或苋色藜上却表现为枯斑。

（4）有些病原物在其寄主植物上只引起很轻微的症状，有的甚至是侵染后不表现明显症状的潜伏侵染。表现潜伏侵染的病株，病原物在它的体内还是正常地繁殖和蔓延，病株的生理活动也有所改变，但是外面不表现明显的症状。有些病害的症状在一定的条件下可以消失，特别是许多病毒病的症状往往因高温而消失，这种现象称作症状潜隐。

（5）病害症状本身也是发展的，如白粉病在发病初期主要表现是叶面上的白色粉状物，后来变粉红色、褐色，最后出现黑色小粒点。而花叶病毒病害，往往随植株各器官生理年龄的不同而出现严重度不同的症状，在老叶上可以没有明显的症状，在成熟的叶片上出现斑驳和花叶，而在顶端幼嫩叶片上出现畸形。

（6）当两种或多种病害同时在一株植物上发生时，可以出现多种不同类型的症状，这称为并发症，当两种病害在同一株植物上发生时，出现两种各自的症状而互不影响；有时这两种症状在同一部位或同一器官上出现，就可能出现彼此干扰发生颉颃现象，即只出现一种症状或症状减轻；也可能出现互相促进加重症状的协生现象，甚至出现完全不同于原有各自症状的第3种类型的症状。颉颃现象和协生现象都是指两种病害在同一株植物上发生时出现症状变化的现象。

<u>实训项目</u>

## 实训8-1 热带园艺植物病害症状识别

**（一）目的要求**

通过病害症状的观察，了解植物病害的种类及多样性，认识病害对园艺植物生产的危害性，学习描述和记载植物病害症状的方法，掌握病征和病状的一般类型，以便在田间病害诊断中加以利用。

**（二）材料与用具**

选用当地园艺植物不同症状类型的新鲜、干制或浸渍标本，各种症状挂图、模型、多媒体课件、放大镜、镊子、挑针、搪瓷盘等。

**（三）内容与方法**

（1）病状类型指发病植物本身所表现出来的反常现象，分为变色、坏死、腐烂、萎蔫和畸形五大类型。

① 变色：植物受到外来有害因素的影响后，常出现色泽的改变，如褪绿、黄化、花叶、斑驳、紫叶、红叶、明脉、脉带、条纹、条点、白化等。观察标本是否花叶或黄化，叶片局部变色或全变色，变色深或浅，有否深浅不均的斑驳型。

② 坏死：坏死是由于病植物组织和细胞的死亡引起的，如坏死斑、斑点、角斑、环斑、轮斑、穿孔，以及叶枯、叶烧、疮痂、溃疡、炭疽、猝倒、立枯、梢枯等。观察比较病斑的大小、颜色和形状各有何特点。

③ 腐烂：是较大面积植物组织被分解和破坏的表现，根据症状及失水快慢又分为干腐、湿腐、软腐，另外流胶也是腐烂的一种，木本植物受病菌危害后，内部组织坏死并腐烂分解，从病部向外流出黏胶状物质。观察腐烂特征有何异同。

④ 萎蔫：指植物根部或茎部的维管束组织受到侵染而发生的枯萎现象，萎蔫可以是局部的也可以是全株性的。根据萎蔫时颜色不同分为青枯、枯萎、黄萎等。注意病株枝叶是否保持绿色？萎蔫发生在局部还是全株？病株茎秆维管束颜色与健康植株有何区别？

⑤ 畸形：由于病组织或细胞的生长受阻或过度增生而造成的形态异常。植物病害的畸形症状很多，常见的有：徒长、矮化、矮缩、丛枝、发根、皱缩、卷叶、缩叶、蕨叶、疱斑、耳突、肿瘤、根结、冠瘿、叶变花、花变叶、扁枝等。分辨病、健株表现有何不同。

（2）病征类型指在植物病部形成、肉眼可见的病原物结构。

① 霉状物：霜霉（白色至紫灰色）、绵霉（白色、疏松）、霉层（青霉、黑霉、灰霉、赤霉等）。观察疫病、霜霉病、青霉病和灰霉病等病害标本。

② 粉状物：白粉、黑粉、锈粉、白锈等。注意粉状物的颜色和质地等。

③ 点状物（小黑粒和小黑点）：暗褐色至黑色，针尖至米粒大小。注意病部点状物是埋生、半埋生还是表生？大小及疏密程度如何？排列有无规律？

④ 核状物（颗粒状物）和线状物：菌丝变态形成的一种特殊结构，大小、形态差异大：似鼠粪状、菜籽或植物根系状，多黑褐色。观察园艺植物菌核病、果树紫纹羽病等标

本，注意菌核或菌索的大小、形状、质地和颜色。

⑤ 伞状物和马蹄状物：如引起果树等木本植物根腐病的褐根病——伞状物、檐状物、块状物、马蹄状物等。

⑥ 脓状物：病原细菌在植物病部溢出的脓状黏液，露珠状，乳白色或黄色；干燥后成菌膜或菌胶粒。

注意：以上病征只针对菌物和细菌，病毒、植原体、线虫病害和寄生性种子植物以及非侵染性病害无病征表现。

**（四）作业**

观察实验室提供的病害标本，选择不同症状类型的病害（至少 20 种），扼要描述其症状特点，填入表 8-3。

植物病害症状观察记录表　　　　　　　　　表 8-3

| 受害植物名称 | 病害名称 | 发病部位 | 病状类型 | 病征类型 |
|---|---|---|---|---|
| 1. 花生 | 黑斑病 | 叶片 | 坏死（黑斑） | 点状物（小黑点） |
| 2. | | | | |
| 3.<br>⋮<br>20. | | | | |

## 实训 8-2　热带园艺植物病害标本的采集、制作与保存

**（一）目的要求**

学习采集、制作和保存植物病害标本的方法，并通过标本采集及鉴定，熟悉热带园艺植物病害种类和症状特点。

**（二）材料和用具**

标本夹、标本纸、采集箱、枝剪、手锯、手铲、放大镜、镊子、剪刀、塑料袋、标签、纸袋、标本瓶、标本盒、铅笔、烧杯、量筒、硫酸铜、亚硫酸、甲醛溶液、明胶、石蜡、记录本、数码相机等。

**（三）内容和方法**

**1. 病害标本采集用具及用途**

（1）标本夹是用来翻晒、压制含水分不多的枝叶病害标本的木夹。由两个对称的平行排列的栅状板组成。每块栅状板在接近上下端处钉一根厚实的方木条，木条端部向外突出约 5cm 长，以便于用绳捆绑标本夹。标本夹上应附有约 6m 长的一根绳子。

（2）标本纸应选用吸水力强的纸张，一般用草纸或麻纸作标本纸，可较快吸除枝叶标本内的水分。

（3）采集箱在采集较大或易损坏的组织如果实、木质根茎，或在田间来不及压制的标本时用。由铁皮制成的扁圆箱，内侧较平，外侧较鼓，箱门设在外侧，箱上设有背带。

（4）枝剪主要用于剪取较硬或韧性较强的枝条，高处的枝条要使用高枝剪，难于折断的枝干则要借助于手锯。手铲用来挖掘地下患病植物器官（如根、块根、块茎等）。

**2. 采集标本应注意的问题**

（1）症状典型。要采集发病部位的典型症状，并尽可能采集到不同时期不同部位的症

状，如杧果炭疽病标本应有病叶、病茎、病果等，以及各种变异范围内的症状。另外，同一标本上的症状应是同一种病害的，当多种病害混合发生时，更应进行仔细选择。每种标本采集的份数不能太少，一般叶斑病的标本最少采集十几份。同时还应注意标本的完整性，不要损坏，以保证鉴定的准确性和标本制作时的质量。

（2）病征完全。采集病害标本时，对于真菌和细菌性病害一定要采集有病征的标本，真菌病害则病部有子实体为好，以便做进一步鉴定；对子实体不很显著的发病叶片，可带回保湿，待其子实体长出后再行鉴定和标本制作。对真菌性病害的标本如豇豆锈病，因其子实体分夏孢子堆和冬孢子堆两个阶段，应尽量在不同的适当时期分别采集，还有许多真菌的有性子实体常在地面的病残体上产生，采集时要注意观察。

（3）避免混杂。采集时对容易混淆污染的标本（如黑粉病和锈病）要分别用纸夹（包）好，以免鉴定时发生差错；对于容易干燥卷缩的标本，如禾本科植物病害，应随采随压，或用湿布包好，防止变形；因发病而败坏的果实，可先用纸分别包好，然后放在采集箱中，以免损坏和沾污；其他不易损坏的标本如木质化的枝条、枝干等，可以暂时放在标本箱或塑料袋中，带回室内进行压制和整理。

（4）所有病害标本都应有记载。没有记载的标本会使鉴定和制作工作的难度加大。标本记载内容应包括：标本编号、寄主名称、采集地点、生态环境（坡地、平地、沙土、壤土等）、采集日期（年月日）、采集人姓名、病害危害情况（轻、重）等（表8-4）。标本应挂有标签，同一份标本在记录簿和标签上的编号必须相符，以便查对；标本必须有寄主名称，这是鉴定病害的前提，如果寄主不明，鉴定时困难就很大。对于不熟悉的寄主，最好能采到花、叶和果实，对鉴定会有很大帮助。

植物病害标本采集记录表      年   月   日      表 8-4

| 寄主名称： |
|---|
| 病害名称： |
| 采集地点： |
| 产地及环境：坡地□平地□沙土□壤土□黏土□ |
| 受害部位：根□茎□叶□花□果实□其他□ |
| 病害发生情况：普遍□不普遍□轻□中□重□ |
| 采集人：        定名人： |
| 采集编号：       标本编号： |

### 3. 标本的制作与保存

（1）干燥标本的制作与保存

干燥法制作标本简单而经济，标本还可以长期保存，应用最广。

① 标本压制。对于含水量少的标本，如禾本科、豆科植物的病叶、茎标本，应随采随压，以保持标本的原形；含水量多的标本，如甘蓝、白菜、番茄等植物的叶片标本，应自然散失一些水分后，再进行压制；有些标本制作时可适当加工，如标本的茎或枝条过粗或叶片过多，应先将枝条劈去一半或去掉一部分叶再压，以防标本因受压不匀，或叶片重叠过多而变形。有些需全株采集的植物标本，一般是将标本的茎折成"N"字形后压制。压制标本时应附有临时标签，临时标签上只需记载寄主和编号即可。写临时标签时，应使

用铅笔记录，以防受潮后字迹模糊，影响识别。

②标本干燥。为了避免病叶类标本变形，并使植物组织上的水分易被标本纸吸收，一般每层标本放一层（3~4张）标本纸，每个标本夹的总厚度以10cm为宜。标本夹好后，要用细绳将标本夹扎紧，放到干燥通风处，使其尽快干燥，避免发霉变质。同时要注意勤换标本纸，一般是前3~4d每天换纸2次，以后每2~3d换1次，直到标本完全干燥为止。在第1次换纸时，由于标本经过初步干燥，已变软而容易铺展，可以对标本进行整理。不准备做分离用的标本也可在烘箱或微波炉中迅速烘干。标本干燥愈快，就愈能保存原有色泽。干燥后的标本移动时应十分小心，以防破碎；对于果穗、枝干等粗大标本，在通风处自然干燥即可，注意不要使其受挤压而变形。

③标本保存。标本经选择整理和登记后，应连同采集记录一并放入胶版印刷纸袋、牛皮纸袋或玻面标本盒中，贴好标签，然后按寄主种类或病原类别分类存放。

玻面标本盒保存。除浸渍标本外，教学及示范用病害标本，用玻面标本盒保存比较方便。玻面标本盒的规格不一，一般比较适宜的大小是长×宽×高＝28cm×20cm×3cm，通常一个标本室内的标本盒应统一规格，美观且便于整理。在标本盒底一般铺一层胶版印刷纸，将标本和标签用乳白胶粘于胶版印刷纸上。在标本盒的侧面还应注明病害的种类和编号，以便于存放和查找。盒装标本一般按寄主种类进行排列较为适宜。

蜡叶标本纸袋保存。用胶版印刷纸折成纸袋，纸袋的规格可根据标本的大小决定。将标本和采集记录装在纸袋中，并把鉴定标签贴在纸袋的右上角（图8-3）。袋装标本一般按分类系统排列，要有两套索引系统，一套是寄主索引，一套是病原索引，以便于标本的查找和资料的整理。

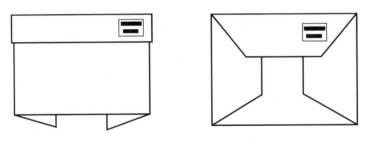

图8-3　植物病害标本纸袋折叠方法

标本室和标本柜要保持干燥以防生霉，同时还要注意清洁以防虫蛀。可用樟脑放于标本纸袋和标本盒中，并定期更换，以防虫蛀。

（2）浸渍标本的制作与保存

果实病害为保持原有色泽和症状特征，可制成浸渍标本进行保存。果实因其种类和成熟度不同，颜色差别很大。应根据果实的颜色选择浸渍液的种类。

①防腐浸渍液。此类浸渍法仅能防腐而没有保色作用。如萝卜、甘薯等不要求保色的标本，洗净后直接浸于防腐浸渍液中：5%福尔马林浸渍液或亚硫酸浸渍液（1000mL水中加5%~6%亚硫酸15mL）。

②保存绿色浸渍液。保存植物组织绿色的方法很多，可根据不同的材料，选用适当的方法。

醋酸铜浸渍液。将醋酸铜结晶逐渐加到50%的醋酸溶液中至不再溶解为止（每

1000mL 醋酸溶液加醋酸铜结晶约 15g），然后将原液加水稀释 3～4 倍后使用。溶液稀释浓度因标本的颜色深浅而不同，浅色的标本用较稀的稀释液，深色标本用较浓的稀释液。用醋酸浸渍液浸渍标本采用冷处理方法比较好，具体做法是：将植物叶片或果实用 2～3 倍的稀释液冷浸 3d 以上，取出用清水洗净，保存于 5％的福尔马林液中。醋酸铜浸渍液保存绿色的原理是铜离子与叶绿素中镁离子的置换作用，重复使用时需补加适量的醋酸铜。另外，用此法保存标本的颜色稍带蓝色，与植物的绿色略有不同。

硫酸铜亚硫酸浸渍液。先将标本洗净，在 5％的硫酸铜浸渍液中浸 6～24h，用清水漂洗 3～4h，保存于亚硫酸液中。亚硫酸液的配法有两种：一种是用含 5％～6％的二氧化硫的亚硫酸溶液 45mL 加水 1000mL；另一种是将浓硫酸 20mL 稀释于 1000mL 水中，然后加 16g 亚硫酸钠。但此法要注意密封瓶口，并且每年更换一次浸渍液。

③ 保存黄色和橘红色浸渍液。含有叶黄素和胡萝卜素的果实，如香蕉、杧果、柑橘及红色的辣椒等，用亚硫酸溶液保存比较适宜。方法是将含亚硫酸 5％～6％的水溶液稀释至含亚硫酸 0.2％～0.5％的溶液后即可浸渍标本。但亚硫酸有漂白作用，浓度过高会使果皮褪色，但浓度过低防腐力又不够，因此浓度的选择应反复实践来确定。如果防腐力不够，可加少量酒精，果实浸渍后如果发生崩裂，可加入少量甘油。

④ 保存红色浸渍液。红色多是由花青素形成的，水和酒精都能使红色褪去，较难保存。瓦查（Vacha）浸渍液可固定红色。

| 硝酸亚钴 | 15g | 福尔马林 | 25g |
| 氯化锡 | 10g | 水 | 2000mL |

将标本洗净，完全浸没于浸渍液中 2 周，取出保存于以下溶液中：

| 福尔马林 | 10mL | 95％酒精 | 10mL |
| 亚硫酸饱和溶液 | 30～50mL | 水 | 1000mL |

⑤ 浸渍标本的保存。制成的标本应存放于标本瓶中，贴好标签。因为浸渍液所用的药品多数具有挥发性或者容易氧化，标本瓶的瓶口应很好地封闭。封口的方法如下：

临时封口法：用蜂蜡和松香各 1 份，分别熔化后混合，加少量凡士林油调成胶状，涂于瓶盖边缘，将瓶盖压紧封口；或用明胶 4 份在水中浸 3～4h，滤去多余水分后加热熔化，加石蜡 1 份，继续熔化后即成为胶状物，趁热封闭瓶口。

永久封口法：将酪胶和熟石灰各 1 份混合，加水调成糊状物后即可封口。干燥后，因铬酸钙硬化而密封；也可将明胶 28g 在水中浸 3～4h，滤去水分后加热熔化，再加重铬酸钾 0.324g 和适量的熟石膏调成糊状即可封口。

**（四）作业**

（1）采集、识别当地主要热带园艺植物病害，采集制作 10 种病害标本，并按教师指定要求分别制成干燥标本、浸渍标本，并详细写明采集记录。

（2）哪些植物标本适合制成干制标本？哪些植物标本适合制成浸渍标本？为什么？

（3）采集标本时，为什么要采集症状典型和病征完整的标本？

# 第二节 热带园艺植物病害病原物识别

在植物病害发生过程中起直接作用、决定病害特点与性质的因素称为病原，引起热带

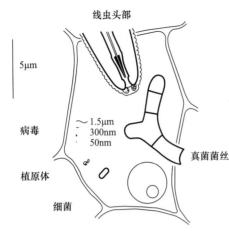

图 8-4　几类植物病原物与
植物细胞大小的比较

园艺植物病害的生物因子称为生物性病原。由生物性病原引起的病害能互相传染，有侵染过程，称为侵染性病害。引起侵染性病害的生物性病原简称病原物，包括原生动物界的根肿菌、假菌界的卵菌和真菌界的多种真菌，细菌域的细菌和植原体，非细胞形态病毒界的病毒和类病毒，动物界的线虫以及植物界的寄生性植物，这些病原物在形态上有很大差异（图 8-4）。

## 一、热带园艺植物病原菌物

　　菌物过去叫真菌，是一类具有细胞核、无叶绿素、不能进行光合作用并且以吸收为营养方式的有机体。其营养体通常是丝状分支的菌丝体，无根茎叶的分化，通过产生各种类型的孢子进行有性生殖和无性生殖。

### （一）菌物的形态

　　（1）营养体。菌物典型的营养体是极为细小的丝状体，这种丝状体称为菌丝，生长成丛的菌丝称为菌丝体，低等真菌的菌丝是无隔的，大多数真菌是有隔的。除典型菌丝体外，有的营养体是多核、无细胞壁、形态多变的原生质团，低等类群营养体为具有细胞壁的单细胞。菌物的菌丝体为了适应某些特殊功能，产生一些特殊变态类型：吸器、附着孢、假根、菌环、匍匐丝等（图 8-5）。有些菌物为了适应外界的不良环境条件，其菌丝体生长到一定阶段可以变成疏松或紧密的组织体，形成菌核、子座和根状菌索等特殊结构。

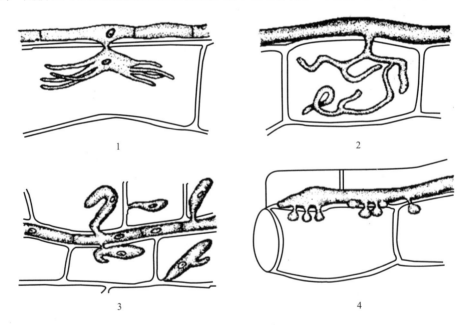

图 8-5　菌物吸器的类型

1. 白粉菌　2. 霜霉菌　3. 白锈菌　4. 锈菌

（2）繁殖体。菌物营养生长到一定时期所产生的繁殖器官称为繁殖体。孢子是菌物繁殖的基本单位，菌物产生孢子的结构称为子实体，子实体和孢子的形式多样，其形态是菌物分类的重要依据之一。真菌的繁殖方式分无性和有性两种，分别产生无性孢子和有性孢子两大类型（表8-5、图8-6、图8-7）。

菌物的无性孢子和有性孢子 表8-5

| 孢子的类型 | | 孢子的形成与形态特征 |
|---|---|---|
| 无性孢子 | 游动孢子 | 菌丝或孢囊梗顶端膨大形成囊状物——孢子囊；孢子囊成熟后破裂，释放出无细胞壁、具1~2根鞭毛，可以在水中游动的孢子；产生游动孢子的孢子囊称作游动孢子囊 |
| | 孢囊孢子 | 生成方式和游动孢子相似，也是内生的，但无鞭毛、有细胞壁 |
| | 分生孢子 | 真菌中最常见的无性孢子，是一类外生的孢子。一般由菌丝分化形成分生孢子梗，分生孢子梗有的裸生，有的生长在一定结构的子实体里，如分生孢子器、分生孢子盘。分生孢子在梗上顶生、侧生或串生，成熟后脱落。分生孢子的形态、大小、颜色、细胞数目等各不相同。 |
| | 厚垣孢子 | 由菌丝顶端或中间细胞原生质浓缩、细胞壁增厚，最后脱离菌丝而形成的一种孢子，可长期休眠，寿命较长 |
| | 芽孢子 | 单细胞营养体以芽殖的方式形成的孢子，芽孢子在脱离母细胞之前或之后，也可以继续芽殖，形成假菌丝 |
| 有性孢子 | 休眠孢子囊（厚壁休眠孢子） | 由2个同型游动配子配合形成的合子发育而成，壁厚 |
| | 卵孢子 | 由2个异型配子囊——雄器和藏卵器结合而形成，在藏卵器中产生一个或几个卵孢子 |
| | 接合孢子 | 由2个异性同型的配子囊接触处细胞壁溶解，2个细胞的内含物融合在一起，经质配和核配形成二倍体的细胞核的厚壁接合孢子 |
| | 子囊孢子 | 由2个异型配子囊——雄器和产囊体结合形成的孢子，着生在子囊内，多为8个，子囊多着生在子囊盘或子囊壳中，极少数子囊裸生 |
| | 担孢子 | 经过有性结合产生在担子上的有性孢子，担子多着生在担子果上 |

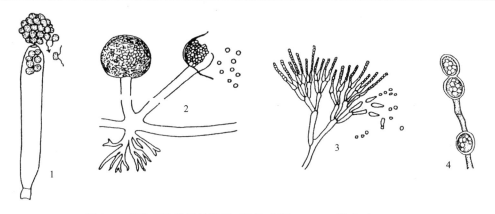

图8-6 菌物无性孢子的类型（仿许志刚，2003；陆家云，2001）
1. 游动孢子囊和游动孢子 2. 孢子囊和孢囊孢子 3. 分生孢子梗和分生孢子 4. 厚垣孢子

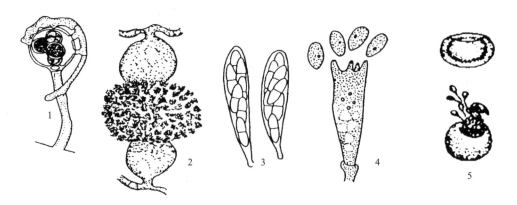

图 8-7　菌物有性孢子的类型（仿许志刚，2003）

1. 卵孢子　2. 接合孢子　3. 子囊和子囊孢子　4. 担子和担孢子　5. 休眠孢子囊及其萌发释放游动孢子

### （二）园艺植物病原菌物主要类群

**1. 根肿菌属（*Plasmodiophora*）**

营养体为无细胞壁的原质团；有性繁殖整个原生质团形成大量散生或成堆的厚壁休眠孢子（休眠孢子囊，图 8-8），呈分散鱼卵状排列；无性繁殖也由原生质团形成薄壁的游动孢子囊，其中产生前端具有 2 根长短不一尾鞭的游动孢子，根肿菌都是植物细胞内的专性寄生菌，休眠孢子囊对不适宜的环境适应性强，能在土中存活多年，是病菌的初侵染源。常引起植物根部产生刺激性病变，形成膨肿状，如白菜根肿病。

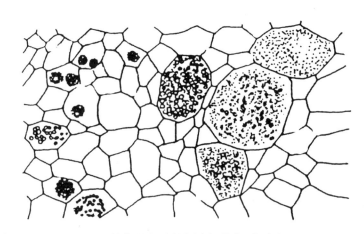

图 8-8　根肿菌属（*Plasmodiophora*）的休眠孢子囊和原生质团（仿陆家云，2001）

**2. 腐霉属（*Pythium*）**

腐霉是低等的卵菌，无性繁殖在菌丝顶端形成孢子囊，孢子囊近球形、姜瓣状或不规则形，成熟后一般不脱落，萌发时先形成泡囊，在泡囊内产生游动孢子。有性繁殖在藏卵器内形成一个卵孢子（图 8-9）。引起黄瓜、茄子等幼苗猝倒病。

**3. 疫霉属（*Phytophthora*）**

孢囊梗 2~3 支成丛，自气孔伸出，假轴状分枝，小梗基部膨大，多次产生孢子囊，使孢子囊梗上部呈节状；孢子囊近球状、卵形或梨形等，具乳突。有性生殖在藏卵器内形成一个卵孢子。常引起园艺植物疫病、晚疫病等（图 8-10）。

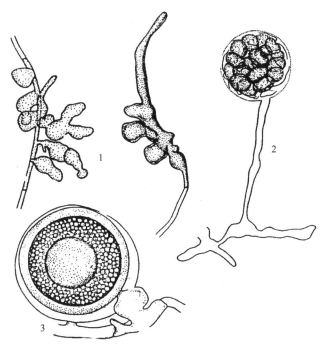

图 8-9　腐霉属（*Pythium*）（仿陆家云，2001）

1. 姜瓣状孢子囊　2. 泡囊　3. 雄器、藏卵器和卵孢子

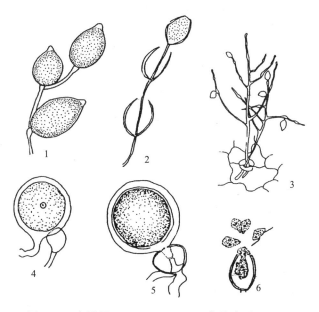

图 8-10　疫霉属（*Phytophthora*）（仿陆家云，2001）

1～3. 孢囊梗和孢子囊　4. 藏卵器、卵孢子和侧生雄器　5. 藏卵器、卵孢子和围生雄器　6. 孢子囊释放游动孢子

## 4. 霜霉菌

　　霜霉菌是高等的卵菌，都是植物上的专性寄生菌，它们的菌丝蔓延在寄主细胞间，以吸器伸入寄主细胞内吸收养分。孢囊梗有限生长，孢囊梗分枝特点及其顶端的形态是分属的依据。孢子囊在孢囊梗上形成，孢子囊卵圆形，顶端乳头状突起有或无，萌发时产生游

动孢子或直接萌发出芽管。有性生殖在藏卵器内形成一个卵孢子（图8-11）。霜霉菌主要包括霜霉属（*Peronospora*）、假霜霉属（*Pseudoperonospora*）、盘梗霉属（*Bremia*）和单轴霉属（*Plasmopara*）等菌物，引起多种热带园艺植物霜霉病。

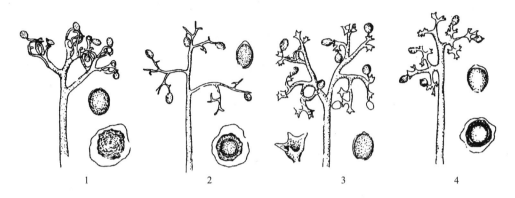

图 8-11　霜霉菌的孢囊梗、孢子囊和卵孢子（仿李怀方，2001）

1. 霜霉属（*Peronospora*）　2. 假霜霉属（*Pseudoperonospora*）　3. 盘梗霉属（*Bremia*）

4. 单轴霉属（*Plasmopara*）

**5. 白锈菌属（*Albugo*）**

孢囊梗平行排列在寄主表皮下，短棍棒形，孢子囊串生。孢子囊椭圆形。卵孢子壁厚，表面有瘤状突起（图8-12）。白锈菌在寄主表面产生乳白色或粉状的疱斑（寄主表皮下的孢子囊堆），成熟后寄主表皮散出白色粉状物（成熟的孢子囊）。

**6. 根霉属（*Rhizopus*）**

菌丝发达，有分枝，分布在寄主表面或其内，有匍匐丝和假根。孢囊梗2～3根丛生，在假根相反方向从菌丝上产生，一般不分枝，顶生孢子囊，内生大量孢囊孢子，有囊轴，锣锤形，孢囊孢子单胞，表面有饰纹；有性生殖形成接合孢子，色深，表面有瘤状突起（图8-13）。引起多种热带水果采后的软腐病等。

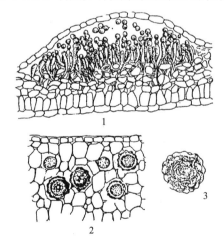

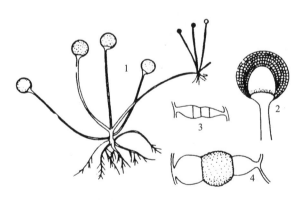

图 8-12　白锈菌属（*Albugo*）（仿李怀方，2001）

1. 寄主表皮细胞下的孢囊梗和孢子囊

2. 病组织内的卵孢子　3. 卵孢子

图 8-13　根霉属（*Rhizopus*）（仿陆家云，2001）

1. 孢囊梗、孢子囊、假根和匍匐丝

2. 孢子囊　3. 配囊柄及原配子囊　4. 接合孢子

### 7. 白粉菌

都是高等植物上的专性寄生菌，菌丝表生，以吸器伸入寄主表皮细胞中吸取养分。子囊果闭囊壳，内生一个或多个子囊，闭囊壳外部有不同形状的附属丝。闭囊壳内的子囊的数目（1个或多个）及外部附属丝形态是白粉菌分属的依据（图 8-14）。无性阶段由菌丝分化成直立的分生孢子梗，顶端串生分生孢子。由于寄主体外生的菌丝和分生孢子呈白色粉状，故称白粉病。主要属列表如下：

白粉菌目分属检索表

1. 闭囊壳内有几个至几十个子囊 ·········································· 2
1. 闭囊壳内只有一个子囊 ············································· 3
2. 附属丝柔软，菌丝状，不分支············· 白粉菌属（*Erysiphe*）
2. 附属丝坚硬，顶端卷曲成钩状············· 钩丝壳属（*Uncinula*）
2. 附属丝坚硬，顶部二叉状分支············· 叉丝壳属（*Microsphaera*）
2. 附属丝坚硬，基部膨大，端部针状 ········· 球针壳属（*Phyllactinia*）
3. 附属丝似白粉菌属 ················· 单丝壳属（*Sphaerotheca*）
3. 附属丝似叉丝壳属 ················· 叉丝单囊壳属（*Podosphaera*）

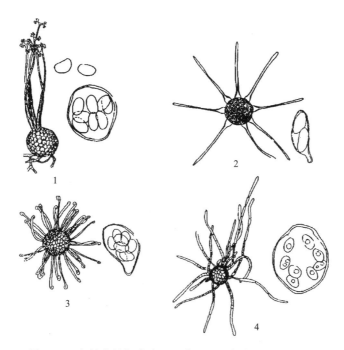

图 8-14　白粉菌的闭囊壳、子囊孢子（仿李怀方，2001）
1. 叉丝单囊壳属（Podosphaera）　2. 球针壳属（Phyllactinia）　3. 钩丝壳属（Uncinula）
4. 单丝壳属（Sphaerotheca）

### 8. 小丛壳属（*Glomerella*）

子囊壳小，球形，半埋生在子座内；子囊棍棒状，无侧丝；子囊孢子单胞无色，长椭圆形，稍弯曲（图 8-15）。有性世代在自然界很少发生，无性世代为炭疽菌属（*Colletotrichum*）。引起热带园艺植物如柑橘、杧果、龙眼炭疽病等。

### 9. 小煤炱属（*Meliola*）

子囊束生于黑色闭囊壳基部；子囊孢子椭圆形，暗褐色，2～4 个隔膜（图 8-16）。引起多种热带园艺植物的煤烟病。

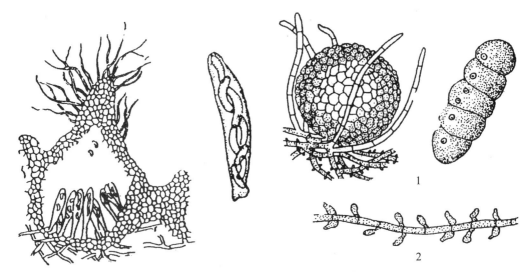

图 8-15　小丛壳属（*Glomerella*）的子囊壳和　　图 8-16　小煤炱属（*Meliola*）（仿许志刚，2003）
　　　　　子囊（仿陆家云，2001）　　　　　　　　1. 闭囊壳和子囊孢子　2. 附着枝

### 10. 痂囊腔菌属（*Elsinoe*）

子囊在子囊腔中不规则散生，每个子囊腔只有一个球形子囊，子囊孢子长圆筒形，3隔 4 胞、无色（图 8-17）。危害植物的主要是无性世代痂圆孢属（*Sphaceloma*），在分生孢子盘上产生分生孢子。引起柑橘疮痂病等。

### 11. 球腔菌属（*Mycosphaerella*）

子囊座着生在寄主叶片表皮层下，子囊圆筒形，束生，平行排列，无拟侧丝。子囊孢子椭圆形，无色，双胞，大小相等（图 8-18）。引起瓜类蔓枯病等。

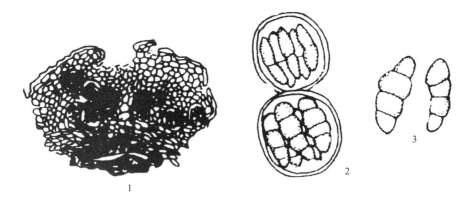

图 8-17　痂囊腔菌属（*Elsinoe*）（仿陆家云，2001）
1. 寄主组织内的子囊座　2. 成熟的子囊　3. 子囊孢子

### 12. 核盘菌属（*Sclerotinia*）

菌丝体可以形成菌核，菌核萌发后可形成长柄子囊盘，子囊与侧丝平行排列于子囊盘

的开口处，形成子实层。子囊棍棒状，子囊孢子椭圆形或纺锤形，单胞无色（图 8-19）。引起多种热带园艺植物如非洲菊菌核病、十字花科蔬菜菌核病等。

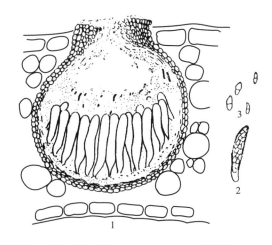

图 8-18　球腔菌属（*Mycosphaerella*）（仿陆家云，2001）
1. 子囊腔　2. 子囊　3. 子囊孢子

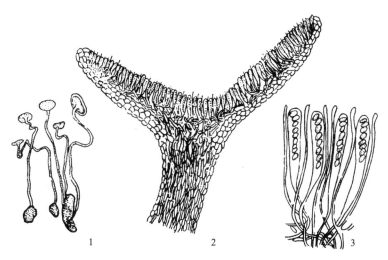

图 8-19　核盘菌属（*Sclerotinia*）（仿陆家云，2001）
1. 菌核萌发形成子囊盘　2. 子囊盘　3. 子囊和侧丝

### 13. 锈菌

锈菌是专性寄生菌，其生活史中可产生多种类型的孢子，典型锈菌产生 5 种类型孢子：性孢子、锈孢子、夏孢子、冬孢子、担孢子。有些锈菌有转主寄生现象。锈菌引起植物病害后，由于在病部可见铁锈状物（孢子堆），故称锈病。热带园艺植物锈菌重要属有（图 8-20）：

柄锈菌属（*Puccinia*）：冬孢子双细胞，深褐色，有短柄；夏孢子单细胞，近球形，黄褐色，壁上有小刺。引起美人蕉锈病等。

单胞锈菌属（*Uromyces*）：冬孢子单细胞，深褐色，有柄，顶壁较厚；夏孢子单细胞，有刺或瘤状突起。引起豆类锈病等。

多胞锈菌属（*Phragmidium*）：冬孢子三至多细胞，壁厚，表面光滑或有瘤状突起，柄基部膨大。引起的热带园艺植物病害有玫瑰锈病等。

层锈菌属（*Phakopsora*）：冬孢子无柄，椭圆形，单胞，在寄主表皮下排列成数层，夏孢子表面有刺。引起热带园艺植物病害有葡萄锈病等。

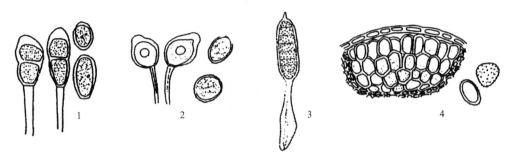

图 8-20　锈菌的重要病原属（仿李怀方，2001）
1. 柄锈菌属　2. 单胞锈菌属　3. 多胞锈菌属　4. 层锈菌属

**14. 黑粉菌**

黑粉菌全是植物寄生菌，因在寄主病部形成大量黑色粉状物而得名。黑粉菌的分属主要根据冬孢子的形状、大小、有无不孕细胞、萌发的方式及冬孢子球的形态等（图 8-21）。重要的属有：

黑粉菌属（*Ustilago*）：冬孢子堆粉状，彼此分离，孢子堆外没有由菌丝构成的假膜包围，冬孢子表面光滑或有纹饰。引起茭白黑粉病。

条黑粉菌属（*Urocystis*）：冬孢子聚集成团，坚固而不易分离，冬孢子团外有无色不孕细胞包围褐色冬孢子。引起葱类黑粉病。

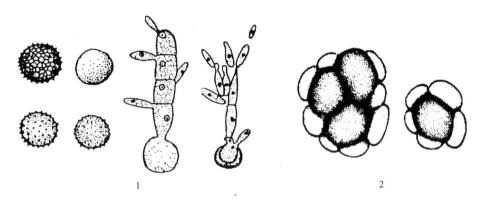

图 8-21　黑粉菌的重要病原属（仿李怀方，2001）
1. 黑粉菌属（*Ustilago*）　2. 条黑粉菌属（*Urocystis*）

**15. 丝核菌属（*Rhizoctonia*）**

菌核褐色或黑色，内外颜色一致，菌丝褐色多直角分支，在分支处有缢缩（图 8-22）。引起多种园艺植物立枯病。

**16. 粉孢属（*Oidium*）**

分生孢子梗直立、短小，不分支。顶端产生串生分生孢子（粉孢子），孢子单胞无色

（图 8-23）。引起植物白粉病，为白粉菌的无性阶段。

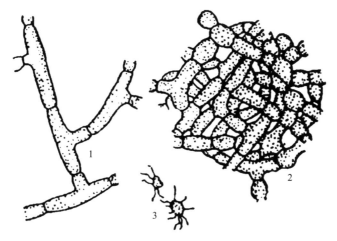

图 8-22　丝核菌属（*Rhizoctonia*）（仿许志刚，2003）

1. 菌丝　2. 菌组织　3. 菌核

### 17. 葡萄孢属（*Botrytis*）

分生孢子梗呈树状分支，无色，顶端膨大成球形，上生许多小梗；分生孢子单胞，无色，椭圆形，着生小梗上聚集成葡萄穗状（图 8-24）。引起多种植物灰霉病。

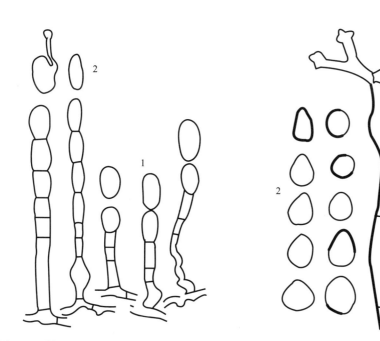

图 8-23　粉孢属（*Oidium*）（仿陆家云，2001）

1. 分生孢子梗和分生孢子　2. 分生孢子及孢子萌发

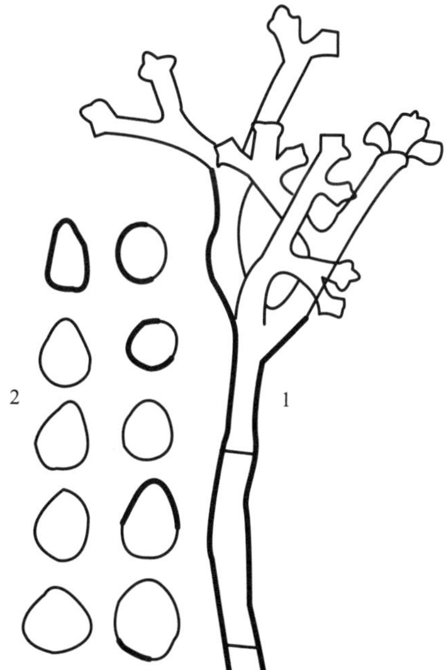

图 8-24　葡萄孢属（*Botrytis*）（仿陆家云，2001）

1. 分生孢子梗　2. 分生孢子

### 18. 尾孢属（*Cercospora*）

分生孢子梗屈膝状，青褐色至黑褐色，丛生不分枝；分生孢子多细胞，线形、鞭形至蠕虫形（图8-25）。引起兰花叶斑病、菜豆红斑病、豇豆煤霉病等。

**19. 镰孢属（*Fusarium*）**

大型分生孢子多细胞，镰刀型，一般2～5分隔；小型分生孢子单细胞，无色，椭圆形至卵圆形（图8-26）。引起瓜类、茄科、香蕉等植物枯萎病。

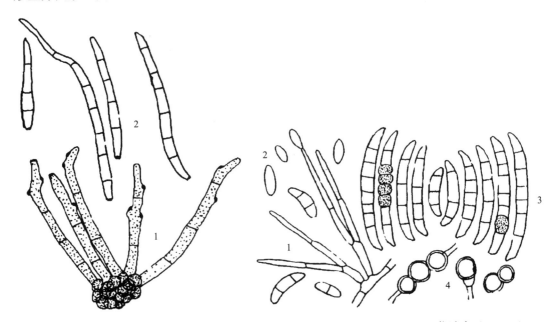

图8-25　尾孢属（*Cercospora*）（仿陆家云，2001）　　图8-26　镰孢属（*Fusarium*）（仿陆家云，2001）

1. 分生孢子梗　2. 分生孢子　　　　　　　　　1. 产孢细胞　2. 小型分生孢子　3. 大型分生孢子　4. 厚垣孢子

**20. 炭疽菌属（*Colletotrichum*）**

分生孢子盘生在寄主表皮下，有时生有褐色具分隔的刚毛，分生孢子梗无色至褐色，分生孢子无色，单孢，长椭圆形或新月形（图8-27）。引起多种园艺植物炭疽病。

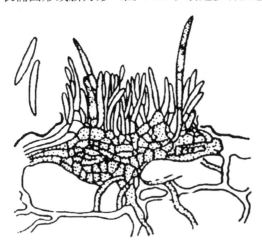

图8-27　炭疽菌属（*Colletotrichum*）的分生孢子盘和分生孢子（仿许志刚，2003）

**21. 叶点霉属（*Phyllosticta*）**

分生孢子器埋生，孔口圆形深褐色外露，分生孢子单细胞，很小，卵圆形至椭圆形

（图 8-28），孢子大小一般在 $15\mu m$ 以下，引起散尾葵叶枯病、凤仙花斑点病，发生部位主要是叶部，病斑初褐色，后变灰褐色，边缘暗红色。注意其与茎点霉属和大茎点霉属的区别。

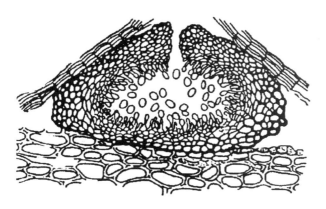

图 8-28　叶点霉属（*Phyllosticta*）的分生孢子器和分生孢子（仿许志刚，2003）

### 22. 茎点霉属（*Phoma*）

分生孢子器埋生或半埋生，分生孢子小，无色，单胞（图 8-29）。与叶点霉属相似，但寄生性较弱，主要危害植物茎部。引起甘蓝黑胫病、柑橘黑斑病。

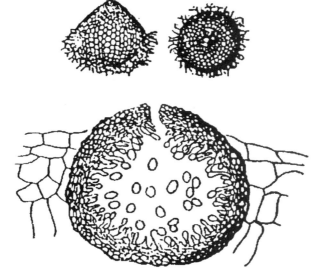

图 8-29　茎点霉属（*Phoma*）的分生孢子器和分生孢子（仿许志刚，2003）

### 23. 大茎点菌属（*Macrophoma*）

该属与上述两属相似，分生孢子较大，一般超过 $15\mu m$（图 8-30）。引起香蕉黑星病、番荔枝枯果病等。

### 24. 拟茎点菌属（*Phomopsis*）

产生卵圆形和钩形 2 种分生孢子，均为单胞无色，其中钩形孢子不能萌发（图 8-31）。引起柑橘树脂病等。

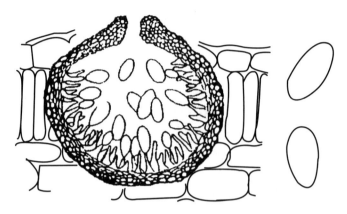

图 8-30　大茎点菌属（*Macrophoma*）的分生孢子器和分生孢子（仿许志刚，2003）

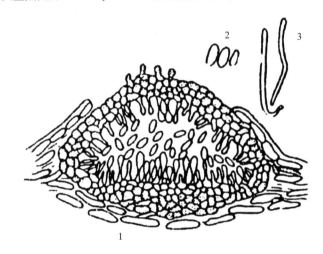

图 8-31　拟茎点菌属（*Phomopsis*）（仿陆家云，2001）
1. 分生孢子器　2. α 型孢子　3. β 型孢子

### （三）植物病原菌物所致病害特点及诊断要点

菌物病害可引起热带园艺植物变色、坏死、腐烂、萎蔫、畸形、流胶等各类病状，但许多病害如锈病、黑穗病、白粉病、霜霉病、灰霉病以及白锈病等，常在病部产生典型的病征，依照这些特征或病征上的子实体形态，即可进行病害诊断。对于病部不易产生病征的菌物病害，可通过保湿培养镜检法：摘取植物病组织，置于保湿器皿中，在适温（22～28℃）下培养 1～2d，往往可促使菌物产生子实体，然后进行镜检。

## 二、热带园艺植物病原原核生物

原核生物是一类细胞核 DNA 无核膜包裹、一般由细胞膜和细胞壁或只有细胞膜包围的单细胞微生物。植物病原原核生物包括有细胞壁的细菌和放线菌以及无细胞壁但有细胞膜的植原体和螺原体。通常以细菌作为原核生物的代表。

### （一）原核生物的一般性状

植物病原细菌的一般形态为球状、杆状或螺旋状，多为单生，也有双生、串生和聚生的。细菌大多是杆状菌，大小为（0.5～0.8）μm×（1～5）μm，少数为球状。细菌大多有鞭毛，着生在菌体一端或两端的称为极鞭，着生在菌体四周的称为周鞭（图 8-32）。细菌鞭毛的有无、着生位置和数目是细菌分类的重要依据。

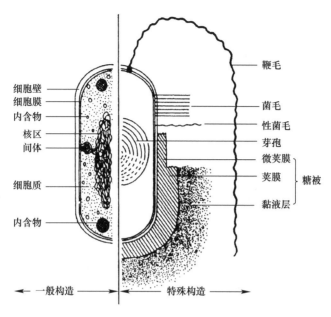

图 8-32 细菌的模式结构（仿周德庆，2004）

细菌个体发育简单，没有营养体和繁殖体的分化，以裂殖方式繁殖。细菌繁殖速度很快，在适宜条件下，每 20～30min 就可以裂殖 1 次。植物病原细菌不含叶绿素，进行异养生活，寄生或腐生。细菌个体微小，通常要经过染色才能在光学显微镜下观察到，有些染色反应对细菌有鉴别作用，其中最重要的是革兰氏染色，植物病原细菌革兰氏染色反应大多是阴性，少数是阳性。植物菌原体（包括植原体和螺原体）无细胞壁，无革兰氏染色反应。植物病原细菌对营养要求简单，在普通的培养基上都可生长。在固体培养基上可形成各种不同形状和颜色的菌落，菌落边缘整齐或呈波浪纹，表面光滑或皱缩，常以白色和黄色的圆形菌落较多，也有褐色的，或形状不规则的。

**（二）园艺植物病原原核生物主要类群**

**1. 土壤杆菌属（*Agrobacterium*）**

菌体杆状，周生或侧生鞭毛 1～4 根。革兰氏染色阴性。菌落圆形，隆起，光滑，灰白色。引起植物组织膨大，形成畸形肿瘤。如果树、花卉的根癌病等。

**2. 劳尔氏菌属（*Ralstonia*）**

菌体杆状，周鞭或极鞭 1 根或无。革兰氏染色阴性。菌落圆形，隆起，光滑，灰白色，易流动。引起植物萎蔫、维管束褐变，如茄科植物青枯病等。

**3. 黄单胞菌属（*Xanthomonas*）**

菌体杆状，极生单鞭毛。革兰氏染色阴性。菌落圆形，隆起，黏稠，蜜黄色，产生非水溶性色素。该属的成员都是植物病原菌。引起植物坏死、腐烂、萎蔫、疮痂，如辣椒疮痂病、甘蓝黑腐病、柑橘溃疡病等。

**4. 假单胞菌属（*Pseudomonas*）**

菌体杆状，极生 1～4 根或多根鞭毛。革兰氏染色阴性。菌落圆形，隆起，灰白色或浅黄色。引起植物叶斑、腐烂、萎蔫，如黄瓜细菌性角斑病等。

**5. 欧文氏菌属（*Erwinia*）**

菌体杆状，周生多根鞭毛。革兰氏染色阴性。菌落圆形，隆起，灰白色。引起植物叶斑、萎蔫，如梨火疫病。

**6. 果胶杆菌属（*Pectobacterium*）**

菌体杆状，周生多根鞭毛。革兰氏染色阴性。菌落圆形，隆起，灰白色。引起植物萎蔫，如白菜腐烂病等。

**7. 韧皮部杆菌属（待定属）（*Liberobacter*）**

至今尚未能人工培养。引起黄化、萎蔫，如柑橘黄龙病。

**8. 植原体属（待定属）（*Phytoplasma*）**

菌体基本形态为圆球形或椭圆形，但在韧皮部筛管中或在穿过细胞壁上胞间连丝时，变成丝状、杆状或哑铃状等。目前还不能人工培养。引起植物黄化、花变叶、丛枝、矮缩等，如枣疯病、番茄巨芽病、泡桐丛枝病等。

**9. 螺原体属（*Spiroplasma*）**

菌体基本形态为螺旋形，繁殖时可产生分枝，分枝也呈螺旋形。在固体培养基上的菌落很小，煎蛋状。引起植物矮化、丛枝、小叶、畸形等，如柑橘僵化病、辣椒脆根病等。

**10. 棒形杆菌属（*Clavibacter*）**

菌体杆状，直或稍弯曲，一般无鞭毛。革兰氏染色阳性。菌落圆形，光滑，隆起，多为灰白色。引起植物花叶、环腐、萎蔫、维管束褐变，如马铃薯环腐病等。

**11. 链霉菌属（*Streptomyces*）**

是放线菌中唯一能引起植物病害的属。菌体丝状，纤细，无隔膜。菌落圆形，紧密，多灰白色，辐射状向外扩散，形成基内菌丝和气生菌丝。在气生菌丝即产孢丝顶端产生链球状或螺旋状的分生孢子。引起马铃薯疮痂病。

**（三）植物病原原核生物所致病害特点**

植物病原细菌病害症状多为坏死、腐烂、萎蔫或畸形，变色较少，病斑初期多有半透明水渍状或油渍状晕圈出现，后期空气潮湿时有菌脓溢出。植原体病害症状多为病株矮化、丛生、小叶或黄化。

**（四）植物细菌病害的简易诊断**

植物细菌病害的诊断和病原鉴定是比较复杂的，初步诊断是根据症状特点和显微镜检查病组织中的细菌来完成的。除少数危害薄壁细胞组织的细菌病害（如冠瘿病或发根病）外，绝大多数能在受害部位的维管束或薄壁细胞组织中产生大量的细菌，并且吸水后形成菌溢，因此，镜检病组织中有无细菌的大量存在（菌溢的出现）是诊断细菌病害简单易行的方法。

取黄瓜细菌性角斑病、茄子青枯病或马铃薯环腐病新鲜标本，在病健交界处剪取 4mm×4mm 的小块病组织，置载玻片上滴加一滴蒸馏水，盖好盖玻片后，立即在显微镜下（低倍镜即可）观察，注意组织剪断处是否有大量的细菌，呈云雾状溢出（将视野调暗观察效果较好），按同样方法用健康组织做镜检反证。

## 三、热带园艺植物病毒

病毒是一种由核酸和蛋白或脂类蛋白外壳组成的，具有繁殖、传染和寄生在其他生物体上的能力的非细胞形态分子生物。

## （一）植物病毒的一般特性

病毒是个体微小的分子寄生物，形状有球状、杆状、线状，少数弹状、杆菌状或双联体状（图 8-33）。其结构简单，杆状和线条状的植物病毒，中间是螺旋状核酸链，外面是由许多蛋白质亚基组成的衣壳，蛋白质亚基也排列成螺旋状，核酸链就嵌在亚基的凹痕处。因此，杆状和线条状粒体是空心的。球状病毒大都是近 20 面体，衣壳由 60 个或其倍数的蛋白质亚基组成，蛋白质亚基镶嵌在粒体表面，粒体的中心是空的。但核酸的排列还不清楚。弹状粒体的结构更为复杂，有一个较粒体短而细的管状中髓，也是由核酸和蛋白质形成的螺旋体，外面有一层含有蛋白质的脂类包膜。各种病毒所含核酸和蛋白质比例不同，一般核酸占 5%～40%，蛋白质占 60%～95%，还有水分和矿物质元素等。

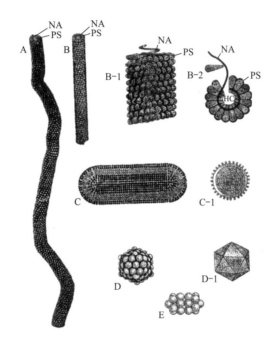

图 8-33　一些代表性植物病毒的相对性状、大小和结构（仿 Agrios，2005）

A. 线状病毒　B. 棒状病毒　B-1. 蛋白质亚基和核酸排列的侧面观（病毒 A 和 B）B-2. 病毒 A 和 B 的横切面
C. 短杆状病毒　C-1. 短杆状病毒的横切面　D. 多面体病毒　D-1. 二十面体病毒　E. 双生病毒

植物病毒在活体外的稳定性是病毒的重要生物学性状，也成为病毒分类和鉴定的依据之一。

钝化温度：又称失毒温度。把病组织汁液在不同温度下处理 10min 后，使病毒失去侵染力的最低处理温度，用摄氏度表示。大多数植物病毒钝化温度在 55～70℃之间。番茄斑萎病毒的钝化温度最低为 45℃，烟草花叶病毒的钝化温度最高为 97℃。

稀释限点：把病组织汁液加水稀释，当超过一定限度时，病毒失去了侵染力，这个最大的稀释限度叫作该病毒的稀释限点。烟草花叶病毒的稀释限点为 $10^{-7}$，黄瓜花叶病毒的稀释限点为 $10^{-6}$。

体外存活期：在室温（20～22℃）下，病汁液保持侵染力的最长时间，大多数病毒的存活期为数天到数月。

## （二）热带园艺植物病毒的传播和移动

传播指植物病毒从一植株转移或扩散到其他植株的过程。移动指从植株的一个局部到另一个局部的过程。病毒的传播是完全被动的，根据自然传播方式的不同，植物病毒传播分为介体传播和非介体传播。

介体传播：指病毒依附在其他生物体上，借其他生物体的活动而进行的传播及侵染。包括动物介体和植物介体，昆虫是传播病毒最重要的介体，目前以叶蝉和蚜虫种类最多，其次还有粉虱、蝽、线虫、螨类、真菌、菟丝子等。

非介体传播：在病毒传播中没有其他生物介入的传播方式。包括种子和其他繁殖材料的传播、汁液接触传播、嫁接传播和花粉传播等。

## （三）重要的植物病毒属

烟草花叶病毒属（*Tobamovirus*）：典型种为烟草花叶病毒（TMV），病毒形状为直杆状，直径 18nm，长 300nm。烟草花叶病毒属中大多数病毒的寄主范围较广，属世界性分布。自然传播不需要介体生物，靠植株间的接触（有时为花粉或种苗）传播。对外界环境的抵抗力强。主要引起番茄、马铃薯、辣椒和兰花等的花叶。

马铃薯 Y 病毒属（*Potyvirus*）：是植物病毒中最大的一个属，目前有 91 个确定种和 88 个可能种。线状病毒，长 750nm，直径 11～15nm。马铃薯 Y 病毒以蚜虫进行非持久性传播，绝大多数可机械传播，个别可种传。

黄瓜花叶病毒属（*Cucumovirus*）：有 3 个确定种，即黄瓜花叶病毒（CMV）、番茄不孕病毒（TAV）和花生矮化病毒（PSV）。代表种为 CMV，病毒粒体为球状，属于三分体病毒。该病毒寄主范围广，自然寄主包括 67 科 470 种植物。

## （四）植物病毒病害的症状特点

外部症状（系统侵染病害、无病征）：绝大多数病毒侵入寄主植物，叶片产生不同程度的斑驳、花叶、黄化。同时寄主植物伴有不同程度的矮化、丛枝、卷叶、皱叶和蕨叶等症状以及产量的降低。少数病毒还能在叶片或茎秆上造成局部坏死或肿瘤等增生症状；寄主植物还可以表现隐症、协生和颉颃现象或潜伏侵染等多种复杂的症状类型。

内部变化：叶绿体的破坏和各种内含体的出现。光学显微镜下见到的内含体为有无定形内含体（X—体）和结晶状内含体。电镜下观察到的内含体为风轮状、环状及束状等。

# 四、热带园艺植物病原线虫病害

线虫又称蠕虫，是一类低等的无脊椎动物，通常生活在土壤、海水中，其中很多能寄生在人、动物和植物体内，引起病害。危害植物的称为植物病原线虫或植物寄生线虫，简称植物线虫。

## （一）植物病原线虫的一般性状

植物线虫绝大多数雌雄同形，呈蠕虫状，长 0.2～1.0mm，个别种类长达 3mm，体宽 0.015～0.035mm。少数植物线虫是雌雄异形，雄虫为线性，雌虫幼虫期为线形，成熟后膨大呈梨形、球形或柠檬形。线虫无色、不分节，虫体结构较简单，从外向内可分体壁和体腔 2 部分，从前到后可分为头、颈、腹、尾 4 个体段。体壁几乎是透明的。植物寄生线虫的口腔内都有口针，是线虫侵入寄主植物体内并获取营养的工具（图 8-34）。

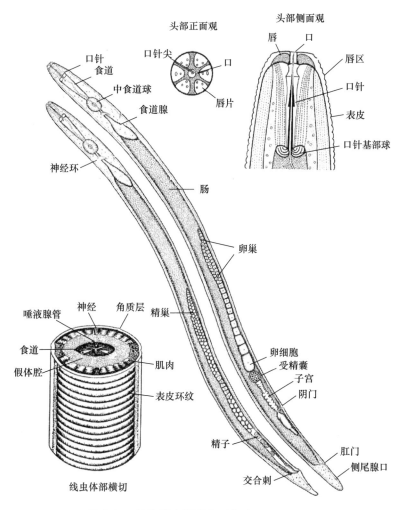

图 8-34 植物线虫的形态（仿 Agrios，2004）

植物线虫生活史具卵、幼虫和成虫 3 种虫态。幼虫有 4 个龄期，植物线虫为两性交配生殖，也可孤雌生殖。植物线虫一生短的几天，长的可达 1 年。

线虫在田间的水平分布一般是不均匀的，呈块状或多中心分布，田间的垂直分布与作物根系分布相关。大多线虫取食植物根部，寄生线虫寄生方式有：内寄生、半内寄生和外寄生 3 种。外寄生是线虫虫体在根外，口针刺入植物表皮或在根尖附近取食。半内寄生是线虫虫体前部钻入根内取食。内寄生是整个虫体侵入根组织内，虫体生活史有一段在根内完成。

线虫吸食营养是靠口针刺入细胞内，首先注入唾液腺的分泌液，消化一部分细胞内含物，再将液化的内含物吸入口针，并经过食管进入肠内。在取食过程中，线虫除了分泌唾液外，有时还分泌毒素或激素类物质，造成细胞的死亡或过度生长。此外，线虫所造成的伤口常常成为某些病原物的侵入途径，给植物带来更严重的损失；线虫还可传播病毒病。

**（二）热带园艺植物寄生线虫的主要类群**

线虫的种类和数量很多，全世界估计有 50 多万种，在动物界中是仅次于昆虫的一个庞大类群。线虫门属动物界，根据其侧尾腺口的有无分为侧尾腺口纲和无侧尾腺口纲。目前，世界上有记载的植物线虫有 260 多属，5700 多种。其中，园艺植物重要病原线虫多数属于侧尾腺口纲垫刃目和无侧尾腺口纲矛线目，常见的属有：根结线虫属（*Meloidogyne*，引起园艺植物根结线虫病）、短体线虫属（*Pratylenchus*，引起植物根腐病）、穿孔线虫属（*Radopholus*，引起香蕉穿孔病）、滑刃线虫属（*Aphelenchoides*，引起草莓芽叶枯斑病）、长针线虫属（*Longidorus*，危害根部，造成根尖肿大、扭曲，有些种类传播植物病毒）、剑线虫属（*Xiphinema*，引起根尖肿大、坏死、木栓化，传播植物病毒）等（图 8-35）。

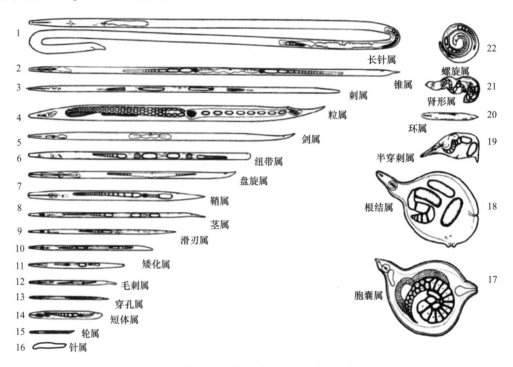

图 8-35　一些重要的植物寄生线虫形态及相对大小（仿 Agrios，2004）

### （三）热带园艺植物线虫病的症状特点

局部症状：地上部的症状有顶芽、花芽坏死、茎叶卷曲或组织坏死及形成叶瘿或穗瘿等。地下部的症状有根部形成肿瘤或丛根，有的组织坏死或腐烂。茎部组织坏死、块茎腐烂等。

全株性症状：植物生长衰弱、矮小、发育缓慢、叶色变淡、萎黄、似缺肥营养不良的现象。

## 五、热带园艺植物寄生性（种子）植物

少数植物由于根系或叶片退化，或者缺乏足够叶绿素，必须从其他植物上获取营养物质而营寄生生活，称之为寄生性植物。大多数寄生性植物为高等的双子叶植物，可以开花结籽，又称为寄生性种子植物，如菟丝子、列当、桑寄生等；另外还有少数低等的藻类植物，也可以寄生在高等植物上。

### （一）寄生性植物的一般形状

根据寄生性植物从寄主植物上获取营养物质的方式，可以将寄生性植物分为全寄生和半寄生两大类。全寄生植物是指寄生性植物从寄主植物上获取自身生活需要的所有营养物

质，包括水分、无机盐和有机物质，例如菟丝子、列当和无根藤等。这些植物叶片退化，叶绿素消失，根系退变为吸根，在解剖学上表现为其吸根中的导管和筛管与寄主植物的导管和筛管相连，并从中不断吸取各种营养物质。另一些寄生植物，如桑寄生、槲寄生和樟寄生等，本身具有叶绿素，能够进行光合作用来合成有机物质，但由于根系缺乏而需要从寄主植物中吸取水分和无机盐，在解剖学上表现为导管与寄主植物的导管相连。由于它们与寄主植物主要是水分存在依赖关系，故称为半寄生，又称"水寄生"。另外，根据寄生性植物在寄生植物上的寄生部位，又可将其分为根寄生和茎寄生等，前者如列当和独脚金，后者如菟丝子和桑寄生。

寄生性植物对寄主植物的致病作用主要表现为对营养物质的争夺。一般全寄生植物比半寄生植物的致病能力强，可引起寄主植物黄化和生长衰弱，严重时造成寄主植物大片死亡，对产量影响极大；半寄生植物寄生初期对寄主植物生长无明显影响，当寄生植物群体较大时会造成寄主生长不良和早衰，有时也会造成寄主死亡。有些寄生性植物还能将病毒从病株传导到健株上。

**（二）寄生性植物的繁殖与传播**

寄生性种子植物以种子繁殖，其传播方式一种为被动传播，其种子主要依靠风力或鸟类传播，有时则与寄主种子一起通过调运传播；另一种为主动传播方式，当寄生植物在种子成熟时，果实吸水膨胀开裂，将种子弹射出去。

**（三）寄生性种子植物的主要类群**

寄生性植物包括寄生性种子植物和寄生性藻类两大类，以寄生性种子植物在生产上更为常见，大约有 2500 种，在分类学上属于被子植物门的 12 科，其中最常见和危害最大的有菟丝子科菟丝子属（*Cuscuta*）、列当科列当属（*Orobanche*）、桑寄生科桑寄生属（*Loranthus*）和槲寄生属（*Viscum*）、樟科无根藤属（*Cassytha*）、玄参科独脚金属（*Striga*）等。寄生性藻类主要是绿藻门橘色藻科中的头孢藻属（*Cephleurros*）和红点藻属（*Rhodochytrium*）等。

### 实训项目

#### 实训 8-3　植物病原菌物临时玻片标本制作与形态识别

**（一）目的要求**

植物病原物临时玻片制片技术是植物病理学的基本技术之一。通过学习病原物临时玻片制片技术，结合显微镜检观察玻片标本，熟悉各种病原物的形态特征，掌握植物病害诊断和病原鉴定基本方法。

**（二）材料与用具**

选用当地园艺植物不同症状类型的新鲜或干制标本，显微镜、擦镜纸、剪刀、双面或单面刀片、小木板、镊子、挑针、透明胶带、载玻片、盖玻片、酒精灯、各种浮载剂、搪瓷盘等。

**（三）内容与方法**

**1. 植物病原物临时玻片制片技术**

临时玻片制作方法很多，如涂、撕、粘、挑、刮和切片等，可以根据病原物的类型选择使用。基本操作步骤：取清洁载玻片，中央滴 1 滴蒸馏水（根据制片需要可更换其他浮载剂），根据病害种类任选以下一种制片方法，将病原菌丝体、子实体或病组织放入水滴中（均匀摆放），然后自水滴一侧用挑针支持，慢慢加盖玻片。注意加盖玻片时不宜太快，以防形成大量气泡影响观察或将欲观察的病原物冲溅到盖玻片外。

（1）涂抹法

细菌和酵母菌的培养物常用涂抹法制片。将细菌或酵母菌的悬浮液均匀地涂在洁净的载玻片上，在酒精灯火焰上烘干、固定，再加盖玻片封固。加盖玻片前还可进行染色处理，使菌体或鞭毛着色而易于观察。

（2）撕取法

寄生在植物表皮细胞的病原物，可用镊子仔细撕下病部表皮或表皮毛制成临时玻片。这种方法不仅能看到病原物形态，还能观察到病原物与寄主之间的解剖学关系。取白菜霜霉病病叶，用小镊子沿叶脉轻轻撕下病组织表皮，放在水浮载剂中制片，可观察到霜霉病菌的孢囊梗和孢子囊从叶片表皮气孔伸出的情况。

（3）粘贴法

将塑料透明胶带剪成边长 5mm 左右的小块（注意胶带上不要印有指印），使胶面朝下贴在病部，轻按一下后揭下制片镜检，可观察到菌丝和子实体着生于寄主表面的情况。

（4）挑取法

对于在植物发病部位或基质表面生长繁茂的霉状物、粉状物或锈状物以及个体分明的子实体及培养基上的多数培养菌的菌丝体、分生孢子梗、分生孢子和其他子实体等，可直接用挑针或镊子从病组织或基物（如培养基）上挑取表面的少许霉状物、粉状物或孢子团制成玻片。若病部较干，病原物不易挑出时，可先将挑针或镊子在浮载剂中蘸一下再挑取，挑取量宜少，以免互相重叠，分辨不清。挑取的点状物可先观察其外部形态，然后用解剖针/刀轻压，使子实体破裂，观察其内的产孢结构，如子囊和子囊孢子等。

（5）徒手切片法

为了观察病害组织病变、病菌侵入和寄主体内扩展过程，以及埋生在基物内真菌子实体的形态结构等，都需将有关材料切成薄片，进行镜检，徒手切片是最常用的简便易行的方法。选取病状典型、病征明显的病组织材料，先在病征明显处切取病组织小块（长 2～3cm，宽 5mm 左右，切片断面不超过 3～5mm$^2$），放在小木板上，用食指轻轻压住，随着手指慢慢地后退，用刀片的刀尖将压住的病组织小块切成很薄的丝或片，用沾有浮载剂的挑针或接种针挑取薄而合适的材料放在一干净载玻片上的浮载剂液滴中央，盖上盖玻片，仔细擦去多余的浮载剂（注意浮载剂过多会使观察物出现晃动不稳定现象），然后显微观察。

（6）组织透明法

将少量病组织材料切成细丝后放在载玻片上的乳酚油中，加盖玻片后置于酒精灯火焰上徐徐加热至刚刚沸腾（蒸气出现），立即停止加热，这样来回处理 3～4 次使组织透明，冷却后进行镜检。此法可以观察到病原物在寄主内的原有状态。

附：常用浮载剂

（1）水作浮载剂最常用，但易干燥，仅适于暂时性检查，不易封固保存，且易形成气泡。

（2）乳酚油也较常用。成分及配比：苯酚结晶（加热熔化）20mL、乳酸 20mL、甘油40mL、蒸馏水 20mL。乳酚油不易干燥，标本可存放几天以上，为使标本易于辨别，常在其中加染料苯胺蓝（棉蓝），用量是 0.05%～0.1%（也有的加 0.2%～0.5% 的锥虫蓝等），因其是酸性染料，可染真菌原生质而不染细胞壁，故分隔难辨的真菌孢子等可由此染色而看清。但由于其致癌作用而逐渐被淘汰，现改用甘油乳酸液。

（3）甘油乳酸液成分及配比：乳酸 25mL、甘油 50mL、蒸馏水 25mL。也可加苯胺蓝等染料，将标本放在载玻片上加甘油乳酸后稍微加温染色效果更好。

（4）水合氯醛碘液成分及配比：水合氯醛 100g、碘化钾 5g、碘 1.5g、水 100mL。碘与碘化钾研合，加水溶解，然后与水合氯醛混合。此浮载剂较好，能使真菌组织透明，并染上颜色，其光学性能好，能看清细胞壁和其他结构。此法制片只能保存几天，不宜久存，为保存，可除去碘液再用乳酚油浮载后封存。

**2. 园艺植物常见病原菌物形态观察**

（1）无隔菌丝、有隔菌丝及其繁殖体的观察

挑取不同菌丝制片镜检。观察菌丝是否分隔，有无假根、孢囊梗、孢子囊及孢囊孢子等形态。

（2）菌核及菌索的观察

观察油菜病菌菌核及甘薯紫纹羽病菌菌索，比较其形态、大小、色泽等。

（3）子实体及其上着生的孢子形态观察

观察分生孢子梗、分生孢子座、分生孢子盘、分生孢子器、子囊壳、闭囊壳、子囊盘和担子果等永久玻片，比较各种子实体的形态特征。其上着生的孢子哪些是分生孢子、子囊和子囊孢子、担子和担孢子等？

（4）根肿菌属观察

取甘蓝根肿菌切片，镜检切片中的病原菌。在寄主细胞内堆集在一起的鱼子状颗粒即病菌的休眠孢子。观察休眠孢子的分布位置、形态及有无细胞壁。

（5）腐霉菌属、疫霉菌属观察

分别挑取瓜果腐病、黄瓜疫病病部绵絮状物制片镜检，观察比较它们的孢囊梗、孢子囊的形态特征。

（6）霜霉属、假霜霉属观察

用粘贴法分别取白菜霜霉病、黄瓜霜霉病病叶上的霜状物制片镜检，观察比较它们的孢囊梗、孢子囊的形态特征，注意孢子囊有无乳状突起。

（7）根霉菌属观察

挑取木菠萝花果软腐病病果上的黑霉状物制片镜检，观察匍匐丝及假根、孢囊梗、孢子囊、孢囊孢子的形态。

（8）白粉菌各属观察

取白粉菌各属的永久玻片，镜检闭囊壳的形态，比较各属之间附属丝的形态和长短。并观察其内子囊的数目、形态及子囊孢子。

（9）小丛壳属观察

镜检小丛壳属永久玻片，观察子座形态。空口周围有无刚毛？子囊及子囊孢子是何形态？

（10）核盘菌属观察

观察十字花科蔬菜菌核病菌子囊盘永久玻片，注意观察子囊盘、子囊及子囊孢子的

形态。

（11）单胞锈菌属观察

观察豇豆、菜豆锈病在叶、茎、荚上的症状。制片镜检，注意观察冬孢子和夏孢子的形态以及颜色变化。

（12）葡萄孢属观察

观察园艺植物灰霉病症状，挑取霉状物制片镜检分生孢子梗及分生孢子着生情况。

（13）镰孢属观察

取黄瓜枯萎病病原永久玻片，观察大型分生孢子、小型分生孢子和分生孢子座的特点。

（14）炭疽菌属观察

观察香蕉炭疽病、杧果炭疽病、辣椒炭疽病等的症状特征。用徒手切片法镜检分坐孢子盘，注意其形状、刚毛、分隔与颜色，分生孢子梗的形状和分布，分生孢子的颜色、形状和分隔情况。

（15）大茎点菌属观察

取香蕉黑星病病叶用徒手切片法镜检观察病原菌的分生孢子器、分生孢子梗及分生孢子的形态。

**（四）作业**

（1）根据所提供的园艺植物病害新鲜标本，采用合适的制片方法练习临时玻片制备技术。

（2）绘制镜检观察到的各个属的病原形态图。

（3）白粉病危害植物有何特点？分类的主要依据有哪些？

（4）如何区分分生孢子器和子囊壳？

# 第三节　热带园艺植物昆虫的识别

## 一、昆虫的基本知识

昆虫纲（Insecta）隶属动物界（Kingdom Animal）节肢动物门（Phylum Arthropoda）。

**（一）昆虫纲的特征**

（1）体躯由若干环节组成，这些环节集合成头、胸、腹3个体段；

（2）头部是取食与感觉的中心，具有3对口器附肢和1对触角，通常还具有单眼和复眼；

（3）胸部是运动与支撑的中心，由3个体节组成，生有3对足，一般还有2对翅；

（4）腹部是生殖与代谢的中心，通常由9～11个体节组成，内含大部分内脏和生殖系统，腹末多数具有转化为外生殖器的附肢。

除上述特征外，由卵中孵化出来的昆虫，在生长发育过程中，通常要经过一系列显著的内部及外部体态上的变化，才能转变为性成熟的成虫。这种体态上的改变称为变态。

**（二）昆虫的外部形态**

昆虫的种类繁多，体态多变，其基本结构是一致的。

**1. 头部的构造**

头部通常分为头顶、额、唇基、颊和后头5个区。

（1）头部的形式

① 下口式：口器向下，头部和体躯纵轴差不多成直角，如蝗虫、蟋蟀、多数鳞翅目幼虫等。多数为植食性昆虫。

② 前口式：口器向前，头部和体躯纵轴差不多平行，如步行虫，多见于捕食性昆虫。

③ 后口式：口器向后，头部和体躯纵轴成锐角，如蝉、蜡象等，多为刺吸式口器昆虫。

昆虫头式的不同，反映了取食方式的不同，是昆虫对环境的适应。

（2）头部的附器

昆虫的头部具有触角、复眼、单眼和口器，是昆虫主要的感觉器官。

① 触角

触角位于额的两侧，其上着生许多感觉器官，具有触觉和嗅觉的功能，能感受微小刺激，是昆虫觅食、求偶、避敌等重要生命活动的基础。

触角的基本构造分3部分：柄节、梗节、鞭节。

常见的昆虫触角有以下几种类型：

1）刚毛状；2）线状或丝状；3）念珠状；4）锯齿状；5）双栉齿状或羽毛状；6）膝状或肘状；7）具芒状；8）环毛状；9）棒状或球杆状；10）锤状；11）鳃片状。

② 单眼和复眼

昆虫的眼有两种：一种是复眼，另一种是单眼。

③ 口器

口器主要有以下几种类型：

1）咀嚼式口器：由上唇、上颚、下颚、下唇与舌5部分组成。主要特点是有发达而坚硬的上颚以嚼碎固体食物。许多鳞翅目、鞘翅目、叶蜂类幼虫属于这类。具有这类口器的害虫都能给植物受害部位造成破损，如造成植物叶片上的透明斑、缺刻、空洞等，危害很大。

2）刺吸式口器：上唇特别短，呈三角形小片，下唇长而粗延长成喙，喙的前面有凹槽，里面藏着有上下颚特化成的细长口针。具有这类口器的害虫可以刺入植物组织内吸取细胞汁液，如蚜虫、叶蝉、粉虱等。这类害虫危害作物后，在危害部位形成斑点，引起畸形，如卷叶、虫瘿，还能传播植物病毒。

除此之外，还有其他口器如蛾蝶类虹吸式口器、蓟马的锉吸式口器等。

**2. 昆虫的胸部**

胸部是昆虫的第二体段，由3节组成，依次为前胸、中胸和后胸，胸部每节具足1对，着生在其两侧下方，分别称为前足、中足和后足。足的基本构造：成虫的胸足一般由基节、转节、腿节、胫节、跗节、前跗节等6节组成，节与节之间有膜质相连，各节均可活动。

常见的足的类型有步行足、跳跃足、捕捉足、开掘足、携粉足等。

昆虫一般具有2对翅，有些退化成平衡棒，有些完全退化或消失，有些昆虫雄虫有翅，而雌虫没有。

常见翅的类型：膜翅（蚜虫、蜂类、蝇类的翅）；鳞翅（蝶、蛾的翅）；覆翅（蝗虫、蝼蛄、蟋蟀的前翅）；鞘翅（天牛等）；半鞘翅（蝽象）；缨翅（蓟马类的后翅）；平衡棒（蚊蝇）等。

各种不同类型的翅，是昆虫分目的重要特征。

**3. 昆虫的腹部**

腹部末端着生外生殖器。有些昆虫在腹部末端着生 1 对尾须。鳞翅目和膜翅目叶蜂类的幼虫，腹部还具有腹足。

腹部除末端几节具有尾须和生殖器外，一般没有附肢。第 1～8 腹节两侧各有气门 1 对。

**（三）昆虫的繁殖、发育与习性**

**1. 昆虫的繁殖方式**

（1）两性生殖和孤雌生殖

两性生殖是昆虫经过雌雄交配，雄性个体产生的精子与雌性个体产生的卵结合后，雌虫产下受精卵，才能发育成新的个体。

孤雌生殖是雌虫所产生的卵，可以不经过受精作用就能发育成新的个体，又称单性生殖。

（2）多胚生殖

多胚生殖是 1 个成熟的卵可以发育成两个或两个以上的个体的生殖方式。这种生殖方式常见于膜翅目的一些寄生性蜂类。多胚生殖可以看作是对活物寄生的一种适应。

（3）胎生

胎生是指某些昆虫可以从母体直接产生出幼虫或若虫。即卵在母体成熟后，并不产出而是停留在母体内进行胚胎发育，直到孵化后直接产下幼虫或若虫，如蚜虫。

**2. 昆虫的发育**

昆虫的个体发育，大体上可分为胚胎发育和胚后发育两个阶段。胚胎发育是从受精卵内的合子开始卵裂至发育为幼虫为止的过程；胚后发育是从幼虫孵化后到成虫性成熟的整个发育过程。

（1）卵及其类型

各种昆虫的卵，形状、大小、颜色、结构各不相同，产卵方式和场所也各不同，有的单产，有的块产；有的将卵产在寄主或猎物的表面，有的产在隐蔽的场所或寄主组织内；有的卵粒或卵块是裸露的，有的有包被物如虫毛、胶质、丝质、蜡质、卵囊、卵室等；有的卵块是单层，有的是双层或多层叠起。

（2）昆虫的变态

变态是指一些动物（昆虫）在胚后发育过程中形态、生理、行为等所出现的系列显著变化。昆虫的变态由激素控制。主要有不全变态和全变态。

① 不全变态

有 3 个虫期，即卵期、幼虫期（若虫期）和成虫期。成虫期的特征随着幼期的生长发育而逐步显现，翅在幼期体外发育。在不全变态中，有一类昆虫其幼期与成虫期在外表、生活环境和习性等方面都很相像，所不同的是翅未成长和生殖器官没有发育完全。它们的幼虫通称为"若虫"，如蝗虫。另一类昆虫幼期营水生生活，具直肠鳃等临时器官，这种幼虫通称为"稚虫"。还有一类昆虫，在幼期转变为成虫前，有一个不取食、类似蛹期的静止时期，这种变态介于不全变态和全变态之间，被称为过渐变态，在缨翅目、同翅目的粉虱科和介壳虫中具有这种变态。

② 全变态

具有卵、幼虫、蛹、成虫 4 个不同虫期。全变态类的幼虫外部形态、内部器官、生活习性上与成虫不同。在形态方面成虫的触角、口器、眼、翅、足、外生殖器等构造，幼虫以器官芽的形式隐藏在体壁下，还具有成虫所没有的附肢或附属物，如腹足、气管鳃、呼吸器等暂时性器官。在生活习性方面，如鳞翅目幼虫的口器是咀嚼式，取食植物各部分，并以它们为栖息环境，而它们的成虫是虹吸式口器，吮吸花蜜等液体食物，有的完全不取食。

（3）幼虫及其类型

由于全变态类幼虫和成虫间有着很多明显的不同，所以必须经过一个将幼虫构造改变为成虫构造的蛹期阶段。

幼虫生长到一定程度后，受体壁的限制，必须将旧表皮蜕去才能继续生长，这种现象称为蜕皮。脱去的皮称为蜕。刚孵化出来到第一次脱皮之前的幼虫，为一龄幼虫。经第一次脱皮之后的幼虫就是二龄幼虫。其他依次类推。一些鳞翅目昆虫的初孵幼虫常有取食卵壳或同类卵的习性。

全变态类昆虫根据胚胎发育程度和胚后发育中的适应情况，幼虫可分成原足型（如寄生性的膜翅目昆虫）、多足型（如蛾、蝶类幼虫和叶蜂幼虫）、寡足型（如多数鞘翅目和部分脉翅目昆虫）和无足型。其中无足型又分 3 种：全头无足式（如天牛、吉丁虫幼虫）；半头无足式（如大蚊幼虫）；无头无足式，或称蛆式（如蝇类幼虫）。

全变态类昆虫的蛹，可分为 3 类：离蛹、被蛹、围蛹。

（4）成虫期

昆虫个体发育的最后一个阶段。

成虫从它的前一虫态脱皮而出的过程，统称为羽化。

大多数昆虫在刚羽化时，性器官尚未成熟，需要经过一个时期，几天到几个月不等，继续取食，达到性成熟，才能进行生殖。这种对性细胞发育不可缺少的成虫期营养，称为"补充营养"，如天牛。

昆虫的雌雄两性，除第一性征（雌、雄外生殖器）不同外，在个体大小、体形、颜色等方面常有显著差别，这种现象称为雌雄二型。

同种昆虫具有两种或更多不同类型的个体现象，这种多型性的形成并非完全由于性别不同，即使在同一性别的个体中也存在不同类型这种现象称为多型现象。

（5）昆虫的世代和生活史

一个新个体（不论是卵或是幼虫）从离开母体发育到性成熟产生后代止的个体发育史称为一个世代，简称为一代或一化。一个世代通常包括卵、幼虫、蛹及成虫等虫态。

昆虫在 1 年内出现的各个虫期及世代变化情况，称为年生活史。许多昆虫，特别是 1 年多代的昆虫，各个世代间往往相互重叠，即在同一时间内，可以见到各个虫态并存的情况，既有上一代的幼虫、蛹和成虫，也有下一代的卵甚至幼虫，以至其世代很难划清。这种现象称为世代重叠。

昆虫在个体发育过程中对不良环境条件会有一种暂时性的适应，这种不良环境条件一旦消除并能满足其生长发育要求时，便可立即停止休眠而继续生长发育。

在自然情况下，当不利的环境条件还远未到来以前，昆虫就进入了滞育。而且一旦进入滞育，即使给以最适宜的条件，也不会马上恢复生长发育。

**3. 昆虫的习性**

绝大多数昆虫的活动，如飞翔、取食、交配等，甚至有些昆虫的孵化、羽化，均有它的昼夜节律。可分为日出性、夜出性或弱光性、昼夜活动的昆虫。

（1）食性

按昆虫取食食物的种类，可分为：植食性、肉食性、腐食性和杂食性。

植食性即以新鲜植物体或其果实为食，还可以随食物范围的广、狭，进一步分为多食性、寡食性和单食性昆虫。

肉食性指以小动物或昆虫为食，很多是害虫的天敌。按其生活和取食方式又可以分为两类：捕食性和寄生性昆虫。

腐食性指取食腐烂的动、植物等，如蜣螂科昆虫为粪食性。

杂食性是指其取食的食物包括植物和动物，如蚂蚁、蟋蟀等。

（2）趋性

趋性是昆虫对某种刺激（如光、热、化学物质等）的趋向或背离的活动。按刺激物质可分：趋光性、趋化性和趋温性等。由于对刺激物有趋向和背向两种反应，所以趋性也就有正趋性和负趋性之分。

趋光性：指通过昆虫视觉器官，趋向光源而产生的反应行为，反之为负趋光性。一般短波光对昆虫的诱集性强，所以，可用黑光诱虫灯来杀灭害虫或虫情测报。

趋化性：指昆虫通过嗅觉器官对于化学物质的刺激而产生的反应行为，趋化性也有正负之分。如许多昆虫在未交配前分泌性外激素，来引诱同种异性来交配。

趋温性：昆虫是变温动物，它的体温随所在环境而改变，当环境温度变化时，昆虫就趋向适宜它生活的温度条件，这就是趋温性。

（3）假死性

有些昆虫受到突然的接触或震动时，全身表现一种反射性的抑制状态，身体蜷曲或从植株上堕落地面，一动不动，片刻后才又爬行或起飞，这种特性称为"假死性"。

（4）群集性

是同种昆虫的大量个体高密度地聚集在一起的习性。一种为暂时性的群集，只是在某一虫态和一段时间内群集在一起，过后就分散。另一种是永久性群集，都群集在一起，但在单位面积内个体很少时，各个体之间也是分散生活的，因而又有群居型和散居型之别。

（5）扩散和迁飞

扩散是指昆虫群体在一定时间内发生空间位置变化的现象。根据扩散的原因可将扩散分为主动扩散和被动扩散两类。

迁飞是指昆虫通过飞行而大量和持续地远距离迁移。迁飞是昆虫种的遗传特性，是一种种群行为。

## 二、害虫发生与环境的关系

昆虫在地球上已存活了几亿年，是环境的一部分，对于环境变化的适应能力很强。它们通过新陈代谢的方式和环境互相联系着。

昆虫在长期的历史发展中，通过自然选择，获得了对环境条件的适应性，但这种适应性永远是相对的。环境条件在不断地变化着，可以引起昆虫的大量死亡或者大量发生；同时，昆虫自己的生命活动也在不断地改变着生活的环境。了解昆虫与周围的环境的关系称为昆虫生态学，是害虫防治和益虫利用的基础。环境中的生态因子错综复杂，并综合作用于昆虫种群的兴衰，其中以气候因子、土壤因子、生物因子影响最大。

气候因子包括温度、光、湿度、降水、气流、气压等。在自然条件下，这些气候因子是综合作用于昆虫的，但各因子的作用并不相同，其中尤以温度（热）、湿度（水）对昆虫的作用最为突出。

### （一）温度

昆虫是变温动物，它的体温基本上取决于环境温度。

**1. 昆虫对温度的一般反应**

昆虫的生长发育、繁殖等生命活动在一定的温度范围内进行。这个范围称为昆虫的适宜温区（suitable temperature range）或有效温区（effective temperature range）。不同昆虫有效温区不同。温带地区的昆虫一般在 8～40℃之间，最适温度为 22～30℃。亚致死高温区内，昆虫表现出热昏迷状态。如果继续维持在这样的温度下，亦会引起死亡，温度一般为 40～45℃。致死高温区，由于温度过高而立即死亡，一般为 45～60℃。

发育起点为 8～15℃。发育起点以下有亚致死低温区。温度一般为 −10～8℃。亚致死低温区以下，昆虫立即死亡，该温区的温度一般为 −40～−10℃。

**2. 有效积温法则**

昆虫完成一定的发育阶段（1 个虫期或 1 个世代）需要一定的热量累积，完成这个阶段所需的温度积累值是一个常数。许多生物开始发育的温度不是 0℃，对昆虫发育起作用的温度是发育起点以上的温度，称为有效温度。有效积温可用下面的公式表示：

$$K = N(T-C) \text{ 或 } N = K/(T-C)$$

式中：$K$ 为有效积温，为一个常数；$N$ 为发育历期；$T$ 为观测温度；$C$ 为发育起点温度，$(T-C)$ 就是逐日的有效温度。

根据有效积温定律可以推算出某地害虫在某地一年中发生的代数。

世代数＝某地全年有效积温总和（d·℃）/某虫完成一个世代的有效积温（d·℃）

### （二）湿度和水

湿度主要影响昆虫的生存、发育质量和繁殖力，一般昆虫要求 70％～90％的相对湿度。降水量多少会提高或降低湿度，影响昆虫数量，还能影响害虫天敌数量的变化。

### （三）光

光对昆虫具有信号作用，主要是影响昆虫的活动、行为和滞育。光因素中包括：光的波长、光照强度、光周期等。

（1）光的波长

主要影响昆虫的趋光性等行为。不同波长的光显示不同的颜色。日出性的蚜虫、粉虱等对黄绿色光反应敏感。夜出性的昆虫可采用黑光灯等诱集和防治害虫。

（2）光照强度能影响昆虫的昼夜节律、产卵、取食、栖息、迁飞等行为。

（3）光周期是决定昆虫何时开始滞育的最重要的信号。

**（四）风**

风有利于昆虫迁飞。我国处于东亚季风环流地区，春夏季盛行西南季风，携带昆虫由西南向东北方向迁移；秋冬盛行强东北风，又携带昆虫由北向南回迁。上升气流促进起飞、下沉气流促进降落。

## 实训项目

### 实训 8-4　昆虫的外部形态特征

**（一）目的要求**

学习和掌握体视显微镜的使用方法，并认真观察昆虫的（成虫）特点，掌握昆虫的主要外部形态特征，以及其附属器官的基本结构和主要类型。

**（二）材料和用具**

标本：蝗虫、蝉、蝶类、天蛾、蜜蜂、蓟马、白蚁、胡蜂、家蚕、蝼蛄、雄蚊（玻片）、小蠹虫（玻片）、金龟子、蝽象、螳螂。

用具：体视显微镜、解剖针、表面皿等。

**（三）内容与方法**

**1. 体视显微镜的结构和操作方法**

（1）接通电源；

（2）抬高镜体（紧固手轮）；

（3）打开（上）光源，调节亮度；

（4）载入观察对象；

（5）调焦（精确调节目镜校正视力差）；

（6）观察标本，做好记录；

（7）原样收镜；

（8）使用登记。

**2. 昆虫纲的基本特征**

（1）3 体段：头、胸、腹；

（2）3 中心：

头部为感觉和取食中心：触角、单眼、复眼、口器。

胸部为运动和支撑中心：3 对足、2 对翅。

腹部为生殖和代谢中心：外生殖器、尾须等。

**3. 昆虫的主要形态特征**

（1）头部的基本构造：分节、分区等。

触角、复眼、单眼和口器：基本构造、主要类型。

（2）胸部的基本构造：分节、分区等。

胸足和翅：基本构造、类型，以及翅脉和脉序，翅的连锁方式。

（3）腹部的基本构造：分节、附器等。

**4. 实验观察和记录**

（1）体视显微镜的操作方法记录；

（2）昆虫纲的特征观察；

（3）昆虫的主要形态特征观察结果。

各体段的分节、分区、附器的位置和基本结构与主要类型等。

① 头部的基本构造；

② 胸部的基本构造；

③ 腹部的基本构造。

**（四）作业**

完成昆虫的附器类型记录（表 8-6）。

昆虫的附器记录表

表 8-6

| 标本名称 | 触角类型 | 口器类型 | 足的类型 | 翅的类型 |
|---|---|---|---|---|
| 蝗虫 | | | | |
| 蝉 | | | | |
| 蝶类 | | | | |
| 蜜蜂 | | | | |
| 蓟马 | | | | |
| 白蚁 | | | | |
| 家蚕 | | | | |
| 小蠹虫 | | | | |
| 金龟子 | | | | |
| 螳螂 | | | | |
| 蝼蛄 | | | | |
| 蝽象 | | | | |
| 胡蜂 | | | | |
| 天蛾 | | | | |

# 第四节　热带园艺植物害虫种类的识别

## 一、热带园艺植物害虫种类识别概述

不同昆虫因各类不同、生活习性不同、口器不同，防治方法、施药种类差异很大。因此，在植物害虫发生时，正确识别害虫及其发生为害症状很重要。常见热带园艺害虫的种类主要有直翅目、等翅目、缨翅目、半翅目、同翅目、鞘翅目，鳞翅目、双翅目、膜翅目等。

## 二、热带园艺植物相关重要目害虫识别

### （一）直翅目

**1. 形态特征**

大型或中型的昆虫。头下口式，口器标准咀嚼式，触角线状；前胸发达，中胸及后胸

愈合；前翅狭长，皮革质，成覆翅，后翅膜质，翅脉多是直的；后足跳跃式；产卵器发达，常呈剑状（如蟋蟀）、刀状（如螽斯）或管状（如蝗虫）；常具听器，着生在前足胫节或腹部第一节上；常有发音器，来自前翅摩擦或后足与前翅摩擦。

**2. 生物学特性**

两性卵生，卵多数成堆或成块，外被保护物，产于土中或植物组织中；渐变态；多为植食性中的多食性种类。

**3. 常见科**

（1）蝗科：俗称蝗虫、蚱蜢。体粗壮；触角短，除少数种类外，均不超过体长，呈丝状、剑状或棒状；前胸背板较短，马鞍型；跗节 3 节；爪间有中垫；腹部第 1 节背板两侧有 1 对鼓膜听器。

（2）螽斯科：触角丝状，比体长；跗节 4 节，听器在前足胫节；产卵器刀状或剑状；尾须短。

**（二）等翅目**

**1. 形态特征**

小型至中型昆虫，白色柔软；多态型；口器咀嚼式；触角念珠状；有长翅、短翅、无翅类型，有翅者 2 对翅狭长、膜质，大小、形状及脉序相似；尾须 1 对。

**2. 生物学特性**

为群居、多型性社会性昆虫，在一个白蚁巢中有几百到几百万只个体；分为生殖和非生殖两大类个体，每类下又划分为不同的等级；不完全变态；以木材、纤维农作物等为食物。

**（三）缨翅目**

**1. 形态特征**

通称蓟马。体微小；头后口式；锉吸式口器（变形的咀嚼式口器）；触角线状，末端数节尖锐；翅狭长，边缘有长而整齐的缘毛，翅脉最多只有 2 条纵脉；足末端有泡状中垫，爪退化。

**2. 生物学特性**

卵很小，肾形或长卵形，产在植物组织内或植物表面、树皮下、裂缝中；一般进行两性生殖，很多种类能进行孤雌生殖；不完全变态，末龄若虫不食不动，似蛹；多为植食性，少数为肉食性。

**（四）半翅目**

**1. 形态特征**

通称蝽象。触角线状或棒状，3～5 节。口器刺吸式，从头的前方伸出，不用时贴放在头部的腹面。前翅为半鞘翅，分为基半部的革区、爪区和端部的膜区 3 部分。胸部腹面有臭腺。

**2. 生物学特性**

卵聚产在植物表面或组织里。多数 1 年 1 代，以成虫越冬，但有的 1 年 3～5 代，以卵越冬。不完全变态，若虫经过 5 个龄期。多为植食性，刺吸茎叶或果实的汁液，或生活于土中，危害植物根部，少数为捕食性。

**3. 常见科**

（1）蝽科：体扁平，盾形；触角 5 节，极少数 4 节；小盾片发达，三角形或舌状，但仅盖住腹部长度的 1/2；膜区上一般有 5 条纵脉，多从一基横脉上发出；臭腺发达。多为植食性昆虫。

（2）盲蝽科：体小型；触角 4 节；无单眼；喙 4 节，第三节与头部等长或略长；前翅有楔片，膜片仅 1～2 翅室，纵脉消失。多数植食性，少数捕食性。

（3）网蝽科：体小型；扁平；头胸背面、前胸背板和翅上有许多网状花纹，极易辨认；前胸背板向后延伸盖住小盾片，向前盖住头部；前翅质地均一，翅脉网状。大多数为植食性。

### （五）同翅目

**1. 形态特征**

口器刺吸式，从头的后方生出，喙 1～3 节；前翅质地均匀，为膜质或革质，休息时常放置背上呈屋脊状；多数种类有蜡腺。

**2. 生物学特性**

两性卵生，有的进行孤雌生殖；不完全变态；卵产在植物表面或植物组织中，造成危害；大多为植食性，刺吸植物汁液，还能传播植物病毒病。

**3. 常见科**

（1）飞虱科：体小型；触角锥状（刚毛状）；后足胫节外侧有 2 个刺，端部有一能动的大距。

（2）叶蝉科：体小型至中型；单眼 2 个；触角刚毛状；前翅革质，后翅膜质；后足胫节有棱脊，棱脊上生有 3～4 列刺状毛。

（3）木虱科：触角线状，10 节，末端分叉；翅脉从基部伸出 1 支，到中途分为 3 支，每分支又分为 2 支。成虫、若虫常分泌蜡质，盖于身体上。

（4）蚜科：触角 6 节，最末 2 节上有圆形感觉孔；腹部第 6 节或第 7 节背面有 1 对腹管；尾节上有尾片；前翅中脉分叉 1～2 次。

### （六）鞘翅目

**1. 形态特征**

为昆虫中最大的目，通称甲虫。表皮坚硬，口器咀嚼式，没有单眼；前胸发达，常常露出三角形的中胸小盾片，前翅硬化，角质，为鞘翅，休息时放于腹背上，盖住大部分腹部，起保护作用；后翅膜质，折叠在鞘翅下；跗节 5 节，少数 4 节或 3 节。

**2. 生物学特性**

完全变态。幼虫一般狭长，头部发达，坚硬；口器咀嚼式；蛹是裸蛹。大多数陆生，少数水生；肉食性、植食性或腐食性。多数幼虫危害植物，一些种类成虫期也取食危害。

**3. 常见科**

（1）瓢甲科：体半球形，多数种类色彩鲜艳，并有斑点；头小、部分隐入前胸内；棒状触角；跗节"隐 4 节"。

（2）天牛科：中至大型，体狭长；触角线状，能向后伸，超过体长的 2/3；复眼肾形，围住触角基部；跗节"隐 5 节"。

（3）象甲科：头部延伸成喙，咀嚼式口器着生在喙的前端，膝状触角，末端 3 节膨大呈棒状。跗节"隐 5 节"。

（4）金龟甲科：中至大型，背凸；触角鳃叶状，8～11 节；跗节 5 节；前足有开掘作用，其胫节膨大，变扁，外侧具齿；鞘翅不完全覆盖腹部，末节背板常外露。

**（七）鳞翅目**

**1. 形态特征**

蝶、蛾类。口器虹吸式；翅膜质，翅面、身体以及附肢有各色鳞片构成各种线纹和斑纹，线、纹变化是鉴别种的依据，前翅一般比后翅大，翅脉13～14条，最多15条，后翅最多10条，翅的中央由翅脉围成一个大型翅室。

**2. 生物学特性**

完全变态；卵有多种形态和不同的斑纹；幼虫毛虫式或称蠋式，除3对胸足外，一般还有5对腹足，腹足末端有钩状刺，称趾钩；蛹为被蛹，腹末的刺状突称臀棘。成虫和幼虫食性不同，幼虫一般5个龄期，绝大多数为植食性，取食危害方式有食叶、卷叶、潜叶、蛀茎、蛀根、蛀果和种子，有的在仓库内危害贮粮、食品、干果、药材、皮毛等。成虫一般取食蜜露等。

**3. 常见科**

（1）弄蝶科：头大于前胸，触角基部远离，触角端部弯成小钩；翅脉直接从基部或中室分出。幼虫纺锤形，头大，前胸变细呈颈状，腹足趾钩三序环式。

（2）凤蝶科：中至大型的美丽蝴蝶；前翅三角形，臀脉2条；后翅外缘波状，后角第3中脉常有一尾状突，臀脉1条，有肩脉。幼虫光滑，前胸前缘有一个翻缩性"丫"腺（臭腺），受惊时伸出；趾钩中列式。

（3）毒蛾科：无单眼，喙消失，触角梳状；前足多毛；后翅基室很大；雌蛾腹末端有毛簇，产卵时用以遮盖卵块。幼虫体多长毛，形成毛刷或毛簇，第6～7腹节背部中央有毒腺。

（4）螟蛾科：小至中型蛾类，喙基部有鳞片。前翅三角形，后翅2条中脉从中室下角分出；臀脉3条。幼虫体细长、光滑，毛稀少；前胸气门前的一个片上生有2毛；多数趾钩2序，极少数3序，缺环。

（5）天蛾科：触角中部加粗，末端弯曲成钩状；喙发达；前翅狭，顶角尖而外缘倾斜；后翅小；第一腹节有听器。幼虫体粗大，每节6～8个小环，第8腹节背上有尾角，趾钩中列式，2序。

（6）刺蛾科：成虫体粗壮，喙退化。翅通常短、阔、圆。前后翅的中室内有中脉主干存在，前翅3条径脉共柄；后翅臀脉3条。幼虫体短而肥，有枝刺；头小，能缩入胸内；胸足小或退化。

（7）夜蛾科：中至大型蛾类，体粗壮多毛，体色灰暗，翅的斑纹丰富；喙发达，常有单眼；前翅三角形，有副室，肘脉似4分支；后翅亚前缘脉与肘脉在中室基部有一点接触，又复分开。幼虫体粗壮，仅具原生刚毛，常具5对腹足，但有些种类第一、第二对腹足略退化，趾钩单序中带。

**（八）双翅目**

**1. 形态特征**

口器刺吸式或舐吸式，触角长而多节（蚊），或短而少节（虻），或仅有3节，呈具芒状（蝇），第三节变形为感觉毛，称为触角芒；只有一对发达的膜质前翅，后翅特化为平衡棒；腹眼很大，单眼3个。足的跗节为5节；雌虫腹部末端数节能伸缩，起产卵器作用。

**2. 生物学特性**

完全变态；幼虫多为蛆式，没有胸足和腹足，大多数种类的头完全退化，缩在前胸内，只留下一对骨化的口钩；裸蛹，蝇类为围蛹。食性多样，有植食性、捕食性、寄生性、粪食性和腐食性等。很多种类是人体害虫和家畜害虫。

**3. 常见科**

（1）实蝇科：外形似蚊，体小柔弱，触角长，念珠状；雄虫触角节上具环状毛；足细长；翅宽，翅脉退化，前翅仅有 3～5 条纵脉，横脉很少或无。

（2）潜蝇科：体微小，黑色或黄色；具单眼；前缘脉在 Sc 端部有一折断，臀室小。

**（九）膜翅目**

**1. 形态特征**

包括各种各样的蜂和蚂蚁。口器一般为咀嚼式，有的为咀吸式（蜜蜂），触角线状、棍状或膝状；翅膜质，不被鳞片，前翅大于后翅，以后翅钩和前翅相连；腹部第一节常并入胸部，成为并胸腹节。第二节常缩小成"腰"，称为腹柄，植食性的科例外。跗节 5 节，具有发达的产卵器。

**2. 生物学特性**

完全变态；幼虫为伪蠋式，和鳞翅目相似，但腹足无趾钩，头部额区不呈"人"字形，头的每一侧只有一个单眼。蛀茎的种类足常退化，其他种类的幼虫无足；裸蛹，有茧或筑巢保护起来，植食性或肉食性。

**3. 常见科**

叶蜂科：成虫体粗短，腹部没有细腰；触角丝状；前胸背板后缘深深凹入；前翅有粗短的翅痣；前足胫节有 2 个端距；产卵器锯状。幼虫形如鳞翅目幼虫，但头部每侧只有 1 个单眼，有腹足 6～8 对，腹足无趾钩。

### 实训项目

## 实训 8-5 热带园艺植物常见昆虫的识别

**（一）目的要求**

了解昆虫纲的分类方法，认识农业昆虫常见目的主要形态特征；掌握常见目代表科的重要识别特征和种类代表。

**（二）材料与用具**

材料：大蟋蟀、海南土白蚁、稻蛛缘蝽、菜缢管蚜、蚧类、榕母管蓟马、黄守瓜、华南大黑鳃金龟、茄二十八星瓢虫、菜粉蝶、小菜蛾、斜纹夜蛾、瓜绢螟、美洲斑潜蝇、瓜实蝇、叶蜂类、荔枝瘤瘿螨。

用具：体视显微镜、解剖针、表面皿等。

**（三）内容与方法**

**1. 昆虫纲的分类方法**

（1）昆虫形态学：外部形态特征。

（2）昆虫生物学：生活史及行为习性。

（3）昆虫生理学：内部结构及生理。

**2. 园艺作物昆虫常见目的主要形态特征观察**

天敌：蜻蜓目、螳螂目、脉翅目等。

害虫：直翅目、等翅目、半翅目、同翅目、缨翅目、鞘翅目、鳞翅目、膜翅目、双翅目蟥类（蛛形纲）。

**（四）作业**

**1. 园艺作物昆虫常见目的主要形态特征（表8-7）。**

园艺作物昆虫常见目的主要形态特征　　　　　　　　　　　表8-7

| 标本名称 | 主要形态特征 |
|---|---|
| 蜻蜓目 | |
| 螳螂目 | |
| 脉翅目 | |
| 直翅目 | |
| 等翅目 | |
| 半翅目 | |
| 同翅目 | |
| 缨翅目 | |
| 鞘翅目 | |
| 鳞翅目 | |
| 膜翅目 | |
| 双翅目 | |
| 蟥类（蛛形纲） | |

**2. 常见目代表科和种类的重要识别特征观察（表8-8）**

常见目代表科和种类的重要识别特征　　　　　　　　　　　表8-8

| 标本名称 | 分类 | 主要形态特征 |
|---|---|---|
| 大蟋蟀 | 直翅目蟋蟀科 | |
| 海南黑翅土白蚁 | 等翅目土白蚁科 | |
| 稻蛛缘蝽 | 半翅目缘蝽科 | |
| 菜缢管蚜 | 同翅目蚜科 | |
| 蚧类 | 同翅目 | |
| 榕母管蓟马 | 缨翅目管蓟马科 | |
| 黄守瓜 | 鞘翅目叶甲科 | |
| 华南大黑鳃金龟 | 鞘翅目鳃金龟科 | |
| 茄二十八星瓢虫 | 鞘翅目瓢甲科 | |
| 菜粉蝶 | 鳞翅目粉蝶科 | |
| 小菜蛾 | 鳞翅目菜蛾科 | |
| 斜纹夜蛾 | 鳞翅目夜蛾科 | |
| 瓜绢螟 | 鳞翅目螟蛾科 | |
| 美洲斑潜蝇 | 双翅目潜蝇科 | |
| 瓜实蝇 | 双翅目实蝇科 | |
| 叶蜂类 | 膜翅目叶蜂科 | |
| 荔枝瘤瘿螨 | 蛛形纲真螨目瘿螨科 | |

# 第五节　热带园艺植物病虫害田间调查与预测预报

## 一、热带园艺植物病虫害田间调查

为了做好病虫害预测预报工作和制定正确的防治方案，必须了解虫情和病情。掌握病虫数量变化的唯一方法就是进行实地调查。

### （一）田间调查的类型

**1. 一般调查**

一般调查面积较大，又称普查或面上调查，主要了解一个地区或某一园艺植物病虫发生基本情况，如病虫种类、发生时间、危害程度、防治情况等。对调查的精度要求不是很严格，多在病虫发生盛期进行 1～2 次，可为确定防治对象和防治时期提供依据。

**2. 重点调查**

又称专题调查，是对某一地区某种病虫害的进一步调查，重点调查的次数要多，内容较一般调查详细和深入。

**3. 调查研究**

是对某种病虫害的某一问题进行的深入调查，要求定时、定点、定量调查，强调数据的规范性和可比性，以便从中发现问题，不断提高对病虫规律的认识水平。

### （二）田间调查的内容

**1. 发生及危害情况调查**

主要了解一个地区一定时间内病虫种类、发生时期、发生数量及危害情况等。对于当地常发性或暴发性的重点病虫，则应详细调查记录害虫各虫态的始发期、盛发期、末期和数量消长情况，或病害由发病中心向整个田地扩展及严重程度的增长趋势等，为确定防治对象和防治时期提供依据。

**2. 病虫和天敌发生规律调查**

详细调查某种病虫或天敌的寄主范围、发生世代、主要习性以及在不同生态条件下数量变化的情况等，为制订防治措施和保护、利用天敌提供依据。

**3. 越冬情况调查**

调查病虫越冬场所、越冬基数、越冬虫态和病原越冬方式等，为制订病虫防治计划和预测预报提供依据。

**4. 防治效果调查**

包括防治前后病虫发生程度的对比调查，防治区和不防治区的发生程度对比调查，以及不同防治措施、时间和次数的发生程度对比调查等，为选择有效的防治措施提供依据。

### （三）田间调查的方法

调查取样的方法，直接影响调查结果的准确性。如果调查对象的空间分布型未知晓，为了使取样具有代表性，调查之前最好对整个田地进行普查，对病虫害的分布型、普遍率做出估计，然后根据分布情况选择适宜的取样方法。田边植物往往不能代表一般的病虫发病情况，应离开田边 5～10 步开始取样。取样的单位可以是一定面积、一定行长、一定数量的叶片等。样本的大小和类型根据调查的对象、精度要求来确定。

**1. 病虫害的田间分布格局**

园艺植物病虫害在田间的分布依种类、病虫密度的不同而变化，同时还受地形、土壤、植被及寄主作物种类、栽培方式、农田小气候等多种环境条件的影响。因此，进行病虫田间调查取样，必须根据不同的分布型选择合适的取样方式，这样才能使取样具有代表性。病虫在田间分布，最常见的有均匀分布、随机分布、核心分布和嵌纹分布（图 8-36）。

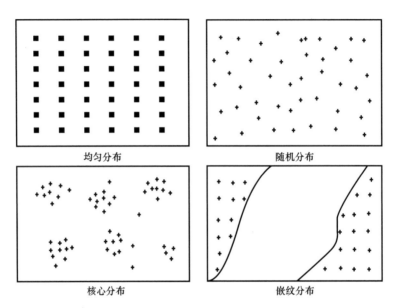

图 8-36 病虫害田间分布型

**2. 病虫害调查取样方法**

进行病虫害调查，一般的情况是不可能对全部或全体事物如田块或植株作逐个调查。因此，必须从中选取一部分作为代表，从局部推测全局，即抽样调查。常用的调查取样方法有：①随机取样：利用随机数字表或使用其他非主观方法抽取随机样本，适用于病害分布比较均匀的地块，调查数目占总体的 5％以上。②顺序取样：在调查区内按照规定的顺序，抽取一定数量的取样单位组成样本，包括以下几种方法（图 8-37）。

## 二、病虫害调查资料的统计

调查得到的数据资料要经过整理加工、分析和推论，才能找出病虫的发生规律，并准确地应用到病虫害的预测预报和防治工作中去。园艺植物病虫害的种类很多，危害情况很不一致，因而统计方法也不尽一致。

**（一）病害调查结果统计**

**1. 普遍率（发病率）**

发病个体数占调查总数的百分率，表示病害发生的普遍程度，一般以发病植株或植物器官（根、茎、叶、花、果实、种子等）占调查植株总数或器官总数的百分率来表示，如病穗率、病果率、病叶率、病株率等。

$$普遍率（发病率）=\frac{发病株（根、茎、叶、花、果）数}{调查总株（根、茎、叶、花、果）数}\times100\%$$

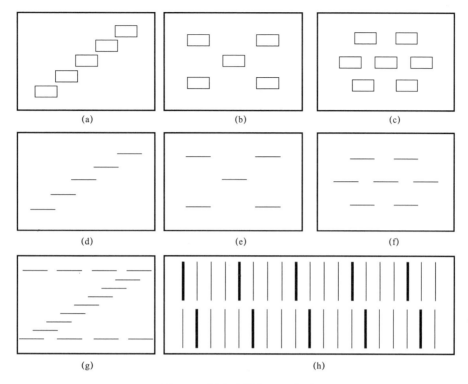

图 8-37　顺序取样方法示意图

（a）（d）对角线式取样：适于密集或成行的植物，病虫为随机分布型；分为单/双对角线取样法。

（b）（e）五点式取样：适于密集或成行的植物，田块较小或近方形，病虫为随机分布型。

（c）（f）棋盘式取样：适于密集或成行的植物，病虫为随机分布型或核心分布型。

（g）"Z"字形取样：适于病虫发生较重的边行、狭长地形或复杂梯田式地块，病虫为嵌纹分布型。

（h）等距离平行线取样：适于成行的植物，病虫分布为核心分布型或分布极不均匀的调查。

**2. 严重度**

田间病株或发病器官间的发病轻重程度可能有相当大的差异。例如，同为发病叶片，有些叶片可能仅产生单个病斑，另一些则可能产生几个甚至几十个病斑，以至引起叶片枯死和脱落；果实局部病斑和全部腐烂造成的经济损失也不相同。在发病率相同时，发病的严重程度和植物蒙受的损失可能不同。严重度表示受害的植物或器官的表面积占总的植物或器官的表面积的比（点发性）或受害的严重程度（系统性），用以衡量发病个体受害或发病的程度。点发性病害，当病斑大小比较均匀且数量不多时常用病斑数表示。系统性病害，常用损失率或发病株率衡量。严重度用分级法表示。

$$严重度 = \frac{植株或植物器官（根、茎、叶、花、果）受害面积}{植株或植物器官（根、茎、叶、花、果）总面积} \times 100\%$$

**3. 病情指数**

又称感病指数，是全面考虑发病率与严重度二者的综合指标。若以叶片为单位，当严重度用分级代表值表示时，病情指数计算公式如下：

$$病情指数 = \frac{\sum（各级病叶数 \times 各级严重度等级）}{调查总叶数 \times 最严重的等级} \times 100$$

当严重度用百分率表示时，则用以下公式计算：

$$病情指数＝普遍率×平均严重度×100$$

病情指数越大，病情越重；指数越小，病情越轻。发病最重时指数为100；没有发病时指数为0。

### （二）害虫危害结果统计

**1. 被害率**

表示植物的植株、茎秆、叶片、花和果实等受害虫危害的普遍程度，不考虑受害轻重，常用被害率表示。

$$被害率＝\frac{被害株(茎、叶、枝等)数}{调查总株(茎、叶、枝等)数}×100\%$$

**2. 被害指数**

许多害虫对植物的危害只造成植物产量或单株产量的部分损失，植株之间受害轻重程度不等，用被害率表示并不能说明受害的实际情况，可采用将害虫危害情况按植株受害轻重进行分级，再用被害指数来表示受害情况。

$$被害指数＝\frac{\sum(各级株、茎、叶、花、果数×各级代表数值)}{调查总株、茎、叶、花、果数×最高分级数值}×100$$

被害指数越大，植株受害程度越重；被害指数越小，植株受害程度越轻。植物受害最重时，被害指数为100；植物没有受害时，被害指数为0。

## 三、热带园艺植物病虫害预测预报

根据园艺植物病虫害流行规律，分析、推测未来一段时间内病虫的分布扩散和危害趋势，称为预测。由权威机构发布预测结果，称为预报。有时对二者并不作严格区分，通称预测预报，简称测报。准确的病虫测报可以作为防治决策的参考，病虫测报所积累的系统资料，可以为制订长期的综合防治方案提供科学依据。

### （一）病虫预测的类型

**1. 发生期预测**

预测病虫的发生和危害时间，以便确定防治适期，常将病虫出现的时间分为始见期、始盛期、高峰期、盛末期和终见期。

**2. 发生量预测**

预测某一时期内病害的流行程度或害虫单位面积的发生数量，以判断危害程度，决定是否需要防治以及需要防治的范围和面积。病害预测结果可用具体的发病数量（发病率、严重度、病情指数等）做定量的表达。

**3. 分布预测**

预测病虫可能的分布区域或发生的面积，对迁飞性害虫和流行性病害还包括预测其蔓延扩散的方向和范围，以做好防治准备，及时把病虫控制于蔓延之前。

**4. 危害程度预测**

预测病虫的危害程度是在发生期和发生量等的预测基础上，结合作物的品种布局和生长发育特性，特别是感病、感虫品种的种植比例，以及易受病虫危害的生育期与病虫盛期的吻合程度等，同时结合气象资料的分析，预测测报对象发生的轻重及危害程度，可分为小发生、中等偏轻发生、中等发生、中等偏重发生和大发生5级。危害程度预测可作为划分防治对象、确定防治次数以及防治方法的依据。

## (二) 病虫害预测方法

影响病虫发生和流行的因素多种多样，必须具体分析不同的病虫发生和流行的主导因素，才能用简便易行的方法对病虫的发生和流行作出比较准确的预测。常规预测方法是以病虫发生和流行规律为基础，根据当前病虫的发生情况，结合气候条件和作物发育等情况进行综合分析，判断病虫未来的发生和流行趋势。

**1. 常见病害预测方法**

（1）越冬菌量调查预测法：对一些在种子（苗木或其他繁殖材料）、土壤和病株残体上越冬的病害，如菜豆花叶病毒病和茄子黄萎病等，可以调查种子、土壤或病残体的病菌数量，用以预测次年田间发病率。

（2）孢子捕捉预测法：对一些病原孢子由气流传播、发病季节性较强、容易流行成灾的菌物病害，如枇杷白粉病和马铃薯晚疫病等，可进行田间孢子捕捉，即在调查方位上挂一涂有凡士林的载玻片，定期镜检孢子数量。根据孢子出现的时期及其数量变化，预测病害发生的时期和发生的程度。这种方法简单易行，适合多点、大范围的连续监测。缺点是捕捉效率稍低，在雨季容易受到雨水冲刷而影响数据的准确性。为提高捕捉效率和数据准确性，目前已有旋转式孢子捕捉器、风向式孢子捕捉器和定时孢子捕捉器等可供选用。另外，还可采用透明胶粘贴法直接检查田间病斑的孢子量。方法是用透明胶带在病斑正反面分别粘贴2～3次后镜检孢子数量。透明胶带粘贴法适用于大面积的普查，用于定点检测时可能损害叶片的产孢能力而对连续检测结果产生影响。

（3）根据介体昆虫的数量和带菌率预测：对于以昆虫介体传播的病害，介体昆虫的数量和带毒率等也是重要的预测依据。

（4）气象指标预测法：是根据某些影响病害流行的主要气象因素与病害流行的关系来预测病害的发生情况的方法。气传病害和多循环病害的流行受气象条件影响很大，在寄主植物与病原菌条件具备时，适宜的气象条件往往是病害流行的主导因子。例如，英国和荷兰利用"标蒙法"预测马铃薯晚疫病的侵染时期。该法指出，若相对湿度连续48h高于75％，气温不低于16℃，则14～21d后田间将出现晚疫病的中心病株。又如葡萄霜霉病，以气温在11～20℃，并有6h以上的叶面结露时间，就可预测为葡萄霜霉病的初侵染时间。有些单循环病害的流行程度也取决于初侵染期间的气象条件，也可以利用气象条件预测。苹果和梨的锈病是单循环病害，每年只有1次侵染，菌源为果园附近桧柏上的冬孢子角。在北京地区，每年4月下旬至5月中旬若出现大于15mm的降雨，且其后连续2d相对湿度大于40％，则6月份将大量发生苹果和梨的锈病。

**2. 常见害虫预测方法**

（1）物候预测法：物候是指各种生物现象出现的季节规律性，是气候条件（温度、湿度、光照等）影响的综合表现。通过长期观察和多年验证，可以找出某些害虫的发生时期与当地的自然现象或某种植物的特殊发育阶段（如萌芽、开花、现蕾）之间的关系，以确定某些物候现象作为某种害虫的某一虫态发生期的预测依据。如梨树芽膨大裂缝时，是梨大食心虫越冬幼虫出蛰危害转芽的时期；陕西地区有小地老虎越冬代成虫"桃花一片红，发蛾到高峰；榆钱落，幼虫多"的说法；可以通过这些规律，来预报这些害虫的发生时期。

（2）期距预测法：昆虫各虫态出现的时间之间的距离称"期距"，即昆虫由前一个虫态发育到后一个虫态，或前一个世代发育到后一个世代所经历的天数。只要知道了期距就可以推算后一个虫态或世代的发生期。可采用诱集观察法、田间调查法和人工饲养法获得不同昆虫的期距。

（3）有效积温预测法：利用有效积温法则对害虫的发生时间进行预测。当测得害虫某一虫态、龄期或世代的发育起点（$C$）和有效积温（$K$）后，就可根据田间虫情，当地常年同期的平均气温（$T$），结合近期气象资料，利用有效积温公式：$K＝N（T-C）$，计算出下一虫态、龄期或世代出现所需的天数（$N$），从而对该害虫下一虫态、龄期或世代的发生期进行预测。

（4）形态指标预测法：有些环境条件对昆虫的影响可以通过昆虫的内外形态特征表现出来，如虫型变化、雌雄比例等。可用昆虫的内外形态变化作为指标，对该昆虫未来发生的数量进行预测，这种方法称为形态指标法。如飞虱发生时，如果短翅型比例增多时，未来数量将会增加。

（5）害虫基数法：根据前一代某种害虫的虫口基数情况，预测下一代该害虫发生数量多少的方法。

**实训项目**

### 实训 8-6　热带园艺植物主要病虫害的田间调查与统计

**（一）目的要求**

掌握常见园艺植物病虫害的调查方法，为防治病虫害奠定基础。

**（二）材料与用具**

调查记录册、记录笔等。

**（三）内容与方法**

**1. 一般调查**

当一个地区有关植物病虫害发生情况的资料很少时，应先作一般调查。调查的内容宽泛，有代表性，但不要求精确。为了节省人力物力，一般性调查在植物病虫害发生的盛期调查 1~2 次，对植物病虫害的分布和发生程度进行初步了解。

在作一般性调查时要对各种植物病虫害的发生盛期有一定的了解，如地下害虫、猝倒病等应在植物的苗期进行调查，黄瓜枯萎病、霜霉病则在结瓜期后才陆续出现，柑橘溃疡病在 9 月，夏梢上是危害部位，春梢和冬梢不易感病，所以错过便很难调查到。所以，可选择在植物的几个重要生育期如苗期、花期、结果期、采收期进行集中调查，可同时调查多种植物病虫害的发生情况。调查内容可参考表 8-9。

表中的 1、2……10 等数字在实际调查时可改换为具体地块名称，重要病虫害的发生程度可粗略写明轻、中、重，对不常见的病虫害可简单地写有、无等字样。

**2. 重点调查**

在对一个地区的植物病虫害发生情况进行大致了解之后，对某些发生较为普遍或严重的病虫害可作进一步的调查。这次调查较前一次的次数要多，内容要详细和深入，如分布、发病率、损失程度、环境影响、防治方法、防治效果等。对发病率、损失程度的计算要求比较准确。在对病虫害的发生、分布、防治情况进行重点调查后，有时还要针对其中的某一问题进行调查研究，调查研究一定要深入，以进一步提高对病虫害的认识。

**3. 植物病虫害的统计方法**

在对植物病虫害发生情况进行调查统计时，经常要用发病率、病情指数、被害率、被害指数等来表示植物病虫害的发生程度和严重度。

（1）植物病害调查结果统计

① 发病率　按照植株或器官是否发病进行统计，以调查发病田块、植株、器官占所有调查数量的百分比。不能表示病害发生的严重程度，只适用于植株或器官受害程度大致相仿的病害，如系统感染的病毒病、全株发病的猝倒病、枯萎病、线虫病害及因局部发病而影响全株的瓜果腐烂病等。

$$发病率（\%）=\frac{调查病株（根、茎、叶、花、果）数}{调查总株（根、茎、叶、花、果）数}\times 100\%$$

如大白菜病毒病，调查 200 株，发病株为 15 株，发病率为 $15/200\times 100\%=7.5\%$。

② 病情指数　植物病害发生的轻重，对植物的影响是不同的。如叶片上发生少数几个病斑与发生很多病斑以致引起枯死的，就会有很大差别。因此，仅用发病率来表示植物的发病程度并不能够完全反映植物的受害轻重。将植物的发病程度进行分级后再进行统计计算，可以兼顾病害的普遍率和严重程度，能更准确地表示出植物的受害程度。病情指数的计算，首先根据病害发生的轻重，进行分级计数调查，然后根据数字按下列公式计算。

现以黄瓜霜霉病为例，说明病情指数的计算方法。

$$病情指数=\frac{\sum（各级病株（叶、果等）数\times 相应等级级值）}{调查总株（叶、果等）数\times 最高分级级值}\times 100$$

调查黄瓜霜霉病的病情指数，其严重度分级标准如下：

0 级：无病斑；

1 级：病斑面积占整个叶面积的 $5\%$ 以下；

3 级：病斑面积占整个叶面积的 $6\%\sim 10\%$；

5 级：病斑面积占整个叶面积的 $11\%\sim 25\%$；

7 级：病斑面积占整个叶面积的 $26\%\sim 50\%$；

9 级：病斑面积占整个叶面积的 $50\%$ 以上。

如调查黄瓜霜霉病叶片 200 片，其中 0 级 25 片、1 级 75 片、3 级 50 片、5 级 40 片、7 级 10 片。

$$病情指数=\frac{25\times 0+75\times 1+50\times 3+40\times 5+10\times 7}{200\times 9}\times 100=27.5$$

（2）植物害虫危害结果统计

① 被害率

$$被害率（\%）=\frac{被害株（茎、叶、花、果等）数}{调查总株（茎、叶、花、果等）数}\times 100\%$$

表示植物的植株、茎秆、叶片、花、果实等受害虫危害的普遍程度，不考虑受害轻重，常用被害率来表示。

如调查荔枝蒂蛀虫的蛀果率（被害率），调查 1000 个果，其中被蛀果实 125 个，蛀果率（被害率）为 $125/1000\times 100\%=12.5\%$。

② 被害指数

$$被害指数=\frac{\sum（各级株、茎、叶、花、果数\times 相应等级级值）}{调查总株、茎、叶、花、果数\times 最高等级级值}\times 100$$

许多害虫对植物的危害只造成植株产量的部分损失，植株之间的受害轻重程度并不相同，用被害率不能完全说明受害的实际情况，可采用与病害相似的方法，将害虫危害情况按植株受害轻重进行分级，再用被害指数可以较好地解决这个问题。

现以蚜虫为例，说明被害指数的计算方法。

蚜虫危害分级标准如下：

0 级：无蚜虫，全部叶片正常；

1 级：有蚜虫，全部叶片无蚜害异常现象；

2 级：有蚜虫，受害最重叶片出现皱缩不展；

3 级：有蚜虫，受害最重叶片皱缩半卷，超过半圆形；

4 级：有蚜虫，受害最重叶片皱缩全卷，呈圆形。

调查蚜虫危害植株 100 株，0 级 53 株，1 级 26 株，2 级 18 株，3 级 3 株。

$$被害指数 = \frac{53 \times 0 + 26 \times 1 + 18 \times 2 + 3 \times 3}{100 \times 4} \times 100 = 17.75$$

### （四）作业

**1. 病虫害的一般性调查**

在园艺植物生长的中、后期，对黄瓜、番茄、十字花科蔬菜及香蕉、杧果、柑橘等果树的病虫害种类进行普查；或根据季节按寄主种类选择调查常见病虫害的一般发生情况，将结果填入表 8-9 和表 8-10。

**植物病虫害发生调查表**　　　　表 8-9

调查人：　　　　调查地点：　　　　　　年　　月　　日

| 病虫害名称 | 植物名称和生育期 | 发病地块 | | | | | | | | | |
|---|---|---|---|---|---|---|---|---|---|---|---|
| | | 1 | 2 | 3 | 4 | 5 | 6 | 7 | 8 | 9 | 10 |
| | | | | | | | | | | | |

**植物病（虫）害调查表**　　　　表 8-10

调查人：　　　　调查地点：　　　　　　年　　月　　日

调查地点：

病（虫）害名称：　　　　发病（被害）率：

田间分布情况：

寄主植物名称：　　　　品种：　　　　种子来源：

土壤性质：　　　　肥沃程度：　　　　含水量：

栽培特点：　　　　施肥情况：　　　　灌、排水情况：

病虫发生前温度和降雨：　　　　病虫害盛发期温度和降雨：

防治方法：　　　　防治效果：

群众经验：

其他病虫害：

（1）取点

选择不同栽培条件、地势、土质的地块进行调查。

（2）调查记载

采用顺序取样调查方法进行调查，即从地块的一端开始调查，到达另一端后再从另一端开始返回调查。列表记录病害的分布情况和发病程度。

**2. 特定病虫害调查**

（1）调查黄瓜霜霉病

① 地块的选择：选择不同品种、地势、土质、耕作制度、水肥管理的地块，进行对比调查。

② 取样：按平行线法选 5 点进行调查，每点 1m 行长，调查 20 片叶。注意近地边的点距地边不得少于 2m。

③ 调查结果统计：按黄瓜霜霉病的分级标准进行调查，统计每级的数量，用病情指数表示发病严重度。

（2）调查菜青虫发生情况

① 地块的选择：选择不同品种、地势、土质、耕作制度、水肥管理的地块，进行对比调查。

② 取样和结果统计：对菜青虫可采用"Z"字法 10 点取样，每个样方为 1m 行长，调查每株内层叶至外层叶的各龄幼虫数，统计每株虫量。

# 第六节　热带园艺植物病虫害综合防治

## 一、综合防治的概念

植物病虫害的防治方法很多，每种方法各有其优点和局限性，依靠某一种措施往往不能达到防治目的。我国确定了"预防为主，综合防治"的植保工作方针。1986 年 11 月中国植保学会和中国农业科学院植保所在四川成都联合召开了第 2 次农作物病虫害综合防治学术研讨会，对有害生物综合防治的概念提出其含义："综合防治是对有害生物综合防治管理的一种体系，它属于农田最优化生产管理体系中的一个子系统。它是从农业生态系统的整体出发，根据有害生物和环境之间的相互关系，充分发挥自然控制因素的作用，因地制宜协调应用必要的措施，将有害生物控制在经济损害允许水平以下，以获得最佳的经济、生态和社会效益。"即以农业生态全局为出发点，以预防为主，强调利用自然界对病虫的控制因素，达到控制病虫害发生的目的；合理运用各种防治方法，相互协调，取长补短，在综合各种因素的基础上，确定最佳防治方案，利用化学防治方法时，应尽量避免杀伤天敌和污染环境。综合治理不是彻底消灭病虫害，而是把病虫害控制在经济损害允许水平以下。综合治理并不是降低防治要求，而是把防治措施提高到安全、经济、简便、有效的水平上。

## 二、综合防治的具体措施

### （一）植物检疫

植物检疫是一项法规防治措施，是指由国家颁布条例和法令，对植物及其产品，特别是苗木、接穗、插条、种子等繁殖材料进行管理和控制，防止危险性病、虫、杂草传播蔓延。

**1. 植物检疫任务**

植物检疫的主要任务有 3 个方面：一是禁止危险性病、虫、杂草随着植物及其产品由国外输入到国内或由国内输出到国外。二是将国内局部地区已发生的危险性病、虫、杂草封锁在一定范围内，并采取各种措施逐步将其消灭。三是当危险性病、虫、杂草传入新地区时，采取紧急措施，就地彻底消灭。

**2. 植物检疫对象的确定**

《植物检疫条例》第 4 条规定"凡局部地区发生的危险性大、能随植物及其产品传播的病、虫、杂草，应定为植物检疫对象。农业、林业植物检疫对象和应施检疫的植物、植物产品名单，由国务院农业主管部门、林业主管部门制订"。植物检疫对象分为对内检疫对象和对外检疫对象。

**3. 植物检疫的主要措施**

（1）国内植物检疫：国内局部地区发生植物检疫对象的，应划为疫区，采取封锁、消灭措施，防止植物检疫对象传出；在检疫对象发生已较为普遍的地区，则应将未发生的地方划为保护区，防止植物检疫对象传入。在发生疫情的地区，植物检疫机构经批准可以设立植物检疫检查站，进行产地检验和现场检验。疫区内的种子、苗木及其他繁殖材料和应实施检疫的植物及植物产品，只允许在疫区内种植时使用，严禁运出疫区。

（2）出入境植物检疫：对外检疫工作由检疫机关在港口、机场、车站、邮局等地进行。对于进出口的种子、苗木及其他繁殖材料，由检疫机关进行严格的抽样检查，如发现检疫对象，必须禁止其输入或输出。抽样检查时如发现可疑的、当时无法确定的检疫对象材料，一定要在隔离的温室或苗圃种植，或在室内进行分离培养，得出准确的结论后再决定处理办法。国家禁止进境的各种物品和禁止携带、邮寄的植物、植物产品及其他检疫物不准进境，也不需要进行检疫，一经发现，不论其来源和产地如何，均作退回或者销毁处理。当国外发生重大植物检疫疫情并可能传入我国时，国务院可以下令禁止来自疫区的运输工具进境或者封锁有关口岸。

**4. 植物检疫检验的方法**

植物检疫检验的方法很多，包括直接检验、过筛检验、解剖检验、种子发芽检验、隔离试种检验、分离培养检验、比重检验、漏斗法检验、洗涤检验、荧光反应检验、染色检验、噬菌体检验、血清检验、生物化学反应检验、电镜检验、DNA 探针检验等。

**（二）农业防治**

农业防治技术是在全面分析植物、有害生物与环境因素三者相互关系的基础上，运用各种农业措施，通过改进栽培技术措施，创造有利于作物生长发育而不利于有害生物发生的农田生态环境，提高植物抗性、降低有害生物的数量，直接或间接地消灭或抑制有害生物发生与危害的方法。

**1. 培育抗病虫品种**

理想的作物品种不仅应具有良好的农艺性状，而且应对病虫害、不良环境条件有综合抗性。目前主要通过系统选育、杂交育种、辐射育种、化学诱变、单倍体育种和转基因育种等培育抗病、抗虫的品种。

**2. 使用无病虫害的繁殖材料**

生产和使用无病虫害种子、苗木或其他繁殖材料，执行无病种子繁育制度，在无病或轻病地区建立种子生产基地和各级种子田，生产无病虫害种子、苗木以及其他繁殖材料，并采取严格的防病和检验措施，可以有效地防止病虫害传播和降低病、虫源基数。

### 3. 建立合理的种植制度

单一的种植模式为病虫害提供了稳定的生态环境，容易导致病虫猖獗。合理轮作有利于作物生长，提高抗病虫害能力，且能改变某些病虫害的生存环境，达到减轻病虫害危害的目的。与非寄主作物轮作，在一定时期内可以使病虫处于"饥饿"状态而削弱其致病力或减少病原及害虫的基数。轮作方式及年限因病虫害种类而异。对一些地下害虫实行水旱1～2年轮作，土传病害轮作年限需再长一些，可取得较好的防治效果。合理的间套种能明显抑制某些病虫害的发生和危害。

### 4. 加强栽培管理

深翻土壤：作物收获后及时翻耕土壤，可以改变在土壤中越冬越夏的病原菌和害虫的生存环境，减少病菌初侵染源和害虫虫源；调整播种期：适当调整播种期可以在不影响作物生长的前提下，将作物的敏感生育阶段与病虫的侵染危害盛期错开，可减轻病虫害的发生；合理密植：可以创造有利于园艺植物生长发育的环境条件，提高抗病虫能力，减轻病虫危害程度；加强田间管理：灌水量过大或方式不当，不仅使田间湿度增大，利于病害发生，而且流水能传播病害；合理施肥和追肥有利于作物生长，提高作物抗病虫能力；中耕除草，减少病、虫滋生条件；清洁田园减少病、虫基数等。

### （三）物理机械防治

物理机械防治技术是指人工或者利用各种物理因子（如光、温等）来防治有害生物的方法。

### 1. 捕杀法

根据害虫生活习性，利用人工或简单的器械捕捉或直接消灭害虫的方法称为捕杀法。如人工扒土捕杀地老虎幼虫，用振落法防治叶甲、金龟甲，人工摘除卵块等。

### 2. 诱集或诱杀法

主要是利用害虫的某种趋性或其他特性如潜藏、产卵、越冬等对环境条件的要求，采取适当的方法诱集或诱杀。如利用害虫趋光性、趋化性、趋色性等，可采用黑光灯、糖醋液、黄板等诱杀多种害虫。

### 3. 阻隔法

设置各种障碍，切断各种病虫侵染途径的方法称为阻隔法。如纱网阻隔、果实套袋、土壤覆膜或盖草等方法，能有效地阻止害虫产卵、危害，也可防止病害的传播蔓延。甚至可因覆盖增加了土壤温度、湿度，加速病残体腐烂，减少病害初侵染来源。

### 4. 汰选法

利用害虫体形、质量的大小或被害种子与正常种子大小及比重的差异，进行器械或液相分离，剔出带病虫种子的方法。常用的有风选、筛选、盐水选种等方法。

### 5. 温度处理

各种有害生物对环境温度都有一定的要求，在超过其适宜温度范围的条件下，均会导致失活或死亡。温汤浸种就是利用一定温度的热水杀死病原物。热蒸汽也用于处理种子、苗木，还用于温室和苗床的土壤处理，可杀死绝大部分病原菌。

### 6. 辐射处理

微波辐射技术是借助微波加热快或加热均匀的特点，来处理某些农产品和植物种子的病虫。辐射法是利用电波、γ射线、χ射线、红外线、紫外线、超声波等电磁辐射技术处理种子、土壤，可杀死害虫和病原微生物等。

### 7. 外科手术

对于多年生的果树和林木，外科手术是治疗枝干病害的必要手段。例如，治疗柑橘脚腐病，可直接用快刀将病组织刮干净并在刮净后涂药。当病斑绕树干1周时，还可采用桥接的办法沟通营养，恢复树势，挽救重病树。

### （四）生物防治

生物防治技术是利用有益生物及其代谢产物控制有害生物种群数量的方法。

### 1. 利用天敌昆虫

天敌昆虫按其取食特点可分为捕食性天敌和寄生性天敌两大类。捕食性天敌通过取食直接杀死害虫。常见的捕食性天敌昆虫有蜻蜓、螳螂、猎蝽、草蛉、虎甲、步甲、瓢甲、胡蜂、食虫虻、食蚜蝇等。寄生性天敌昆虫则是在生长发育的某个时期或终生附着在害虫的体内或体外，并摄取害虫的营养物质来维持生长，从而杀死或致残某些害虫，使害虫种群数量下降。常见的寄生性天敌昆虫主要是寄生蜂和寄生蝇类。

自然界天敌昆虫资源丰富，充分利用本地天敌昆虫抑制有害生物是害虫生物防治的基本措施。为了充分发挥自然天敌对害虫的控制作用，必须有效保护天敌昆虫，使其种群数量不断增加。良好的耕作栽培制度是保护利用天敌的基础。保护天敌安全越冬，合理、安全使用农药等措施，都能有效地保护天敌。此外，还可通过室内人工大量饲养天敌昆虫，按照防治需要，在适宜的时间释放天敌到田间消灭害虫。从国外或外地引进天敌昆虫防治本地害虫，是生物防治中常用的方法，如我国曾引进澳洲瓢虫防治柑橘吹绵蚧并取得成功。

### 2. 利用微生物及其代谢产物

利用病原微生物防治病虫害，对人、畜、作物和水生动物安全，无残毒，不污染环境，微生物农药制剂使用方便，并能与化学农药混合使用。

（1）利用微生物治虫

目前在生产上应用的昆虫病原微生物包括真菌、细菌、病毒和线虫。

真菌：已知的昆虫病原真菌有530多种，在防治害虫中经常使用的真菌有白僵菌和绿僵菌等。被真菌侵染致死的害虫虫体僵硬，体上有白色、绿色等颜色的霉状物。真菌主要用于防治玉米螟、稻苞虫、地老虎、斜纹夜蛾等害虫，已取得了显著成效。但在饲养桑蚕的地方不宜使用。

细菌：在已知的昆虫病原细菌中，作为微生物杀虫在农业生产中使用的有苏云金杆菌和乳状芽孢杆菌。被昆虫病原细菌侵染致死的害虫，虫体软化，有臭味。苏云金杆菌主要用于防治鳞翅目害虫，乳状芽孢杆菌用于防治金龟子幼虫。

病毒：已发现的昆虫病原病毒主要是核型多角体病毒（NPV）、质型颗粒体病毒（CPV）和颗粒体病毒（GV）。被昆虫病原病毒侵染死亡的害虫，往往以腹足或臀足粘附在植株上，体躯呈"一"字形或"V"字形下垂，虫体变软，组织液化，胸部膨大，体壁破裂后流出白色或褐色的黏液，无臭味。我国利用病毒防治棉铃虫、菜青虫、黄地老虎、桑毛虫、斜纹夜蛾、松毛虫等都取得了显著效果。

线虫：现已发现有3000种以上的昆虫有线虫寄生，可导致发育不良和生殖力减退以致滞育和死亡。其中最主要的是索线虫类、球线虫类和新线虫类。

（2）利用微生物治病

利用微生物及其代谢产物的作用减少病原物的数量，促进作物生长发育，达到减轻病害、提高农作物产量和质量的目的。

抗生作用：一种微生物产生的代谢产物抑制或杀死另一种微生物的现象，称为抗生作用。具有抗生作用的微生物称为抗生菌。抗生菌主要来源于放线菌、真菌和细菌。

交互保护作用：在寄主植物上接种亲缘关系相近而致病力较弱的菌株，能保护寄主不受致病力强的病原物侵害的现象，称为交互保护作用。主要用于植物病毒病的防治。

真菌防治：一种真菌可以寄生另一种真菌，如木霉菌可以寄生在立枯丝核菌、腐霉菌、小菌核菌和核盘菌等多种植物病原真菌上。

在自然界，除可利用天敌昆虫和病原微生物防治害虫外，还有很多有益动物如捕食性动物，蜘蛛、青蛙、蟾蜍、鸟类等，能有效地控制害虫。此外，多种禽类也是害虫的天敌，如稻田养鸭治虫。

### （五）化学防治

化学防治是指利用化学农药防治农业有害生物的方法。化学农药对防治对象具有高效、速效、使用方便、经济效益高等优点，在控制农业有害生物、保证农业丰收方面起到了其他任何措施都不能代替的作用。但是，农药也可污染环境、造成农副产品中农药残留超标、导致人畜和有益生物中毒死亡、对农作物产生药害、杀伤有益生物、致使病虫产生抗药性等不良后果。这些问题引起了全世界的广泛关注。目前主要通过轮换或复配使用、采用适宜的施药方法、减少用药次数、与其他方法配合使用等措施充分发挥化学防治的优点，减轻其不良作用。

**1. 农药的分类**

按农药的防治对象分类，常用的有以下几类：①杀虫剂，主要用于防治农业害虫和城市卫生害虫；②杀螨剂，用于防治植食性害螨；③杀菌剂，用于防治由各种病原微生物引起的植物病害；④杀线虫剂，用于防治植物线虫病害；⑤除草剂，可使杂草彻底地或选择性地发生枯死的药剂。此外，还有杀鼠剂、植物生长调节剂、杀软体动物剂等。

**2. 农药加工剂型**

农药剂型是指将原药与多种辅助剂一起经过一定的工艺处理，使之具有一定组分和规格的农药加工形态。常用农药剂型有以下几种：①粉剂，由有效成分和填料组成的粉状制剂。粉剂不溶于水，主要供喷粉、拌种以及土壤处理等使用。②可湿性粉剂，容易被水润湿并能在水中分散、悬浮的粉状剂型。除可供兑水喷雾使用外，有时也作为拌种、配制毒土使用。③乳油，加入水后可分散成乳状液的油状均相液体剂型，是农药产品中产量最大的一种剂型。可供喷雾、泼浇、灌根、浸种等使用。④粒剂，一般是粒度在 $100\sim2000\mu m$ 之间的颗粒状剂型。粒度小于 $100\mu m$ 的称为微粒剂，介于 $100\sim300\mu m$ 之间的称为细粒剂，大于 $2000\mu m$ 的称为大粒剂。主要供拌种、根施、土壤处理、穴施等使用。⑤烟剂，引燃后有效成分以烟状分散体系悬浮于空气中的剂型。适用于温室大棚等相对密闭的场所。⑥悬浮剂，指将固体农药原液以 $5\mu m$ 以下的微粒均匀分散于水中，外观为黏稠的可流动性液态制剂。加水配制成喷洒液供喷雾用。此外，还有可溶性粉剂、缓释剂、油剂、种衣剂、浓乳剂、微乳剂、水剂等多种剂型。一种农药剂型按其有效成分含量、用途不同等可生产多种产品，称为农药制剂。按规定，制剂名称应由有效成分在制剂中的百分含量、有效成分的通用名称和剂型名称 3 部分组成，如 10％氯氰菊酯乳油、3％呋喃丹颗粒剂等。

**3. 农药的施用方法**

使用农药防治园艺植物病虫害，除了选择好农药品种和剂型外，还要配合适宜的施用方法，才能取得良好的防治效果。常用的农药施用方法有以下几种：①喷雾法，利用喷雾机具将农药药液分散成细小雾滴，均匀地喷布在目标植物、防治对象上的施药方法。适用于乳油、可湿性粉剂、悬浮剂等剂型。②喷粉法，是指利用喷粉机具产生的风力，将粉剂均匀地喷布在目标植物和防治对象上的施药方法。③毒饵法，是用害虫喜食的食物为饵料，如豆饼、花生饼、麦麸等，加适量农药拌匀而成。毒饵法主要用于防治蝼蛄、地老虎、蛴螬等地下害虫。④拌种法，是指将药剂与种子混合均匀，使每粒种子外表都覆盖药层，以防治种传病害和地下害虫的方法。适用于粉剂、可湿性粉剂、乳油、水剂等剂型。⑤熏蒸法，是指采用熏蒸剂或易挥发的药剂，使其挥发为气体状态而起杀虫杀菌作用的一种方法。适用于温室、大棚或作物茂密的场所。⑥毒土法，是指把农药与细土拌和均匀，撒于地面、水面，或撒于播种沟内，或与种子混合播种，用于防治病虫草害的施药方法。粉剂、粒剂、乳油等农药剂型常用于与细土配成毒土。⑦撒粒法，是指抛掷或撒施颗粒状农药的施药方法。适合于地面、土壤和水田施药。主要用于防除杂草、地下害虫以及土传病害、线虫等。⑧烟雾法，是指利用内燃机排出气体的热能或利用空气压缩机气体的压力将药液分散成雾滴的施药方法。适用于温室大棚中病虫害的防治。乳油、可湿性粉剂、悬浮剂、水剂等剂型均可用烟雾法施用。此外，还有灌施法、注射法、涂抹法、吹雾法、土壤消毒法等多种施药方法。

**实训项目**

### 实训 8-7 热带园艺植物病虫害综合防治历的制定与实施

**（一）目的要求**

熟悉热带园艺植物病虫害发生发展规律及各种防治方法在综合防治中的作用，能根据气候条件、栽培方式、主要病虫害发生趋势等制定园艺植物病虫害综合防治历和实施基本方法，为防治热带园艺植物病虫害奠定基础。

**（二）材料与用具**

尺子、铅笔、钢笔、A4 纸等。

**（三）内容和方法**

**1. 病虫害防治历的制定**

热带园艺植物病虫害防治历适用于植物种类相对固定的林果园，菜园因其栽培作物种类的频繁变化，一般不制定病虫害防治历。

病虫害防治历的制定是一项复杂的系统工程，其中防治方法、具体技术、防治指标、药剂种类的选择都要统筹考虑，并因地区而异，因生产产品的要求而异。

（1）生物群落调查

林果园是一个小型生态系统，生物群落的组成是复杂多变的，但就其研究的目的，可将这些生物划分为 3 类：热带园艺植物、有害生物、有益生物。

① 热带园艺植物病虫害种类的调查

林果园内的有害生物种类很多，在制定植物病虫害防治历时所涉及的是热带园艺植物病虫害种类的调查和确定。这项工作对每一个果园或林园都是必须和首要的。

由于地理环境、栽培植物种类或品种的不同，以及各个地区植物病虫害防治的历史、现状和防治技术水平的差异，各地区的植物病虫害种类有很大差别，因此，必须首先调查各果园或林园的植物病虫害种类，确定主要和次要植物病虫害，这样才能围绕主要病虫害设计出切实可行、准确可靠的动态监测和预测预报方法，并探索出兼顾主、次防治对象的防治对策、方法和具体技术措施。

② 热带园艺植物病虫害天敌的调查

近些年来，生物防治在有害生物综合治理中所发挥的作用越来越大，明确天敌和有益微生物种类、发生数量、天敌与有害生物之间的消长规律及天敌对有害生物的控制效能，才能确定天敌利用对时间、环境和害虫的具体要求，提高生物防治的水平，更好地指导防治历的制定。

（2）主要植物病虫害预测预报

植物病虫害预测预报工作是综合治理的前提和重要组成部分。明确热带园艺植物主要病虫害种类后，根据本地区主要病虫害的生活习性和发生危害规律，结合植物的生长发育情况和天敌种类及发生数量、气象条件等因素，对主要病虫害发生量和发生时期的变化趋势作出科学的估测，其结果将是防治决策的科学依据。

（3）热带园艺植物病虫害防治指标的确定

人类进行植物生产活动是为了获得最大的经济效益，对植物病虫害造成经济损失的承受力是有一定限度的，防治指标正是这种限度的量化表示。确定某种植物病虫害的防治指标所涉及的因素有很多，如目标产量、病虫害发生的密度、植物品种抗病虫能力、天敌的控制效力、防治成本及经济承受能力等。

防治指标的确定与病虫害的发生特点也有密切的联系。植物病害的发生与害虫不同，病菌在植物体内往往有一定的潜伏期，病害的发生有很强的隐蔽性，很多病害发生之后可以有多次再侵染，病菌进入植物体内后难以彻底铲除，特别是园艺设施内环境条件适合植物病害的发生，所以其防治指标确定的标准比较高，很多病害都是在发病初期就必须进行防治的。

我国各地的农业技术人员在植物病虫害防治实践中，总结了很多适合各地的病虫害防治指标，可以根据具体情况参考使用。

（4）正确选用化学药剂并确定施药时期

植物病虫害防治所使用的药剂种类直接影响到防治时机的确定。

杀虫剂依据其杀虫机理和效力的不同，可分为触杀剂、胃毒剂、昆虫生长调节剂等，某些有机磷及菊酯类杀虫剂的杀虫效率很高，在应用几个小时内就可控制害虫的危害，防治时机确定时会比较宽松，如确定在害虫的 3 龄前防治即可；但对于某些昆虫生长调节剂，其杀虫机理是阻碍昆虫体壁的形成，其杀虫作用十分缓慢，通常 5～7d 后才逐步控制害虫的危害，其防治时机必须提前至害虫的卵盛期，才能收到较理想的防治效果。

此外，使用化学药剂还应考虑到天敌的活动时期，如春季多数园艺植物花期是多种天敌越冬后取食并补充营养、恢复体力的时期，应尽量避免施药，或选择对天敌伤害较小的或无害的化学药剂。

近年来，绿色农业、有机农业、无公害农业生产发展很快，关于农药种类的选择和使用，国家和各地区都有各自不同的规定和标准，在制定病虫害防治历时还要考虑到这方面的要求，以保证热带园艺植物产品的质量安全。

**2. 病虫害防治历的实施**

热带园艺植物病虫害防治历制定后，其内容在短期内是固定不变的，但某些病虫害的发生因每年气候条件、园内植物群落组成的不同而可能出现很大的变化，在具体实施时应根据实际病虫害预测预报的结果对防治技术措施进行适当的调整，防止出现害虫未发生就进行防治或发生很严重却不加以防治的现象，盲目照搬照抄防治历不值得提倡。

植物病虫害防治历都有鲜明的地域特色，由于地理、气候、栽培品种、种植方式的差异，同种植物上病虫害的种类、发生程度都会各不相同，不同地区的防治历可以作为参考，切不可生搬硬套，当地的植物病虫害防治还要考虑到当地、当时的具体情况。

热带园艺植物病虫害防治历制定后，并不意味着可以放弃病虫害的预测预报工作。植物病虫害种类组成会随着时间的推移、防治技术的应用而改变。某项防治技术措施的应用可能使某种植物病虫害由主要变为次要，也可能使原来发生较轻的次要病虫害上升为主要病虫害，因此，植物病虫害的动态监测必须坚持常年进行，以保证防治历内容的调整有充分的科学依据。

**3. 防治历实施后的效果调查**

在热带园艺植物病虫害防治历实施后，其防治效果如何，对植物产品质量、产量的影响有多大，对园内天敌的发生数量有无影响，都要通过调查来确定。这是衡量防治历综合治理效益、评价防治历制定优越性的重要途径。对植物病虫害防治效果调查结果进行综合分析，比较新旧防治历在植物病虫害防治效果上的差异。

（1）植物病虫害防治效果调查

林果园病虫害种类很多，下面以杧果为例，说明植物病虫害的防治效果调查方法。

① 植物害虫防治效果

在杧果采收时用棋盘格取样法调查台农、金煌等品种各 20 株，每株随机抽取 20 个果，共 400 个果，将调查的结果记入防治效果调查表（表 8-11）。

**蓟马危害杧果防治效果调查**　　　　表 8-11

| 杧果品种 | 调查株数 | 调查果数 | 虫果数 | 被害率/% |
|---|---|---|---|---|
| 台农 | 20 | 400 | | |
| 金煌 | 20 | 400 | | |

② 植物病害防治效果

以杧果疮痂病为例，调查台农、金煌等品种各 20 株，每株 30 个果，共 600 个果，将结果记入防治效果调查表（表 8-12）。

**杧果疮痂病防治效果调查**　　　　表 8-12

| 杧果品种 | 调查株数 | 调查果数 | 病果数 | 病果率/% |
|---|---|---|---|---|
| 台农 | 20 | 600 | | |
| 金煌 | 20 | 600 | | |

（2）天敌数量调查

在新防治历实施后，林果园中天敌数量可能会有变化，也应进行调查，小型天敌，如捕食螨、小黑花蝽、塔六点蓟马等，应结合每百叶害螨发生量进行调查；大型天敌，如各种草蛉、瓢虫食蚜蝇等，可用目测法，在一定时间内（如 2min）环绕树冠一周，观测天敌数量（表 8-13）。

天敌数量调查　　　年　　月　　日　　　　　　　表 8-13

| 捕食性天敌 | | 寄生性天敌 | | 其他 |
|---|---|---|---|---|
| 天敌名称 | 发生量 | 天敌名称 | 寄生率/% | |
| | | | | |
| | | | | |

**（四）作业**

根据当地林果园的热带园艺植物病虫害发生情况制定植物病虫害防治历，并对防治历的防治效果进行调查和评价。

## 参考文献

[1] 费显伟，黄宏英，李洪波，等. 园艺植物病虫害防治［M］. 北京：高等教育出版社，2010.
[2] 何承苗，袁亚芳，郑旭东，等. 园艺植物病虫害防治技术［M］. 厦门：厦门大学出版社，2011.
[3] 张荣意，李增平，谭志琼，等. 热带园艺植物病理学［M］. 北京：中国农业科学技术出版社，2009.
[4] 徐文耀，王宝华，刘国坤，等. 普通植物病理学实验指导书［M］. 北京：科学出版社，2006.
[5] 黄云，徐志宏，李沛利，等. 园艺植物保护学实验实习指导［M］. 北京：中国农业出版社，2015.
[6] 徐秉良，曹克强，陈莉，等. 植物病理学［M］. 北京：中国林业出版社，2012.
[7] 谢联辉，胡方平，康振生，等. 普通植物病理学［M］. 北京：科学出版社，2006.
[8] 董汉松，刘志恒，朱建兰，等. 植病研究法［M］. 北京：中国农业出版社，2012.
[9] 许志刚，鞠里红，魏大为. 普通植物病理学实验指导［M］. 北京：中国农业出版社，1993.